Theory and Application of Ground-Coupled Heat Pump

地埋管地源热泵
理论与应用

杨卫波 著

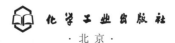

化学工业出版社

·北京·

内容简介

本书系统阐述了地埋管地源热泵的相关理论与技术应用，主要包括地埋管换热器传热特性、地埋管换热器周围土壤冻结特性、水平螺旋型地埋管换热器、相变回填地埋管换热器、能量桩换热及热-力耦合特性、冷却塔-地源热泵复合系统、太阳能-地源热泵复合系统、地埋管地源热泵系统的设计与施工、地埋管地源热泵系统应用案例等内容。本书突出了地埋管地源热泵领域的相关基础理论与应用，反映了前沿理论研究成果与技术应用进展。

本书可作为高等学校建筑环境与能源应用工程、能源与动力工程、新能源科学与工程、储能科学与工程等相关专业师生的参考资料，也可供从事浅层地热能利用的研究、设计、施工及运行管理人员使用。

图书在版编目（CIP）数据

地埋管地源热泵理论与应用/杨卫波著. —北京：化学工业出版社，2024.1
ISBN 978-7-122-44532-2

Ⅰ.①地… Ⅱ.①杨… Ⅲ.①热泵-研究 Ⅳ.①TH38

中国国家版本馆 CIP 数据核字（2023）第 230661 号

责任编辑：刘 军 孙高洁
责任校对：王 静   装帧设计：王晓宇

出版发行：化学工业出版社
　　　　　（北京市东城区青年湖南街 13 号　邮政编码 100011）
印　　装：大厂聚鑫印刷有限责任公司
710mm×1000mm　1/16　印张 24　字数 414 千字
2024 年 3 月北京第 1 版第 1 次印刷

购书咨询：010-64518888   售后服务：010-64518899
网　　址：http://www.cip.com.cn
凡购买本书，如有缺损质量问题，本社销售中心负责调换。

定　　价：128.00 元

序　言

　　地热能是一种源于地球深层处的能源，地热能利用具有巨大的潜力，对满足人类对清洁能源的需求，推动经济社会发展绿色化、低碳化具有重要意义，也是实现国民经济高质量发展的一个关键环节。浅层地热能作为一种绿色低碳可再生能源，具有储量大、分布广、稳定可靠等特点，市场潜力巨大，发展前景广阔。据统计，我国大陆 336 个主要城市浅层地热能年可采资源量折合 7 亿吨标准煤，可实现供暖 (制冷)建筑面积 320 亿平方米。截止"十三五"末期，我国浅层地热能建筑应用面积已超过 8.4 亿平方米。积极开发利用浅层地热能对于调整优化能源结构、促进绿色低碳发展、助力实现"双碳"目标具有重要战略意义。

　　地埋管地源热泵作为浅层地热能利用的一种主要技术，因其节能环保、运行稳定、适应性好等优势而在建筑可再生能源应用领域得到广泛推广，是国家"十四五"可再生能源规划重点支持的绿色低碳技术之一。多年来，国内众多高校和科研机构已对地埋管地源热泵展开了大量的研究与开发，取得了很大进步，且有很多的工程项目在成功运行，在促进节能减排、实现"双碳"目标上发挥了重要作用。杨卫波教授的研究团队就是其中的一支优秀团队。二十余年来，他们在地埋管地源热泵领域进行了深入而广泛的理论研究和技术实践，系统研究和阐明了不同形式地埋管换热器的传热机理，全面分析了影响换热器效率的各种因素，提出了强化换热器性能的多种创新思路，发展了复合地源热泵系统的运行控制策略和地埋管换热系统的优化设计，解决了一些施工技术中的难点，研究成果受到了国内外同行的关注和赞赏。本书系统地总结了杨卫波教授研究团队在地埋管地源热泵研究和工程领域中的理论成果与应用实践，并列举了部分典型建筑工程实用案例。本书的出版对于完善和深化地埋管地源热泵相关理论、规范地埋管地源热泵技术的发展和技术进步具有重要意义和参考价值。

　　杨卫波教授是我的博士生，于 2004 年考入东南大学能源与环境学院的供热、供燃气、通风及空调工程专业，从事地埋管地源热泵的研究， 2007 年以优异成绩获得博士学位，进入扬州大学工作。杨卫波教授学习刻苦，工作勤奋，学术思想活跃，是一位优秀的年轻学者。他二十余年来一直从事地源热泵与浅层地热能利用方面的理论研究与技术开发，深耕不息，取得了很多有学术价值和应用前景的科技成果，在国内外发表了多篇高质量的学术论文，在地源热泵研究领域具有一定的学术知名度和影响力。

　　相信本书的出版必将进一步对我国地埋管地源热泵的发展和应用具有推动作用，对从事地埋管地源热泵研究、应用与技术推广的研究和技术人员以及相关专业的科技工作者和学生具有较好的启发和参考价值。值此书稿付印之际，乐为作序，算是一个简单的介绍。

东南大学教授，博士生导师

2023 年 8 月 1 日

前　言

浅层地热能是储存于地球表层的一种储量大、分布广的清洁可再生能源资源。积极开发利用浅层地热能，是深入贯彻生态文明思想、落实"双碳"战略的重要举措，对于推进节能减排、促进绿色低碳发展、助力"双碳"目标的实现具有重要战略意义。2021年9月10日，国家能源局发布了《关于促进地热能开发利用的意见》，要求进一步规范地热能开发利用管理，推动地热能产业持续高质量发展。2022年3月1日，住建部发布的《"十四五"建筑节能与绿色建筑发展规划》中指出，要加强地热能等可再生能源在建筑中的利用，因地制宜推广使用地源热泵技术，到2025年，地热能建筑应用面积达1亿平方米以上。

作为浅层地热能开发利用技术之一，地埋管地源热泵因其节能、环保、适应性好等优势而在建筑节能领域得到推广，近年来该项技术在我国得到了快速发展，是国家"十四五"能源规划鼓励与支持的低碳能源利用技术之一。目前，地埋管地源热泵技术在国外已有60余年的历史。近15年来国内对其展开了大规模的研究、开发与工程应用，积累了许多成功应用的经验，并出现了一些新的概念与应用方式。但是，认识上尚不透彻，实践经验还不完善，导致部分工程项目运行多年后出现各种问题，尤其在地埋管地源热泵相关基础理论与应用方面尚需进一步理解与完善。

本书著者与地源热泵结缘于2001年，当年有幸考入青岛理工大学（原青岛建筑工程学院）暖通专业攻读硕士学位研究生，并首次接触到了地源热泵这一概念。作为国内最早开始地源热泵研究的单位之一，青岛理工大学于1989年同瑞典皇家工学院合作建成国内第一个水平埋管地源热泵实验室，随后又在此基础上建立了53m埋深单U形垂直埋管地源热泵实验台。作为关于暖通与热泵的山东省重点实验室，有着优越的实验环境与条件，著者有幸在该实验室完成了硕士研究课题，并汲取了丰富的地源热泵相关知识，为后续的深入研究打下了重要基础。2004年，著者有幸考入东南大学继续攻读暖通空调专业博士学位研究生，依托东南大学优越的学科平台资源，搭建了太阳能-地源热泵系统实验台，在导师施明恒教授的谆谆教诲、众多大师的指点及浓厚学术氛围的熏陶下，完成了博士课题《太阳能-地源热泵系统的理论与实验研究》，使得著者在地源热泵领域的相关理论得到进一步提升。

2007年7月，著者博士毕业后进入扬州大学从事教学科研工作，当时也正处于地源热泵在国内大规模推广应用之时。为了理论联系实际，进一步推广地源热泵技术，著者参与了众多地源热泵项目的检测与技术咨询服务，有幸接触并参与到地源热泵的工程设计与实践。与此同时，为了响应国家节能减排号召，大力推进可再生能源建筑应用技术，借助扬州大学新校区建设契机，在学校地源热泵专项等的资助下，建立了一套集本科生教学、研究生培养、科学研究、科技服务及可再生能源应用示范功能于一体的多功能复合式地源热泵系统实验示范平台，依托该实验平台，展开了一系列的实验研究，培养了众多的本科生与研究生。

2009 年 3 月，著者进入东南大学动力工程及工程热物理博士后流动站继续开展研究工作，并有幸拿到了中国博士后科学基金项目"地源热泵利用中土壤热平衡控制的传热机理研究"，依托该项目深入研究了当时地源热泵应用中普遍面临的地下土壤热失衡问题。2012 年，受江苏省政府留学基金资助，著者有幸以访问学者的身份来到俄克拉何马州立大学（OSU）机械与航空学院的 Building and Thermal Systems Research Group，师从国际著名地源热泵专家 Dr. Spitler 与 Dr. Beier，从事地源热泵及其相关领域的研究。作为国际地源热泵协会挂靠单位、地源热泵研究领域国际权威机构及众多国内地源热泵研究学者的访问之地，在这里也很荣幸认识了国际地源热泵协会的 Dr. Bose 及 OSU 的 Dr. Fisher 等。访学期间，在 Dr. Beier 的引荐下参观了国际地源热泵协会，并参加了当年举办的暑期地源热泵技术培训班。通过半年的访问与交流，进一步拓宽了对于地源热泵的视野。

作为地源热泵领域的一名探寻者，著者一直致力于地源热泵方面的理论研究与工程技术开发，于 2015 年编写了《土壤源热泵技术及应用》（化学工业出版社）一书，依托扬州大学优良的实验条件，培养了一批地源热泵研究方向的研究生，研究内容从传统地埋管拓展到相变回填地埋管及能量桩，从竖直地埋管转向水平螺旋型地埋管，从单一地源热泵拓展到各种复合地源热泵系统，研究内容涵盖了岩土热响应测试、地埋管跨季节储能、地埋管传热强化、地埋管渗流及周围土壤冻结特性、能量桩换热与热力耦合特性及各种复合地源热泵系统运行模式等。研究内容进一步丰富和完善了地源热泵相关理论与知识，也为本书的出版提供了大量素材来源。

本书内容以地埋管地源热泵理论与应用为核心，从地埋管换热器传热特性、地埋管换热器周围土壤冻结特性、水平螺旋型地埋管换热器、相变回填地埋管换热器、能量桩换热及热-力耦合特性、冷却塔-地源热泵复合系统、太阳能-地源热泵复合系统、地埋管地源热泵系统的设计与施工及地埋管地源热泵系统应用案例等方面来全面阐述地埋管地源热泵，力求反映前沿的理论研究与应用成果。本书不仅可供从事地埋管地源热泵的研究、设计、施工及运行管理人员使用，也可供高等学校建筑环境与能源应用工程、能源与动力工程、新能源科学与工程等相关专业师生参考。

本书内容汇聚了著者及研究团队 10 余年来历届研究生的研究成果，他们是王松松、朱洁莲、张苏苏、梁幸福、孔磊、陈大建、杨晶晶、张恒、徐瑞、杨彬彬、张来军、孙韬夫、鞠磊、张钰、严超逸等，对他们的辛勤付出表示衷心的感谢。本书在撰写过程中，研究生强雨晗、张朝阳、杨智鹏、王程蓉等协助进行了部分图形和文字处理工作，并协助进行公式、插图与表格的校对，在此一并表示衷心的感谢。

本书由扬州大学出版基金资助，并得到了国内同行与化学工业出版社的大力支持，在此表示衷心的感谢。

本书得到国家自然科学基金（51978599）、自然资源部浅层地热能重点实验室开放基金（KLSGE202301-4）、中国博士后科学基金（20090461050）、江苏省自然科学基金（BK20141278）、深部岩土力学与地下工程国家重点实验室开放基金（SKLGDUEK1711）、住房和城乡建设部科技计划项目（2008-K1-26）、热流科学与工程教育部重点实验室开放基金（KLTFSE2014KF05、

KLTFSE2016KF05）、中国科学院可再生能源重点实验室开放基金（Y507K51001）、扬州市科技计划项目（YZ2022188、 YZ2016248、 YZ2015101）等的资助，在此一并致谢。

　　本书在撰写过程中引用了大量的参考文献和部分工程案例，谨向有关文献的作者和工程案例的设计者表示衷心感谢。限于著者水平，书中不妥之处在所难免，敬请前辈与同行批评指正，以便改正。著者的电子邮箱： yangwb2004@163. com。

著　者

2023 年 8 月于扬州大学

目 录

第 3 章　地埋管换热器周围土壤冻结特性 / 60

第 10 章　地埋管地源热泵系统应用案例 / 325

第1章
绪论

1.1 热泵与"双碳"目标

1.1.1 "双碳"目标

"双碳"目标又称"3060 目标",面对全球气候挑战和可持续的发展需求,2020 年 9 月 22 日,习近平主席在第七十五届联合国大会上宣布,中国二氧化碳排放力争于 2030 年前达到峰值,努力争取在 2060 年前实现碳中和。碳达峰指的是能源活动的 CO_2 排放量出现峰值拐点并在此后开始进入下降通道,意味着经济社会发展与 CO_2 排放的脱钩。碳中和则指每年直接或间接产生的温室气体排放总量,通过自然系统碳汇和工程碳移除技术实现"净零排放"。2030 年前碳达峰是 CO_2 的达峰,2060 年前要实现碳中和包括全经济领域温室气体的排放,不仅是 CO_2,还有甲烷、氢氟化碳等温室气体,包括从 CO_2 到全部温室气体。实现双碳目标,是贯彻新发展理念、构建新发展格局、推动高质量发展的内在要求,是党中央统筹国内和国际两个大局做出的重大战略决策。

为了推动与落实双碳目标战略,中国政府相继出台了相关政策措施。2021 年 5 月,中央层面的碳达峰及碳中和工作领导小组正式亮相,领导小组组织制定并陆续发布"1+N"政策体系,其中"1"是碳达峰及碳中和指导意见,"N"包括国家层面的"2030 年前碳达峰行动方案"以及重点领域和行业政策措施及行动。2021 年 9 月 22 日,发布了《中共中央、国务院关于完整准确全面贯彻新发展理念做好碳达峰碳中和工作的意见》(以下简称《意见》)。《意见》作为碳达峰及碳中和"1+N"政策体系中的"1",从顶层设计上明确了做好碳达峰及碳中和工作的主要目标、减碳路径及相关配套措施,为日后碳达峰及碳中和行动方案、各行业政策措施和行动提供政策支撑。为了更好地贯彻落实"双碳"

目标,国务院于 2021 年 10 月 24 日发布了《2030 年前碳达峰行动方案》,提出了 2025 年(十四五)和 2030 年(十五五)两个碳达峰关键期的目标和重点任务。到 2025 年,非化石能源消费占比为 20％左右,单位国内生产总值能源消耗比 2020 年下降 13.5％,单位国内生产总值 CO_2 排放比 2020 年下降 18％,为实现碳达峰奠定坚实基础。到 2030 年,非化石能源消费占比为 25％左右,单位国内生产总值 CO_2 排放比 2005 年下降 65％以上,顺利实现 2030 年前碳达峰目标。围绕着"双碳"目标,国家及地方相关部门相继发布了多项配套政策和行动措施方案,有力地推动了碳达峰及碳中和工作的向前开展。

1.1.2　建筑能耗与碳排放

随着经济的快速发展与人们生活水平的逐步提高,建筑能耗占社会总能耗的比重逐渐增加,目前已达到 40％,伴随建筑能耗增加而导致的建筑碳排放呈现逐年上升趋势。建筑碳排放可以分为直接碳排放和间接碳排放,前者指的是在建筑行业发生的化石燃料燃烧过程中导致的 CO_2 排放,主要包括建筑内的直接供暖、炊事、生活热水、医院或酒店所用蒸汽等导致的燃料排放;后者指外界输入建筑的电力、热力包含的碳排放。从全球看,建筑行业运行用能导致的碳排放占比 28％,全球建筑相关用能碳排放占比 40％(包含建筑建造)。根据《中国建筑节能年度发展研究报告 2020》,我国建筑碳排放总量整体呈现出持续增长趋势,2019 年达到约 21 亿吨,占总碳排放的 21％(其中直接碳排放约占总碳排放的 13％),较 2000 年 6.68 亿吨增长了约 3.14 倍,年均增长 6.96％。中国建筑能耗研究报告显示,2019 年我国建筑能耗占全国能源消费总量比重为 45.8％,建筑碳排放占全国碳排放的比重为 50.6％。因此,控制建筑碳排放,大力推动清洁能源的开发利用,对于实现"双碳"目标具有重要意义。

1.1.3　热泵的节能减排效益

为了实现节能减碳目标,必须调整现有以传统化石能源为主的能源结构,建设清洁、高效、低碳的能源体系,大力推广使用节能、环保、效益好的能源利用装备及系统。热泵作为一种节能环保型供能技术,由于其可高效开发利用各种清洁、低品位可再生能源而得到推广。所谓热泵就是通过消耗一定的高品位能源,把不能直接使用的低品位能源(空气、水、土壤、太阳能及废热等)经过提升后转换成有用热能,从而可达到节约一部分高品位能源的装置。通常输入 1 份的高品位能源,通过热泵提升后可得到 3~4 份的有用热能。为了实现节能降耗目标,推广利用热泵节能技术已成为当前能源利用领域的必然选择,这不仅是一条极为重要的节能途径，而且是社会可持续发展的需要。

根据《热泵助力碳中和白皮书（2021）》，热泵技术应用于新建建筑与既有建筑改造的供暖制冷和热水供应，其 CO_2 排放量相对燃煤锅炉可降低 $60\%\sim80\%$。热泵技术在农业环境调控、农产品干燥中的应用可以节能 $20\%\sim60\%$。在热泵应用规模显著增长的情境下，由热泵应用、电力生产方式改革、需求侧改造的共同作用下，2060 年建筑供暖与热水供应、工业中低温供热、农业环境调控领域碳排放量将由现在的 38.29 亿吨降低至 7.48 亿吨，实现 81% 的碳减排量，其中热泵减排量达 20.95 亿吨，占总减排量的 70%，且随着热泵应用规模增速的不断增加，碳排放量下降越快，减排量越明显。因此，为了节能环保，应该积极开展热泵在能源利用领域中的应用研究，并大力推广热泵在各行各业中的应用。

1.2　热泵概述

1.2.1　热泵的定义

热泵（heat pump）是一种在高品位能源（通常为电能、热能等）的驱动下，将低品位热源（空气、水、土壤、太阳能及废热等）的热能经过提升后转换成可以利用的热能的节能装置，从而实现为建筑供暖、供冷及供应热水等。按照新国际制冷辞典的定义，热泵就是以冷凝器释放出的热量来供热的制冷系统，从热力学或工作原理上来说，热泵就是制冷机，但它们的区别如下。

（1）两者的目的不同

热泵（或制冷机）是从低温热源（heat source）吸热释放至高温热源（或称热汇，heat sink），根据热力学第二定律，必须消耗机械功。如果目的是获得高温（即着眼于放热至高温部分）而实现制热，那就是热泵；如果目的是获得低温（即着眼于从低温热源吸热）而实现制冷，那就成了制冷机。

（2）两者的工作温度区间不同

上述所谓高温热源或低温热源均为相对于环境温度而言。热泵为了实现制热而需要从周围环境中吸热，因此，将环境温度作为低温热源；制冷机则是为了实现制冷而需要将热量排放至周围环境中，从而将环境温度作为高温热源。由此可以看出，对于同一环境温度，热泵的工作温度区间明显高于制冷机。

典型蒸汽压缩式热泵机组主要由四大部件组成，即压缩机、蒸发器、冷凝器、节流阀，其工作原理见图 1-1，对应的理论循环为逆卡诺循环，其温熵图的表示如图 1-2 所示，吸收式热泵则用发生器和吸收器等的组合实现压缩机功能。蒸汽压缩式热泵机组的工作过程为：制冷剂在蒸发器中作等温膨胀由状态 4 变化至状态 1，同时在低温 T_0 下从低温热源（环境空气、水、土壤等）吸取热能 Q_c；接着制冷剂进入压缩机被等熵压缩至状态 2，其温度由 T_0 上升至 T_k，压缩机输入功为 W；随后制冷剂进入冷凝器被等温冷凝至状态 3，同时在高温 T_k 下向高温热源排出冷凝热能 Q_h。最后制冷剂进入膨胀阀经等熵膨胀回复至状态 4，其温度也随之由 T_k 下降至 T_0，从而完成一个完整的热泵循环，如此往复实现将低温热源中的热量连续不断地转移到高温热源，从而达到制冷与制热目的。如果用户使用冷凝器排放的热量则为制热工况，使用蒸发器的冷量则为制冷工况，特殊情况下可同时使用冷凝器的热量与蒸发器的冷量，达到高效联合运行。热泵机组制冷与制热工况间的转换可通过四通换向阀（小型热泵机组）或水路（大型热泵机组）切换来实现。

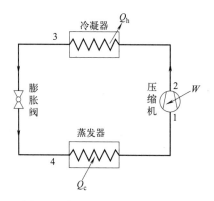
图 1-1　典型热泵机组的工作原理

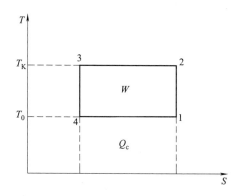
图 1-2　蒸汽压缩式热泵温-熵图

1.2.2　热泵的性能评价

为了衡量热泵机组的制冷/制热性能，通常可以采用以下指标进行评价。

1.2.2.1　制热量/制冷量

热泵机组按制热/制冷工况运行时，单位时间内向热用户提供的热量/从被冷却物体提取的热量称为热泵的制热量/制冷量，其大小分别对应制热工况下冷凝器所排放的热量及制冷工况下蒸发器所吸收的热量。制热量/制冷量用于度量热泵机组制热/制冷能力的大小，是热泵机组设计选型的重要指标。

制热量 Q_h 与制冷量 Q_c 可分别表示为

$$Q_h = c\dot{m}_c(T_{co} - T_{ci}) \tag{1-1}$$

$$Q_c = c\dot{m}_e(T_{ei} - T_{eo}) \tag{1-2}$$

式中，c 为循环水的质量比热容，J/(kg·℃)；$\dot{m}_c$ 与 $\dot{m}_e$ 分别为冷凝器侧与蒸发器侧的循环水流量，kg/s；T_{ci} 与 T_{co} 分别为冷凝器侧循环水的进出口温度，℃；T_{ei} 与 T_{eo} 分别为蒸发器侧循环水的进出口温度，℃。

1.2.2.2 性能系数

性能系数（coefficient of performance，COP）是评价热泵节能性能的最重要指标之一，对于制热工况，其制热性能系数 COP_h 为制热量 Q_h 与输入功率 W 之比，即

$$COP_h = \frac{Q_h}{W} \tag{1-3}$$

对于制冷工况，其制冷性能系数 COP_c 为制冷量 Q_c 与输入功率 W 之比，即

$$COP_c = \frac{Q_c}{W} \tag{1-4}$$

由式（1-3）与式（1-4）可知，热泵的性能系数为无量纲量，表示热泵消耗单位能耗所能获得的制热量或制冷量。

根据热力学第一定律，热泵的制热量 Q_h 等于从低温热源吸收的热量（即制冷量）Q_c 与输入功率 W 之和，故有

$$COP_h = \frac{Q_h}{W} = \frac{Q_c + W}{W} = COP_c + 1 \tag{1-5}$$

1.2.2.3 季节性制热性能系数

热泵的性能不仅与热泵本身的设计和制造有关，还与热泵的运行环境条件紧密相连。而环境条件又是随地区及季节性的变化而变化的，为了评价热泵用于某一地区在整个采暖季的性能，提出热泵的季节制热性能系数（heating seasonal performance factor，HSPF）。HSPF 是供热季节热泵总供热量与总输入功耗之比，即

$$HSPF = \frac{供热季热泵总供热量}{供热季热泵总输入功耗} \tag{1-6}$$

美国能源部（DOE）制定的测定集中式空调机组能耗的统一试验方法中规定，对热泵的经济性用 HSPF 表示，而对空调器则用季节性能效比表示。

1.2.2.4 全年性能系数

热泵一般是全年冬夏两季运行，即冬季为制热工况，夏季为制冷工况。为了评价热泵全年的综合性能，可采用全年性能系数（APF）来考核其冬夏季工况综合性能。APF 定义为：以一年为计算周期，热泵机组在制冷工况下从室内

吸收的热量及制热工况下供给室内的热量总和与全年内消耗的高品位能源总消耗之比，即

$$APF = \frac{制冷期间总制冷量＋制热期间总制热量}{全年高品位能源总消耗} \tag{1-7}$$

1.2.2.5 热泵能源利用系数

热泵能源利用系数（E）是指热泵对于一次（初级）能源的利用效率。热泵的驱动能源有多种，且每种转换到一次能源的热值和转换效率都不同。因此，对于有同样制热性能系数的热泵，若采用的驱动能源不同，则其节能意义和经济性均不相同。为此，提出用能源利用系数来评价热泵的节能效果。能源利用系数 E 定义为供热量 Q_h 与热泵运行时消耗的一次能源的总量 E_p 之比，即

$$E = \frac{Q_h}{E_p} \tag{1-8}$$

例如，用电能驱动的热泵，除了考虑制热系数的高低外，还应考虑所利用的一次能源转换效率，它包括发电效率 η_1 和电力输配效率 η_2，所以能源利用系数 $E = \eta_1 \eta_2 COP_h$。当 η_1、η_2 分别为 0.3 和 0.8 时，$E = 0.24 COP_h$。

1.3 热泵的种类

热泵的种类很多，其分类方法不同，种类也不尽相同。常用的按照低品位热源不同可分为空气源热泵、水源热泵、地源热泵、太阳能热泵、复合源热泵等。

1.3.1 空气源热泵

空气源热泵以室外空气作为热泵的热源（或热汇），又称为风冷热泵。空气源热泵是目前最具普适性的热泵利用形式。根据两侧换热介质的不同，空气源热泵可分为空气-空气热泵和空气-水热泵。如图 1-3 所示，空气-空气热泵中与室内、室外侧换热器换热的介质均为空气，通过四通换向阀调节制冷工质流向来实现换热器夏冬季功能的切换，以使房间获得冷量或热量。夏季制冷时，室外空气与冷凝器换热而室内空气与蒸发器换热，从而达到室内余热排至室外达到室内制冷目的；冬季制热时，室外空气与蒸发器换热而室内空气与冷凝器换热，从而达到从室外吸热向室内供热目的。这种热泵机组广泛应用于住宅和商业建筑中，如常用的窗式空调器、分体式空调器及柜式空调机均为空气-空气热泵机组。如图 1-4 所示为空气-水热泵简图，与空气-空气热泵的区别在于室内换热器

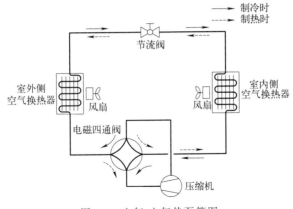

图 1-3　空气-空气热泵简图

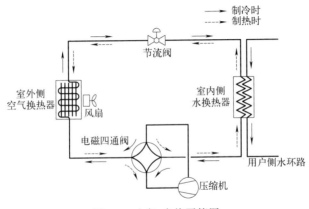

图 1-4　空气-水热泵简图

是制冷工质-水换热器，制取的冷热量需要通过循环水输送到各个用户末端装置。冬季制热运行时，制冷工质-水换热器作为冷凝器提供热水作为空调热源。夏季制冷运行时，制冷工质-水热交换器作为蒸发器提供冷冻水作为空调冷源，如常用的屋顶式风冷热泵就是典型的空气-水热泵机组。

　　用空气作为热泵的低品位热源，其优点是取之不尽、用之不竭、处处都有、可以无偿地获取，而且设备安装和使用比较方便，系统简单，年运行时间长，初投资较低，技术比较成熟。在冬季气候较温和的地区，如我国长江中下游地区，已得到相当广泛的应用。利用空气作为低品位热源的主要缺点在于其制热量的变化与建筑热负荷的需求趋势正好相反，而且在夏季高温和冬季寒冷天气时热泵效率会大大降低，甚至无法工作。由于除霜技术尚不完善，在寒冷地区和高湿度地区热泵蒸发器的结霜问题成为空气源热泵推广应用的较大技术障碍。当冬季室外温度较低时，换热器表面的结霜不但影响蒸发器传热，而且增加了融霜能量损失；另外空气热容量小，为了获得足够的热量，需要的空气量较大，对应的风机容量及换热器面积要求较大，相应能耗偏高。此外，热泵机组的噪声及排热易对周围环境产生一定的影响，会对城市造成噪声和热污染。

1.3.2　水源热泵

水源热泵以地表水（包括江河水、湖泊水、海水、城市污水及工业废水等）和地下水作为热泵的低品位热源，主要包括水-空气热泵和水-水热泵。如图 1-5 所示为水-空气热泵简图，该类热泵与室内换热器换热的介质为空气，而与室外换热器换热的介质是水。根据水的来源不同，有以下几种情况。

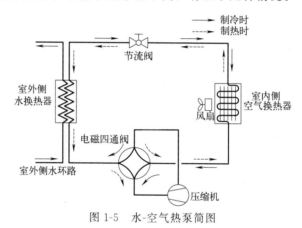

图 1-5　水-空气热泵简图

（1）地下水　如深井水、泉水、地热尾水，这时又称为地下水源热泵（ground water heat pump）。

（2）循环水　在地下换热器循环流动的、与大地耦合换热的循环水。

（3）地表水　如长江、河流、湖泊、池塘、海水，这时又称为地表水源热泵（surface water heat pump）。

（4）其他含有余热的水源　如工业废水、生活污水及太阳能热水等。

如图 1-6 所示为水-水热泵机组简图，这种热泵的蒸发器与冷凝器均为制冷工质-水换热器，制热或制冷工况间的切换可通过四通换向阀改变制冷剂流向来实现。对于现在应用较多的大型水-水热泵机组，也可以通过改变热泵机组的水流向来实现冬夏季工况切换。

利用水作为热泵热源，其优点是：水的热容量较大，流动与传热性能好，使换热设备结构紧凑；水温相对于室外空气温度而言一般较稳定，因而水源热泵运行工况较稳定。缺点是：水量与水质受到一定的限制，必须靠近水源或有一定的蓄水装置；若水质较差，排水管和换热设备容易被堵塞或腐蚀；同时必

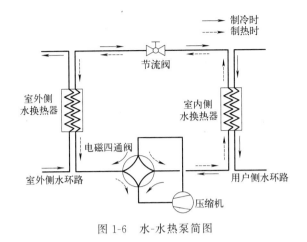

图 1-6 水-水热泵简图

须遵守水资源管理部门的要求。影响水源热泵系统运行效果的重要因素有水源系统的水量、水温、水质和供水稳定性。应用水源热泵时，对水源系统的原则要求是：水量充足，水温适度，水质适宜，供水稳定。

1.3.3 地源热泵

地源热泵一般是指利用储存于地下岩土层中可再生的浅层地热能或地表热能，即岩土体、地下水、地表水（江河湖海等）中蕴含的低品位热能，通过热泵提升后实现各类建筑夏季空调、冬季采暖以及全年热水供应的建筑节能新技术。如图 1-7 所示，地源热泵系统一般由三部分构成，即冷热源系统、地源热泵机组及冷热分配系统。冷热源系统通常包括地下水、江河湖海水、地表岩土、城市污水及工业废水等。地源热泵机组一般为水源式热泵机组，既能

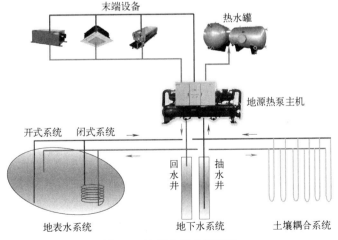

图 1-7 地源热泵系统原理

制冷也能供热，还可根据需要单独供热或供冷，除了机组内水-制冷剂侧换热器与空气源热泵不同之外，其他部件都是通用的。冷热源分配系统包括地埋盘管、风机盘管、顶板辐射和毛细管网辐射等多种形式，具体可根据需要来灵活选择。

1.3.4　太阳能热泵

太阳能热泵是指将太阳能系统和热泵系统组合使用，用太阳能集热器吸收的热能作为热泵蒸发器的低温热源，区别于以太阳能光电或热能发电驱动的热泵机组，也被称为太阳能辅助热泵系统。太阳能热泵以太阳辐射能作为热泵的低品位热源，把太阳能技术与热泵结合起来，可以解决空气源热泵由于低温结霜而效率降低的问题，从而提高空气源热泵的可靠性及供热性能问题。此外太阳能集热器与热泵的结合可以同时提高集热效率与热泵供热性能。

根据太阳能集热器与热泵的组合形式，太阳能热泵可分为直膨式太阳能热泵与非直膨式太阳能热泵两种形式。在直膨式系统中，太阳集热器与热泵蒸发器合二为一，即制冷工质直接在集热器中吸收太阳辐射能而得到蒸发，如图1-8所示。该形式因系统性能良好日益成为人们研究关注的对象，并得到实际的应用（如太阳能热泵热水器）；但是由于涉及机组本身结构部件（蒸发器）的改进，因此其制作要求较高。如图1-9所示，在非直膨式系统中，太阳集热器与热泵蒸发器分离，通过集热介质（一般采用水、空气、防冻溶液等）在集热器中吸收太阳能，并在蒸发器中将热量传递给制冷剂，或者直接通过换热器将热量传递给需要预热的空气或水。

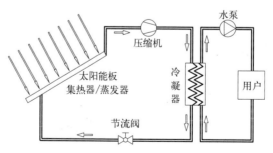

图1-8　直膨式太阳能热泵系统

1.3.5　复合源热泵

由于单一热源本身的局限性导致以上单一热源热泵存在各种各样的缺陷，如果将两种或两种以上具有互补性的热源组合作为热泵的低品位热源，可构成

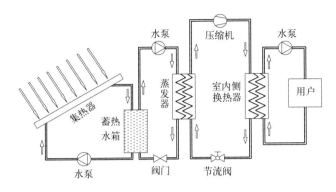

图 1-9 非直膨式太阳能热泵系统

复合源热泵。复合源热泵在保留单一热源热泵本身优点的同时,在一定程度上也可以克服其自身缺陷,因此,具有单一热源热泵无可比拟的优势。目前,比较常见的有以供冷为主的冷却塔-土壤复合源热泵系统及以供热为主的太阳能-土壤复合源热泵系统。图 1-10 给出了冷却塔-土壤复合源热泵系统简图,与单独土壤源热泵系统相比,该复合系统在减少埋管数量的同时,降低了夏季使用空调时热泵进口流体的温度,从而在降低系统初投资的前提下,可提高热泵机组的性能系数及其运行效率,达到节能目的。如图 1-11 所示为太阳能-土壤复合源热泵系统简图,该系统以太阳能和土壤作为热泵的复合热源,可弥补热负荷大的地区单独土壤源热泵制热量不足、制热效率低及埋地盘管多、投资大等缺陷,使运行更稳定。

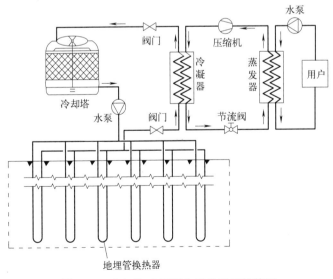

图 1-10 冷却塔-土壤复合源热泵系统简图

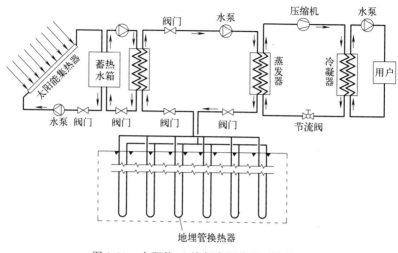

图 1-11　太阳能-土壤复合源热泵系统简图

1.4　地源热泵的形式与结构

1.4.1　地埋管地源热泵

地埋管地源热泵又称土壤源热泵（ground source heat pump）或土壤耦合热泵（ground-coupled heat pump），它利用地下土壤作为热泵的热源或热汇，将土壤作为热泵的排热与吸热场所，夏季将室内余热取出，通过热泵排至地下土壤中储存从而实现制冷；冬季将土壤中的热量取出，通过热泵供给室内而实现供热，如此往复实现连续供热制冷运行。如图 1-12 所示，它主要由三部分组成：室外地埋管换热环路、水源热泵机组制冷剂环路及室内末端环路。与一般热泵系统相比，其不同之处主要在于室外地埋管换热环路由埋设于土壤中的高密度聚乙烯塑料盘管构成，该盘管作为换热器，在冬季作为热源从土壤中取热，相当于常规空调系统的锅炉；在夏季作为冷源（热汇）向土壤中排热，相当于常规空调系统中的冷却塔。

（1）室外地埋管环路　埋在地下土壤中，由高密度聚乙烯塑料管组成封闭环路，采用水或防冻液（北方）作为换热介质。冬季它从地下土壤中吸取热量，夏季向土壤中释放热量。室外环路中的换热介质与热泵机组之间通过换热器（蒸发器或冷凝器）交换热量。其循环由循环水泵的驱动来实现。

（2）热泵机组制冷剂环路　即热泵机组内部四大部件组成的制冷循环环路，

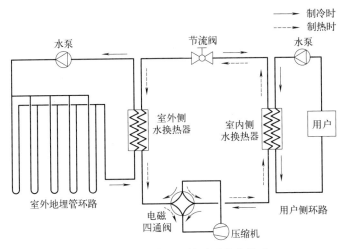

图 1-12　地埋管地源热泵系统的构成

与空气源热泵相比，只是将空气-制冷剂换热器换成水-制冷剂换热器，其他结构一样。

（3）用户侧环路　用户侧环路是将热泵机组的冷（热）量输送到建筑物，并分配给每个房间或区域，传递热量的介质有空气、水或制冷剂等，而相应地采用的热泵机组分别为水-空气式、水-水式、热泵式水冷多联机。

已有研究表明：在地下 5m 以下的土壤温度基本上不随外界环境及季节变化而改变，且约等于当地年平均气温，可以分别在冬夏两季提供较高的蒸发温度和较低的冷凝温度，因此土壤是一种比空气更为理想的热泵热源。利用土壤作为热源的优点如下。

① 地下土壤温度一年四季相对稳定，冬季比外界环境空气温度高，夏季比外界环境空气温度低，是很好的热泵冷热源。因此，利用土壤作为热泵的热源性能系数较高，系统运行性能较稳定，具有明显的节能效果。

② 土壤有较好的蓄能特性，冬季从土壤中取出的热量在夏季可通过地面向地下的热传导或在制冷工况下向土壤中释放的热量得到补充，从而在一定程度上实现了土壤能源资源的内部平衡。

③ 利用土壤作为冷热源，既没有燃烧、排烟，也没有空气源热泵的噪声和热污染，同时不需要堆放燃料和废弃物的场所，埋地换热器在地下土壤中静态地吸放热，且埋地换热器可布置在花园、草坪甚至建筑物的地基下，不占用地上空间，因此，具有很好的环保效益。

④ 埋地管无须除霜，减小了融霜、除霜的能量损失。

⑤ 土壤温度相对于室外气温具有延迟和衰减性，因此，在室外空气温度处

于极端状态，用户对能源的需求量处于高峰期时，土壤的温度并不处于极端状态，而仍能提供较高的蒸发温度与较低的冷凝温度，从而可获得较高的热泵性能系数，提供较多的热量与冷量。

地埋管地源热泵的缺点如下。

① 由于土壤的热导率较小，换热强度弱，在相同的负荷情况下所需的换热面积较大，因此盘管用量多，占地面积大，系统初投资大。

② 地埋管地源热泵在连续运行时会因埋地盘等在土壤中的连续吸热或放热而导致其周围土壤温度的逐渐降低或升高，从而引起热泵蒸发温度和冷凝温度的变化。因此，地埋管地源热泵间歇运行时的效果比连续运行时要好。

③ 埋地换热器在土壤中的换热过程是一个比较复杂的动态传热传质过程，给其设计、计算及模拟研究带来了很大的困难。

④ 用土壤作为热源需要钻孔或挖掘，因此，增加了系统的初投资。

根据地埋管形式不同，地埋管地源热泵可分为水平地埋管、竖直地埋管、螺旋型地埋管和桩基地埋管地源热泵等。竖直地埋管主要有竖直单 U 形地埋管、竖直双 U 形地埋管（并联或串联）和竖直套管，如图 1-13 所示。实际工程中，竖直埋管方式中的 U 形地埋管应用得最多。研究表明，竖直单 U 形地埋管的单位埋深取热率可取 $30\sim50\mathrm{W/m}$，放热率可取 $40\sim60\mathrm{W/m}$，竖直双 U 形地埋管

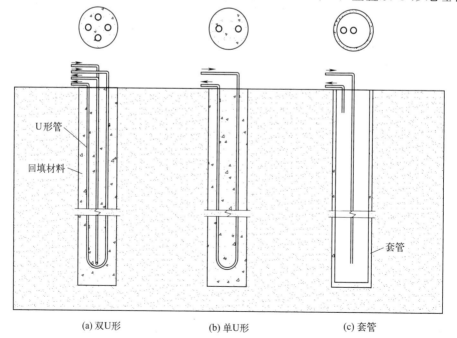

(a) 双U形   (b) 单U形   (c) 套管

图 1-13   竖直地埋管剖面图

的换热率比同等条件下的单 U 形地埋管高 1.1～1.2 倍，套管式换热器比单 U 形地埋管的换热效率高 25％～35％。具体取值大小要根据各地区的土壤结构、气候状况及钻孔埋管条件与进口参数来选定。采用竖直地埋管的优点是占地面积小，深层土壤的全年温度比较稳定，热泵运行稳定，能效比较高。主要缺点是钻孔、土建及埋管等费用较高，相应的施工设备、施工人员相对缺乏。

水平埋管式地源热泵适用于有足够空闲场地的地方，地埋管可布置在花园、草坪或停车场等下面。埋管深度应在冻土层以下 0.6m，且距地面不小于 1.5m，常采用单层或双层串、并联水平平铺埋管方式。埋管型式可采用盘管式或平铺螺旋式。如图 1-14 所示为水平埋管换热器形式示意。采用水平埋管的优点是施工方便、造价低；缺点是传热效果差、受地面温度波动影响较大、热泵运行不稳定，同时占地面积也较大。对于当前土地匮乏的中国城市来说，水平埋管系统应用较少，但对于广大农村及小城镇具有较好的应用前景。

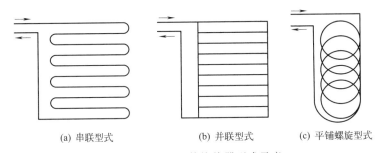

(a) 串联型式　　　　　　(b) 并联型式　　　　　(c) 平铺螺旋型式

图 1-14　水平埋管换热器型式示意

螺旋型埋管换热器能在有限的埋管空间内增大传热面积，因而可提高换热效率。根据埋管现场情况，可采用水平螺旋型埋管或垂直螺旋型埋管（图 1-15）。该系统结合了水平与垂直埋管的优点，占地面积少，安装费用低；但其管道系统结构复杂、管道加工困难，而且系统运行阻力大，能耗偏高。该

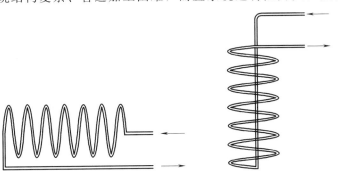

(a) 水平螺旋型埋管　　　　　　　　(b) 垂直螺旋型埋管

图 1-15　螺旋型埋管换热器形式示意图

系统通常适用于冷量较小的情况，如果工程设计恰当，将与垂直和水平环路一样有效。

桩基埋管换热器又称为能量桩，是指利用建筑地桩或在混凝土构件中充满液体的管路系统的取（放）热来进行采暖与制冷。它将传统地埋管置于建筑混凝土桩基中，使其与建筑结构相结合，代替传统的地埋管换热器，通过桩基与周围大地形成换热，解决了竖直埋管钻孔施工困难和成本高的问题，不仅可以省却钻孔工序，节约施工费用，而且能更有效地利用建筑物的地下面积，因而具有很广阔的市场应用前景。桩基埋管换热器与普通地埋管地源热泵的主要区别在于桩基埋管是在建筑物地基桩中植入换热管，其回填材料完全是混凝土，是一种很好的能源系统建筑一体化技术。奥地利在20世纪80年代末期就开始将该技术用于建筑物的供暖与降温。在土地匮乏的当今，该技术日益受到重视，有着很广阔的利用前景。

目前，常用的桩基埋管换热器主要采用了五种形式：单U形、串联双U形（W形）、并联双U形、并联三U形及螺旋型。图1-16给出了U型管与螺旋型管桩基埋管换热器。其中螺旋型管换热器将螺旋盘管按一定的螺距固定在建筑物地基的预制空心钢筋笼中，然后随钢筋笼一起下到桩井中，再浇筑混凝土。它不仅解决了桩基布管施工上的难题，而且增加了埋管在桩基中的传热面积，提高了换热效率，因此具有更广阔的应用前景。

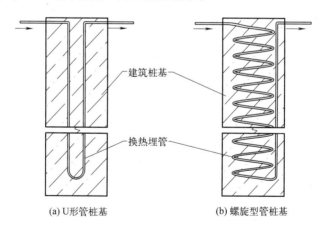

(a) U形管桩基   (b) 螺旋型管桩基

图 1-16   桩基式地埋管换热器

1.4.2   地下水源热泵

用地下水作为热泵热源也有两种形式，即单井回灌系统［图1-17（a）］与双井回灌系统［图1-17（b）］。单井回灌系统用同一口井作为抽水井与回灌井，在单个水井一端抽取地下水，在热泵（或板式换热器）中经过换热后从同一个井的另一端回灌到含水层，井的深度一般为几百米，直径 15cm 左右。运行过程中，在回灌口与抽水口间水头差的作用下，系统循环水有一部分沿井筒直接由回灌口流至抽水口，另一部分循环水从井筒壁渗出，在含水层中与周围土壤直接接触换热后，再由抽水段井筒壁渗入井筒，与沿井筒流下的循环水混合，经抽水管送回热泵系统。双井回灌系统有两个热源井：抽水井和回灌井，地下水从抽水井取出经热泵（或板式换热器）换热后，再通过回灌井返回到含水层。一般回灌井位于抽水井的下游位置，以免出现"短路"现象。

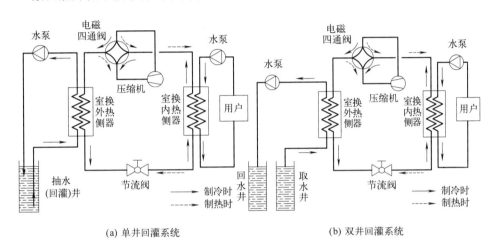

(a) 单井回灌系统　　　　　　　　　　(b) 双井回灌系统

图 1-17　地下水作为热泵热源的两种形式

1.4.3　地表水源热泵

地表水源热泵是指利用地表江水、河流水、湖泊水、海水等作为热泵的低品位热源，实现热泵制冷和供暖的热泵利用形式。一般来说，只要冬季不结冰、水面深度合适、具有足够的水域面积，地表水均可作为热泵低品位热源使用。

用地表水作为热泵的低品位热源有两种方式：一种是用泵将水抽送到热泵机组的蒸发器（或板式换热器），换热后返回水源的开式循环系统 [图 1-18（a）]；另一种是闭式循环系统，即在地表水体中设置换热盘管，用管道与热泵机组的蒸发器连接成回路，换热盘管中的媒介水在泵的驱动下循环经过蒸发器 [图 1-18（b）]。用地表水作为热泵热源，适用于附近有江河、湖泊等水域的地方。为使系统运行良好，水域大小最好在 $4000m^2$ 以上，深度超过 4.6m；该系统安装费用不高，即使水面结冰，仍能正常工作。在采用地表水时，应尽可能减少换热对河流或湖泊造成的生态影响。

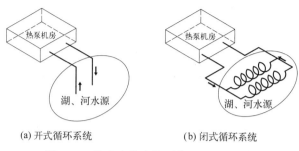

(a) 开式循环系统   (b) 闭式循环系统

图 1-18   地表水作为热泵热源的两种方式

1.5　地埋管地源热泵的发展现状

1.5.1　国外

地埋管地源热泵在国外起步较早，这要追溯到 1912 年瑞士的一个专利，其发展大致可以分为以下三个阶段。

第一阶段：1912 年，瑞士人佐伊利（H. Zoelly）在一项专利中首次提出采用土壤作为热泵热源的设想，标志着地埋管地源热泵研究的开始。但是，直到第二次世界大战结束后，才在欧洲与北美洲兴起对其大规模的研究与开发。1946 年，美国开始对地埋管地源热泵进行了 12 个主要项目的研究，同年在俄勒冈州的波兰特市区中心建成第一台地埋管地源热泵系统，运行很成功，由此掀起了地埋管地源热泵研究的第一次高潮。这一阶段主要是对地埋管地源热泵进行了一系列基础性的实验研究，包括地埋管地源热泵系统运行特性的实验研究、埋地盘管的实验研究、埋地盘管数学模型的建立，同时也对土壤的热流理论方面做过研究，如经典的开尔文（Kelvin）线源理论及 Ingersoll 的圆柱源理论，为后来地埋管的研究提供了理论与试验基础。然而，由于地埋管地源热泵的高投资及当时廉价的能源资源，再加上当时地下金属埋管的腐蚀问题没有得到很好的解决及土壤埋管传热计算的复杂性，这一阶段的研究高潮持续到 20 世纪 50 年代中期便基本停止了。

第二阶段：1973 年，由于“能源危机”的出现，美国和欧洲又展开了对地埋管地源热泵大规模的实验与理论研究。1978 年，BNL（brookhaven national laboratory）制定了土壤源热泵的研究计划，调查其作为空调系统的应用情况，并发表了一些研究成果，主要有对土壤源热泵实际运行的计算机模拟等。欧洲在 20 世纪 80 年代初先后召开了 5 次大型的地源热泵专题国际学术会议。1974

年起，瑞士、荷兰及瑞典等国家政府资助的示范工程逐步建立起来，地源热泵生产技术逐步完善。瑞典在短短的几年中共安装了 1000 多台（套）地源热泵装置，以用于冬季供暖；垂直埋管式地源热泵技术在 70 年代末引入，此后，各种形式的垂直埋管方式主要在瑞典、德国、瑞士和奥地利等国家得到应用。美国从 80 年代初开始，在能源部（DOE）的直接资助下由 ORNL（橡树岭）、BNL（布鲁克黑文）等国家实验室和俄克拉何马州立大学（Oklahoma state university，OSU）等研究机构对土壤源热泵开展了大规模的研究，为其推广起到了重要的作用。资料研究表明：几乎所有的有关地埋管地源热泵的研究工作都是在美国能源部的支持下，由美国的多所大学和 BNL、ORNL 等国家级重点实验室进行的，可以说，地埋管地源热泵的绝大部分研究工作均是在这一阶段完成的。此时地埋管已由早期的金属管改为塑料管，解决了土壤对金属管的腐蚀问题。这一时期的主要工作是对埋地换热器的地下换热过程进行研究，建立相应的数学模型并进行数值仿真，这些研究成果反映在 Bose、Metz、Mei 及 Eskilson 等人的论文、研究报告以及由 ASHRAE 出版的《地源热泵设计手册》中。

　　第三阶段：进入 20 世纪 90 年代，地埋管地源热泵的应用与发展进入一个全新快速发展的时期。地埋管地源热泵在欧洲和北美洲迅速普及，在中欧和北欧地区，地埋管地源热泵已成为家用热泵的主要热源；在美国，地埋管地源热泵因其节能性、舒适性正在大力推广；在加拿大，1990～1996 年家用的地源热泵以每年 20% 的递增销量而处于各种热泵系统的首位。此时，地源热泵在欧美的热泵市场份额约占 3%，每年报道的地源热泵应用工程项目和研究报告不断增加。1993 年，在俄克拉何马州立大学成立了国际地源热泵协会（IGSHPA），1996 年，该协会专门推出了报道地源热泵研究的期刊和网上杂志。在此阶段，除报道有关埋地换热器的强化传热外，还有大量的关于地源热泵实际工程运行的总结和已建成工程的性能比较，研究热点依然集中在埋地换热器的换热机理、强化换热及热泵系统与埋地换热器匹配等方面。与前一阶段单纯采用的"线热源"传热模型不同，前沿的研究更多地关注相互耦合的传热、传质模型，以便更好地模拟埋地换热器的真实换热状况。同时，对于适用于不同气候地区、不同用途的混合地源热泵系统也在进行研究中。此外，对于热物性更好的回填材料的研究以及现场测试地下土壤热物性的 TRT 技术也正在开展之中。在此期间，俄克拉何马州立大学的以 Spitler 教授为领队的研究小组对地源热泵进行了大量的研究，内容涉及各种混合地源热泵系统的模拟与优化、土壤特性参数现场测试技术、地源热泵系统的模拟、垂直 U 形地埋管的数值传热模型、地源热泵系统的优化与控制及桩基地埋管换热器等方面，其研究成果均反映在 Spitler、

Yavuzturk、Chiasson 等人的论文中。国际前沿研究动态表明，有关埋地换热器的传热强化、地源热泵系统仿真及最佳匹配参数的研究都是地源热泵发展的"核心"技术课题，也是涉及多个基础学科领域且极具挑战性的研究工作。

1.5.2 国内

自 20 世纪 50 年代以来，我国便开始了对热泵技术的探索性研究，但主要集中在对空气源和水源热泵的研制与开发利用上。80 年代末，在国家自然科学基金的资助下，国内的许多学者开始了对地源热泵的探索研究，主要的研究领域侧重于对地下水平埋管、垂直 U 形地埋管、套管及螺旋型地埋管地源热泵的供热和供冷性能的实验与理论研究。

据文献资料报道，国内最早的地埋管地源热泵研究开始于 1989 年，当时青岛建筑工程学院（现青岛理工大学）同瑞典皇家工学院合作建立了国内第一个水平埋管地源热泵实验室，随后又在此基础上建立了 53m 埋深单 U 形垂直地埋管地源热泵实验台，并相继进行了供冷和供热的实验与理论研究。1989～1993年，天津商学院的高祖锟等人分别对塑料和铜管材质的水平蛇形、螺旋型地埋管地源热泵进行了冬季供暖和夏季制冷的性能研究。这一阶段研究工作的主要内容是，研究利用热泵技术实现低温地热水采暖和探讨在我国利用地源热泵技术的可行性及一些基本的实验测试，而对埋地换热器地源热泵的埋管换热机理和地源热泵系统的运行性能则没有开展更多的研究。

20 世纪 90 年代以后，由于受国际大环境的影响及地埋管地源热泵自身所具备的节能与环保优势，这项技术逐渐受到人们的重视，越来越多的国内科技工作者开始投身于此项研究。1995 年，国家科技部与美国能源部共同签署了《中华人民共和国国家科学技术委员会和美利坚合众国能源部能源效率和可再生能源技术的发展与利用领域合作协议书》，并于 1997 年又签署了该合作协议书的附件《中华人民共和国国家科学技术委员会与美利坚合众国能源部地热开发利用的合作协议一书》。其中，两国政府将地源热泵空调技术纳入了两国能源效率和可再生能源的合作项目，并拟在中国的北京、杭州和广州 3 个城市各建一座采用地源热泵供暖和制冷的建筑，以推广运用这种"绿色空调技术"，缓解中国对煤炭与石油的依赖程度，从而达到能源资源多元化的目的。2000 年 6 月，美国能源部和中国国家科委联合在北京召开地源热泵产品技术推广会，这一举措极大地促进了该技术的国际合作和推广应用。自此以后，国内便开始了以土壤为热源的地源热泵的理论与实验研究的高潮，主要针对 100m 埋深以内垂直埋管及部分水平埋管地源热泵的理论与实验研究、土壤热物性的研究和地源热泵示范工程的实验研究。

华中科技大学从 90 年代开始，在国家自然科学基金的资助下先后进行了单、双层水平单管换热的试验研究、地下浅层井水用于供暖和制冷的研究。天津大学的赵军、李新国等人对垂直 U 形及桩埋管式地源热泵进行了大量的实验与理论研究，并以天津市梅江生态小区土壤源热泵科研工程实例为背景，对 U 形垂直埋管式换热器进行了单管与多管实验测试与理论研究。重庆建筑大学的刘宪英、王勇等人从 1999 年开始对浅埋竖直套管换热器及水平埋管换热器地源热泵的采暖、供冷进行了大量的实验测试与理论研究，并采用系统能量平衡法，结合热传导方程建立了地下竖直套管式换热器的传热模型。湖南大学提出了蓄热水箱式土壤源热系统的概念，并利用数值模拟的方法，对夏季工况下的传热特性进行分析，分析表明：对于间歇运行的空调系统，采用该系统和提出的运行模式运行时，能使系统在夏季启动阶段以比较低的冷凝温度运行，以达到节能效果，同时进行了多层水平埋管的换热特性研究。同济大学的张旭等人在 UTC 的资助下，对土壤及不同比例的土砂混合物在不同含水率、不同密度条件下的热导率及土壤源热泵的冬季供暖性能进行了实验研究。山东建筑工程学院的方肇洪、刁乃仁、曾和义等人对地埋管换热器传热模型进行了深入的研究，提出了 U 形埋管式换热器中介质轴向温度的数学模型及有限长线热源模型，同时对埋管现场土壤热特性参数测试方法进行了一定的分析，并在图书馆学术报告厅建立了地源热泵示范工程，进行了长期的运行测试。吉林大学热能工程系的高青等人，对间歇运行地源热泵中土壤温度场的分布及其恢复特性进行了实验研究与理论分析，得出间歇运行方式有利于提高效率。吉林大学建筑工程系于 2000 年开始在长春市政府的协助下完成与日本 NEDO 机构合作的封闭循环式地能中央空调示范工程项目，实现一个冬季制热和夏季制冷期运行，获得令人满意的结果，在国内率先成功地开展了封闭式地能利用系统的示范工程。从 2000 年开始，北京工业大学对户式地源热泵机组及垂直 U 形埋管地源热泵进行了一定的理论与实验研究。河北建筑科技学院（现河北工程大学）城建系土壤源热泵空调装置于 2001 年 8 月在河北省邯郸市建成并投入运行，并设立了数据采集与控制系统，对地源热泵系统中的压力、温度、流量及功率等进行测试。从 2003年开始，杨卫波等人开展了土壤源热泵及太阳能-土壤源热泵复合式系统的理论与实验研究，并搭建了太阳能-土壤源热泵复合系统实验平台，开展了复合式系统不同运行模式下运行特性的实验测试。此外，浙江大学、哈尔滨工业大学、东南大学、扬州大学、大连理工大学、西南交通大学、中国科学院广州能源研究所等科研单位也对地埋管地源热泵进行了一系列的研究，取得了不少的成果。

　　《中国"十五"能源发展规划》把优化能源结构作为能源的重中之重，并强调中国必须在 21 世纪前 20 年实现能源消费结构以煤为主到以天然气为主的跨跃，实施以开发风能、太阳能、地热能为主的可再生能源战略。2005 年 2 月 28 日，在第十届全国人民代表大会常务委员会第十四次会议上通过了《中华人民共和国可再生能源法》，其中地源热泵被列为可再生能源利用专项技术支持的五大重点领域之一。2005 年底，国家建设部还专门制定并颁布实施了《地源热泵系统工程技术规范》。2005 年后，随着我国对可再生能源应用与节能减排工作的不断深入，《可再生能源法》《节约能源法》《可再生能源中长期发展规划》等相继颁布。为落实《中华人民共和国可再生能源法》和《国务院关于加强节能工作的规定》，推进可再生能源在建筑领域的规模化应用，建设部出台《建设部关于落实＜国务院关于印发节能减排综合性工作方案的通知＞的实施方案》的通知，提出：到"十一五"期末，建筑节能实现节约 1 亿吨标准煤的目标。其中发展太阳能、浅层地热能、生物质能等可再生能源被纳入建筑应用中，以实现替代常规能源消耗这一目标。建设部发布《建设事业"十一五"重点推广技术领域》，确定了"十一五"期间九大重点推广技术领域，其中"建筑节能与新能源开发利用技术领域"中重点推广太阳能、浅层地温能及其他能源利用技术。《国务院关于印发节能减排综合性工作方案的通知》，明确提出要"大力发展可再生能源，抓紧制订出台可再生能源中长期规划，推进风能、太阳能、地热能、水电、沼气、生物质能利用以及可再生能源与建筑一体化的科研、开发和建设"。2009 年开始，财政部、住房和城乡建设部联合制定《可再生能源建筑应用城市示范实施方案》。对纳入示范的城市，中央财政将予以专项补助，资金补助基准为每个示范城市 5000 万，最高不超过 8000 万元。新增可再生能源建筑应用面积包括地源热泵示范项目，其中地源热泵包括土壤源热泵、淡水源热泵、海水源热泵、污水源热泵等技术。

　　进入"十四五"以来，随着"双碳"战略的提出，地埋管地源热泵的发展也进入了全新发展时期。2021 年 9 月 10 日，国家能源局发布了《关于促进地热能开发利用的意见》，要求进一步规范地热能开发利用管理，推动地热能产业持续高质量发展。根据意见要求，要积极推进浅层地热能利用，在长江流域地区，结合供暖（制冷）需求，因地制宜推进浅层地热能利用，建设浅层地热能集群化利用示范区，在重视传统市区域浅层地热能利用的同时，高质量满足不断增长的南方地区供暖需求。2022 年 3 月 1 日，住建部发布的《"十四五"建筑节能与绿色建筑发展规划》中指出，要加强地热能等可再生能源在建筑中的利用，鼓励各地根据地热资源及建筑需求，因地制宜推广使用地源热泵技术，到 2025

年，地热能建筑应用面积达 1 亿平方米以上。2022 年 3 月 5 日，国家发改委提交全国两会通过的《关于 2021 年国民经济和社会发展计划执行情况与 2022 年国民经济和社会发展计划草案的报告》中指出，构建清洁、低碳、安全、高效的能源体系，并明确全面支持地热等适宜当地的可再生能源供暖方式。在"双碳"战略与节能减排政策的指引下，地埋管地源热泵技术作为一种节能环保型供能技术，将会有着广阔的发展与应用前景。

1.6 地埋管地源热泵应用存在的问题

地埋管地源热泵作为目前热泵产业中发展最快、普及率最高的一种形式，已成为建筑节能与可再生能源利用领域的主要应用技术之一，并成功应用于各类建筑中的供冷供热。尽管地埋管地源热泵得到了快速发展与广泛推广，但仍存在一些制约其科学有序发展的问题，具体如下。

（1）岩土热物性测试问题 岩土热响应测试是准确获取地源热泵埋管现场岩土热物性的主要方法，是进行地埋管地源热泵设计的基础，对于地埋管换热系统的优化设计与高效运行至关重要。目前，关于岩土热响应测试的理论较多，依据不同理论所研制的测试仪器与设备也参差不齐，导致目前从事岩土热响应测试的单位也较多，既有相关高校与科研院所，也有地质勘探与钻井施工部门，同时还有相关的设备制造企业等。尽管国家也出台了相关的热响应测试规范，但未实施岩土热响应测试准入制度或测试资质等，导致不同单位测试结果具有较大的不确定性，在一定程度上影响了该项技术的正确评估与优化设计。

（2）土壤热平衡与适宜性评价问题 地埋管地源热泵系统持续高效运行的关键在于全年地下岩土取热与放热的平衡，从而可保证地热能的可持续性和可开发性。然而，由于我国南北气候差异大，导致不同地区建筑冷热负荷存在较大差异，致使不同地区应用地埋管地源热泵时，全年累积取放热量存在不平衡现象，即土壤热失衡问题。如何在确保长期运行后土壤维持热平衡的基础上，对不同气候地区应用地埋管地源热泵的适宜性进行系统评价，是科学推广地埋管地源热泵技术的关键。

（3）系统优化设计方面 地埋管换热系统的换热效果影响因素较多，其传热效果存在一定的不确定性，而且受不同地区气候与地质条件的影响。在满足换热条件下，土壤热平衡是影响地埋管地源热泵系统节能高效运行的关键问题。在进行土壤热平衡设计计算时，不是简单的最大日冷负荷与最大日热负荷的相加减，而是以年为单位，结合当地的气象参数，利用专业软件计算全年逐时冷热负荷，进行累积计算，最终得出每年向地下排放的总热量、从地下取出的总热量以及两者的差值。在此基础之上，利用专业地埋管地源热泵计算软件进行地埋管换热系统及其辅助冷源系统的设计，从而得到优化设计方案。

（4）规范化施工方面   地埋管地源热泵系统的施工质量对系统的运行效果具有显著影响。通过调查发现，施工质量差主要表现在未保证热交换井的深度和孔径；受现场地形条件限制实际钻孔间距小于设计间距影响了地下土壤温度的恢复速度，继而造成埋管换热器效率的逐年下降；安装地埋管时不设隔离支架造成"热短路"现象；在钻孔回灌时，未严格按照自下而上的机械回灌方式，或人工回灌时未能进行分时多次回灌，导致部分钻孔存有孔隙，影响了换热效果。所有这些均直接影响了系统的最终运行能效，造成部分地埋管地源热泵达不到预期节能效果，影响了该项技术的推广与健康发展。因此，组建专业化的地埋管地源热泵系统施工队伍，建立规范化的施工方案与严格的施工监控体系是地埋管地源热泵技术正确推广的重要保证。

（5）运行管理与优化调控方面   地源热泵运行过程中需采用有效手段来控制和调节地下换热器各区域的换热能力，保证各区域地下换热器的换热能力得到最大限度的发挥。部分负荷情况下，应通过运行控制策略的优化使地源热泵系统仍然能够节能高效运行。然而，目前很多项目在实际运行过程中都没有相应的运行控制策略，运行工况不合理，导致运行能耗高。因此，建立完善的运行管理与优化调控方案对于地源热泵系统的高效运行至关重要，同时应加强对地源热泵项目进行能效监测与评估，以测评结果来强化各实施环节的有效控制。

第 2 章

地埋管换热器传热特性

地埋管换热器的传热问题一直是地埋管地源热泵领域的研究热点，其传热特性的优劣直接决定了系统的运行性能与经济性，并成为该项技术推广的关键。由于土壤构成的复杂性及地埋管换热器结构的多样性，导致影响地埋管传热特性的因素较多，且传热过程较为复杂。本章在给出常用地埋管换热器传热模型与传热特性强化措施的基础上，重点对不同因素对地埋管换热器传热特性的影响规律进行了研究与分析。

2.1 地埋管换热器传热分析概述

地埋管换热器的传热特性是影响地埋管地源热泵系统高效运行的关键因素，且在一定程度上直接决定了系统的运行特性与经济性。地埋管地源热泵技术能否得到正确的推广，很大程度上取决于地埋管换热器传热分析的准确性。因此，建立完善的地埋管换热器传热分析模型，以便能更好地模拟其真实传热过程，从而准确设计地埋管换热器尺寸，是地埋管地源热泵技术应用推广的关键。通过地埋管换热器传热分析，在地埋管换热器设计计算中，可以保证整个寿命周期内地埋管换热器内部循环介质温度都在设计要求的范围之内；在系统模拟仿真中，可以在给定地埋管换热器布置形式、长度及负荷的前提下，得到地埋管换热器内循环流体温度的动态变化，进而确定出系统的运行性能和能耗，以便为系统能耗分析与优化设计提供帮助。此外，通过地埋管传热分析还可以获得不同因素对其传热特性的影响规律，从而为其优化设计与运行调控提供依据。

关于地埋管换热器的传热分析，目前国际上尚无普遍公认的统一模型和规范。从现有文献资料报道来看，地埋管换热器传热分析所用到的模型主要可以分为三大类。第一类是解析解模型，这类模型将地埋管换热器的传热过程进行一定的简化处理，从而可以通过数学分析求出其精确解。具有代表性的是以经典开尔文线热源理论为基础的各类线热源模型和圆柱热源模型，包括恒热流线热源与圆柱热源模型以及经改进后的变热流线热源与圆柱热源模型。其中线热源模型将地埋管看作一维均匀线热源，忽略了钻孔内回填材料和钻孔外土壤物性的差异；圆柱热源模型假定钻孔壁处有一恒定热流，将钻孔（包括地埋管及回填材料）看作一个均匀的圆柱热源，考虑了钻孔内回填材料与周围土壤存在的差异。第二类是以计算传热学为基础的数值解模型，该类模型利用有限差分或者有限元等离散化方法求解传热问题，可以求解各种复杂问题，计算结果更为接近实际情况。但由于地埋管传热所涉及的空间比较大，且时间尺度较长（通常达 10 年以上），导致计算时间较长，消耗的计算资源较大，不便于工程应用，仅限于地埋管换热器传热特性的研究与分析。第三类是基于解析解与数值解混合的求解方法，这种方法采用的简化假设最少，可以在考虑地埋管换热器复杂几何配置和负荷变化影响的基础上，避免长时间的数值计算，将来可直接应用于工程设计与系统能耗分析。代表性的有 Eskilson 提出的无量纲温度响应因子 g-founction。该方法利用解析法和数值法混合求解的手段获得了单个钻孔在恒定热流加热条件下的温度响应，再利用叠加原理得到多个钻孔组成的地埋管换热器在变化负荷作用下的实际温度响应。

2.2　地埋管换热器传热模型

2.2.1　竖直 U 形地埋管换热器

　　竖直 U 形地埋管换热器通常是在一个钻孔中埋设一组或两组 U 形 PE 管，然后用回填材料进行回填封孔，从而与周围土壤构成一个整体，前者称为单 U 形地埋管换热器，后者称为双 U 形地埋管换热器，如图 2-1 所示。竖直 U 形地埋管换热器作为目前应用最为广泛的地埋管换热器形式，其传热模型的构建一直是地埋管地源热泵领域的研究热点。综合国内外有关文献报道，已提出的竖直 U 形地埋管传热模型超过 40 余种，每种传热模型都有其特点，但总体看来，建立传热模型的主要出发点在于获得热泵运行期间 U 形地埋管周围的土壤温度分布或根据换热量来确定 U 形地埋管的进出口温度，并进一步寻找其传热特性或各影响因素对系统运行性能的影响规律，为地埋管换热器及整个系统的优化设计与运行提供理论依据。

　　按照几何空间布置，竖直 U 形地埋管换热器通常可以以钻孔壁为界分为钻孔以内与钻孔以外两部分。由于钻孔以内（包括地埋管与回填材料）相对于钻

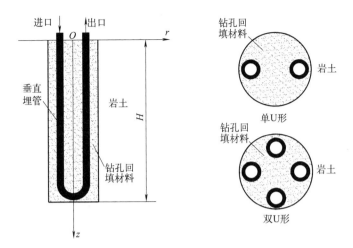

图 2-1　竖直 U 形地埋管换热器几何结构

r—圆柱坐标系中的径向坐标；*z*—圆柱坐标系中的竖向坐标；

H—钻孔深度

孔以外的土壤，其热容量小得多，因此可以近似按照稳态传热来处理。钻孔以外，由于土壤的热容量较大，通常按照非稳态传热来模拟分析。钻孔内外两区域间可通过钻孔壁温耦合关联，从而可构建双区域竖直 U 形地埋管换热器传热模型。

2.2.1.1　钻孔以内

对于钻孔以内，冷（热）流体在 U 形地埋管换热器内循环流动过程中与管外回填材料进行热交换，流体沿程温度会不断变化，且 U 形地埋管进水与出水支管内流体温度不同还会导致两支管间的热干扰；与此同时，U 形地埋管换热器在钻孔内的设置位置及回填材料的热物性也会影响钻孔以内的换热效率，从而导致钻孔以内的传热分析极为复杂。因此，如何考虑 U 形地埋管换热器几何配置及流体温度沿程变化与两支管间热干扰的影响，是精确描述钻孔以内传热过程的关键。

早期的简化模型中，Gu 用当量直径法将竖直 U 形地埋管用一根具有当量直径的单管来代替，忽略了 U 形地埋管几何配置及两支管间热干扰的影响，也无法描述流体温度沿程的变化，这种方法显得过于粗糙。为了考虑两支管间热干扰引起的热短路影响，Lei 提出了 Hopkins 热短路模型思想，该模型将 U 形地埋管两支管间的热干扰问题转化为两支管间的有效干扰传热面积（弧长）与等效传热间距问题。这种方法相比于 Gu 提出的当量直径法有一定的改进，但仍然没有从根本上解决 U 形地埋管几何配置及流体温度沿程变化的影响。为了进一步考虑 U 形地埋管几何配置的影响，Remund 采用钻孔热阻几何形状因子来描述 U 形地埋管在钻孔内埋设位置的影响，并拟合出了三种 U 形地埋管几何配置下的拟合系数值，但未能考虑其他因素的影响。笔者基于前人研究以及元体能量平衡法，建立了考虑 U 形地埋管两支管间热干扰与管内流体温度沿程变化的钻孔内准三维传热模型，并用解析法推导出了便于工程应用的计算表达式。

（1）当量直径法　如图 2-2 所示，设 U 形地埋管管径为 d_{po}，两支管中心间距为 L_s，基于 Gu 提出的当量直径法，根据线热源叠加原理，利用等效当量直径管的概念可将 U 形地埋管等效为一根当量直径为 d_{eq} 的单管，d_{eq} 的表达式为

$$d_{eq} = \sqrt{2d_{po}L_s} \quad (d_{po} < L_s < r_b) \tag{2-1}$$

式中，d_{eq} 为当量直径，m；d_{po} 为 U 形地埋管管径，m；L_s 为 U 形地埋管两支管中心距，m，r_b 为钻孔半径，m。

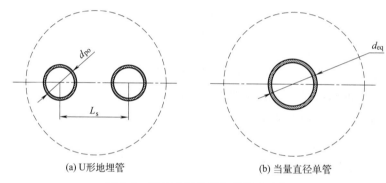

(a) U形地埋管　　　　(b) 当量直径单管

图 2-2　当量直径单管物理模型示意

上述使用当量直径的条件是等效前后应具有相同的单位长度热阻，为了满足这一前提，必须对其进行如下相应的修正。

① 盘管参数的修正。单位埋深 U 形地埋管两管脚总的内部热阻为

$$R_t = \frac{1}{2}\left(\frac{1}{2\pi r_{in}^0 h_{ci}^0} + \frac{\ln \frac{r_{out}^0}{r_{in}^0}}{2\pi \lambda_p^0} \right) = \frac{1}{2\pi (2 r_{in}^0 h_{ci}^0)} + \frac{\ln \frac{r_{out}^0}{r_{in}^0}}{2\pi (2\lambda_p^0)} \tag{2-2}$$

对于当量直径单管，其内部热阻为

$$R_t' = \frac{1}{2\pi (r_{in} h_{ci})} + \frac{\ln \frac{r_{eq}}{r_{in}}}{2\pi \lambda_p} \tag{2-3}$$

为保证当量单管与 U 形地埋管传热过程等效，要求其内部热阻相等，即 $R_t = R_t'$，于是有

$$\frac{1}{2\pi(2r_{in}^0 h_{ci}^0)}+\frac{\ln\dfrac{r_{out}^0}{r_{in}^0}}{2\pi(2\lambda_p^0)}=\frac{1}{2\pi(r_{in}h_{ci})}+\frac{\ln\dfrac{r_{eq}}{r_{in}}}{2\pi\lambda_p} \tag{2-4}$$

比较式（2-4）等号两边各项，需同时满足如下关系式。

$$r_{in}h_{ci}=2r_{in}^0 h_{ci}^0,\ \lambda_p=2\lambda_p^0,\ \frac{r_{eq}}{r_{in}}=\frac{r_{out}^0}{r_{in}^0} \tag{2-5}$$

或

$$r_{in}=\frac{d_{eq}}{d_{po}^0}r_{in}^0,\ h_{ci}=\frac{2r_{in}^0}{r_{in}}h_{ci}^0,\ \lambda_p=2\lambda_p^0 \tag{2-6}$$

② 管内流体流速的修正。为了保证管内流体轴向温度梯度相等，即在单位管长热流率相同的情况下，要求管内流体的质量流量相等，即

$$\frac{u}{u^0}=\left(\frac{d_{po}}{d_{eq}}\right)^2 \tag{2-7}$$

③ 热容量的修正。为保证换热过程的等效性，要求在换热器等效前后盘管内流体的总热容量及管材的总热容量保持不变，即

$$(\rho c_p A_c)_i H=(\rho c_p A_c)_i^0 L \quad (i=f,p) \tag{2-8}$$

其中

$$A_{c,i}=\left(\frac{d_{eq}}{d_{po}}\right)^2 A_{c,i}^0,H=\frac{L}{2} \tag{2-9}$$

将式（2-9）代入式（2-8）可得

$$(\rho c_p)_i=2\left(\frac{d_{po}}{d_{eq}}\right)^2(\rho c_p)_i^0 \quad (i=f,p) \tag{2-10}$$

式中，$A_{c,f}$、$A_{c,p}$ 分别为盘管内截面积及盘管壁截面积，m^2；L、H 分别为 U 形埋地管长度及埋深，m；下脚标 f、p 分别表示流体及盘管，上脚标 0 表示修正前的参数。

使用当量直径法后，则钻孔内的热阻由三部分组成：管内流体对流换热热阻、管壁导热热阻、管外壁到钻孔壁土壤热阻，即

$$R_b=R_{conv}+R_{cond}+R_{grout} \tag{2-11}$$

式中，R_{conv}、R_{cond}、R_{grout} 分别为管内流体对流换热热阻、管壁导热热阻、管外壁到钻孔壁土壤热阻，可分别表示为

$$R_{conv}=\frac{1}{2\pi d_{pi}h_{ci}} \tag{2-12}$$

$$R_{cond}=\frac{1}{4\pi\lambda_p}\ln\frac{d_{po}}{d_{pi}} \tag{2-13}$$

$$R_{\text{grout}} = \frac{1}{2\pi\lambda_g}\ln\frac{d_b}{d_{eq}}$$

(2-14)

式中，d_{pi}、d_{po} 分别为 U 形地埋管内、外直径，m；d_b 为钻孔直径，m；λ_p、λ_g 分别为管材与回填材料的热导率，W/(m·℃)；h_{ci} 为管内流体与管内壁间的对流换热系数，W/(m²·℃)。

可采用如式（2-15）和式（2-16）的 Dittus-Boelter 法来确定。

$$h_{ci} = \frac{Nu\lambda_f}{d_{pi}}$$

(2-15)

$$Nu = 0.023Re^{0.8}Pr^n$$

(2-16)

式中，Re、Pr 分别为雷诺数与普朗特数；指数 n 对于供热与制冷工况分别为 0.3 与 0.4；λ_f 为循环流体的热导率，W/(m·℃)。

（2）Hopkins 热短路模型　为了考虑两支管间热干扰引起的热短路影响，Lei 基于 Hopkins 热短路模型思想，将两支管间的热干扰问题转化为两支管间的

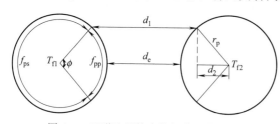

有效干扰传热面积（弧长）与等效传热间距问题，则根据傅里叶导热定律即可导出两支管间的传热量，其热干扰说明见图 2-3。图中角度 ϕ 所对应的弧长 f_{pp} 即为两支管间的有效传热面积（f_{ps} 则为支管与土

图 2-3　U 形地埋管支管间热干扰说明

壤间的有效传热面积），由几何关系可得

$$f_{pp} = \phi r_p$$

(2-17)

式中，r_p 为 U 形地埋管半径，m；ϕ 为两支管间的热干扰角，(°)，其值取决于不同地埋管结构与热特性参数。

参照图 2-3，两支管间的等效传热间距 D_e 可表示为

$$D_e = \frac{d_1 + d_e}{2}$$

(2-18)

其中，d_1 根据几何关系有

$$d_1 = 2(r_p - d_2) + d_e$$

(2-19)

式中，$d_2 = r_p\cos(\phi/2)$；d_e 为考虑 U 形地埋管壁厚的两支管间的当量间距，m，其表达式为

$$d_e = \frac{2\delta_p\lambda_g}{\lambda_p} + D$$

(2-20)

式中，δ_p 为 U 形地埋管壁厚，m；λ_g、λ_p 分别为回填物与埋管的热导率，W/(m・℃)；D 为两支管（实际）间距，m。

根据傅里叶导热定律，两支管流体间的干扰传热量 q_{12} 为

$$q_{12} = f_{pp} \frac{T_{f2} - T_{f1}}{R_{12}} \tag{2-21}$$

式中，R_{12} 为两支管流体间的等效传热热阻，$m^2 \cdot ℃/W$，可表示为

$$R_{12} = \frac{2d_{po}}{h_{ci}d_{pi}} + \frac{D_e}{\lambda_g} \tag{2-22}$$

式中，h_{ci} 为管内流体与管壁间的对流换热系数，$W/(m^2 \cdot ℃)$，可采用上述 Dittus-Boelter 法来确定。

这种方法相比于 Gu 提出的当量直径法有一定的改进，但仍然没有从根本上解决 U 形地埋管几何配置的影响。

（3）形状因子法　为了描述 U 形地埋管在钻孔中不同埋设位置下的影响，Paul 与 Remund 提出了形状因子来描述 U 形地埋管在钻孔中配置的影响。图 2-4 给出了 U 形地埋管在钻孔中设置的三种形式，其中形式 A 是一种保守的设计方法，只是在土壤结构及其热特性存在很大的不确定性时才使用；形式 C 是一种过于冒险的设计假定，用此形式作地埋管的设计计算将会导致过短的地埋管设计长度，在实际设计计算中往往不会采用；形式 B 在大多数情况下是一种合理的设计考虑，应用比较普遍。

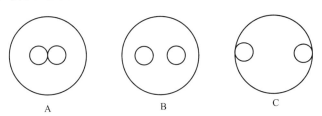

图 2-4　U 形地埋管在孔洞中的埋设位置

Paul 与 Remund 基于钻孔形状因子提出了计算等效回填热阻的方法，钻孔形状因子与钻孔回填热阻间的关系可表示为

$$R_{grout} = \frac{1}{S_b \lambda_{grout}} \tag{2-23}$$

式中，R_{grout} 为等效回填热阻，$m \cdot ℃/W$；λ_{grout} 为回填材料的热导率，$W/(m \cdot ℃)$；S_b 为钻孔形状因子。

利用实验获得的等效回填热阻与热导率数据，通过式（2-23）可计算得出钻孔形状因子。针对图 2-4 中的每种埋设位置，将计算结果整理成钻孔直径与 U

形地埋管外径的比例，利用式（2-24）对三种埋设位置下的数据进行拟合，从而可得到不同埋管布置形式下的拟合系数与相关系数，见表 2-1。

$$S_b = \beta_0 \left(\frac{d_b}{d_{po}}\right)^{\beta_1} \tag{2-24}$$

式中，β_0、β_1 为孔洞热阻的几何形状因子，见表 2-1。

表 2-1　不同地埋管布置形式下钻孔热阻的形状因子

布置形式	β_0	β_1	拟合相关系数
A	20.10	−0.9447	0.9926
B	17.44	−0.6052	0.9997
C	21.91	−0.3796	0.9697

钻孔热阻可表示为

$$R_b = R_{conv} + R_{cond} + R_{grout} = \frac{1}{2\pi d_{pi} h_{ci}} + \frac{1}{4\pi\lambda_p}\ln\frac{d_{po}}{d_{pi}} + \frac{1}{\lambda_{grout}\beta_0\left(\dfrac{d}{d_{po}}\right)^{\beta_1}} \tag{2-25}$$

形状因子法在一定程度上虽然能够给出 U 形地埋管在钻孔中几何配置的影响，但仍未考虑 U 形地埋管两支管间热短路，同时也忽略了流体温度在 U 形地埋管中沿程变化的影响，因此，其处理也比较粗糙。

（4）钻孔内准三维传热模型

① 钻孔内等效热阻的计算。对于沿深度方向竖直 U 形埋管钻孔的任意一个横剖面，设进出口两支管内的流体温度分别为 T_{f1} 与 T_{f2}，对应单位埋管的等效换热量分别为 q_1^Δ、q_2^Δ，则根据线性叠加原理有

$$\begin{cases} T_b - T_{f1} = R_{11}q_1^\Delta + R_{12}q_2^\Delta \\ T_b - T_{f2} = R_{12}q_1^\Delta + R_{22}q_2^\Delta \end{cases} \tag{2-26}$$

式中，T_b 为钻孔壁温，℃；R_{11}、R_{22} 分别为 U 形地埋管两支管各自独立存在于钻孔内时管内流体至钻孔壁的热阻，m·℃/W，当 U 形地埋管对称布置时有 $R_{11} = R_{22}$；R_{12} 为两支管内循环流体间的热阻，m·℃/W。

R_{11} 与 R_{12} 可用式（2-27）计算。

$$\begin{cases} R_{11} = R_{22} = \dfrac{1}{\pi d_{pi} h_{ci}} + \dfrac{1}{2\pi\lambda_p}\ln\dfrac{d_{po}}{d_{pi}} + \dfrac{1}{2\pi\lambda_g}\left(\ln\dfrac{d_b}{d_{po}} + \dfrac{\lambda_g - \lambda_s}{\lambda_g + \lambda_s}\ln\dfrac{d_b^2}{d_b^2 - D_U^2}\right) \\ R_{12} = \dfrac{1}{2\pi\lambda_g}\left(\ln\dfrac{d_b}{2D_U} + \dfrac{\lambda_g - \lambda_s}{\lambda_g + \lambda_s}\ln\dfrac{d_b^2}{d_b^2 - D_U^2}\right) \end{cases} \tag{2-27}$$

式中，λ_p 为 U 形地埋管材的热导率，W/(m·℃)；λ_g 为回填物的热导率，

W/(m·℃)；λ_s 为土壤的热导率，W/(m·℃)；d_{pi} 为 U 形地埋管内直径，m；d_{po} 为 U 形地埋管外直径，m；d_b 为钻孔直径，m；D_U 为 U 形地埋管两支管中心间距，m；h_{ci} 为流体与管内壁面间的对流换热系数，W/(m²·℃)，可采用上述 Dittus-Boelter 法来确定。

以 q_1^{Δ} 和 q_2^{Δ} 作为未知量，对式（2-27）进行线性变换可得

$$\begin{cases} q_1^{\Delta} = \dfrac{T_b - T_{f1}}{R_1^{\Delta}} + \dfrac{T_{f2} - T_{f1}}{R_{12}^{\Delta}} \\[3mm] q_2^{\Delta} = \dfrac{T_b - T_{f2}}{R_2^{\Delta}} - \dfrac{T_{f2} - T_{f1}}{R_{12}^{\Delta}} \end{cases} \tag{2-28}$$

由此可得到 U 型埋管支管内流体至钻孔壁及另一相邻支管内流体间的等效热阻 R_1^{Δ}、R_{12}^{Δ} 的计算表达式为

$$\begin{cases} R_1^{\Delta} = R_2^{\Delta} = \dfrac{R_{11} R_{22} - R_{12}^2}{R_{22} - R_{12}} \\[3mm] R_{12}^{\Delta} = \dfrac{R_{11} R_{22} - R_{12}^2}{R_{12}} \end{cases} \tag{2-29}$$

式中，R_1^{Δ}（R_2^{Δ}）为 U 形地埋管支管内流体至钻孔壁间的等效热阻，m·℃/W；R_{12}^{Δ} 为 U 形地埋管两支管内流体间的等效热阻，m·℃/W。

② 钻孔内能量平衡方程。图 2-5 给出了沿垂直 U 形地埋管钻孔深度方向上任一横截面内的热流与热阻网络。参照图 2-5，在忽略介质轴向导热的情况下，对于沿深度方向上任意横截面的微元体 dz，对两支管列出能量平衡方程有

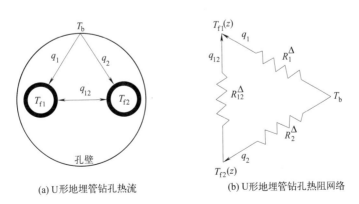

(a) U 形地埋管钻孔热流　　　　(b) U 形地埋管钻孔热阻网络

图 2-5　沿垂直 U 形地埋管钻孔深度方向上
任意横截面内的热流与热阻网络

$$\begin{cases} M\dfrac{\mathrm{d}T_{\mathrm{f1}}(z)}{\mathrm{d}z}=q_1+q_{12}=K_1[T_\mathrm{b}-T_{\mathrm{f1}}(z)]+K_{12}[T_{\mathrm{f2}}(z)-T_{\mathrm{f1}}(z)] \\[2mm] -M\dfrac{\mathrm{d}T_{\mathrm{f2}}(z)}{\mathrm{d}z}=q_2-q_{12}=K_1[T_\mathrm{b}-T_{\mathrm{f2}}(z)]-K_{12}[T_{\mathrm{f2}}(z)-T_{\mathrm{f1}}(z)] \end{cases}$$

$$(2\text{-}30)$$

式中，M 为循环流体的热容量，$M=c_\mathrm{p}\dot{m}$，$\mathrm{W/℃}$；c_p 为流体的定压比热容，$\mathrm{J/(kg\cdot℃)}$；$\dot{m}$ 为 U 形地埋管内循环流体的质量流量，$\mathrm{kg/s}$；$T_{\mathrm{f1}}(z)$ 为深度 z 处 U 形地埋管进口支管内流体温度，$℃$；$T_{\mathrm{f2}}(z)$ 为深度 z 处 U 形地埋管出口支管内流体温度，$℃$；T_b 为孔壁温度，$℃$；K_1 为 U 形地埋管支管内流体与孔壁间的等效热导率，$K_1=1/R_1^\Delta$，$\mathrm{W/(m\cdot℃)}$；K_{12} 为 U 形地埋管支管内流体与邻近支管内流体间的等效热导率，$K_{12}=1/R_{12}^\Delta$，$\mathrm{W/(m\cdot℃)}$。

令 $\theta_1(z)=T_\mathrm{b}-T_{\mathrm{f1}}(z)$，$\theta_2(z)=T_\mathrm{b}-T_{\mathrm{f2}}(z)$，$a=\dfrac{K_1+K_{12}}{M}$，$b=\dfrac{K_{12}}{M}$，则式（2-30）可化简为

$$\begin{cases} \dfrac{\mathrm{d}\theta_1}{\mathrm{d}z}=b\theta_2-a\theta_1 \\[2mm] \dfrac{\mathrm{d}\theta_2}{\mathrm{d}z}=a\theta_2-b\theta_1 \end{cases}$$

$$(2\text{-}31)$$

对式（2-31）进行线性变换，采用求解常微分方程组的方法可得解为

$$\begin{cases} \theta_1(z)=C_1\dfrac{a-\sqrt{a^2-b^2}}{b}\mathrm{e}^{(\sqrt{a^2-b^2})z}+C_2\dfrac{a+\sqrt{a^2-b^2}}{b}\mathrm{e}^{-(\sqrt{a^2-b^2})z} \\[2mm] \theta_2(z)=C_1\mathrm{e}^{(\sqrt{a^2-b^2})z}+C_2\mathrm{e}^{-(\sqrt{a^2-b^2})z} \end{cases} \quad(2\text{-}32)$$

式中，待定常数 C_1 和 C_2 由定解条件 $\theta_1|_{z=0}=\theta_1(0)=T_\mathrm{b}-T_{\mathrm{g,in}}$ 与 $\theta_1(H)=\theta_2(H)$ 可得

$$\begin{cases} C_1=\dfrac{A_4b\theta_1(0)}{A_1A_4-A_2A_3A_5{}^2} \\[4mm] C_2=\dfrac{A_3A_5{}^2b\theta_1(0)}{A_2A_3A_5{}^2-A_1A_4} \end{cases}$$

$$(2\text{-}33)$$

$$A_1=a-\sqrt{a^2-b^2} \qquad (2\text{-}34)$$

$$A_2=a+\sqrt{a^2-b^2} \qquad (2\text{-}35)$$

$$A_3=a-b-\sqrt{a^2-b^2} \qquad (2\text{-}36)$$

$$A_4=a-b+\sqrt{a^2-b^2} \qquad (2\text{-}37)$$

$$A_5 = \mathrm{e}^{(\sqrt{a^2-b^2})H} \tag{2-38}$$

式中，H 为钻孔深度，m；$T_{\mathrm{g,in}}$ 为 U 形地埋管进口流体温度，℃。

由此可得出竖直 U 形地埋管内流体温度的沿程分布为

$$\begin{cases} T_{\mathrm{f1}}(z) = T_{\mathrm{b}} - \theta_1(z) \\ T_{\mathrm{f2}}(z) = T_{\mathrm{b}} - \theta_2(z) \end{cases} \tag{2-39}$$

进而可求出 U 形地埋管的出口流体温度及单位埋管长度吸热量分别为

$$T_{\mathrm{g,out}} = T_{\mathrm{b}} - \theta_2(0) \tag{2-40}$$

$$q = \frac{Q_{\mathrm{g}}}{2H} = \frac{M(T_{\mathrm{g,out}} - T_{\mathrm{g,in}})}{2H} \tag{2-41}$$

式中，$T_{\mathrm{g,in}}$ 为 U 形地埋管的进口流体温度，℃；$T_{\mathrm{g,out}}$ 为 U 形地埋管的出口流体温度，℃；Q_{g} 为 U 形埋管的吸热量，W；q 为单位埋管长度吸热量，W/m。

2.2.1.2　钻孔以外

钻孔以外传热分析的主要目的是根据地埋管瞬时传热量来确定钻孔壁温。一般而言，钻孔以外的传热空间区域及其相应介质的热容量大，而且涉及的时间也很长，在系统模拟中按非稳态传热来处理。目前，可用于求解钻孔以外部分瞬态传热问题的模型主要有数值解与解析解两类。数值解模型虽然功能强大，但是由于地埋管传热问题涉及的空间区域大、几何配置复杂，同时负荷随时间而随机动态变化，且计算的时间尺度也很长，因此这种模型将因反复迭代而耗费大量的计算机内存与时间，难以用来进行工程设计和长时期动态模拟。相比之下，解析解模型简单直观、物理意义明确，且以显函数的形式出现，可以直接编程或调用即可完成地埋管换热器的设计与动态仿真。目前，常用于钻孔以外瞬态传热分析的解析解模型主要有线热源模型与圆柱热源模型，考虑到地埋管负荷动态变化性，在此给出经过改进的变热流线热源模型与圆柱热源模型。

（1）变热流线热源模型　实际运行过程中，热泵冷热负荷是随时间而变化的，因此，地埋管负荷（热流）也是随时间而不断改变的，这样随时间变化的负荷（热流）可以看作是一系列连续作用于钻孔中的矩形阶跃负荷（热流），如图 2-6 所示。每一时刻的地埋管阶跃负荷都会给孔洞壁面产生一个温度响应，则在某一时刻末对地埋管钻孔的温度响应可应用叠加原理而得到。

根据叠加原理，将某时刻以前各时间段埋管取（放）热对钻孔周围土壤温度响应的作用都叠加到该时刻，如图 2-7 所示，对于具有四个不同地埋管热流量时间段的情形，则 t_4 时刻末的土壤远边界与钻孔壁面间的温差 ΔT_{g} 应该由 $q_1 \sim q_4$ 共同来决定，根据叠加原理有

$$\Delta T_{\mathrm{g}} = \frac{q_4 - q_3}{4\pi\lambda_{\mathrm{s}}} I\left[\frac{r_{\mathrm{b}}^{\;2}}{4a_{\mathrm{s}}(t_4 - t_3)}\right] + \frac{q_3 - q_2}{4\pi\lambda_{\mathrm{s}}} I\left[\frac{r_{\mathrm{b}}^{\;2}}{4a_{\mathrm{s}}(t_4 - t_2)}\right] +$$

$$\frac{q_2 - q_1}{4\pi\lambda_{\mathrm{s}}} I\left[\frac{r_{\mathrm{b}}^{\;2}}{4a_{\mathrm{s}}(t_4 - t_1)}\right] + \frac{q_1}{4\pi\lambda_{\mathrm{s}}} I\left(\frac{r_{\mathrm{b}}^{\;2}}{4a_{\mathrm{s}}t_4}\right) \qquad (2\text{-}42)$$

式中，r_{b} 为钻孔半径，m；$I(x)$ 为指数积分函数，可由下式近似计算。

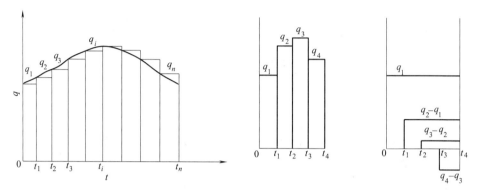

图 2-6　用矩形阶跃负荷近似连续热流　　　　图 2-7　负荷叠加说明

$$I(x) = x - \ln(x) - \gamma - \frac{x^2}{2\times 2!} + \frac{x^3}{3\times 3!} + \cdots + \frac{(-1)^{n+1}x^n}{n\times n!} \qquad (2\text{-}43)$$

式中，$\gamma = 0.57726$，称为欧拉常数。

由图 2-7 与式（2-42）可以看出，起始时刻的热流 q_1 对整个运行时间段 t_4 的温度响应均起作用，随后第二时间段的热流 q_2 只对随后的三个时间段（$t_4 - t_1$）的温度响应有效，但此时必须抵消前一时间段 q_1 热流对该时间段的影响，即该时间段作用的等效热流值应为（$q_2 - q_1$）。依此类推，对于第三、四时间段的情况，其作用的等效热流值与相应的时间段分别为（$q_3 - q_2$）、（$q_2 - q_1$）与（$t_4 - t_2$）、（$t_4 - t_1$）。则基于叠加原理与分段线性阶跃负荷思想可得到第 t_n 时刻末土壤远边界与钻孔壁面的温差为

$$\Delta T_{\mathrm{g},n} = \sum_{i=1}^{n} \sum_{j=1}^{i} \frac{q_j - q_{j-1}}{4\pi\lambda_{\mathrm{s}}} I\left[\frac{r_{\mathrm{b}}^{\;2}}{4a_{\mathrm{s}}(t_n - t_{j-1})}\right] \quad (q_0 = 0, \tau_0 = 0) \quad (2\text{-}44)$$

根据式（2-44），便可由远边界土壤原始温度计算出变热流情况下的钻孔壁温。

（2）变热流圆柱热源模型　如上所述，地源热泵地埋管换热器从土壤中的取（放）热量常常是随建筑负荷的变化而不断改变的，因此常热流圆柱热源假设在应用上具有很大的近似性，必须对其进行改进以适合变热流量的情况。基于 Ingersoll 等人建议的将常热流圆柱源模型按具有不同热流的时间段来分别求解，然后进行叠加的思想，提出利用最简单且与实际负荷比较接近的随时间变

化的"阶跃"热流来处理变热流问题。通过引入阶跃负荷与叠加原理，圆柱源的解就可以用来表示关于一系列不同时刻具有不同热流（变热流）的阶跃负荷在无限大介质（土壤）中产生的温度响应。

叠加原理是将某时刻以前各时间段地埋管取（放）热对 ΔT_g 的作用影响都叠加到该时刻，其原理可以利用图 2-8 来进行说明。图中示出了具有三个不同地埋管热流量时间段的情形，则 t_3 时刻的 ΔT_g 应该由 $Q_{g,1}$、$Q_{g,2}$ 和 $Q_{g,3}$ 共同来决定，根据叠加原理有

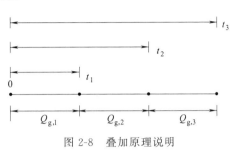

图 2-8　叠加原理说明

$$\Delta T_g = \frac{Q_{g,1}}{\lambda_s H}\left[G(Fo_{t_3-0},p)-G(Fo_{t_3-t_1},p)\right]+$$

$$\frac{Q_{g,2}}{\lambda_s H}\left[G(Fo_{t_3-t_1},p)-G(Fo_{t_3-t_2},p)\right]+\frac{Q_{g,3}}{\lambda_s H}G(Fo_{t_3-t_2},p) \qquad (2\text{-}45)$$

式中，Fo 为傅里叶准则，无量纲；$G(Fo,p)$ 为理论积分解 G 函数；Q_g 表示地埋管热流量，W；λ_s 表示土壤热导率，W/(m·℃)；H 表示钻孔深度，m；p 为计算温度处的半径与钻孔半径之比，无量纲，$p=1$ 表示钻孔壁面处。

由式（2-45）可以看出：t_3 时刻的 ΔT_g 不仅受到该时刻热流 $Q_{g,3}$ 的影响，而且受到该时刻以前各时刻的作用，但在计算某一时段热流作用时，要减去该时间段热流对以后各时间段的影响，以免重复。如计算 $Q_{g,1}$ 热流时要减去其对 t_3-t_1 时间段的作用。基于叠加原理可得第 t_n 时刻土壤远边界温度与钻孔壁面温差可表示为

$$\Delta T_{g,n}=\frac{1}{\lambda_s H}\sum_{i=1}^{n}\sum_{j=1}^{i}Q_{g,j}\left[G(Fo_{t_{n+1}-t_i},p)-G(Fo_{t_n-t_i},p)\right] \qquad (p=1)$$

$$(2\text{-}46)$$

根据式（2-46）便可由远边界土壤温度计算出 t_n 时刻孔洞壁面的温度 $T_b(t_n)$ 为

$$T_b(t_n)=T_\infty-\Delta T_{g,n} \qquad (p=1) \qquad (2\text{-}47)$$

式（2-47）表示计算出 t_n 时刻孔洞壁面的温度 $T_b(t_n)$，$p=1$ 表示钻孔壁面处，p 包含在式（2-47）中的 $\Delta T_{g,n}$。

以上是对单孔情况下的计算，实际工程中地埋管换热器通常由多个钻孔组成。由于常物性假定下的导热问题符合叠加原理的条件，因此在计算多孔换热

器在阶跃热流作用下某一钻孔壁的过余温度响应时，可分别计算换热器中的每个钻孔在该孔壁处引起的过余温度响应，然后进行叠加即可。例如，对由 n 个钻孔组成的地埋管换热区域，其中某一个钻孔在 t_n 时刻的钻孔壁温可以采用叠加原理而得到。

$$T_\infty - T_b(t_n) = (\Delta T_b)_m = \Delta T_b(r_b, t_n) + \sum_{i=1}^{n-1} \Delta T_b(r_i, t_n) \qquad (2\text{-}48)$$

式中，$\Delta T_b(r_b, t_n)$ 为计算钻孔的温差，℃；r_b 为计算钻孔的半径，m；r_i 为第 i 个钻孔至计算钻孔间的距离，m。

2.2.1.3 模拟计算过程

将上述钻孔以内、钻孔以外传热模型通过钻孔壁温耦合关联，再与热泵模型通过进出口温度进行连接，将热泵模型与房间负荷模型关联，即可实现地源热泵系统动态仿真计算。由于热泵性能、地埋管换热特性及房间负荷是相互耦合的，因此需要进行迭代计算。模拟计算中通常先假定一个地埋管出口流体温度（即为热泵进口温度），然后通过热泵模型与房间负荷模型即可算出热泵从地埋管环路中的吸热或放热量（该热量理论上即为地埋管从土壤中的吸热或放热量）及热泵出口温度（即为 U 形地埋管进口温度），据此通过钻孔以外的传热模型可以计算出一个钻孔壁温，再利用钻孔以内模型可以计算出一个新的地埋管出口温度，然后与假定值进行比较，直到其差值的绝对值达到要求的精度为止。其具体计算流程如图 2-9 所示。

2.2.2 竖直套管式地埋管换热器

V. C. Mei 基于能量守恒原理，由系统能量平衡结合热传导方程建立了竖直套管式地埋管换热器的二维传热模型，该模型假设：

① 岩土是均匀的；

② 埋管内同一截面流体的温度与速度相同；

③ 岩土物性参数不随时间变化；

④ 忽略埋管与岩土间的接触热阻；

⑤ 只考虑热传递，忽略湿迁移的影响；

⑥ 传热过程轴中心对称。

基于以上假设，对套管各截面径向传热建立方程，通过截面推移可得到二维温度场。

如图 2-10 所示，建立单根竖直套管式换热器坐标系统，可得到热泵运行和热泵停止时的埋管传热方程。

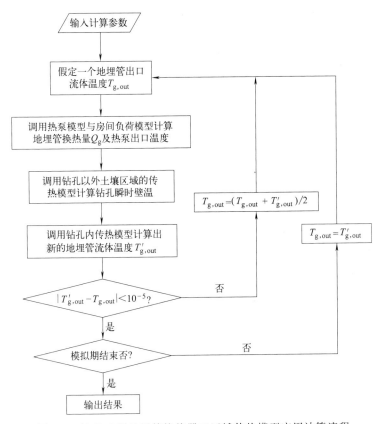

图 2-9　竖直 U 形地埋管换热器二区域传热模型应用计算流程

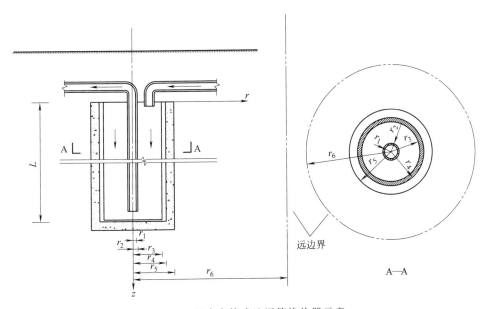

图 2-10　竖直套管式地埋管换热器示意

2.2.2.1 热泵运行时

套管内流体从环腔进入内管后流出，与内外管壁发生对流换热。流出内管的流体与内管内壁的传热为

$$v_1 \frac{\partial T_{f1}}{\partial z} + \frac{2\lambda_1}{\rho_f c_{pf} r_1} \times \frac{\partial T_1}{\partial r}\Big|_{r=r_1} = \frac{\partial T_{f1}}{\partial t} \quad (r \leqslant r_1) \tag{2-49}$$

内管管壁导热

$$\frac{1}{a_1} \times \frac{\partial T_1}{\partial t} = \frac{\partial^2 T_1}{\partial r^2} + \frac{1}{r} \times \frac{\partial T_1}{\partial r} \quad (r_1 \leqslant r \leqslant r_2) \tag{2-50}$$

环腔内流体与套管管壁的传热

$$-v_2 \frac{\partial T_{f2}}{\partial z} + \frac{2\lambda_1 r_2}{c_{pf}\rho_f(r_3^2 - r_2^2)} \times \frac{\partial T_1}{\partial r}\Big|_{r_2} + \frac{2\lambda_1 r_3}{c_{pf}\rho_f(r_3^2 - r_2^2)} \times \frac{\partial T_2}{\partial r}\Big|_{r_3} = \frac{\partial T_{f2}}{\partial t}$$

$$(r_2 \leqslant r \leqslant r_3) \tag{2-51}$$

外管管壁的导热

$$\frac{1}{a_2} \times \frac{\partial T_2}{\partial t} = \frac{\partial^2 T_2}{\partial r^2} + \frac{1}{r} \times \frac{\partial T_2}{\partial r} \quad (r_3 \leqslant r \leqslant r_4) \tag{2-52}$$

回填材料的导热

$$\frac{1}{a_3} \times \frac{\partial T_3}{\partial t} = \frac{\partial^2 T_3}{\partial r^2} + \frac{1}{r} \times \frac{\partial T_3}{\partial r} \quad (r_4 \leqslant r \leqslant r_5) \tag{2-53}$$

土壤导热

$$\frac{1}{a_s} \times \frac{\partial T_s}{\partial t} = \frac{\partial^2 T_s}{\partial r^2} + \frac{1}{r} \times \frac{\partial T_s}{\partial r} \quad (r_5 \leqslant r \leqslant r_6) \tag{2-54}$$

初始条件（$t=0$）

$$T_1(0,z) = T_2(0,z) = T_3(0,z) = T_{f1}(0,z) = T_{f2}(0,z) = T_s(0,z) \tag{2-55}$$

进液处表面初始条件（$z=0$）

$$T_{f2}(0,z) = f(t) \tag{2-56}$$

换热器管底末端的边界条件（$z=L$）

$$T_{f1}(t,L) = T_{f2}(t,L) \tag{2-57}$$

内管中流体与内管管壁处边界条件

$$-\lambda_1 \frac{\partial T_1}{\partial r}\Big|_{r_1} = \alpha_1(T_{f1} - T_1) \tag{2-58}$$

环腔中流体与内管外管壁处的边界条件

$$-\lambda_1 \frac{\partial T_1}{\partial r}\Big|_{r_2} = \alpha_2(T_1 - T_{f2}) \tag{2-59}$$

环腔内流体与套管内管壁处的边界条件

$$-\lambda_2\frac{\partial T_2}{\partial r}\Big|_{r_3}=\alpha_3(T_{f2}-T_2)\tag{2-60}$$

套管外管壁与回填物的边界条件

$$-\lambda_3\frac{\partial T_3}{\partial r}\Big|_{r_4}=-\lambda_2\frac{\partial T_2}{\partial r}\Big|_{r_4}=\frac{\alpha_4}{2\pi r_4}(T_2-T_3)\tag{2-61}$$

回填物与大地的边界条件

$$-\lambda_s\frac{\partial T_4}{\partial r}\Big|_{r_5}=-\lambda_3\frac{\partial T_3}{\partial r}\Big|_{r_5}=\frac{\alpha_5}{2\pi r_5}(T_3-T_4)\tag{2-62}$$

假设远边界条件

$$T_s=T_s(z)\quad(r\geqslant r_6)\tag{2-63}$$

式中，v_1、v_2 分别为内管和环腔内的流体速度，m/s；z 为沿管长方向坐标，m；T_{f1}、T_{f2} 分别为内管和环腔内的流体温度，℃；$r_1\sim r_6$ 为距管中心处的半径（图 2-10），m；r 为径向坐标，m；λ_1、λ_2、λ_3、λ_s 分别为内管管壁、外管管壁、回填物和大地的热导率，W/(m·℃)；ρ_f 为流体的密度，kg/m³；c_{pf} 为流体的比热容，J/(kg·℃)；T_1、T_2、T_3、T_s 分别为内管管壁、外管管壁、回填物及埋管附近大地的温度，℃；a_1、a_2、a_3、a_s 分别为内管管壁、外管管壁、回填物及埋管附近大地的导温系数，m²/s；α_1、α_2、α_3 分别为内管中流体与内管内壁、环路中流体与内管外壁及与套管内壁的对流换热系数，W/(m²·℃)；α_4、α_5 分别为回填物与套管外壁及与大地的接触换热系数，W/(m·℃)；t 为运行开始计算的时间，s；$T_s(z)$ 由计算初始地温决定。

2.2.2.2　热泵停止时

埋管内的流体静止，液体与管壁之间以导热形式传热。

内管内液体与内管壁的导热

$$\frac{\partial T_{f1}}{\partial t}=\frac{2\lambda_1}{\rho_f c_{pf}r_1}\times\frac{\partial T_1}{\partial r}\Big|_{r_1}\quad(r\leqslant r_1,0\leqslant z)\tag{2-64}$$

环腔内液体与管壁的导热

$$\frac{\partial T_{f2}}{\partial t}=\frac{2r_3\lambda_2}{(r_3^2-r_2^2)c_{pf}\rho_f}\times\frac{\partial T_2}{\partial r}\Big|_{r_3}+\frac{2r_2\lambda_1}{(r_3^2-r_2^2)c_{pf}\rho_f}\times\frac{\partial T_1}{\partial r}\Big|_{r_2}\quad(r_2\leqslant r\leqslant r_3)$$

$$\tag{2-65}$$

液体与内管、外管壁面交界处的边界条件

$$T_1=T_{f1}\quad(r=r_1)\tag{2-66}$$

$$T_1=T_{f2}\quad(r=r_2)\tag{2-67}$$

用式（2-64）～式（2-67）代替式（2-49）、式（2-50）、式（2-58）～（2-60），即可得热泵停止时的传热方程。

2.2.3 水平地埋管换热器

如图 2-11 所示，水平地埋管换热器与周围土壤间的传热包括管内流体与管壁间对流换热、管壁导热及管外土壤导热，其传热方程可描述如下。

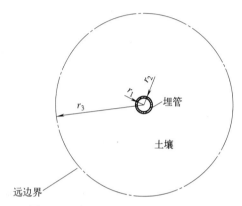

图 2-11　水平地埋管换热器截面示意

流体与管内壁的传热

$$-v\frac{\partial T_f}{\partial z}+\frac{2\lambda_1}{\rho_f c_{pf} r_1}\times\frac{\partial T_p}{\partial r}\bigg|_{r=r_1}=\frac{\partial T_f}{\partial t}\quad(r\leqslant r_1)\tag{2-68}$$

管壁导热方程

$$\frac{\partial T_p}{\partial r^2}+\frac{1}{r}\times\frac{\partial T_p}{\partial r}=\frac{1}{a_p}\times\frac{\partial T_f}{\partial t}\quad(r_1\leqslant r\leqslant r_2)\tag{2-69}$$

大地土壤导热方程

$$\frac{\partial^2 T_s}{\partial r^2}+\frac{1}{r}\times\frac{\partial T_s}{\partial r}+\frac{1}{r^2}\times\frac{\partial^2 T_s}{\partial\theta^2}=\frac{1}{a_s}\times\frac{\partial T_s}{\partial t}\quad(r_2\leqslant r\leqslant r_3)\tag{2-70}$$

流体与管壁交界处边界条件

$$h_{ci}(T_p-T_f)\big|_{r=r_1}=\lambda_p\frac{\partial T_p}{\partial t}\bigg|_{r=r_1}\tag{2-71}$$

管壁与土壤交界处边界条件

$$T_p=T_s\quad(r=r_2)\tag{2-72}$$

管壁与土壤传热热平衡方程

$$2\pi\lambda_p\frac{\partial T_p}{\partial r}\bigg|_{r=r_2}=\lambda_s\int_0^{2\pi}\frac{\partial T_s}{\partial r}\bigg|_{r=r_2}d\theta\tag{2-73}$$

式中，v 为流体流速，m/s；λ_p 为管壁热导率，W/(m·℃)；T_p 为管壁温度，℃；r_1、r_2 分别为埋管内、外半径，m；a_p 为管壁导温系数，m^2/s；h_{ci} 为流体与管内壁对流换热系数，W/(m^2·℃)；θ 为远边界处任一点距离埋管中心的铅锤夹角，(°)；r_3 为假设土壤远边界半径，m。

2.3 地埋管换热器传热特性的影响因素

2.3.1 回填材料的导热性能

由于回填材料与地埋管换热器直接接触，因此回填材料的导热性能对地埋管传热特性有重要的影响。回填材料作为地埋管换热器和周围土层的传热介质，将地下可利用的浅层地热能传递到换热器循环流体中，以供给系统的需要。同时，回填材料还可以将钻孔密封，保护地埋管不受地下水及其他污染物的影响，防止地面水通过钻孔向地下渗透，使地下水不受地表污染物的影响，并可以防止地下各个含水层之间水的移动引起交叉污染。有效的回填材料可以预防土壤因冻结、收缩、板结等因素对地埋管换热器传热效果造成影响，提高地埋管换热器的传热能力。从热阻分析来看，回填材料的热阻在换热器未运行时占到约20%。因此，提高回填材料热导率可以增加地埋管换热器的换热量。

但回填材料热导率并非越高越好，这是因为钻孔的直径非常小，一般的钻孔直径为110~150mm，而长时间运行的钻孔换热器其热扩散半径可以达到3m左右。流体经地埋管换热器传入地下的热量最终还是要通过周围土壤扩散到无限远处，回填材料仅仅是一个用于传热的中间介质，其导热作用是有限的，所以热导率增大到一定的数值后再增加对改善钻孔的换热能力极为有限，而且会增加U形地埋管进出口两支管间的热短路。因此，选择回填材料应根据当地的地质条件而定，并没有一个具体的数值。

2.3.2 管材导热性能

选用合适的管材作为地埋管换热器对地源热泵系统的运行非常重要。20世纪50年代初期，普遍采用金属管材，金属管材导热性能良好，强度高，但抗腐蚀性能差。随着材料科学的发展，到70年代后期，塑料管开始普遍应用于地埋管地源热泵系统中，虽然塑料管的导热性能没有金属管好，但由于其热阻与土壤热阻相匹配，所以对地埋管换热器的整体换热量影响不大，并且克服了腐蚀问题，一般塑料管的使用寿命在20年以上，有些甚至能达到50年左右。目前国内外介绍的地源热泵系统都采用塑料管，常用的塑料管有高密度聚乙烯管（HDPE）和聚氯乙烯管（PVC）两种，其热导率分别为 0.44W/（m·K）和 0.14W/（m·K）。虽然 HDPE 管的热导率远大于 PVC 管，但相对于整个钻孔内部的换热来说，U 形地埋管管壁的几何尺寸和热容量要小得多，因此管壁材料的热物性对竖直 U 形地埋管传热特性的影响很有限。

2.3.3 U 形地埋管两支管中心间距

在竖直 U 形地埋地埋管换热器中，钻孔直径通常为 110～150mm。实际运行过程中，U 形地埋管两支管常常工作于不同的流体温度下，在钻孔狭小的空间内，两支管间不可避免地会发生热短路，从而会对 U 形地埋地埋管换热器的实际换热效果产生一定的影响。通常，热短路会导致供热模式下换热器的出口温度有所降低，而制冷模式下则有所升高，即使得地埋管换热器的进出口温差减小，这在一定程度上直接影响整个地埋管换热系统的吸（放）热能力，从而导致地埋管设计长度的变化。U 形地埋管两支管中心间距等于支管直径与两支管间距之和，在回填材料热导率一定时，两支管中心间距越小，热量回流越大，传热效果会越差。分析钻孔内换热热阻各组成部分可知，两支管中心间距对管内对流换热热阻和管壁导热热阻没有影响，只是影响了回填材料热阻的大小。通常两支管中心间距越大，回填材料热阻越小，钻孔内总热阻越小，有利于地埋管与土壤间的传热。但盲目增大两支管中心间距会因孔径加大而增加钻孔费用及回填材料的量，同时间距加大所换来的地埋管换热量增加幅度也会减小。

2.3.4 地埋管换热器形式

目前，国内外地埋管换热器形式主要有水平式和垂直式两种，水平埋管安装较简单，费用较低，但因埋管较浅，需要较长的管长来适应季节变化时土壤温度和湿度的改变。通常对于同一系统，水平式较垂直式所占用的场地要大些。当场地有限制时垂直式较为理想，尤其当建筑附近土质为坚硬岩石时垂直式是唯一的选择。尽管垂直式因需要钻孔所需的初投资较水平式昂贵，但由于埋管较水平式深，土壤的换热条件较好，所需管长也较短。在垂直式中，国外一般采用 U 形管式或套管式。套管式换热一般比 U 形管效率高 30% 左右，但不可忽视的是套管式会出现热短路现象，且随着管长和流量的增大热短路现象越明显。

2.3.5 地埋管换热器埋设深度

竖直埋管方式的地源热泵系统具有效率高、性能稳定及节约用地等优点而被广泛使用，其钻孔深度一般为 30～200m，按照埋深不同可分为浅埋（≤30m）、中埋（30～80m）和深埋（>80m）。一般情况下，随着埋深的增加，单个钻孔的总换热量会增加，但随深度的增加，总换热量增加幅度逐渐变小，导致单位埋深换热量降低，且还要考虑管路承压及钻孔埋管费用的增加，因此建议实际工程中钻孔深度不宜太深。根据重庆大学王勇提出的层换热理论，地埋管沿深度方向可以分为饱和换热层、换热层、未换热层三个部分，且三个换热层深度是动态变化的。饱和换热层形成的原因是进水管带入热量的叠加导致该区域的岩土温度不断升高，达到一定程度时，岩土温度和进水温度接近，无工程意义上的换热发生；而换热层是进水管穿越饱和换热层后，与该区域岩土温度形成了温差，大量换热在该区域发生；当换热达到一定程度后，进水管中最终的水温与岩土初始温度接近，岩土已无工程意义上的换热能力，该层为未换热层。因此，钻孔深度并非越深越好，需要考虑有效换热层与未换热层，尽量减少未换热层的深度。

2.3.6　地埋管内流体的流速

管内流速对地埋管换热器传热性能的影响主要是由管内流体的流态引起的。管内流体的运动状态可分为层流、过渡流和紊流。流体处于层流状态时，管内流体质点沿着与管轴平行的方向做平滑直线运动，各质点间惯性力占主要地位；而处于紊流状态时，流体质点的运动极不规则，流场中各种流动参数的值具有脉动现象，且流体动量、能量、温度以及含有物的浓度的扩散速率都比层流状态大得多。图 2-12 涵盖了从层流到旺盛紊流的各个流态管内水流量与单位管长换热量的关系，可以看出：在设定的其他运行参数不变的情况下，开始时地埋管换热能力随着水流量的增大而显著增加，但是变化趋势逐渐放缓。当管内水

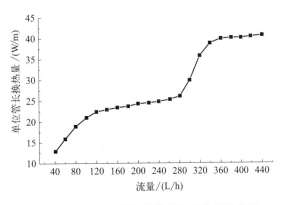

图 2-12　管内水流量与单位管长换热量的关系

流量继续增大时,曲线斜率变大,说明地埋管换热能力有一个明显的跳跃,而后随着流量的增加,换热能力再次趋于平缓。出现明显跳跃的原因主要是流体流动状态从层流过渡到了紊流,管内表面的对流换热系数显著增长而造成的。当流体进入紊流状态后,随着流量增加,换热能力增长变得缓慢。随着流量的增加,每增加单位流速得到的换热量增益在减小,而系统阻力也增长,相应也就增加了能耗,系统 COP 会降低。因此,管内流速应根据阻力及换热性能来进行优化。

2.3.7　进口水温

温差是热量传递的动力,在相同传热热阻条件下,温差越大意味着传递能量越大。地埋管进口水温与出口水温几乎呈线性关系,夏季运行工况下,地埋管进口水温升高,出口水温也升高;同时由于进口水温升高,水与周围土壤间的换热温差增大,埋管换热量也逐渐增多,传热得到强化。然而,并不是进口水温越高越好,当地埋管进口水温较高时,虽然可以使换热得到加强,减小地埋管换热器的设计容量,但由于出口水温升高使得热泵冷凝温度也上升,热泵机组的 COP 会变低,不利于热泵制冷工况的运行;同样,对于冬季工况,进口水温越低,虽然可以增大吸热传热温差,提高地埋管吸热量,但也会造成冬季热泵蒸发温度过低而不利于制热工况运行。因此,确定地埋管进口水温要综合考虑热泵工况和地埋管换热量两方面的因素并以优先满足热泵的工况为原则。

2.4　地埋管换热器传热特性强化

2.4.1　传热强化措施

如上所述,地埋管传热特性的影响因素较多,但总体看来,在现场岩土物性参数一定时,地埋管传热强化措施可以归结为钻孔埋管参数与运行控制两方面。

2.4.1.1　钻孔埋管参数

钻孔埋管参数主要包括钻孔埋管的几何参数(钻孔直径、钻孔深度、埋管形式、管脚间距及埋管直径等)、流体流动特性及热物性参数(包括循环流体热物性、管材导热性、流体流动速度及回填材料的导热性等)。强化的主要出发点是减小钻孔内埋管流体与周围土壤间的传热热阻,同时增加两支管间的传热热阻。因此,可以采用导热性好的回填材料及管材,同时增大两支管间的距离。

在埋管形式上，目前已有提出采用单螺旋埋管、双螺旋埋管、梅花型埋管、单进多出等埋管形式，以提高换热面积与换热效率。在高性能回填材料方面，有学者提出采用相变材料回填，利用相变材料相变过程中的吸热与放热来缓解短时间内地源热泵运行对地埋管周围土壤温度的影响，在增大换热能力的同时减小热干扰半径，从而可以缩小钻孔间距，节约地埋管占地面积。

2.4.1.2　运行控制模式

地源热泵系统运行过程中，地埋管换热器与周围土壤间的热交换是一个复杂的非稳态过程。随着热泵机组的运行，热量持续不断地向土壤释放或从土壤中带走，连续运行的时间越长，地埋管换热器周围土壤的温度变化幅度也就越大，换热器内循环介质的温度也相应变化（升高或降低），这会直接导致热泵机组运行工况的恶化。为了能使机组长时间处于高效率的运行状态，应该给土壤温度恢复预留时间，即间歇运行模式。间歇运行模式可以从两个方面考虑：机组间歇性运行与地埋管分区轮换运行。

机组间歇性运行是根据建筑物实际负荷特点，确定机组的开停比，对机组进行间断性启停控制，以促进土壤温度恢复，从而高效利用浅层地热能。间歇运行减少了能量的无用消耗，也减少了地埋管中流体与土壤间的换热量，与连续运行相比，间歇运行有利于土壤温度的恢复，从而可提高浅层地热能的利用率。研究系统的最佳运行控制参数并进行优化，有利于精确设计地埋管换热器、优化机组运行的效率以及维持系统长期高效运行，同时也有利于土壤温度恢复，提高地埋管换热器的可利用传热温差。

地埋管分区轮换运行是指在地埋管换热系统设计时按照分区来设计，每个区域地埋管可以独立运行，也可全部一起投入运行。在建筑处于部分负荷时，可以仅启动某一区域地埋管运行一段时间，然后轮换为其他区域地埋管运行，从而可以给运行过的地埋管区域土壤温度恢复预留时间，不同地埋管区域交替轮换使用，可大大提高地埋管传热特性。

2.4.2　传热强化与控制模式试验

为了试验探讨地埋管传热性能强化的有效措施，以提高地源热泵系统能效，利用相似理论搭建了 U 形地埋管换热系统模型试验平台，试验系统设置于一个保温小室内，以减小环境温度变化带来的影响。图 2-13 给出了试验系统的原理与实景。试验系统由三部分构成：地下换热砂箱试验台、恒温水箱、数据采集系统，其中地下换热砂箱试验台采用 0.8m×0.8m×1.2m 木质箱体填充砂土制成，为了模拟一维径向传热需要减少轴向方向热损失，为此在箱体的顶部和底部用橡塑保温材料进行保温。箱体中钻孔直径为 60mm，钻孔深度 1200mm，U 形管采用内外直径分别为 5mm 与 6mm 的铜管制作，两管脚间距为 45mm。试验台共布置 26 个高精度铜-康铜（T 形）温度测点，其中 U 形地埋管周围土壤中在不同半径与深度方向布置 15 个测点，上层、中层与下层测点距顶面距离分别为 300mm、600mm、900mm，五种不同径向分别为：距钻孔中心距离 40mm、130mm、220mm、310mm、400mm。U 形地埋管外壁上沿流体流动方向均匀布置 11 个测点，主要测定埋管内水温的变化，包括进出口温度测点 1# 和 11# 及最底端测点 6#，中间每隔 250mm 布置一个测点。利用该实验台可完成不同回填材料与不同运行控制模式下 U 形地埋管换热性能的试验研究。

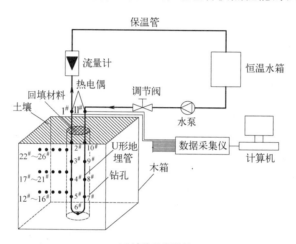

(a) 试验系统原理

(b) 试验系统实物

图 2-13   地埋管换热模型试验系统

实验采用质量比为 2∶1 的土砂混合物模拟实际的地层，经过热物性测定为均质试验土壤，其物性参数如表 2-2 所示。

表 2-2　试验所用土壤的热物性参数

密度/(kg/m³)	比热容/[J/(kg·℃)]	热导率/[W/(m·℃)]	导温系数/(m²/s)
2650	840	0.4	0.18×10^{-6}

2.4.2.1　回填材料的影响

为了探讨回填材料的影响，选取三种回填材料进行了实验，表 2-3 给出了三种材料的构成及其导热性。试验进口温度设定为 30℃，循环流量为 36L/h，试验结果如图 2-14～图 2-17 所示。

表 2-3　三种回填材料的构成及其导热性

编号	回填材料	构成	热导率/[W/(m·℃)]
1	原土	67%原土＋33%黄砂	0.4
2	添加鹅卵石	33%原土＋17%黄砂＋50%鹅卵石	0.73
3	添加铁屑	52%原土＋26%黄砂＋22%铁屑	1.02

从图 2-14 可以看出，随着回填材料热导率的增加，U 形地埋管内流体温度沿程下降幅度增大，这意味着采用高导热性的钻孔回填材料可以强化地埋管换热性能。进一步分析图 2-15 可以发现，尽管地埋管进出口温差与单位长度换热率会随回填材料热导率的增加而增大，但其增大幅度减小，如回填材料热导率从 0.4W/(m·℃) 增加到 0.73W/(m·℃) 时，其单位长度换热率从 59.8W/m 增加到 65.9W/m，增加率为 10.2%，而热导率从 0.73W/(m·℃) 增加到 1.02W/(m·℃) 时，对应值从 65.9W/m 增加到 70.2W/m，增加率为 6.5%。这主要是因为回填材料热导率增加的同时两支管间的热短路也会增大，因此，回填材料热导率并非越大越好。分析图 2-16 可以看出，回填材料一定时，同样半径方向上，上层测点土壤过余温度最大，其次为中层测点，最小的为下层。这主要是

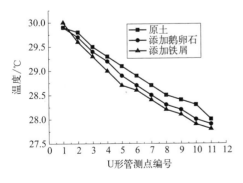

图 2-14　不同回填材料下流体温度沿程分布

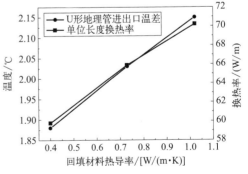

图 2-15　不同回填材料下 U 形地埋管
进出口温差与单位长度换热率

由于供冷模式下，上层土壤与埋管流体温差最大，说明埋管换热主要集中在上中层土壤，这意味着垂直埋管不宜太深，否则会降低单位埋深换热能力。进一步分析图 2-17 可得，对于同一层，埋管周围土壤的过余温度会随回填材料热导率的增大而增加，这也同样说明热导率大的回填材料可以强化埋管传热性能。

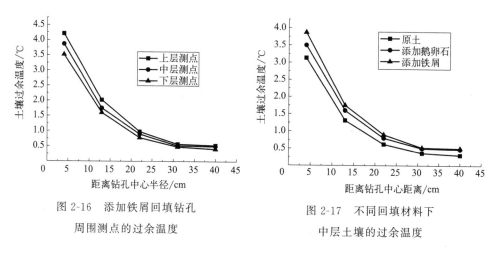

图 2-16　添加铁屑回填钻孔　　　　　　图 2-17　不同回填材料下
周围测点的过余温度　　　　　　　　　中层土壤的过余温度

2.4.2.2　运行控制模式的影响

地源热泵连续运行时，由于地埋管连续放热，其周围土壤的温度场不断发生变化。机组刚启动时，地埋管流体平均温度与周围土壤温度相差较大，换热量较大。但随着放热过程的进行，土壤温度逐渐增加，放热量逐渐减小，并随着运行时间的持续最终会达到一个稳定值。如果在单位地埋管换热量达到稳定状态之前通过某种控制方式来减缓土壤的温升率，以使单位管长换热率维持在一个更高值，则会大大提高地埋管的换热能力，为此提出了间断运行概念。图 2-18 与图 2-19 分别给出了连续运行工况、开停比分别为 2∶1 与 1∶1 间歇运行工况下钻孔壁温及单位管长换热量随时间的变化。

由图 2-18 可以看出，相比连续运行而言，间断运行工况时的平衡温度比连续运行时低，且温升率大大降低，这对于改善热泵机组的运行性能极为有利。进一步分析图 2-19 可得，在连续运行工况下，单位管长换热量是逐渐下降的，但下降的幅度逐渐减小。在间歇运行模式下，单位管长换热量总体趋势也是下降的，但在每次间歇后，土壤温度得到一定程度的恢复，因此换热量也有所提高。在运行 7h 后，三种不同运行模式所对应的单位管长换热量分别为 50.62W/m、54.51W/m、60.11W/m。显然，两种间歇运行模式下的换热量比连续运行模式下分别高了 7% 和 18.8%。这也说明了间歇时间越长，对土壤换热能力的影响越小，结束时刻钻孔壁面的平均温度越小，而单位管长换热量越大。因此，在实际运行中，根据建筑负荷特性，通过可控间断运行方式可以最大限度地发挥地埋管换热能力，对于提高地源热泵系统运行性能具有重要的意义。

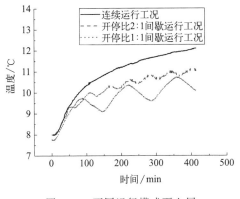

图 2-18　不同运行模式下上层
钻孔壁温随时间的变化

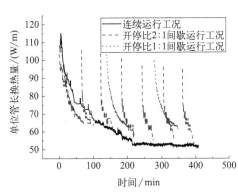

图 2-19　不同运行模式下单位管长
换热量随时间的变化

2.4.2.3　不同进口温度的影响

为研究进口水温对 U 形地埋管换热性能的影响，将进口水温分别设在22℃、30℃和35℃，试验结果见图 2-20～图 2-22 及表 2-4。

分析图 2-20～图 2-22 可知，随地埋管入口流体温度增加，地埋管周围土壤温度升高，距 U 形地埋管越近，温升越明显。如进口温度为 35℃时，钻孔周围土壤温升明显高于进水温度30℃，而进水温度 30℃时的温升值又高于进水温度 22℃的数值。因此，提高地埋管进口温度，会增大对周围土壤温度场的影响幅度。

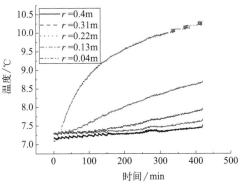

图 2-20　22℃进口温度下地埋管
周围土壤温度分布

由表 2-4 可知，当入口流体温度由 22℃增加到 35℃时，单位管长换热量由56.6W/m 增加到 66.4W/m，增幅为 17.4%，这说明在相同条件下，单位管长换热量随进口水温的升高而增大。这主要是由于进口水温较高时，地埋管的可利用温差较大，换热得到加强所致。然而，进口水温较高虽然可以使换热得到加强，减小换热器的设计长度，但热量在土壤中的扩散缓慢，如果地源热泵长期连续运行，土壤温度的升高将导致热泵机组冷凝温度升高，从而降低热泵机组的 COP，因此需要在实际工程设计当中根据热泵机组的出口水温设计合适的地埋管系统。

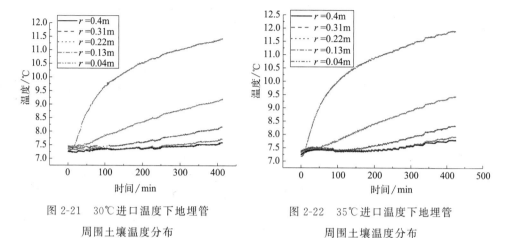

图 2-21　30℃进口温度下地埋管　　　　图 2-22　35℃进口温度下地埋管
周围土壤温度分布　　　　　　　　　周围土壤温度分布

表 2-4　不同进口温度下单位管长换热量

进口温度/℃	22	30	35
单位管长换热量/(W/m)	56.6	63.1	66.4

2.5　不同因素对地埋管换热器传热特性的影响

基于以上钻孔内准三维传热模型，对影响竖直 U 形地埋管换热特性的各因素进行了分析，计算条件为：$d_{pi}=0.032m$，$d_{po}=0.04m$，$d_b=0.11m$，$\lambda_s=3.49W/(m \cdot ℃)$，$\lambda_g=2.6W/(m \cdot ℃)$，$\lambda_p=0.45W/(m \cdot ℃)$，$\lambda_f=0.48W/(m \cdot ℃)$，$c_p=3800J/(kg \cdot ℃)$，$\dot{m}=0.3kg/s$，$D_U=0.03m$，$H=50m$，$\theta_1(0)=10℃$。计算结果如图 2-23～图 2-30 所示，图中的地埋管流体过余温度定义为地埋管流体温度与钻孔壁温之差。

2.5.1　回填材料导热性

分析图 2-23 可以看出，增加回填材料热导率有利于强化地埋管的换热强度，地埋管出口流体过余温度及单位地埋管吸热量均会增大。这主要是因为 λ_g 的增加有利于减小钻孔内流体至钻孔壁面间的等效热阻 $R_1^\triangle$，这一点可以从图 2-24 中看出。同时图 2-24 可知，单位管长换热量 q 先随 λ_g 增加而迅速增大，但当 λ_g 大于 $9W/(m \cdot ℃)$ 后几乎保持恒定。这说明回填材料热导率没有必要无限制增大，同时其增加还会导致 U 形管脚间热干扰的增大。

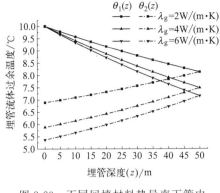

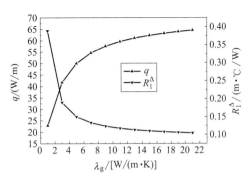

图 2-23　不同回填材料热导率下管内　　　　图 2-24　q 与 R_1^Δ 随回填材料热导率的变化
　　流体过余温度沿程分布

2.5.2　管脚间距

从图 2-25 和图 2-26 可以看出，U 形管脚间距 D_U 的增加有利于增大单位管长地埋管的吸热能力，这主要是因管脚间距的加大有助于减小两管脚间热短路的影响，从而有更多的吸热量输出。但考虑到增大管脚间距会因钻孔孔径加大而增加钻孔费用及回填材料的量，同时间距加大所换来地埋管吸热量的增加也比较缓慢（如图 2-26 所示，对同一回填材料热导率而言，随管脚间距的加大，q 逐渐增加，但增加幅度越来越小）。因此，对间距大小有一定的限制，通常的做法是在既定孔径（100～140mm）的钻孔中插入 U 形地埋管后，先采用专用支撑弹簧来使管距维持在较大位置，然后进行回填。进一步分析图 2-26 还可以发现，在管脚间距一定时，q 随回填材料热导率的增加而增大，但增加幅度越来越小，这进一步说明了上述的对 λ_g 增加有一定限制的结论。从以上分析中可推出：λ_g

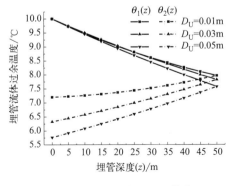

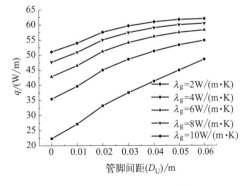

图 2-25　不同管脚间距下管内　　　　　图 2-26　不同回填材料热导率下 q
　　流体过余温度沿程分布　　　　　　　　随管脚间距的变化

与管脚间距具有相互关联性，即在满足同一换热能力时，λ_g 的增加可以减小相应管脚间距，而管脚间距的加大也可以减小 λ_g 值。因此，管脚间距与 λ_g 之间的相对大小可以进行优化。

2.5.3　管材导热性

分析图 2-27 可以得出，随管材热导率的增大，其埋管流体过余温度逐渐变小，对应出口流体过余温度相应增加，从而埋管吸热量增大，这一点可以从图 2-28 中 q 随 λ_p 的变化曲线看出。进一步分析图 2-28 可以发现，在管脚间距一定时，单位埋管吸热能力随管材热导率增加而增大的幅度越来越小。这说明提高 λ_p 的值可以改善埋管的换热效果，但随 λ_p 的逐渐增大，其改善效果越来越小。因此，同回填材料热导率一样，没有必要无限制地增大 λ_p。

2.5.4　管内循环流体流量与钻孔深度

分析图 2-29 可以看出，随着管内载热循环流体流量的增加，其进出管脚沿程流体与埋管出口流体过余温度均减小，但单位埋管的吸热能力没有降低。如图 2-30 所示，在钻孔深度一定时，q 随流量的增加而增大。这主要是因流量的增加一方面导致地埋管进出口温差的减小，另一方面导致进出管脚内平均流体温度降低而加大与远边界土壤间的传热温差，使换热得到加强。同时，流量的增加也会强化管内对流换热的效果。从图 2-30 还可以看出，随流量的逐渐增加，q 增加幅度变小。这意味着流量的大小也可以进行优化，其优化的依据是在保证管路流动阻力较小时，使单位地埋管换热量较大。因此，在实际地源热泵系统中可以考虑采用变流量调节设计，以达到优化目的。进一步分析图 2-30 还可以

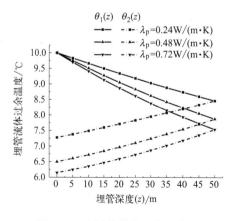

图 2-27　不同管材热导率下管内
流体过余温度沿程分布

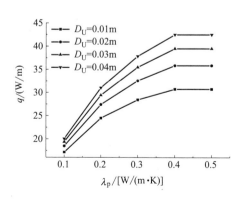

图 2-28　不同管脚间距下 q
随管材热导率的变化

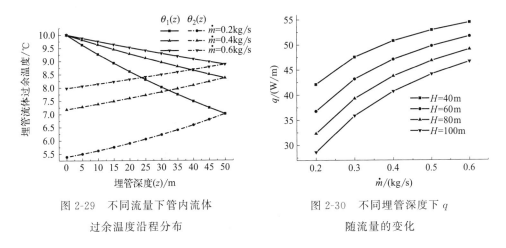

图 2-29　不同流量下管内流体　　　　图 2-30　不同埋管深度下 q
过余温度沿程分布　　　　　　　　　随流量的变化

发现，钻孔太深可导致单位地埋管吸热能力降低，同时其造价也会偏高，因此埋深一般可根据具体情况控制在 $40\sim100m$。

2.6　非连续运行对地埋管换热器传热特性的影响

如上所述，非连续（间歇）运行工况有利于地埋管周围土壤温度的快速恢复，从而可改善地埋管的传热特性，有效提高浅层地热能的利用率。但间歇运行特性也受到运停时间比、负荷强度、间歇方式及土壤类型的影响。为此分析了单工况间歇运行、双工况交替运行及土壤类型对非连续运行条件下地埋管周围土壤温度分布特性的影响，结果见图 2-31～图 2-35。

2.6.1　单工况间歇运行

单工况间歇运行是指间歇运行期间只放热或只取热。为了分析运停时间比与负荷强度对单工况间歇运行时地埋管周围土壤温度分布特性的影响，选取表 2-5 中各单工况间歇模式进行讨论。其中，A 为连续运行模式，B～D 为等负荷强度间歇模式，其运行期间内总放热量随间歇时间增加而减少，E～G 及 H～J 分别为等负荷强度与变负荷强度间歇模式，但其运行期内总放热量相等，各模式计算结果分别见图 2-31 与图 2-32。

由图 2-31（a）可以看出，在总放热量改变的条件下，相对于连续运行模式，等负荷强度变运停时间比间歇模式均能显著降低孔壁中点温度的温升率，且随运停时间比的减小，其温升降低幅度增加，温度恢复效果由好到坏依次为运行模式 D、C、B 和 A。这主要是由于间歇时间的增加一方面减小了地下总放

表 2-5   不同单工况间歇运行模式

运行模式	运行时间/h	停止时间/h	运停时比	负荷强度/(W/m)	备注
A	24	0	—	30	连续
B	4	2	2∶1		
C	3	3	1∶1	30	等负荷强度
D	2	4	1∶2		
E	12	12	1∶1		
F	6	6	1∶1	60	等负荷强度
G	3	3	1∶1		
H	8	16	1∶2	90	
I	8	4	2∶1	45	变负荷强度
J	6	2	3∶1	40	

热量，另一方面给予更多的土壤温度恢复时间，从而有效改变了土壤温度的变化趋势，这对于具有间歇负荷特征的建筑来说，是一种较好的运行模式。

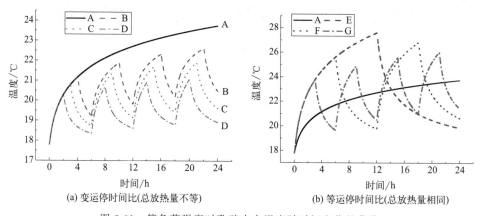

图 2-31   等负荷强度时孔壁中点温度随时间变化的曲线

由图 2-31（b）与图 2-32 可以看出，如果保持运行期间总放热量一定，则无论是等负荷强度、等运停时间比模式还是变负荷强度、变运停时间比模式，由于运行时间减少而增加了放热负荷强度，从而导致运行期间土壤温度波动幅度增加；相比而言，连续运行模式 A 的运行时间长、放热负荷强度较小，其温度正好处于间歇运行时温度波动的中间平均值。因此，对于保持地下总放热量一定时，通过启停机组的单工况间歇运行模式并不一定能显著改善机组运行效果，具体有待通过相关实验来进一步研究。

进一步分析图 2-31（b）与图 2-32 还可以发现，从土壤温度恢复效果来看，总放热一定时，间歇时间越长，土壤温度恢复效果越好。图 2-31（b）中的运行模式 E 优于运行模式 F，而运行模式 F 优于运行模式 G；而图 2-32 中的运行模式 H 优于运行模式 I，运行模式 I 优于运行模式 J。这主要是因为土壤温度的自然恢复速度低于其放热时的温升速率，在短时间内难以自然恢复。因此，在总放热量相同时，通过增加间歇时间有利于提高土壤温度的恢复效果。

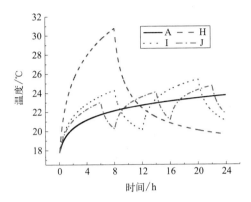

图 2-32　变负荷强度、变运停时间比时孔壁中点
温度随时间变化的曲线（总放热量相同）

2.6.2　双工况交替运行

单工况间歇运行模式是累积放热或取热，最终土壤温度会逐渐升高或降低。如在达到极限温度之前，通过交替取热或放热来平衡土壤能量，则可进一步延缓或降低土壤温度变化率，为此提出运行期间交替向地下放热与取热的双工况交替运行模式，并将其分为放热与取热之间无间歇时间的连续双工况交替运行模式与有间歇时间的间歇双工况交替运行模式。表 2-6 列出了不同双工况交替运行模式，计算结果见图 2-33。

表 2-6　不同双工况交替运行模式

运行模式	放热时间/h	停止时间/h	取热时间/h	放/取热强度/(W/m)	放取热比	备注
①	2	0	2	60/60	1/1	连续冷热交替
②	2	0	2	60/45	4/3	
③	2	0	2	60/30	2/1	
④	2	0	2	60/20	3/1	
⑤	2	0.8	2	60/45	4/3	间歇冷热交替
⑥	1.5	1	1.5	60/45	4/3	
⑦	1	1	1	60/45	4/3	

图 2-33 分别给出了连续双工况冷热交替与间歇双工况冷热交替运行时的孔

壁中点温度随时间变化情况。由图 2-33 可以看出，相对于单工况间歇运行模式，双工况冷热交替运行模式由于交替放热与取热，通过平衡土壤自身能量可以明显降低由于地下累积放热而引起的土壤温升速率，且随放取热比例的减小，改善效果趋于明显。由图 2-33（a）可得，对于连续双工况冷热交替运行模式，随放取热不平衡率的增加，土壤温升速率加大。由图 2-33（b）可以发现，相对于连续双工况交替模式，间歇冷热交替运行模式中由于在放热结束时增加了温度恢复时间，同样条件下可以明显降低土壤温度波动幅度，从而可加大实际运行时的冷热不平衡率。因此，从全年土壤热平衡的角度考虑，其全年取放热量可以不等，因为累积冷热量在间歇期间可以通过土壤自身缓慢地向外传热扩散而消耗部分冷热量。但对于连续冷热交替运行而言，则应尽力保持全年取放热率相等，如图 2-33（a）中的运行模式①。

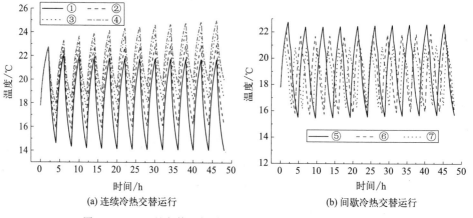

(a) 连续冷热交替运行   (b) 间歇冷热交替运行

图 2-33   双工况交替运行时孔壁中点温度随时间变化的曲线

2.6.3   土壤类型的影响

以黏土、砂土、砂岩、石灰岩及花岗岩 5 种典型土壤为例，表 2-7 给出了对应的热物性参数，计算结果见图 2-34 和图 2-35。

表 2-7   五种典型土壤类型热物性参数

类型	参数			
	密度/(kg/m³)	比热容/[kJ/(kg·℃)]	热导率/[W/(m·℃)]	热扩散率/(m²/s)
黏土	1500	1.1	0.9	0.545×10^{-6}
砂土	1900	1.26	1.8	0.752×10^{-6}
砂岩	2500	1.11	2.5	0.9×10^{-6}
石灰石	2600	0.96	3.0	1.2×10^{-6}
花岗岩	2650	0.88	3.5	1.5×10^{-6}

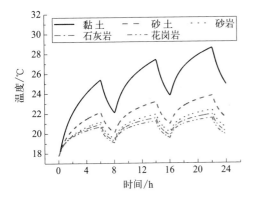

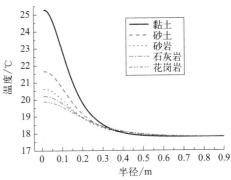

图 2-34　不同土壤类型下孔壁　　　　　图 2-35　不同土壤类型下钻孔中点
中点温度恢复特性　　　　　　　　土壤温度随半径变化

图 2-34 给出了单工况间歇运行模式 J 下不同土壤类型干孔壁中点温度的变化。由图 2-34 可得，黏土温度上升最高，恢复最慢，其次为砂土，花岗岩上升幅度最小，恢复最快。由表 2-7 可见，这主要是由于黏土的热导率与热扩散率最小，其导热能力与热扩散速度最低，从而热量难以及时向外扩散，导致局部温度最高，其热影响区域也最小。从图 2-35 也可以看出，尽管花岗岩的孔壁中点温度最低，但由于其热导率与热扩散系数最大，热扩散速度最快，其热影响半径也最大。因此，对于管群阵列而言，为防止不同钻孔间的热干扰，在同样条件下，在黏土中地埋管间距可以小于花岗岩。

2.6.4　小结

综上分析，对于非连续（间歇）运行模式，可以有如下结论。

① 等负荷强度变运停比单工况间歇运行模式，地下总放（取）热随间歇时间增加而减小，其土壤温度恢复效果增加。

② 等负荷强度等运停比与变负荷强度变运停比单工况间歇模式，在总地下放（取）热量一定时，间歇时间越长，放（取）热负荷强度越大，土壤温度波动越大，并不一定能显著改善机组运行效果，具体有待相关实验研究来进一步探讨。

③ 双工况交替运行模式可显著降低土壤温升率，相同条件下间歇双工况交替相比连续双工况交替可增加全年土壤取放热不平衡率。

④ 土壤类型对非连续运行时土壤温度分布特性有很大影响，热导率与热扩散率越大，其温度恢复与热扩散速度越快。

第3章
地埋管换热器周围土壤冻结特性

冬季供热工况下，特别是在北方寒冷地区，当地埋管换热器从土壤中连续取热时，地源热泵蒸发器出口（地埋管换热器进口）流体温度会低于0℃，从而导致地埋管换热器周围含湿土壤中的水分产生冻结，这在一定程度上直接影响了地埋管换热器的换热特性及相应的设计长度。本章在阐述了北方寒冷地区考虑地埋管换热器周围土壤冻结必要性的基础上，详细给出了土壤冻结传热一维解析解与二维数值解模型及其求解方法，并对土壤冻结的影响因素进行了分析与研究。

3.1 考虑土壤冻结的必要性

土壤是一个固、液、气三相共存的复杂含湿多孔介质体系，且土壤孔隙中含有水分。北方地区由于气候寒冷，土壤原始温度相对于南方地区要低很多，且还存在冬季供热时间长、供暖负荷大的特点，导致地埋管冬季从土壤中的取热量要远大于夏季放热量，从而引起地埋管周围土壤温度会持续降低。当地埋管取热导致周围土壤温度降低至0℃以下时，土壤孔隙中的水分会发生冻结，并释放出相变潜热。而当地埋管停止取热时，由于温差的存在，远边界土壤会向地埋管处传热，地埋管附近土壤温度逐渐恢复，冻结土壤会因温度的缓慢升高而逐渐融化，并吸收潜热。因此，北方寒冷地区地埋管地源热泵运行过程中，地埋管与周围土壤间的换热是一个伴随有相变潜热释放与吸收的复杂含湿多孔土壤的冻融相变传热过程。这一过程中，一方面，土壤孔隙中水分因冻结相变所产生的相变潜热会影响土壤温度变化，从而会改变地埋管的传热特性；另一方面，地埋管附近土壤中水分冻结后体积会发生膨胀，导致土壤产生位移，融化后，产生的土壤位移无法自然恢复原位，从而导致地埋管周围土壤的孔隙增加，传热性能会减弱，为此需要采取防止冻融相变产生空隙的技术措施，如在地埋管周围回填部分细沙等。以上由于土壤孔隙中水分冻融相变而产生的潜热与空隙会改变地埋管的传热特性，并进一步影响到地埋管的设计长度。此外，土壤水分冻结膨胀对地埋管结构产生的挤压变形也是一个不容忽略的问题。因此，北方地区地埋管地源热泵应用中必须考虑土壤冻结所带来的影响。

3.2　土壤冻结相变传热模型

3.2.1　一维模型

地埋管周围土壤的冻结是一个极其复杂的相变传热过程，为了便于数学建模的建立，需做以下近似简化处理。

① 土壤为各向同性、均质、孔隙分布均匀的刚性含湿多孔介质体，且孔隙中充满水分。

② 忽略土壤热湿迁移耦合作用及冻融相变时自然对流效应的影响。

③ 冻结和未冻结土壤热物性参数均为常数。

④ 忽略水在冻结相变时的容积变化。

⑤ 土壤的冻结相变过程发生在一个小的温度范围内，且认为在土壤冻结相变中存在三个区域：冻结区、模糊两相区及未冻结区。

⑥ 认为地埋管换热器是置于土壤中的一条线热汇。

⑦ 土壤初始温度均匀一致，且不考虑深度方向的传热。

根据以上简化假设，可将地埋管与周围土壤间的换热过程描述为：一条线热汇（地埋管）埋设于初始温度均匀为 T_0 的无限大的土壤中，土壤孔隙率为 ε，孔隙中充满水。自 $\tau=0$ 时刻起，该线热汇开始从土壤吸热，其单位长度热流强度为 q。随着吸热过程的进行，地埋管周围土壤的温度逐渐降低，并沿径向方向依次呈现出三个相区：冻结区、模糊两相区及未冻结区。如图 3-1 所示，图中下标 s 表示冻结区，l 表示未冻结区，m 表示模糊两相区；T_m 为冻结中心温度，ΔT 为冻结相变温度半宽带；$S_1(\tau)$、$S_2(\tau)$ 及 $S_m(\tau)$ 分别为土壤完全冻结、开始冻结时及冻结温度区域中心的锋面半径，图中横坐标 r 为半径，纵坐标 T 为温度。

基于以上简化假设及图 3-1 可得如下土壤各相区的传热控制方程。

冻结区

$$\frac{1}{a_s} \times \frac{\partial T_s}{\partial \tau} = \frac{1}{r} \times \frac{\partial}{\partial r}\left(r\frac{\partial T_s}{\partial r}\right) \quad 0 < r < S_1(\tau), \tau > 0 \tag{3-1}$$

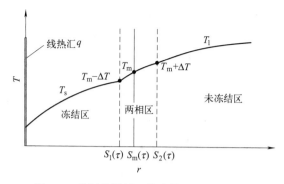

图 3-1　地埋管周围土壤冻结相变过程示意

$$-2\pi r\lambda_s\frac{\partial T_s}{\partial r}=q \quad r\to 0,\tau>0 \tag{3-2}$$

模糊两相区

$$\frac{1}{a_m}\times\frac{\partial T_m}{\partial\tau}=\frac{1}{r}\times\frac{\partial}{\partial r}\left(r\frac{\partial T_m}{\partial r}\right)+\frac{L}{\lambda_m}\times\frac{\mathrm{d}f_s}{\mathrm{d}\tau} \quad S_1(\tau)<r<S_2(\tau),\tau>0 \tag{3-3}$$

未冻结区

$$\frac{1}{a_1}\times\frac{\partial T_1}{\partial\tau}=\frac{1}{r}\times\frac{\partial}{\partial r}\left(r\frac{\partial T_1}{\partial r}\right) \quad r>S_2(\tau),\tau>0 \tag{3-4}$$

$$T_1(r,\tau)=T_0 \quad r\to\infty,\tau>0 \tag{3-5}$$

$$T_1(r,\tau)=T_0 \quad \tau=0,r\geqslant0 \tag{3-6}$$

相变界面

$$T_s(r,\tau)=T_m-\Delta T \quad r=S_1(\tau),\tau>0 \tag{3-7}$$

$$\lambda_s\frac{\partial T_s}{\partial r}-\lambda_m\frac{\partial T_m}{\partial r}=L(1-f_{su})\frac{\mathrm{d}S_1(\tau)}{\mathrm{d}\tau} \quad r=S_1(\tau) \tag{3-8}$$

$$T_1(r,\tau)=T_m+\Delta T \quad r=S_2(\tau),\tau>0 \tag{3-9}$$

$$\lambda_m\frac{\partial T_m}{\partial r}=\lambda_1\frac{\partial T_1}{\partial r} \quad r=S_2(\tau),\tau>0 \tag{3-10}$$

式中，T_s、T_1、T_m 分别为冻结区、未冻结区及模糊两相区的土壤温度，℃；λ_s、λ_1、λ_m 分别为冻结区、未冻结区及模糊两相区的土壤热导率，W/(m·℃)；a_s、a_1、a_m 分别为冻结区、未冻结区及模糊两相区的土壤热扩散系数，m^2/s；f_s 为土壤冻结率；f_{su} 为模糊两相区中冻结锋面处的土壤冻结率；$S_1(\tau)$、$S_2(\tau)$ 分别为土壤完全冻结与开始冻结时的锋面半径，m；L 为单位容积土壤的相变潜热，J/m^3。

土壤各热特性参数可确定如下。

冻结区

$$\begin{cases} \lambda_s = \lambda_g (1-\varepsilon) + \varepsilon \lambda_i \\ c_s = c_g (1-\varepsilon) + \varepsilon c_i \\ \rho_s = \rho_g (1-\varepsilon) + \varepsilon \rho_i \end{cases} \tag{3-11}$$

未冻结区

$$\begin{cases} \lambda_l = \lambda_g (1-\varepsilon) + \varepsilon \lambda_w \\ c_l = c_g (1-\varepsilon) + \varepsilon c_w \\ \rho_l = \rho_g (1-\varepsilon) + \varepsilon \rho_w \end{cases} \tag{3-12}$$

式中，下标 g 表示干土壤；i 表示冻结冰；w 表示水。

在模糊两相区传热控制方程［式（3-3）］中存在相变潜热非齐次项 $\dfrac{L}{\lambda_m} \times$

$\dfrac{\mathrm{d}f_s}{\mathrm{d}\tau}$，假定冻结率 f_s 与温度呈线性关系，即

$$f_s = f_{su} \left[1 - \frac{T_m(r,\tau) - T_s}{T_l - T_s} \right] \tag{3-13}$$

则有

$$\frac{\mathrm{d}f_s}{\mathrm{d}\tau} = \frac{f_{su}}{T_l - T_s} \times \frac{\partial T_m(r,\tau)}{\partial \tau} \tag{3-14}$$

将式（3-14）代入式（3-3），则模糊两相区的传热控制方程可表示为

$$\frac{1}{a_m^*} \times \frac{\partial T_m}{\partial \tau} = \frac{1}{r} \times \frac{\partial}{\partial r} \left(r \frac{\partial T_m}{\partial r} \right) \quad S_1(\tau) < r < S_2(\tau), \tau > 0 \tag{3-15}$$

式中，$\dfrac{1}{a_m^*} = \dfrac{1}{a_m} + \dfrac{L f_{su}}{\lambda_m (T_l - T_s)}$。

以上控制方程可用数值解法得到近似解，也可用指数积分函数构造问题的解析解，得到三区域的温度分布，如下所示。

冻结区

$$T_s(r,\tau) = T_s + \frac{q}{4\pi\lambda_s} \left[E_i \left(-\frac{r^2}{4a_s\tau} \right) - E_i(-\lambda^2) \right] \quad 0 < r < S_1(\tau) \tag{3-16}$$

模糊两相区

$$T_m(r,\tau) = \frac{T_l - T_s}{E_i(-\eta^2) - E_i \left(\dfrac{-\lambda^2 a_s}{a_m^*} \right)} E_i \left(-\frac{r^2}{4 a_m^* \tau} \right) +$$

$$\tag{3-17}$$

$$\frac{T_s E_i(-\eta^2) - T_l E_i \left(\dfrac{-\lambda^2 a_s}{a_m^*} \right)}{E_i(-\eta^2) - E_i \left(\dfrac{-\lambda^2 a_s}{a_m^*} \right)} \quad S_1(\tau) < r < S_2(\tau)$$

未冻结区

$$T_1(r,\tau)=T_0-\frac{T_0-T_1}{E_i\left(\dfrac{-\eta^2 a_m^*}{a_1}\right)}E_i\left(-\frac{r^2}{4a_1\tau}\right)\quad r>S_2(\tau)\tag{3-18}$$

相变界面

$$S_1(\tau)=2\lambda\sqrt{a_s\tau}\tag{3-19}$$

$$S_2(\tau)=2\eta\sqrt{a_m^*\tau}\tag{3-20}$$

确定 λ、η 的特征方程为

$$\frac{q}{4\pi}e^{-\lambda^2}-\frac{\lambda_m(T_1-T_s)}{E_i(-\eta^2)-E_i\left(\dfrac{-\lambda^2 a_s}{a_m^*}\right)}e^{-\frac{\lambda^2 a_s}{a_m^*}}=\lambda^2 a_m^*(1-f_{su})L\tag{3-21}$$

$$\lambda_m\frac{(T_1-T_s)}{E_i(-\eta^2)-E_i\left(\dfrac{-\lambda^2 a_s}{a_m^*}\right)}e^{-\eta^2}=\lambda_1\frac{T_1-T_0}{E_i\left(\dfrac{-\eta^2 a_m^*}{a_1}\right)}e^{-\frac{\eta^2 a_m^*}{a_1}}\tag{3-22}$$

式中，$E_i\left(-\dfrac{r^2}{4a_s\tau}\right)$ 为冻结区指数积分函数，$E_i\left(-\dfrac{r^2}{4a_1\tau}\right)$ 为未冻结区指数积分函数。

实际应用中通常采用 U 形地埋管或其他形式地埋管内循环冷却流体的方法将热量带走，因此，线热汇是不可能实现的。对于这种边界半径有限的相变传热问题，因指数积分函数不满足边界条件，尚无精确解。但作为一种极端情况，上述问题的解对实际问题中相变传热问题的估算以及获得一些相变过程感性认识有一定的作用。

3.2.2　二维模型

如上所述，一维模型将地埋管看作一根半径为零的无限长线热汇，且不考虑地表面环境的影响，即仅考虑半径方向的传热而忽略土壤深度方向的传热。实际工程中，地埋管（如常用的 U 形地埋管）通常为半径有限的圆柱热源（汇），且受到地表面环境换热的影响，即要考虑深度方向的传热，因此是一个典型的二维非稳态传热问题。为了进一步建立考虑深度与径向方向传热的地埋管周围土壤冻结相变的二维模型，以竖直 U 形地埋管换热器为例，在以上一维模型简化假设①～⑥的基础上，再做以下简化处理。

① 认为垂直 U 形地埋管与土壤之间的传热为沿深度与径向的二维非稳态传

热过程。

② 土壤冻结相变中沿径向及深度方向均存在三个区域：冻结区、未冻结区及介于两区之间的两相共存区（称为模糊区）。

③ 将两管脚间传热相互影响的垂直 U 形地埋管经修正后等效为一根具有当量直径的单管。

④ 认为钻孔回填材料与周围土壤的热物性参数一致，且忽略接触热阻的影响。

对竖直 U 形地埋管做以上简化处理后，地埋管周围土壤传热可看作一个以当量直径单管中心线为轴线的二维圆柱轴对称问题，见图 3-2（a），且根据温度

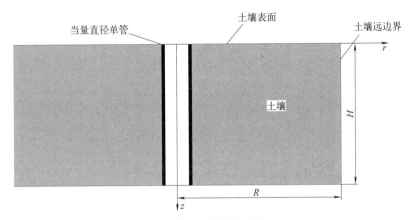

(a) 当量直径单管土壤传热计算区域

r—圆柱坐标系中的径向坐标；z—圆柱坐标系中的竖向坐标；
H—地埋管底部距离地表面的高度；R—地埋管中心距离土壤远边界的径向距离

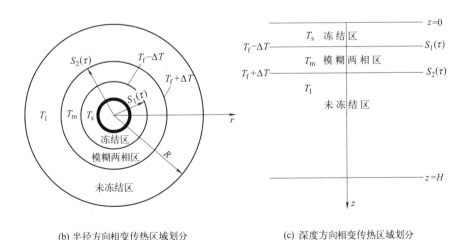

(b) 半径方向相变传热区域划分　　　　(c) 深度方向相变传热区域划分

图 3-2　U 形地埋管周围土壤冻结传热示意

由低到高沿径向与深度方向上均依次呈现三个相区：冻结区、模糊两相区及未冻结区，如图 3-2（b）和图 3-2（c）所示。而且这个温度场随着外界气候条件的变化以及地埋管热流变化，是时间的函数。图 3-2 中 $S_1(\tau)$、$S_2(\tau)$ 分别为上、下相变界面；下标 s、l、m 分别代表冻结、未冻结及模糊两相区；T_f 为相变中心温度；ΔT 为相变温度范围半宽带；R、H 分别为半径与深度方向上的计算区域范围。在以上简化假设条件下，参照图 3-2 可建立各相区的数学模型。

（1）土壤冻结区能量方程

$$(\rho c_p)_s \frac{\partial T_s}{\partial \tau} = \frac{1}{r} \times \frac{\partial}{\partial r}\left(\lambda_s r \frac{\partial T_s}{\partial r}\right) + \frac{\partial}{\partial z}\left(\lambda_s \frac{\partial T_s}{\partial z}\right) \quad (T_s < T_f - \Delta T) \quad (3\text{-}23)$$

（2）土壤未冻结区能量方程

$$(\rho c_p)_l \frac{\partial T_l}{\partial \tau} = \frac{1}{r} \times \frac{\partial}{\partial r}\left(\lambda_l r \frac{\partial T_l}{\partial r}\right) + \frac{\partial}{\partial z}\left(\lambda_l \frac{\partial T_l}{\partial z}\right) \quad (T_l > T_f + \Delta T) \quad (3\text{-}24)$$

（3）土壤冻融相变区（模糊两相区）能量平衡方程

$$(\rho c_p)_m \frac{\partial T_m}{\partial \tau} = \frac{1}{r} \times \frac{\partial}{\partial r}\left(\lambda_m r \frac{\partial T_m}{\partial r}\right) + \frac{\partial}{\partial z}\left(\lambda_m \frac{\partial T_m}{\partial z}\right) + L \frac{\partial f_s}{\partial \tau}$$

$$(T_f - \Delta T \leqslant T_m \leqslant T_f + \Delta T) \quad (3\text{-}25)$$

（4）相变界面守恒条件

① $r = S_1(\tau)$ 或 $z = S_1(\tau)$

$$T_s(r,z,\tau) = T_m(r,z,\tau) \quad (3\text{-}26)$$

$$\lambda_s \frac{\partial T_s(r,z,\tau)}{\partial r} - \lambda_m \frac{\partial T_m(r,z,\tau)}{\partial r} = L \frac{\partial f_s}{\partial \tau} \quad (3\text{-}27)$$

② $r = S_2(\tau)$ 或 $z = S_2(\tau)$

$$T_m(r,z,\tau) = T_l(r,z,\tau) \quad (3\text{-}28)$$

$$\lambda_m \frac{\partial T_m(r,z,\tau)}{\partial r} = \lambda_l \frac{\partial T_l(r,z,\tau)}{\partial r} \quad (3\text{-}29)$$

（5）初始条件

$$T_l(r,z,\tau)\big|_{\tau=0} = T_m(r,z,\tau)\big|_{\tau=0} = T_s(r,z,\tau)\big|_{\tau=0} = T_0(z,\tau) \quad (3\text{-}30)$$

（6）边界条件

① 地表面边界条件（$z = 0$）

$$-\lambda_j \frac{\partial T_j}{\partial z}\bigg|_{z=0} = \alpha_w\big[T_a - T_j(z,r,\tau)\big|_{z=0}\big] \quad (3\text{-}31)$$

② 埋管侧边界条件（$r = d_{eq}/2$）

$$-\pi d_{eq} \lambda_j \frac{\partial T_j}{\partial r}\bigg|_{r=d_{eq}/2} = q(\tau) \quad (3\text{-}32)$$

③ 底部（$z=H$）及右侧（$r=R$）处边界条件

$$\left.\frac{\partial T_j(z,r,\tau)}{\partial z}\right|_{z=H}=0 \tag{3-33}$$

$$\left.\frac{\partial T_j(z,r,\tau)}{\partial r}\right|_{r=R}=0 \tag{3-34}$$

式（3-23）~式（3-34）中，λ_s、λ_1、λ_m 分别为冻结区、未冻结区及模糊两相区土壤的热导率，W/(m·℃)；L 为单位容积土壤的相变潜热，J/m³；f_s 为土壤的冻结率，%；T_a 为室外空气温度，℃；α_w 为地表面对流换热系数，W/(m²·℃)；$q(\tau)$ 为单位地埋管的瞬时热流，W/m，当地埋管取热时为负，停止取热时为 0，放热时为正；d_{eq} 为 U 形地埋管的当量直径，m，$d_{eq}=\sqrt{2d_{po}D_U}$，其中 d_{po} 为 U 形管脚外径，m；D_U 为 U 形管脚间距，m；$T_0(z,\tau)$ 为土壤原始温度，℃，可采用以下公式来计算。

$$T_0(z,\tau)=T_m+A_s e^{-z\sqrt{\frac{\omega}{2a_s}}}\cos\left(\omega\tau-z\sqrt{\frac{\omega}{2a_s}}\right) \tag{3-35}$$

式中，$T_0(z,\tau)$ 为 τ 时刻 z 深度处的土壤原始温度，℃；τ 为从地表面年最高温度出现时算起的时间，h，一般出现在 7 月中旬；z 为从地表面算起的深度，m；T_m 为地表面年平均温度，℃；a_s 为土壤的导温系数，m²/h；A_s 为地表面温度年周期性波动波幅，℃，$A_s=T_{max}-T_m$，其中 T_{max} 为年地表面温度的最高值；ω 为温度年周期性波动频率，h⁻¹，$\omega=2\pi/\vartheta=2\pi/8760=0.000717$，$\vartheta$ 为温度年波动周期，$\vartheta=8760h$。

从分析可以看出，该导热问题较之一般的变热导率问题要复杂得多，其主要困难在于求解区域中存在着随时间移动的相变界面。为了处理这个问题，可以采用把它视为"单相"的非线性导热问题的显热容法来进行求解，即认为相变区内热导率随温度呈线性分布，热容量按平均法取值，且相变潜热不随温度变化，在发生相变的温度范围之内构造比热容函数，以代替冻融相变区传热控制方程 ［式（3-25）］ 右端第三项，只以温度为待求函数，则上述各相区控制方程可以统一表示为

$$c_V^*\frac{\partial T}{\partial \tau}=\frac{1}{r}\times\frac{\partial}{\partial r}\left(\lambda^* r\frac{\partial T}{\partial r}\right)+\frac{\partial}{\partial z}\left(\lambda^*\frac{\partial T}{\partial z}\right)+S \tag{3-36}$$

式中，c_V^* 与 λ^* 分别为等效容积比热容和等效热导率，可分别计算如下：

$$c_V^*=\begin{cases}c_s & (T<T_f-\Delta T)\\[2mm]\dfrac{L}{2\Delta T}+\dfrac{c_s+c_1}{2} & (T_f-\Delta T\leqslant T\leqslant T_f+\Delta T)\\[2mm]c_1 & (T>T_f+\Delta T)\end{cases} \tag{3-37}$$

$$\lambda^* = \begin{cases} \lambda_s & (T < T_f - \Delta T) \\ \lambda_s + \dfrac{\lambda_1 - \lambda_s}{2\Delta T}[T - (T_f - \Delta T)] & (T_f - \Delta T \leqslant T \leqslant T_f + \Delta T) \\ \lambda_1 & (T > T_f + \Delta T) \end{cases} \quad (3\text{-}38)$$

式中，c_s、c_1 分别为冻结区与未冻结区土壤的容积比热容，J/(m³·℃)；λ_s、λ_1 分别为冻结区与未冻结区土壤的热导率，W/(m·℃)；T_f 为冻结中心温度，℃；ΔT 为相变温度半宽带，℃；S 为源项，是为了便于数值计算而附加的源项，作为内部节点为 0，作为边界节点，其值取决于具体的边界条件。

式（3-36）~式（3-38）把有两个明显运动界面、三个不同区域的相变换热问题统一用一个数学模型表示出来，最终转化成为一个变物性的非稳态导热问题，可以非常方便地用普通的有限差分法求解。但是需要指出的是，由于相变界面不可能始终位于离散化网格的结点上，因此，必须根据相邻两个结点的温度值用插值法确定。

基于上述土壤冻结模型便可探讨土壤冻结对地埋管周围土壤温度分布的影响及不同因素对土壤冻结特性的影响。

3.3 土壤冻结对地埋管周围土壤温度分布的影响

3.3.1 短期运行影响

图 3-3 给出了考虑与未考虑土壤冻结时孔壁中点温度 $T_{b,c}$ 随运行时间的变化。从图 3-3（a）可以看出，随着取热过程的进行，由于冻结相变的发生，取热期间考虑冻结时孔壁中点温度的下降幅度要明显低于未考虑冻结的情况，从

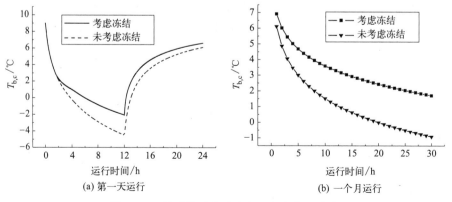

(a) 第一天运行   (b) 一个月运行

图 3-3 土壤冻结对孔壁中点温度变化的影响

而导致运行后有更高的孔壁中点温度。如运行 12h、恢复 12h 后考虑与未考虑土壤冻结时的孔壁中点温度分别为 6.6℃、6.1℃，对应运行一个月后，考虑与未考虑冻结时的孔壁中点温度分别为 1.71℃、−0.92℃。进一步分析图 3-4 可以发现，运行一个月后，相比于未考虑冻结，考虑冻结时的土壤冷影响区域更小，对应的土壤温度也更高。这主要是由于土壤冻结时有潜热释放至土壤中，从而可以减缓地埋管周围土壤温度的下降程度，这无疑会增加取热时地埋管内流体与周围土壤间的可利用传热温差，从而可强化地埋管传热性能，相应地可以缩短地埋管设计长度，降低地埋管初投资。

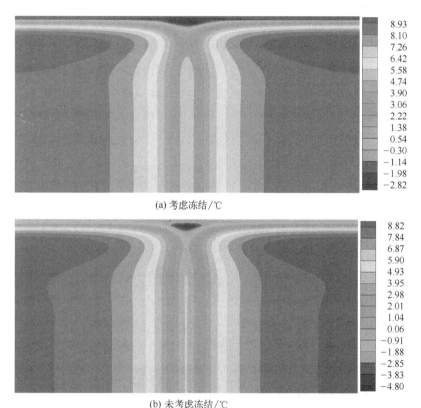

(a) 考虑冻结/℃

(b) 未考虑冻结/℃

图 3-4　考虑与未考虑冻结时运行一个月后地埋管周围土壤温度分布云图

3.3.2　长期运行影响

以上仅讨论了北方寒冷地区短期取热运行工况下土壤冻结对单根地埋管周围土壤分布的影响，实际运行中地埋管的取放热通常是一个夏季放热、冬季取热、过渡季恢复的季节性蓄热与释热过程，且以管群形式存在。这个过程中由于冷热不平衡导致的土壤温度会逐年降低，从而形成土壤"冷堆积"。当土壤温度低于0℃时，地埋管周围土壤水分冻结释放出相变潜热，一定程度上会延缓土壤温度的下降速度，理论上可以减缓北方地区由于"冷堆积"而造成的土壤热

失衡问题，尤其对于管群长期运行工况。为此，以间距为5m的4×4地埋管群为例，进行了为期10年的模拟计算，探讨了不同含水率下土壤冻结对长期运行工况地埋管周围土壤温度分布的影响。图3-5 给出了在取放热比为1.5的不平衡率下，考虑土壤冻结相变时不同含水率 ε 下地埋管区域土壤中心温度随运行时间的变化。图3-6 示出了对应的不同含水率下运行10年后地埋管区域土壤温度分布。

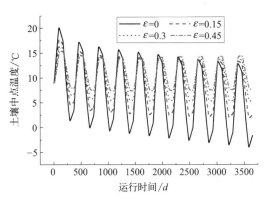

图 3-5   不同含水率下地埋管区域土壤
中点温度随运行时间的变化

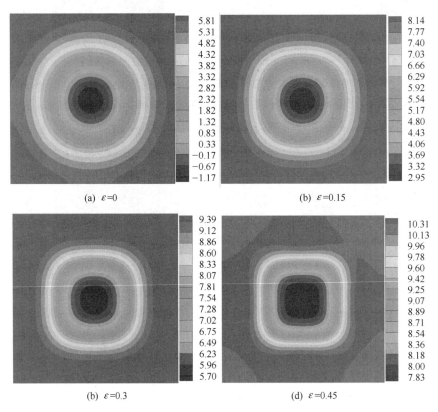

(a) ε=0   (b) ε=0.15

(b) ε=0.3   (d) ε=0.45

图 3-6   不同含水率下运行 10 年后地埋管区域土壤温度分布（单位：℃）

从图 3-5 可以看出，地埋管区土壤中心温度随运行时间的变化受土壤含水率的影响较大，含水率越高，土壤温度降低速度越小。如运行 10 年后，对应于含水率为 0、0.15、0.3、0.45，其中心土壤温度分别从初始温度 9℃分别下降到 −1.66℃、2.59℃、5.44℃及 7.65℃，这主要是由于含水率越高，释放至土壤中的相变潜热越大，从而有助延缓土壤的温降。如图 3-6 所示，运行 10 年后地埋管区域土壤温度随含水率的增加而升高。因此，对于北方寒冷地区，土壤水分的冻结相变能有效减缓土壤温度的下降速度，削弱土壤热失衡问题带来的影响。

3.4 不同因素对土壤冻结特性的影响

3.4.1 土壤初始温度

由图 3-7 可以看出，随着土壤原始温度的降低，地埋管周围土壤温度下降，冻结半径（处于冰点以下的区域）增加。例如，当土壤原始温度 $T_0 = 20℃$ 时，在运行 60d 后图 3-7 中所示范围内土壤平衡温度几乎均处于冰点以上，冻结半径区域仅为 0.12m；而在 $T_0 = 5℃$ 时，土壤平衡温度均处于冰点附近，且冻结半径增加到 1m。而土壤的冻结必然会对地埋管的换热特性产生较大的影响，这说明，对于寒冷及容易出现冻土地带的地区，在地埋管设计时必须考虑土壤冻结的影响。从另一个角度可以看出，土壤原始温度越高，在同样供热负荷情况下，地源热泵的运行性能越好；或在保持同样供热性能的条件下，设计的地埋管换热器的规模可以减小，从而降低初投资。由此可得，土壤原始温度同其热特性参数一样，直接决定了地埋管地源热泵的运行特性，而这又取决于各地区的气候与地质情况，因此地源热泵的运行性能必然会因地而异。

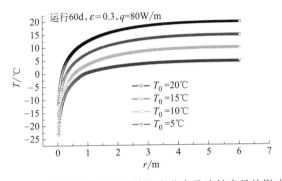

图 3-7 土壤原始温度对土壤温度分布及冻结半径的影响

3.4.2　土壤含水率

分析图 3-8 可看出，随着含水率的增加，孔壁中点温度随运行时间的增加下降速度减缓。如图 3-9 所示，运行一个月后，考虑土壤冻结时与未考虑土壤冻结的孔壁中点温度差值随着含水率的增加而逐渐增大。图 3-10 也同样表明：同一半径处的土壤温度随着含水率的增大而升高。这主要是由于随着含水率的增加，土壤中发生冻结的水量也会增加，相变过程中释放的潜热量也增大，从而土壤的温降幅度减小，相应地，地埋管周围的土壤温度会升高。考虑到冬季供热模式下地埋管周围土壤温度高对系统运行有利，因此，含水率的增加有利于改善寒冷地区地埋管地源热泵的运行。

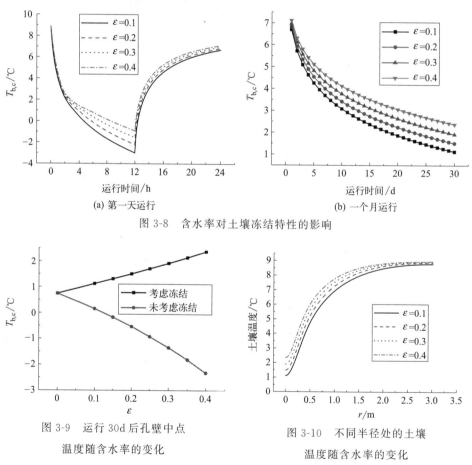

图 3-8　含水率对土壤冻结特性的影响

图 3-9　运行 30d 后孔壁中点温度随含水率的变化

图 3-10　不同半径处的土壤温度随含水率的变化

3.4.3　土壤类型

为了获得土壤类型对地埋管周围土壤冻结特性的影响，选用黏土、砂土、砂岩三种典型土壤类型为代表，表 3-1 列出了三种土壤类型的热物性参数。图 3-11 给出了黏土、砂土、砂岩三种土壤条件下孔壁中点温度随运行时间的变化，图 3-12 示出了运行一个月后不同土壤类型下计算区域土壤温度分布云图，图 3-13 示出了三种土壤类型下冻结半径随运行时间的变化。

表 3-1　三种典型土壤的热物性参数

土壤类型	密度/(kg/m^3)	比热容/[kJ/(kg·K)]	热导率/[W/(m·℃)]	热扩散率/(m^2/s)
黏土	1500	1.1	0.9	0.545×10^{-6}
砂土	1900	1.26	1.8	0.752×10^{-6}
砂岩	2500	1.11	2.5	0.9×10^{-6}

　　分析图 3-11 可以看出，在同一时刻砂岩的孔壁中点温度最高，其次为砂土，温度最低的为黏土。例如，运行 1d 后砂岩、砂土、黏土工况下的孔壁中点温度分别为 7.15℃、6.82℃、6.07℃，运行 1 个月后对应温度分别为 3.8℃、1.8℃、−2.2℃。从图 3-12 中也可以看出这一点，正如图中所示，黏土的冷干扰区域最大，温度最低，而砂岩的冷干扰区域最小，温度最高。这主要是由于三种土壤类型的热导率与热扩散系数不同而导致的。正如表 3-1 中所列数据，黏土的热导率与热扩散系数最低，其导热能力与热扩散速度最小，导致热量难以从远边界土壤向钻孔扩散，因而取热后局部土壤温度比另外两种土壤类型要更低。进一步分析图 3-13 可以发现，冻结半径随运行天数的变化曲线为倒抛物线形，其斜率随运行时间的延续逐渐减小。从图 3-13 中还可以看出，冻结半径受土壤热扩散系数的影响较大，随着热扩散系数的减小，冻结半径的增加幅度逐渐增大。其原因是土壤热扩散系数降低，使得远边界土壤向地埋管处的热扩散减弱，土壤中储存的冷量不易向外界扩散，从而导致土壤温度较低。这意味着土壤热扩

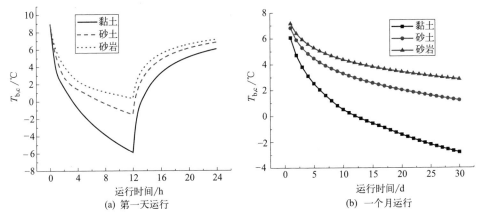

图 3-11　土壤类型对土壤冻结特性的影响

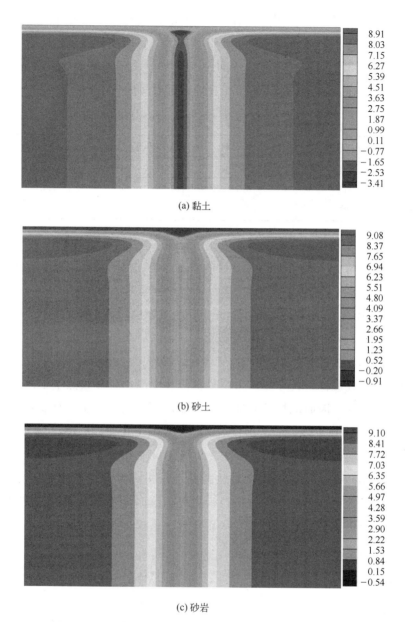

(a) 黏土

(b) 砂土

(c) 砂岩

图 3-12　运行一个月后不同土壤类型下计算区域土壤温度分布云图（单位：℃）

散系数的增加可以延缓土壤温度下降的速度，从而使土壤保持在较高的温度水平。因此，从延缓土壤温度下降的能力来看，砂岩优于砂土，砂土优于黏土。

3.4.4　土壤导温系数

分析图 3-14 可得，土壤的冻结半径与冻结区土壤的导温系数 a_s 和未冻结区

土壤的导温系数 a_l 有很大关系，
当两者一定时，冻结锋面半径
$S_1(\tau)$ 随运行天数的变化类似于
反抛物线形状，且呈现出先快后慢
的趋势，并随运行时间的延长其冻
结半径逐渐增加。从图 3-14 中还
可看出，冻结半径受导温系数影响
较大，图中给出了 4 种导温系数值
时的冻结锋面半径随运行时间的变
化情况，可以看出随导温系数的增

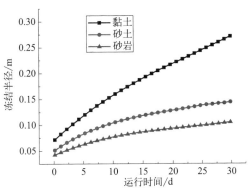

图 3-13　土壤类型对冻结半径的影响

大，冻结锋面半径增加，且增大幅度变大，冻结速度加快。这主要是因为导温
系数的增大导致土壤热扩散能力加强，热传递加快，从而在地埋管吸热率一定
时土壤温度降低幅度越快，冻结半径增加幅度加大。

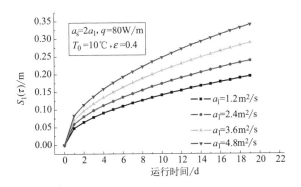

图 3-14　导温系数对冻结半径的影响

3.4.5　斯蒂芬数

图 3-15 给出了斯蒂芬（Ste）数对土壤冻结半径的影响，由图 3-15 可看出，
其对土壤冻结速度影响的变化趋势与土壤导温系数一致，即随 Ste 数的增加，冻
结锋面半径增大，且在 Ste 数一定时随运行时间呈反抛物线形。从斯蒂芬数的定
义（即显热量与潜热量的比值）可以看出，这主要是由于释放潜热（分母部分）
的减小而导致土壤冻结速度的加快。这也间接说明了土壤含水率的增大（潜热
增大，Ste 数减小）对于减缓土壤冻结速度是十分有利的，从而可以提高地埋管
周围土壤温度，改善地源热泵的运行性能。因此，由斯蒂芬数也可看出土壤含
水率大是有利的。

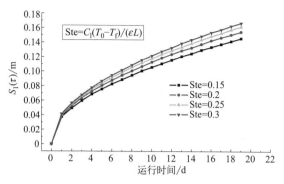

图 3-15 Ste 数对冻结半径的影响

3.5 小结

综上分析可知，在北方寒冷地区地埋管地源热泵的应用设计中，土壤的冻结及其对地埋管换热特性的影响是一个不可忽视的因素，研究结果如下。

① 寒冷地区设计地埋管地源热泵系统时，应适当考虑可能出现的土壤冻结问题，否则，计算出的地埋管周围土壤温度会低于实际温度，这会导致地埋管设计长度偏大，增大地源热泵系统的初投资，减小热泵工质和防冻液的选择范围。

② 长期运行工况下，土壤水分的冻结相变能有效减缓土壤温度的下降速度，削弱土壤热失衡问题带来的影响。

③ 土壤含水率大小对地埋管周围土壤温度分布及冻结速度（半径）影响较大，随含水率的增大，土壤温度会升高，冻结速度减缓。因此，提高土壤含水率有利于地埋管地源热泵的设计与运行。

④ 土壤冻结特性受土壤热扩散系数的影响较大。由于土壤热扩散率的降低，远边界土壤到钻孔的热扩散将减弱，从而使土壤保持在较低的温度水平。从延缓土壤温度下降的能力来看，砂岩比砂土好，砂土比黏土好。

⑤ 地埋管周围土壤冻结速度受土壤导温系数及斯蒂芬数影响较大，增加土壤导温系数及减小斯蒂芬数有利于降低地埋管周围土壤的冻结速度（半径），从而可提高地源热泵的运行性能。

第4章
水平螺旋型地埋管换热器

传统竖直地埋管换热器钻孔费用较高，而传统水平直埋管形式虽然施工成本降低，但其换热面积小，所需埋管场地面积较大。水平螺旋型地埋管换热器，相比传统竖直地埋管换热器与水平直埋管形式，可在大幅度降低地埋管初投资的同时提高换热面积与换热效率，节约地埋管占地面积，成为推动地埋管地源热泵技术的一种新型地埋管形式。本章在介绍水平螺旋型地埋管换热器形式及传热特性影响因素的基础上，对不同因素对水平螺旋型地埋管换热器传热特性的影响进行了深入分析与研究。

4.1 水平螺旋型地埋管换热器的形式

传统的水平地埋管换热器形式为直埋管，其占地面积大、换热面积小、换热效率不高。近些年为了进一步提高水平地埋管的换热性能，出现了一些新型地埋管形式，其中水平螺旋型地埋管换热器由于相比传统水平直埋形式具有诸多优点而受到青睐。与传统水平直埋管相比，水平螺旋型地埋管换热器的布置形式极大地节约了占地面积，也不需要高昂的钻孔费用，同时有着换热面积大、初投资低、换热效率高等优点，有利于推动地埋管地源热泵技术的发展。水平螺旋型地埋管换热器是在开设的水平管沟中敷设水平螺旋管，国外将布置为水平排圈的螺旋管称为"slinky"型埋管，立体排圈布置的螺旋管称为"spiral"型埋管。图4-1示出水平螺旋型地埋管换热器的形式，图4-2示出水平螺旋型地埋管换热器施工照片。

上述三种形式为水平螺旋型地埋管换热器常见的埋设方式，其中水平"slinky"型地埋管为平面型热源，施工工序简单，但是由于螺旋线圈水平敷设，线圈之间交叉存在一定的热干扰现象，且与土壤间的接触为平面，从而降低了其换热效率。与之相对应的水平"spiral"型地埋管为立体环形热源，地埋管与

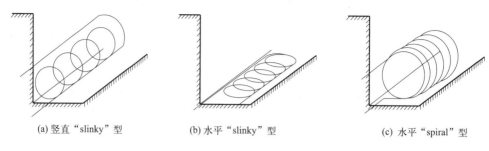

(a) 竖直 "slinky" 型   (b) 水平 "slinky" 型   (c) 水平 "spiral" 型

图 4-1   水平螺旋型地埋管换热器的形式

(a) 竖直 "slinky" 型   (b) 水平 "slinky" 型   (c) 水平 "spiral" 型

图 4-2   水平螺旋型地埋管换热器施工照片

土壤充分接触，换热面积增大，不同线圈之间无重叠交叉，因此大大减少了线圈之间的热干扰现象，有着较好的换热性能。

4.2   水平螺旋型地埋管换热器传热特性的影响因素

水平螺旋型地埋管换热器传热特性的影响因素较多，主要包括水平螺旋型地埋管本身结构与物性参数、运行参数及地埋管所处土壤环境参数等。

4.2.1   结构与物性参数

（1）线圈直径   水平螺旋型地埋管是将埋管以圆形线圈形式进行埋设，线圈直径大小是其结构设计中一项重要参数。线圈直径越大，埋管所占面积及热影响范围越大，相同沟长情况下埋管总长度增加，换热面积与换热量均随之增大。但由于其对周围土壤热影响大而导致单位管长换热量会存在减小的趋势。因此，在沟长一定的条件下，线圈直径大小应根据实际情况合理设计。

（2）线圈中心距   线圈中心距即为相邻两螺旋线圈的中心距离，也称为螺距。线圈中心距直接关系到水平螺旋型地埋管的总敷设长度与占地面积，并且对地埋管的管材使用成本及沟槽的开挖成本有着直接影响。在沟长一定的情况下，线圈中心距增大，地埋管总长度减小，换热面积减小，则换热量减少，但管材成本降低。同时，线圈中心距对换热效率影响也较大，因为线圈中心距的大小决定了线圈之间热干扰的程度及对周围土壤的热影响幅度。因此，线圈中心距是水平螺旋型地埋管设计中的重要参数。

（3）埋管形式　如上所述，水平螺旋型地埋管通常有"slinky"型和"spiral"型两种埋管形式。沟长一定时，埋管形式决定了地埋管的总敷设长度，直接对系统初投资和埋管施工等方面产生影响。水平"slinky"型和"spiral"型地埋管长度可分别按式（4-1）与式（4-2）进行计算。

$$L = N(\pi d + H) \tag{4-1}$$

$$L = N\sqrt{\pi d^2 + H^2} \tag{4-2}$$

式中，L 为埋管长度；N 为线圈数；d 为线圈直径；H 为线圈中心距。

如在 N 为 20、d 为 0.2m、H 为 0.04m 时，"slinky"型和"spiral"型换热器的长度分别为 13.36m、7.13m，两者相差 6.23m。由此可见，在线圈数、线圈直径及线圈中心距一定时，两种水平螺旋型地埋管的总长度相差较大，因此，其换热面积与换热效果也完全不一样。此外，两种螺旋型地埋管线圈之间热干扰程度不同，其对周围土壤温度的影响程度也不同，导致换热效率也存在较大差异。

（4）排列形式　水平螺旋型地埋管的排列形式多种多样，水平方向可布置为多排环路式，竖直方向可布置为多层环路式。地埋管以不同形式布置将直接影响沟槽的开挖费用、换热性能以及换热导致的土壤温度场变化等。在多排和多层环路的地埋管换热器设计中，需对水平方向以及竖直方向的热影响范围进行探究，合理的埋管排列形式可在满足换热量需求的情况下，最大限度节省土地占用面积与沟槽开挖成本。

（5）埋设深度　由于水平螺旋型地埋管的埋设深度较浅，其换热性能会受空气温度、风速、雨水量、太阳辐射等地表环境变化条件影响。实际工程中，埋设深度涉及沟槽开挖费用，因此要综合考虑换热性能和初投资，合理设置埋设深度。通常埋设深度要距离当地冻土层深度以下 600mm，以确保地埋管内循环流体不会冻结。相关研究表明，在一定范围内埋设深度对换热量的影响相当有限，综合考虑多方面因素，实际设计的埋设深度可设为 1.5m。

（6）管材导热性　螺旋管管材的选择对初投资、换热性能以及后期维护费用等都有影响。热导率大的管材能更好地与地埋管周围土壤进行热交换，使得地埋管的换热性能提高。由于地埋管长年敷设于地下土壤中，因此管材应采用耐腐蚀、耐压能力高、热导率大的塑料管材及管件。

4.2.2　运行参数

（1）进口水温　进口水温直接决定了地埋管换热器与周围土壤间的传热温差，从而影响其换热性能。通常，夏季进口水温越高，冬季进口水温越低，则换热器的换热量越大。运行开始阶段，地埋管换热器中水温与周围土壤之间温差较大，换热量较大；但随着换热过程的持续，换热温差逐渐减小，换热量逐渐降低。实际工程中，夏季（冬季）运行工况下，进口水温的升高（降低）会导致换热器周围土壤温升（温降）幅度较大，不利于热泵机组的工作，使得系统经济效益降低。

（2）流体流速　地埋管内流体的流动状态一般为紊流，改变进口流速会改变管内循环水与管内壁面之间的对流换热系数，两者关系可由迪图斯-贝尔特公式分析，具体如下。

$$h=0.023\frac{\lambda}{d}Re^{0.8}Pr^n=0.023\frac{\lambda}{d}\left(\frac{\rho dV}{\mu}\right)^{0.8}Pr^n \tag{4-3}$$

式中，h——对流换热系数，$W/(m^2 \cdot ℃)$；

　　　λ——导热系数，$W/(m \cdot ℃)$；

　　　d——直径，m；

　　　ρ——流体密度，kg/m^3；

　　　μ——动力黏度，$N \cdot s/m^2$；

　　　V——流体流速，m/s；

　　　Re——雷诺数；

　　　Pr——普朗特数。

由式（4-3）可以看出，对流换热系数与雷诺数的0.8次方成正比，而雷诺数又与进口流速的0.8次方成正比，因此对流换热系数会随着进口流速的增加而增大。此外，从流体力学的角度，进口流速的增大会导致流动过程中沿程阻力和局部阻力的增加，相应的水泵能耗增大。因此，合理地选择流体流速对于平衡地埋管换热性能与水泵运行能耗至关重要。

（3）运行控制模式　地源热泵系统是一个受诸多因素相互影响的复杂系统，在运行过程中，通过合适的运行控制模式来开启或关闭系统以提高地埋管换热效率是实现系统节能最大化、运行费用最小化的重要措施。不同的启停时间比直接关系到土壤温度的恢复程度，即关系到地埋管的换热量。根据建筑类型、建筑功能、负荷特性等对系统机组的启停比进行优化调控，采用合适的间歇运行方式，以提高地埋管周围土壤温度的恢复率，可保证系统运行性能的最大化。

4.2.3　环境因素

（1）地表面风速　水平螺旋型地埋管埋设深度通常在 $1.5 \sim 3m$，敷设深度较浅，因此其换热效率易受到外界环境的干扰。其中地表面风速会直接影响到地表面与外界空气间的对流换热系数。通常，地表面与空气间的对流换热系数与地表面风速间的关系满足如下公式。

$$h = 5.7 + 3.8v \tag{4-4}$$

式中，v 为地表面风速，m/s。

很显然，对流换热系数与地表面风速成正比，因此地表面风速越大，表面对流换热系数越高，从而会提高换热器的换热效率。

（2）土壤热物性　土壤作为与水平螺旋型地埋管直接接触换热的非均匀、多相、多孔介质，其热物理性质对地埋管的换热性能有着至关重要的影响。不同的土壤热物性会导致不同的换热性能及其对地埋管周围土壤温度场的影响。因此，探究土壤热物性参数对水平螺旋型地埋管传热特性的影响规律对提高其换热效率至关重要。

（3）地下水渗流　针对富水地区，地下水渗流会带走聚集在地埋管周围土壤中的热（冷）量，从而使得地埋管的换热效果有所改善，也可减缓或消除由于地下取放热不平衡而产生的冷热堆积现象。此外，地下水渗流速度、渗流方向及渗流水位均会对水平螺旋型地埋管的换热以及地埋管周围土壤温度场产生影响。

4.3　水平螺旋型地埋管换热器传热特性的数值模拟

为了研究水平螺旋型地埋管换热器的传热特性，以水平"spiral"型地埋管为主要研究对象，并与"slinky"型进行对比。

4.3.1　物理模型

由于水平"spiral"型地埋管结构的特殊性，且还易受地表环境影响，使得其传热过程相当复杂。为便于模型的建立，特作以下简化假设：①土壤各方向的物性均匀一致；②各物性参数保持恒定；③忽略地埋管与土壤之间的接触热阻；④土壤表面与空气间只有对流换热；⑤土壤与地埋管初始温度相同，且远边界土壤温度恒定。

基于以上简化假设，可以将水平"spiral"型地埋管与周围土壤间的换热看作为管内流体通过管壁与周围土壤沿深度、轴向及水平方向的三维传热问题。为确保模拟期间传热不会干扰到热边界，土壤部分水平方向取距地埋管螺旋中心轴线左右各 3m、水平轴向取距地埋管轴向中心前后各 7.5m、垂直方向上取地表以下 5m 范围内的土壤（15m×6m×5m）作为研究范围，其物理模型如图 4-3 所示。

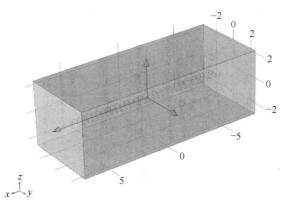

图 4-3 水平"spiral"型地埋管物理模型（单位：m）

4.3.2 数学模型

4.3.2.1 土壤区能量方程

土壤可以视为各向同性的均匀多孔介质，其热量传递依靠多孔介质中固体和孔隙中流体的导热及土壤孔隙中流体的热对流来实现。

土壤中固体部分的导热能量方程可表示为

$$\rho_{s} c_{ps} \frac{\partial T}{\partial \tau} = \lambda_{s} \left(\frac{\partial^{2} T}{\partial x^{2}} + \frac{\partial^{2} T}{\partial y^{2}} \right) + Q_{s} \tag{4-5}$$

式中，c_{ps} 为土壤固态的体积比热容，J/（m³·K）；ρ_{s} 为土壤固态的密度，kg/m³；T 为土壤温度，℃；τ 为时间，s；λ_{s} 为土壤固态的热导率，W/（m·K）；Q_{s} 为土壤固态内所含热源的强度，W/m³。

对于土壤孔隙中的液体部分，传热方式有对流换热和流体导热，其能量方程为

$$\rho_{f} c_{pf} \frac{\partial T}{\partial \tau} + \rho_{f} c_{pf} \left(u \frac{\partial T}{\partial x} + v \frac{\partial T}{\partial y} \right) = \lambda_{f} \left(\frac{\partial^{2} T}{\partial x^{2}} + \frac{\partial^{2} T}{\partial y^{2}} \right) + Q_{f} \tag{4-6}$$

式中，c_{pf} 为土壤液相的体积比热容，J/（m³·K）；ρ_{f} 为土壤液相的密度，kg/m³；λ_{f} 为土壤液相的热导率，W/（m·K）；Q_{f} 为土壤液相部分所含热源的

强度，W/m^3；u、v 分别为水平面上 x、y 方向上地下水渗流速度，m/s。

考虑到单位体积土壤中液相与固相所占体积比例分别为 ε_s 与 $(1-\varepsilon_s)$，利用能量守恒将式（4-5）～式（4-6）统一起来可得

$$\rho_t c_{pt}\frac{\partial T}{\partial \tau}+\rho_f c_{pf}\left(u\frac{\partial T}{\partial x}+v\frac{\partial T}{\partial y}\right)=\lambda_t\left(\frac{\partial^2 T}{\partial x^2}+\frac{\partial^2 T}{\partial y^2}\right)+Q_t \tag{4-7}$$

$$\lambda_t=(1-\varepsilon_s)\lambda_s+\varepsilon_s\lambda_f \tag{4-8}$$

$$Q_t=(1-\varepsilon_s)Q_s+\varepsilon_s Q_f \tag{4-9}$$

$$\rho_t c_{pt}=(1-\varepsilon_s)\rho_s c_{ps}+\varepsilon_s\rho_f c_{pf} \tag{4-10}$$

式中，ε_s 为单位体积土壤中土壤液相所占体积比例；Q_t 为总内热源强度，W/m^3。

4.3.2.2　管内流体温度计算方程

管内流体沿管长方向流动时，一部分热量会通过管壁传递到土壤中。如图 4-4 所示，沿管长方向任取一个微元管段 Δz，则根据能量平衡可得

$$Mc_{pf}\frac{\partial T}{\partial t}=\dot{m}c_{pf}(T_{fi}-T_{fo})-Q_p \tag{4-11}$$

$$Q_p=\frac{T_f-T_g}{R_t} \tag{4-12}$$

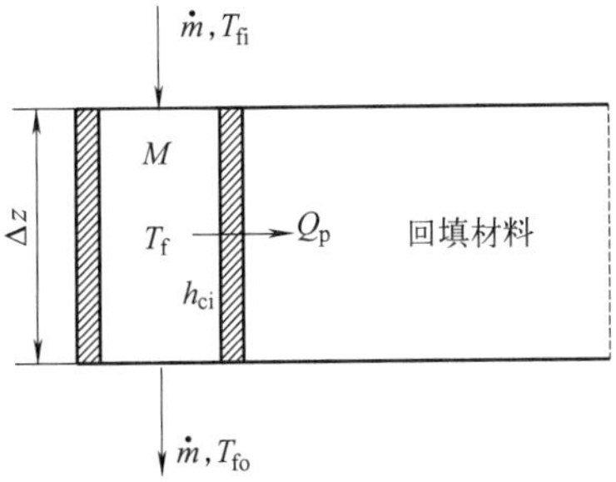

图 4-4　微元管段内流体换热示意

式中，M 为微元管段内流体质量，kg；$\dot{m}$ 为微元管段内流体质量流量，kg/s；T_{fi}、T_{fo} 分别为微元管段的流体进出口温度，℃；Q_p 为微元管段向土壤传递的热量，W；T_g 为微元管段周围土壤温度，℃；R_t 为管内流体至管外回填材料间的等效导热总热阻，K/W，可表示为

$$R_t=R_f+R_p \tag{4-13}$$

$$R_f=\frac{1}{\pi d_{in}h_{ci}\Delta z} \tag{4-14}$$

$$R_p=\frac{1}{2\pi\Delta z\lambda_p}\ln\frac{d_{out}}{d_{in}} \tag{4-15}$$

式中，R_f、R_p 分别为管内流体对流换热热阻和管壁导热热阻，K/W；d_{in}、d_{out} 分别为埋管内、外直径，m；h_{ci} 为管内流体对流换热系数，$W/(m^2\cdot K)$；λ_p 为管材热导率，$W/(m\cdot K)$；Δz 为微元管长，m。

4.3.2.3　定解条件

（1）初始条件

$$T_p(z,\tau)=T_s(x,y,\tau)=T_0(\tau=0) \tag{4-16}$$

（2）边界条件

① 土壤远边界条件

$$T_s(x,y,\tau)=T_0 \tag{4-17}$$

② 底部边界条件

$$\left.\frac{\partial T}{\partial z}\right|_{z=H}=0 \tag{4-18}$$

③ 上部边界条件

$$-\lambda\left.\frac{\partial T}{\partial z}\right|_{z=0}=h(T_f-T_s) \tag{4-19}$$

式中，$T_p(z,\tau)$ 为 τ 时刻地埋管竖直方向 z 处管壁温度，℃；$T_s(x,y,\tau)$ 为 τ 时刻水平距离 x、竖直方向 y 处的土壤温度，℃；T_0 为土壤初始温度，℃；h 为土壤表面平均对流换热系数，W/（m^2 • K）；T_f 为空气温度，℃。

4.3.3　网格划分

采用 CFD 软件建立了水平"spiral"地埋管换热的三维数值模型。为提高相关网格解析度，将整个模型分为 3 个区域："spiral"地埋管区、管内流体区及地埋管周围土壤区。其中"spiral"地埋管区和管内流体区使用边界层网格划分，并对出水管段进行网格加密；对地埋管周围土壤区采用自由四面体网格进行划分，从地埋管到周围土壤分别采用由密到疏的网格。独立性验证表明，网格数量 102807、网格最小单元质量 0.1、平均单元质量 0.4 时网格质量良好，网格划分示意如图 4-5 所示。

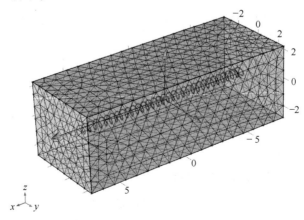

图 4-5　网格划分示意（单位：m）

4.3.4　计算结果及分析

利用 CFD 软件对上述模型进行求解，模拟计算条件见表 4-1，模拟结果如图 4-6～图 4-18 所示。

表 4-1　模拟计算条件

参数	数值	单位
螺旋型地埋管内径	26	mm
螺旋型地埋管外径	32	mm
螺旋型地埋管中心距	0.4	m
管材热导率	0.48	W/(m·K)
螺旋线圈直径	0.3	m
螺旋型地埋管埋设深度	1.5	m
土壤初始温度	17	℃
土壤热导率	0.9	W/(m·K)
土壤密度	1500	kg/m³
土壤比热容	1100	J/(kg·K)
管内流体密度	1000	kg/m³
管内流体比热容	4182	J/(kg·K)
管内水流速	0.5	m/s
对流表面换热系数	15.58	W/(m²·K)

4.3.4.1　不同因素对水平螺旋型地埋管换热器传热特性的影响

为了获得不同因素对水平"spiral"型地埋管传热特性的影响，对线圈直径、间歇运行模式、土壤类型、地下水渗流对埋管传热特性的影响进行了模拟。模拟采用以 24h 为周期的昼夜间歇运行模式，模拟进口水温为 35℃，计算结果如图 4-6～图 4-14 所示。

（1）线圈直径　当埋设沟长一定时，线圈直径决定埋管总换热面积和埋设沟槽宽度，从而直接影响埋管的换热性能。为此，选取线圈直径 20cm、30cm、40cm 进行模拟计算，运行方式为日间运行 10h、夜间恢复 14h。

分析图 4-6（a）可以看出，随着线圈直径增大，换热量增大。如当线圈直径为 20cm、30cm、40cm 时，平均换热量分别为 7.14kW、7.53kW、7.73kW。显然与线圈直径 20cm 相比，线圈直径为 30cm、40cm 时的换热量分别增大了 5.5% 和 8.3%。这主要是因为线圈直径的大小决定了地埋管长度。进一步分析图 4-6（b）可以发现，随着线圈直径的增加，单位管长换热量呈下降趋势，如相比线圈直径 20cm，直径为 30cm、40cm 时，单位管长换热量分别下降 2.6％和 10.5％。由此可得，增大线圈直径可增大总换热量，但也会导致单位管长换热量减小，因此在实际设计过程中，要根据具体情况合理设定线圈直径。

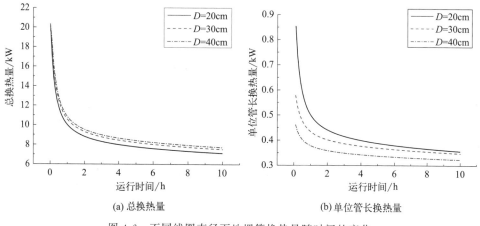

图 4-6   不同线圈直径下地埋管换热量随时间的变化

为进一步获得不同线圈直径下地埋管换热对周围土壤温度的影响，定义土壤过余温度 θ 为计算时刻土壤温度与初始温度的差值，水平方向为 y 方向（图 4-5）。图 4-7 给出了三种线圈直径下运行结束时刻水平方向土壤过余温度分布。可以看出，对于同一线圈直径，土壤温升最高点在螺旋型地埋管管壁处，而远离管壁处土壤温升自地埋管管壁处向地埋管中心以及地埋管两侧降低，这是由于热量是由地埋管管壁向两侧土壤中传递导致的。进一步分析图 4-7 可发现，从地埋管线圈中心的 θ 来看，随线圈直径的增大，埋管中心 θ 呈下降趋势，如线圈直径为 20cm、30cm、40cm 时对应的 θ 分别为 4.61℃、2.85℃、0.89℃。从地

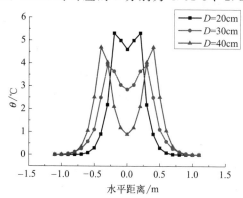

图 4-7   不同线圈直径下水平方向土壤 θ 值的变化

埋管管壁外侧土壤过余温度来看，线圈直径越大，土壤温升则越高。这是由于线圈直径增大，换热量随之增大，更多热量向地埋管外侧传递。从地埋管水平热影响范围来看，随着线圈直径的增大，地埋管水平方向热影响范围增大。如线圈直径为 20cm、30cm、40cm 时对应的水平方向热影响范围分别为 0.7m、0.9m、1.0m。因此，线圈直径的大小对地埋管散热及土壤温度扩散有着显著的影响。

（2）运行模式　为了获得不同运行模式对水平"spiral"型地埋管传热特性的影响，对运停时间比分别为 8∶16、10∶14 和 12∶12 的运行模式进行了计算，模拟时间为 3d，计算结果见图 4-8 和图 4-9。

从图 4-8 中可以看出，三种间歇运行模式下的日平均换热量均呈现逐日递减的趋势。从单日平均换热量来看，开启时间越长，日平均换热量越小。如运停时间比为 8∶16、10∶14 和 12∶12 时第一天日平均换热量分别为 19500kJ、19200kJ 和 18900kJ，第三天分别为 18000kJ、16800kJ 和 16500kJ。显然，3d 后日平均换热量分别下降了 7.6%、12.5%、12.7%。由此可以得出，单日开启时间越长，地埋管的日平均换热量下降幅度越大，换热性能衰减越严重。进一步分析图 4-9 可以发现，经过 3d 间歇运行后，8∶16、10∶14 和 12∶12 三种间歇运行模式下土壤过余温度分别升高 5.17℃、6.16℃、7.08℃。这说明水平"spiral"型地埋管中心土壤温升随开启时间的增加而增大，其原因在于开启时间越长，土壤所获得热量越大，自由恢复时间缩短，导致土壤温升增大。

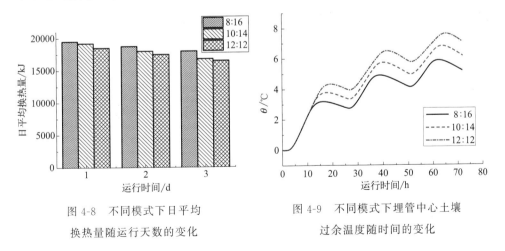

图 4-8　不同模式下日平均
换热量随运行天数的变化

图 4-9　不同模式下埋管中心土壤
过余温度随时间的变化

（3）土壤类型　以黏土、砂土和岩土为代表，对其传热过程进行了数值模拟，模拟采用日间运行 10h、夜间恢复 14h 的间歇方式。三种典型土壤物性参数如表 4-2 所示，计算结果如图 4-10 和图 4-11 所示。

表 4-2　三种典型土壤物性参数

类型	密度 /(kg/m³)	比热容 /[J/(kg·K)]	热导率 /[W/(m·K)]	热扩散率 /(×10⁻⁶ m²/s)
黏土	1500	1100	0.9	0.545
砂土	2000	700	2.0	1.430
岩土	2500	1400	3.2	0.914

　　分析图 4-10 可以看出，三种土壤类型中的换热量随时间变化趋势均为运行初始 2h 内急剧下降，随后逐渐趋于稳定，其中岩土的换热量最大，其次为砂土，换热量最小的为黏土，如黏土、砂土、岩土中的平均换热量分别为7.54kW、11.51kW、13.59kW。这主要是因为换热量的大小与土壤热导率紧密相关，而岩土的热导率最大，黏土最小。进一步分析图 4-11 可得，砂土的土壤温升最高，其次是黏土，岩土的土壤温升最小。这主要是由于砂土的热扩散系数最大，比热容最小，热量可以更快地由地埋管处向地埋管中心以及地埋管外侧土壤传递，导致土壤温升最大；而岩土的热扩散系数较大，且比热容最高，从而导致岩土土壤温升最低，这一点从表 4-2 中的热物性参数也可以得到证明。从图 4-11 还可以看出，运行结束时刻，黏土与岩土中水平方向热影响范围为 1m，而砂土中为 1.2m，这主要是因为砂土的热扩散率最高。因此，从减小热干扰范围的角度来看，黏土最有利于地埋管运行，其次为岩土，最不利的是砂土。

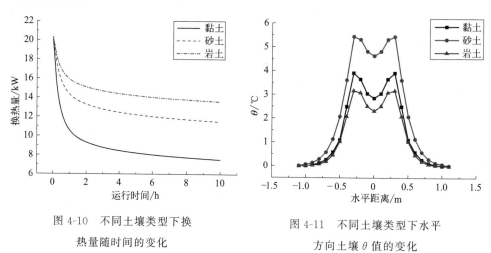

图 4-10　不同土壤类型下换热量随时间的变化

图 4-11　不同土壤类型下水平方向土壤 θ 值的变化

　　（4）地下水渗流　为了进一步探讨地下水渗流特性对水平"spiral"型地埋管传热性能的影响，对不同地下水渗流速度和渗流方向进行了模拟计算，结果见图 4-12～图 4-14。

分析图 4-12 可知，换热量随地下水渗流速度增加而增大，如对应渗流速度为 0、50m/a、150m/a、300m/a 时的平均换热量分别为 7.14kW、7.38kW、7.86kW、8.26kW。这主要是因为地下水渗流速度越大，地下水可以沿水流方向携带走更多的热量，土壤温升会降低，从而增加传热温差。如图 4-13 所示，地下水渗流速度越大，土壤温度场沿渗流方向偏移越大，换热器周围土壤温升降低。这意味着地下水渗流速度增加会提高地埋管周围土壤温度恢复速率，从而可提升其换热性能。为进一步探讨地下水渗流方向对换热性能的影响，图 4-14 示出了不同渗流方向下换热量随时间的变化，可以看出，地下水渗流为竖直方向和水平方向的换热量分别为 7.81kW、7.38kW，可见竖直方向上的地下水渗流更能增强地埋管换热性能。这是由于水平"spiral"型地埋管的埋深较浅，竖直方向上的热传导更容易受到外界环境因素影响。

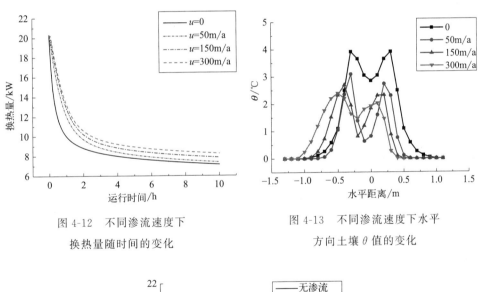

图 4-12　不同渗流速度下　　　　　图 4-13　不同渗流速度下水平
换热量随时间的变化　　　　　　　方向土壤 θ 值的变化

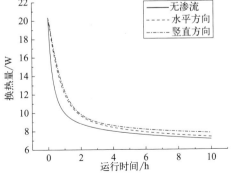

图 4-14　不同渗流方向下换热量随时间的变化

4.3.4.2　长期运行对水平螺旋型地埋管换热器传热特性的影响

实际工程中，地源热泵长期运行会对地下土壤温度产生影响，从而影响地埋管换热性能。为了进一步探讨长期运行工况下间歇（即白天运行 10h、夜间恢复 14h）与连续运行模式对水平"spiral"型地埋管传热特性的影响，以一年为模拟周期，模拟计算工况为夏季运行 3 个月、过渡季节（秋季）恢复 3 个月、冬季运行 3 个月、过渡季节（春季）恢复 3 个月后完成全年运行，模拟进口水温夏、冬季分别为 35℃、5℃，计算结果见图 4-15～图 4-18。

分析图 4-15 可以看出，夏季工况连续运行和间歇运行模式的换热量分别为 9.56kW 和 11.01kW，对应冬季工况分别为 6.67kW 和 7.59kW。这主要是因为在间歇运行模式下，土壤温度经过夜间充分恢复，有利于第二天的换热。进一步由图 4-16 可以发现，土壤温度在夏季和冬季运行工况下，分别呈现上升和下降趋势，在过渡季节恢复，且土壤温度上升和下降幅度沿水平方向逐渐减弱，在距地埋管中心 3m 处的土壤温度全年基本不发生变化。由此可得，本模拟条件下水平"spiral"型地埋管运行一年后的水平方向热影响范围约为3m。从过渡季节土壤温度恢复的角度来看，两种运行模式下，过渡季节结束后地埋管周围土壤温度均能恢复至土壤初始温度，因此水平"spiral"型地埋管在经过全年运行后不会出现垂直地埋管常见的土壤热堆积或冷堆积现象。进一步分析图 4-17 和图 4-18 可以看出，连续运行模式的中心土壤温度高于间歇运行模式，如夏季连续与间歇运行模式下，纵截面与横截面中心温度分别为 29.2℃、26.4℃与 28.9℃、27.1℃。由此可以看出，采用间歇运行模式可减小地埋管周围土壤的热干扰程度，在一定程度上更有利于地源热泵机组的运行。

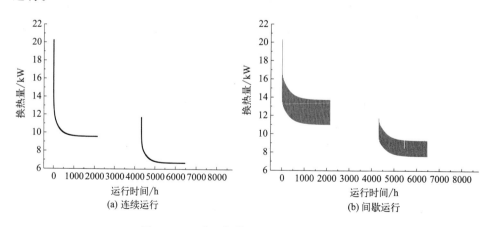

图 4-15　两种运行模式下换热量全年变化

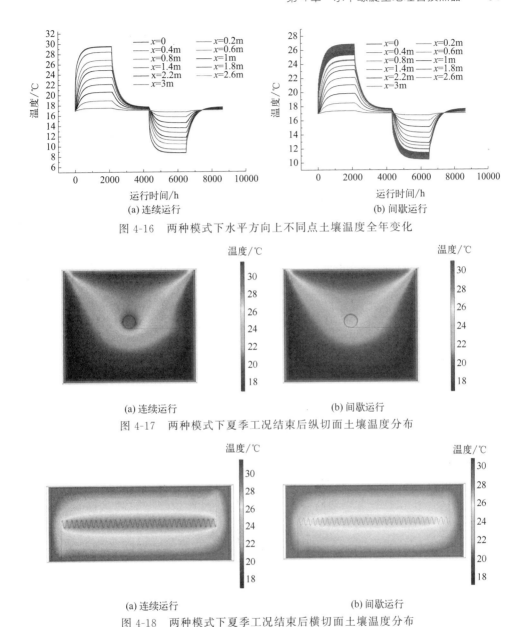

图 4-16　两种模式下水平方向上不同点土壤温度全年变化

(a) 连续运行　　　　　　　　　　　(b) 间歇运行

图 4-17　两种模式下夏季工况结束后纵切面土壤温度分布

(a) 连续运行　　　　　　　　　　　(b) 间歇运行

图 4-18　两种模式下夏季工况结束后横切面土壤温度分布

4.4　水平螺旋型地埋管换热器传热特性的试验研究

4.4.1　试验系统

水平螺旋地埋管换热器试验系统见图 4-19，系统由木箱、数据采集、恒温水浴、转子流量计、调节阀、水泵及保温管等几部分组成，其中螺旋地埋管固定采用拉扣式可调节形式，以便根据不同的实验要求改变螺距。为了监测水平螺旋地埋管沿程水温以及周围土壤的温度改变，在内部以及周围土壤的不同深度、不同水平距离以及不同轴向方向处布置 34 个温度探头进行测量，从而分析其换热特性，测点分布实物及示意分别如图 4-20 与图 4-21 所示，其中 $1^{\#} \sim 10^{\#}$ 测点沿流动方向布置于螺旋地埋管外壁，土壤部分测点：沿地埋管中心轴向方向的测点如图 4-21（b）中 $11^{\#} \sim 15^{\#}$ 所示，水平方向上设置两排测点，如图 4-21（b）中 $16^{\#} \sim 27^{\#}$ 所示，深度方向共两排测点。

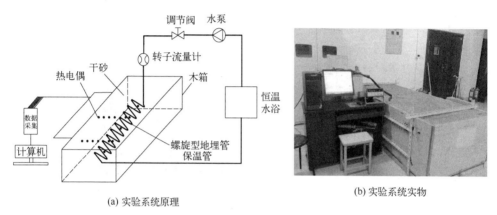

(a) 实验系统原理   (b) 实验系统实物

图 4-19   水平螺旋型地埋管换热器试验系统

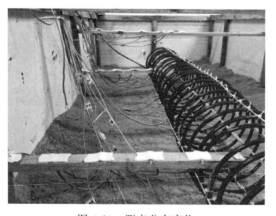

图 4-20   测点分布实物

4.4.2 试验数据处理

地埋管换热量可利用式（4-20）计算，进出口流体温度由测点 $1^{\#}$ 和 $10^{\#}$ 得到。

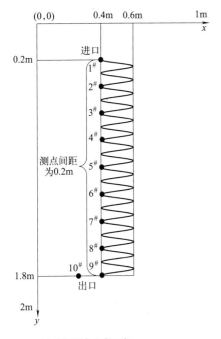

(a) 水温测点分布示意　　　　　　　　(b) 土壤温度测点分布示意

注：$28^{\#} \sim 34^{\#}$布置于$12^{\#}$，$16^{\#} \sim 21^{\#}$测点
上方0.3m布置方式与其相同

图 4-21　测点分布示意

$$Q = c_p m \, | \, T_{in} - T_{out} | \tag{4-20}$$

式中，Q 为换热量，W；m 为质量流量，kg/s；c_p 为管内流体比热容，J/(kg·℃)；T_{in}、T_{out} 分别为流体进出口温度，℃。

单位管长换热量计算公式如下。

$$q = \frac{Q}{L} \tag{4-21}$$

式中，q 为单位管长换热量，W/m；L 为地埋管换热器总长度，m。

定义土壤过余温度 θ 为土壤实测温度与初始温度的差值的绝对值。

$$\theta = | \, T_c - T_0 | \tag{4-22}$$

式中，T_c 为测点土壤实测温度，℃；T_0 为土壤初始温度，℃。

为了进一步评价不同因素对水平螺旋型地埋管换热性能的影响，定义换热效率为实际换热量与最大换热量的比值，其计算公式如下。

$$\varepsilon_h = \frac{Q_a}{Q_m} = \frac{T_{in} - T_{out}}{T_{in} - T_0} \tag{4-23}$$

式中，ε_h 为换热效率；Q_a 为地埋管实际换热量，W；Q_m 为地埋管的最大换热量，W。

ε_h的大小反映了地埋管换热器出口温度接近土壤初始温度的程度。

4.4.3 试验结果分析

4.4.3.1 不同因素对传热特性的影响

（1）进口水温　为了获得进口水温对水平螺旋型地埋管传热特性的影响，分别在夏季释热和冬季吸热两种工况进行了试验测试，夏季和冬季进口水温分别选取 35℃、32℃、29℃ 与 10℃、7℃、4℃，试验结果见图 4-22～图 4-24。

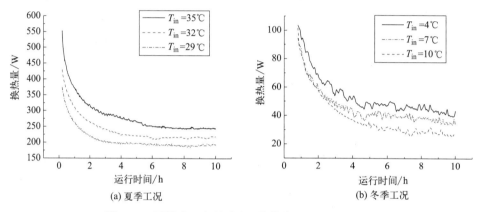

图 4-22　不同进口水温下地埋管换热量随时间的变化

从图 4-22 中可以看出，夏、冬季工况不同进口水温下换热量均在运行初始阶段迅速下降，随着运行时间的延续缓慢下降并趋于稳定。夏季进口水温的升高和冬季进口水温的降低均可以提高地埋管的换热量，如夏季进口水温为 35℃、32℃、29℃ 时，对应平均换热量分别为 250.2W、209.3W、193.2W，而冬季工况进口水温为 4℃、7℃、10℃ 时对应的平均换热量分别为 44.3W、39.3W、28.8W，其原因是夏季和冬季工况下入口水温的升高和降低会增大地埋管内水与周围土壤之间的换热温差，从而提高地埋管的换热量。为获得进口水温对地埋管区土壤温度变化的影响，图 4-23 示出了夏、冬季工况不同进口水温下地埋管中心处土壤过余温度 θ 值随时间的变化。分析可以看出，随着夏季进口水温的升高和冬季进口水温的降低，土壤过余温度 θ 上升速率和幅度也升高。而夏季土壤温度的升高和冬季土壤温度的降低均不利于热泵机组的运行，因此需按实际情况合理确定地埋管的进口水温。

为了进一步获得进口温度对地埋管周围土壤温度变化的影响，图 4-24 给出了运行结束时刻夏、冬季工况不同进口水温下土壤 θ 值沿水平方向上的变化，可以看出，进口水温的改变会对地埋管周围土壤过余温度产生影响，且土壤的

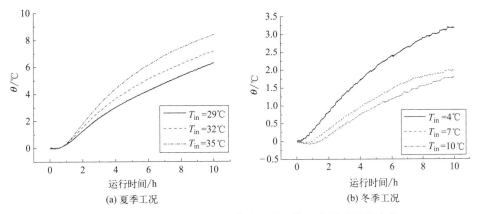

图 4-23 不同进口水温下地埋管中心处土壤 θ 值随时间的变化

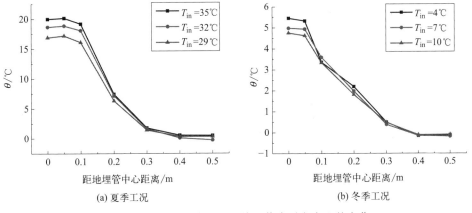

图 4-24 不同进口水温下土壤 θ 值水平方向上的变化

过余温度随着夏季进口水温的升高和冬季进口水温的降低而增大。进一步分析图 4-24 可得，在距地埋管中心 0.1m 范围内，土壤温度变化较大，随着距地埋管中心距离的增大而逐渐减小，在距地埋管中心 0.4m 以外，土壤过余温度基本不发生改变。由此可以看出，在本实验条件下，水平螺旋型地埋管水平方向的热影响范围约为 0.4m，这可以为其多排水平布置提供参考。

（2）线圈中心距 如前所述，线圈中心距决定了单个沟槽中埋管的总长度。为了探讨线圈中心距对水平螺旋型地埋管传热特性的影响，对线圈中心距分别为 4cm、6cm 及 8cm 的水平螺旋型地埋管进行了试验研究，试验进口水温为 32℃，试验结果见图 4-25～图 4-27。

由图 4-25（a）可得，三种线圈中心距下换热量随时间的变化趋势相同，且随着线圈中心距的减小而增大，如线圈中心距为 4cm、6cm、8cm 时，其对应的

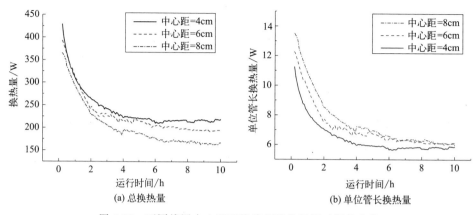

图 4-25　不同线圈中心距下换热器换热量随时间的变化

总换热量分别为 219.3W、195.9W、167.3W。与线圈中心距为 8cm 时的地埋管
换热量相比，中心距为 6cm、4cm 时埋管换热量分别增加了 17.1% 和 31.1%。
这是因为地埋管的总长度随着线圈中心距的减小而增大，从而增大了地埋管的
总换热面积，提高了换热性能。进一步分析图 4-25（b）可知，单位管长换热量
随着线圈中心距的减小而下降，如线圈中心距为 4cm、6cm、8cm 时的单位管长
换热量分别为 5.6W/m、6.3W/m、6.5W/m。这表明，螺旋地埋管线圈中心距
的减小虽然增加了总换热量，但使得单位管长换热量降低。因此，水平螺旋地
埋管的线圈中心距不宜过小，应该综合考虑地埋管费用、地埋管占地面积以及
换热效果来确定线圈中心距的大小。

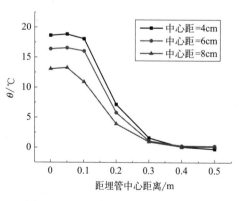

图 4-26　不同线圈中心距下土壤 θ 值
水平方向上的变化

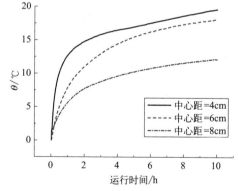

图 4-27　不同线圈中心距下地埋管中
心土壤 θ 值随时间的变化

　　图 4-26 示出运行结束时刻不同线圈中心距下地埋管周围土壤 θ 值沿水平方
向上的变化。由图 4-26 可知，随着线圈中心距的减小，地埋管周围土壤过余温

度增大。这主要是因为线圈中心距的减小使得换热量增大，增加了地埋管对土壤热影响的幅度，从而导致地埋管周围土壤的温升增大。进一步从图 4-27 可以看出，地埋管中心处的土壤温升幅度随着线圈中心距的减小而增大，当线圈中心距为 4cm、6cm、8cm 时所对应的地埋管中心处土壤温升分别为 17.5℃、16.3℃、10.8℃，而土壤温升稳定的时间也随着线圈中心距的减小而增加。因此，线圈中心距的大小和水平螺旋型地埋管的换热量以及埋管周围土壤温度分布有着密切关系。

（3）地表风速　为探讨地表风速对水平"spiral"型地埋管传热特性的影响，采用变频风扇分别模拟风速为 0、1.5m/s、3m/s 时地埋管的换热性能，运行条件为夏季工况下连续运行 10h，进口水温为 32℃，试验结果如图 4-28 和图 4-29 所示。

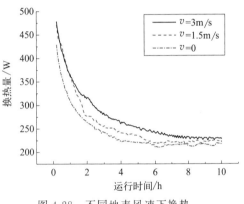

图 4-28　不同地表风速下换热
器换热量随时间的变化

从图 4-28 中可以看出，地表风速越快，地埋管换热量越大。如当地表面风速为 0 时，换热量为 209.3W，而当地表风速为 1.5m/s、3m/s 时对应的换热量分别为 219.7W、240.9W。很显然，地表风速为 1.5m/s 和 3m/s 相对于风速为 0 时的换热量分别上升了 4.9% 和 15.1%。这主要是因为地表面风速的增加增强了地表面的对流换热，从而强化了土壤地表面的散热量。为获得地表风速对地埋管周围土壤温度的影响，图 4-29 给出了运行结束时刻不同地表风

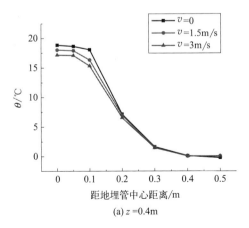

(a) $z=0.4m$

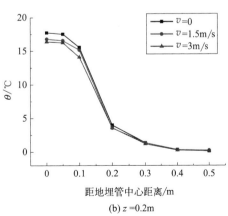

(b) $z=0.2m$

图 4-29　不同地表风速下不同深度的土壤 θ 值水平方向上的变化

速下不同深度的土壤 θ 值沿水平方向上的变化，可以看出，随着地表面风速的增大，地埋管水平方向上的土壤过余温度减小。对于同一位置，埋深 0.2m 处的土壤过余温度明显小于埋深 0.4m 处，如在地表风速为 1.5m/s 时，埋深为 0.2m 和 0.4m 时距地埋管中心 0.2m 处的土壤温升分别为 3.65℃、7.2℃。这是由于埋深越浅，通过地表面对流散热越多，则越靠近地表面处的土壤温升越小。然而，综合考虑换热稳定性和冻土层深度，埋设深度不宜过浅，应结合其换热性能以及沟槽开挖费用等进行优化设计。

（4）埋管形式　如上所述，水平螺旋型地埋管通常有两种形式，即"spiral"型和"slinky"型，由于这两种形式地埋管与土壤接触的方式及体积不一样，从而会影响换热性能，为此，分别在夏、冬季两种工况下对这两种地埋管形式进行了测试，试验结果如图 4-30 和图 4-31 所示。

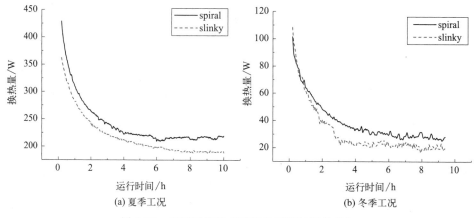

图 4-30　不同埋管形式下换热量随时间的变化

从图 4-30 可以看出，"spiral"型地埋管换热性能优于"slinky"型。如夏、冬季工况下"spiral"型地埋管的换热量分别为 209.3W、39.3W，而对应"slinky"型分别为 197.5W、25.1W。很明显，夏、冬季工况下"spiral"型地埋管的换热量分别比"slinky"型高出 5.7% 和 5.9%。这主要是因为"spiral"型地埋管为立体三维热源，地埋管可与土壤之间充分接触，换热更加充分，而"slinky"型埋管为平面热源，线圈之间存在一定的热干扰现象。因此，同样条件下"slinky"型地埋管的换热性能要低于"spiral"型。为了进一步分析两种地埋管形式对周围土壤温度分布的影响，图 4-31 给出了运行结束时刻夏、冬季工况两种埋管形式下土壤 θ 值沿水平方向上的变化，可以看出，"slinky"型地埋管换热器周围土壤的过余温度高于"spiral"型。其主要原因与上述分析相同，"slinky"型地埋管为平面热源，其主要散热方向为两侧平面方向，而"spiral"

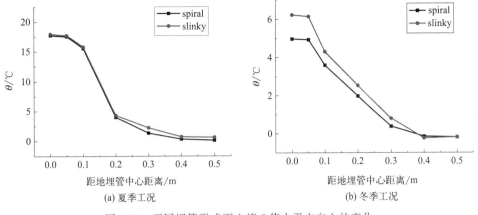

(a) 夏季工况　　　　　　　　　(b) 冬季工况

图 4-31　不同埋管形式下土壤 θ 值水平方向上的变化

型地埋管为三维热源，其散热方向为埋管线圈的四周，因此，"slinky"型地埋管对周围土壤温度的热干扰要大于"spiral"型。综合考虑地埋管换热量和对周围土壤热干扰程度，"spiral"型地埋管要优于"slinky"型。

4.4.3.2　不同方向上换热器传热特性分析

（1）水平方向　从图 4-32 中可以看出，随着距地埋管中心距离的增加，其周围土壤温度变化幅度急剧下降，在距地埋管中心水平距离为 0、0.1m 处土壤

温度变化较大，在距地埋管中心 0.3～0.4m 时，周围土壤温度上升幅度和速率逐渐减小，而在距地埋管中心大于 0.4m 后，土壤温度几乎不发生变动。由此可以看出，在本实验条件下，水平螺旋型地埋管换热过程的水平热影响范围约为 0.4m，这可为多管排布置的优化设计提供理论依据。

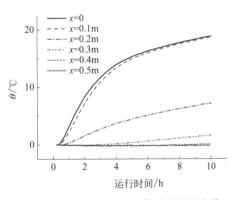

图 4-32　水平方向土壤 θ 值随时间的变化

（2）轴向方向　图 4-33（a）给出了不同时刻沿程水温沿轴向方向上的

变化，可以看出，运行初期沿程水温变化较大，随着换热过程的进行，管内沿程水温轴向方向的变化逐渐减小。如在运行 1h 时，水温由进口 31.4℃ 降低至 25.5℃，而在运行 10h 后对应的温度从 34.9℃ 降至 31.8℃。这主要是由于运行开始时地埋管周围土壤温度较低，换热温差较大；但随着换热时间的延续，土壤温度逐渐升高，从而换热温差降低。为了进一步获得换热过程中轴向方向土壤温度的变化，图 4-33（b）给出了不同时刻线圈中心土壤温度轴向方向上的变

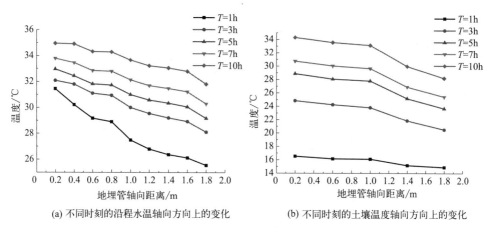

(a) 不同时刻的沿程水温轴向方向上的变化   (b) 不同时刻的土壤温度轴向方向上的变化

图 4-33   不同时刻轴向方向的温度变化

化，分析可以看出，轴向方向上的土壤温度随着运行时间的增加而升高，但随着运行时间的延续，土壤温度沿轴线方向下降的幅度增大，运行刚开始阶段，土壤温度沿轴向方向的变化较为平稳。如在运行时间为 1h 时，土壤温度在轴向方向上由 16.5℃降低至 14.9℃，而在运行时间为 5h、10h 时，土壤温度在轴向方向上分别由 28.9℃与 34.5℃降至 23.7℃与 28.2℃。这主要是由于运行初期，螺旋型地埋管与土壤之间的换热引起土壤轴向温度的变化不明显。但随着运行时间的增加，管内流体温度的缓慢下降，土壤热量的扩散，土壤温度沿轴向方向下降的趋势增大。

（3）深度方向   为了进一步分析水平螺旋型地埋管对不同深度处土壤温度的影响规律，图 4-34 给出了运行结束时刻不同深度方向的土壤过余温度 θ 沿水平方向的变化。分析图 4-34 可知，深度在 0.4m 时，距地埋管中心 0.1m 内，土壤过余温度较高，而在距地埋管中心 0.4m 以后，土壤温度基本不发生变化。但

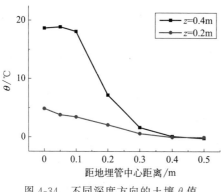

图 4-34   不同深度方向的土壤 θ 值
沿水平方向的变化

在深度为 0.2m 时，土壤过余温度沿水平方向变化较为平缓。这主要是因为 0.4m 是地埋管中心的埋设深度，此深度处土壤温度受地埋管换热影响较大，而埋深 0.2m 处于 0.4m 之上，距离地埋管有一定距离，因此影响相对较小。由此可以说明，在本实验条件下，水平螺旋型地埋管水平方向的热影响范围约为 0.4m，深度方向上的热影响范围应大于 0.2m，这可为水平

螺旋型地埋管多层多列排布形式的设计提供理论依据。

4.4.3.3　不同因素对换热器换热效率的影响

为了进一步探究不同因素对水平螺旋型地埋管换热效率的影响规律，根据式（4-23）计算得到不同因素影响下换热效率随时间的变化，计算结果见图 4-35。

由图 4-35（a）、（b）可以看出，随着进口水温和地表面风速的增大，换热效率增加。若换热器进口水温为 29℃、32℃、35℃，运行时间为 6h 时所对应的换热效率分别为 0.21、0.24 和 0.27；当地表面风速为 0、1.5m/s、3m/s 时，其对应换热效率分别为 0.23、0.25 和 0.28。这主要是因为进口水温和地表面风速的增加均会强化土壤与地埋管之间的换热，从而提高了其换热效率。进一步分析图 4-35（c）可以看出，随着埋管线圈中心距的减小，换热器的换热效率增大。若运行时间为 6h，线圈中心距为 8cm 时的换热效率为 0.17，而线圈中心距为 6cm、4cm 的换热效率分别为 0.2、0.4。其主要原因是线圈中心距越小，换热面积越大，换热效率则越高。进一步从图 4-35（d）中可以看出，在相同条件

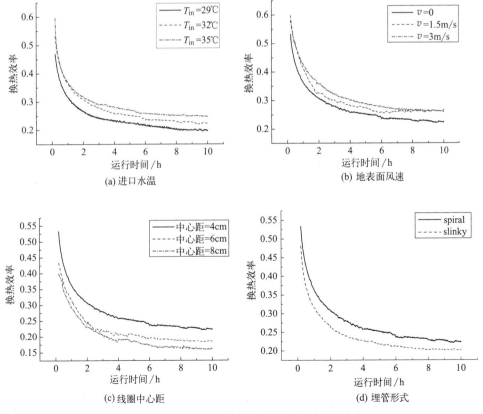

(a) 进口水温　　　　　　　　　　(b) 地表面风速

(c) 线圈中心距　　　　　　　　　　(d) 埋管形式

图 4-35　不同因素下换热效率随运行时间的变化

下，"spiral"型地埋管的换热效率高于"slinky"型。如在运行 10h 时，"spiral"型地埋管与"slinky"型地埋管的换热效率分别为 0.23、0.2。主要原因是"spiral"型地埋管与土壤接触面积大，线圈之间热干扰小，因此具有更高的换热效率。

综上分析可以看出，通过提高地埋管进口水温、地表风速，减小线圈中心距以及采用"spiral"型地埋管均可提高水平螺旋型地埋管的换热效率。但是，考虑到风速不可调节，进口水温的增大不利于热泵机组的运行，因此可以通过调整线圈中心距、采用"spiral"型等来优化水平螺旋型地埋管的几何结构以提高换热效率。

第 5 章

相变回填地埋管换热器

地埋管换热器作为地源热泵与土壤进行热交换的唯一装置，其热响应特性对于地源热泵系统的高效运行至关重要。传统材料回填地埋管运行时会因地埋管周围土壤温度持续升高或下降而降低热泵效率，且热影响半径大、地埋管占地面积多。而采用相变材料（PCM）回填时，可以通过 PCM 相变释放或吸收潜热来缓解地埋管周围土壤温度变化幅度、缩短地埋管间距、提高换热效率。因此，相变回填地埋管换热器近年来受到众多学者的关注与研究。本章在介绍相变回填地埋管换热器提出背景与 PCM 选择的基础上，重点对相变回填地埋管换热特性进行数值模拟及试验测试，并指出相变回填地埋管换热器应用中有待解决的问题。

5.1 相变回填地埋管换热器提出的背景

地埋管换热器的蓄能传热问题一直是该领域的研究热点，且成为其应用中有待解决的难点与关键。地源热泵运行过程中，地埋管换热器的蓄能传热性能及其周围土壤的温度恢复特性对于系统运行的节能性与可持续性至关重要。地埋管换热器与周围土壤间的传热是非稳态的，随着机组运行，热量持续不断地蓄存于地下或从地下取出而释放，土壤温度由于受到地埋管换热器的冷热响应而持续降低或升高，地埋管的蓄能性能开始衰减，并明显地出现下滑趋势。连续运行时间越长，土壤温度变化幅度越大，这会引起换热器内循环水温度相应变化，直接导致热泵机组运行工况恶化。同时，长期运行条件下，由于全年冷热负荷差异而导致的土壤取放热量不平衡问题会引起地下土壤"冷热堆积"，使得土壤温度逐渐偏离其作为理想冷热源时的原始温度，从而进一步恶化热泵机组的运行。因此，如何在强化地埋管换热器蓄能传热性能的同时，通过有目的地改变其周围土壤温度恢复特性以保持土壤作为理想冷热源的原始温度，使机组始终运行在高效率点，是地埋管地源热泵系统长期稳定高效运行的关键。

从工作原理上来看，地埋管地源热泵实质上是以地埋管换热器及其周围土壤作为蓄能体的跨季节蓄能与释能系统，要实现地源热泵系统长期高效稳定运行，就要求在保证地埋管换热器蓄能与释能换热强度的同时，尽量降低其对周围土壤温度热影响的程度及其区域，使其运行一个周期后尽可能恢复到初始温度，并设法减少各地埋管换热器间的热干扰。传统回填方式的地埋管换热器在排热或吸热时，其周围土壤温度会持续升高或降低，热扩散半径逐渐增大，热干扰区域增加。这必然要求增大埋管间距而增加埋管面积，且土壤温度变化也会导致地埋管换热性能降低及热泵机组性能下降。相变储能作为解决能源供求在时间与空间上不匹配矛盾的一种有效技术措施，在建筑节能与可再生能源利用领域得到广泛应用，尤其在建筑结构墙体蓄能调温中得到了成功的应用。考虑到相变储能具有相变潜热大且其相变过程中温度变化小等优点，如能将其与地埋管换热器相结合，利用 PCM 作为钻孔回填材料的一部分，从而构成新型相变蓄能型地埋管换热器，通过 PCM 的相变来改变地埋管的热响应特性以延缓土壤温度变化趋势，则可实现对传统地埋管换热器的技术革新。由于地源热泵通常是间歇运行的（如办公建筑白天运行，晚上停止；而居住建筑大多数是晚上运行，白天上班时间无人时停运），因此，地埋管换热器的取热（或放热）过程在一天内通常也是间歇的，这种间歇运行方式给相变回填材料的相变与相态恢复提供了可能。如果选用合适熔点温度范围的 PCM 及合理控制地埋管换热器取热（或放热）时间，使 PCM 在一天内的工作时间内完成相变（融化），在停止时间内实现相态恢复（凝固），则可实现：①利用 PCM 在其相变过程中的吸热或放热来缓解短时间内地源热泵系统对地下土壤温度的影响，使地源热泵在周期内始终高效率运行；②利用 PCM 的相变来改变地埋管换热器的热响应特性，可减少地埋管换热器吸热与放热过程对周围土壤温度影响的半径，从而可减少埋管间距，缩小埋管区域面积；③使用 PCM 后，由于相变过程释放的巨大潜热及相变时温度变化小的特点，可使系统运行在理想的冷热源温度下，单孔在周期内所提供的热量或冷量相应提高，那么同样面积内所提供的冷/热量提高，可以提高地源热泵系统的运行效率。此外，由于相变回填地埋管换热器具有很好的昼夜蓄能与释能功能，使其更好地开发利用可再生能源成为可能。如对于太阳能-地源热泵复合系统，则可利用相变地埋管换热器中的 PCM 进行日间太阳能蓄能；对于冷却塔辅地源热泵复合系统，可利用夜间低谷电价进行蓄冷等。因此，相变回填地埋管对于提高浅层地热能综合利用效率、优化可再生能源利用模式等均具有重要意义。

5.2　相变材料的选择

一般情况下有合适的相变温度和较大相变潜热的物质，均可作为相变储能材料。但实际使用时必须综合考虑材料物理和化学性质、腐蚀性、安全性及成本。PCM 的选取一般应该注意以下筛选原则：①相变潜热大；②相变温度满足应用要求；③相变过程完全可逆且只与相变温度有关；④导热性能好；⑤稳定性好，可以反复利用；⑥密度大，节省空间；⑦化学性能稳定，无腐蚀、无毒无害、不可燃；⑧相变过程中体积变化小；⑨原料易购，成本低等。

但在实际选取过程中，找到完全满足以上所有条件的 PCM 非常困难，因此往往优先考虑满足上述前两个条件的材料，再考虑其他因素的影响。通常可根据不同地区土壤原始温度及冬夏两季地埋管换热器最佳工作的水温要求，参考不同相变材料的熔点温度范围、综合考虑其热稳定性及经济性，选择适合于不同气候地区运行的对应于冬、夏两季运行的两种 PCM 作为地埋管换热器相变回填材料，并依据建筑负荷所确定的单孔地埋管换热器所承担的夏季排热与冬季吸热量及地埋管换热器一天内的运行与停止时间，来确定满足冬夏两季要求的两种 PCM 回填量的优化配比。

以扬州地区为例，根据扬州地区气象土壤条件可知，扬州地区 100m 深度范围内土壤平均温度约为 17.5℃，而地源热泵系统夏季和冬季的设计工况下的进口温度变化范围分别为 30～37℃ 和 5～7℃。因此，夏季和冬季进口温度分别设定为 35 和 5℃，所需 PCM 的相变温度范围分别为 17.5～35℃ 和 5～17.5℃。基于上述温度条件，考虑到材料成本及物性要求，可选取的夏季相变材料为癸酸和月桂酸以 66:34 的比例组成的混合酸，冬季相变材料选取低凝固点油酸，其相变温度范围分别满足夏季与冬季运行工况要求。

5.3　相变回填地埋管换热器蓄能传热特性的数值模拟

5.3.1　理论模型

地埋管换热器与周围土壤间换热是一个复杂的非稳态过程，且 PCM 固液相变使得整个传热过程变得更加复杂，为了简化计算做出以下假设：

① 土壤区与回填材料区初始温度相同，且不随时间变化；

② 土壤、地埋管及回填材料均为各向同性物质，且物性参数不随温度而变化；

③ 模型由四个区域组成，即 U 形管流体区、U 形管管材区、回填材料区、土壤区，且各区域紧密接触，不考虑区域间的接触热阻；

④ 不考虑水分迁移的影响，认为地埋管与土壤之间为纯导热过程。

基于以上简化假设可得各区域控制方程。

5.3.1.1 钻孔内相变材料区

为了描述 PCM 回填地埋管换热器钻孔内的传热过程，采用焓-孔隙法来求解 PCM 的固液相变问题。

连续性方程

$$\frac{\partial \rho}{\partial \tau} + \nabla (\rho \vec{v}) = 0 \tag{5-1}$$

式中，ρ 为循环流体密度，kg/m^3；$\vec{v}$ 为流体速度，m/s。

能量方程

$$\frac{\partial}{\partial \tau}(\rho H) + \nabla (\rho v H) = \nabla (\lambda \nabla T) + S_e \tag{5-2}$$

式中，ρ 为相变材料密度，kg/m^3；S_e 为源项，W/m^3；v 为流体速度，m/s；λ 为 PCM 热导率，$W/(m \cdot ℃)$；H 为 PCM 焓，J/kg，包括显热和潜热焓，可以表示为

$$H = h + \Delta H \tag{5-3}$$

$$h = h_r + \int_{T_r}^{T} c_p dT \tag{5-4}$$

式中，h 为显热焓，J/kg；h_r 为参照焓，J/kg；c_p 为质量比热容，$J/(kg \cdot K)$；T_r 为参照温度，$℃$；ΔH 为潜热焓，J/kg，可以用式（5-5）表示。

$$\Delta H = \beta L \tag{5-5}$$

式中，L 为 PCM 的相变潜热，J/kg；β 为 PCM 的液化率，可以表示为

$$\beta = \begin{cases} 0 & T < T_1 \\ \dfrac{T - T_s}{T_1 - T_s} & T_s < T < T_1 \\ 1 & T > T_1 \end{cases} \tag{5-6}$$

式中，T_s 为 PCM 凝固温度，$℃$；T_1 为 PCM 熔化温度，$℃$。

对于单一成分的 PCM，$T_s = T_1$；对于混合成分的相变材料，$T_s < T_1$；相变过程中固液两相共存时，$0 < \beta < 1$。

动量方程

$$\frac{\partial (\rho v)}{\partial \tau} + \nabla (\rho v_i \vec{v}) = \nabla (\mu \nabla v_i) - \frac{\partial \rho}{\partial x_i} + \rho g_i + S_i \tag{5-7}$$

$$S_i = \frac{(1-\beta)^2}{\beta^3 + \varepsilon} A_{\text{mush}} (v - v_{\text{p}}) \qquad (5\text{-}8)$$

式中，v_i 为 i 方向的速度分量，m/s；μ 为动力黏度，$\mathrm{m^2/s}$；ε 为小于 0.0001 的数；A_{mush} 为模糊区常数；v_{p} 为牵连速度，m/s；S_i 为 i 方向修正源项。

5.3.1.2　钻孔外土壤区

钻孔外土壤传热过程为圆柱热源导热，其导热微分方程为

$$\frac{\partial T}{\partial \tau} = \alpha_{\text{soil}} \nabla^2 T + \frac{q_{\text{v}}}{\rho_{\text{soil}} c_{\text{soil}}} \qquad (5\text{-}9)$$

式中，T 为温度，℃；τ 为时间，s；α_{soil} 为土壤热扩散率，$\mathrm{m^2/s}$；q_{v} 为内热源强度，$\mathrm{W/m^3}$；ρ_{soil} 为土壤密度，$\mathrm{kg/m^3}$；c_{soil} 为土壤比热容，$\mathrm{J/(kg \cdot K)}$。

5.3.2　数值模型

利用 Gambit 软件建立 PCM 回填地埋管的三维数值模型，如图 5-1 所示。为了便于网格划分，将整个模型分为：流体区、U 形管材区、回填材料区及土壤区，共 10 个体结构。其中流体区包括进水管、弯管、出水管 3 个体结构，U 形管材区包括依次与流体对应的 3 个体结构，回填材料区和土壤区各包括 2 个体结构。网格独立性检验表明，当网格数为 3736963、计算时间步长为 30s 时可以获得满意的计算精度。

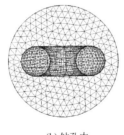
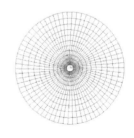

(a) 计算区域　　　　　　　　　(b) 钻孔内　　　　　　　　　(c) 钻孔外

图 5-1　垂直 U 形地埋管网格

5.3.3　模拟结果及分析

利用 Fluent 软件对上述模型进行求解，模拟采用白天运行 10h、夜间恢复 14h 的间歇运行方式。考虑到冬、夏季地埋管换热器内工作水温的不同，夏、冬季分别采用混合酸与油酸作为 PCM，模拟计算条件如表 5-1 所示。

表 5-1   模拟计算条件

参数	取值
U 形管内径/m	26
U 形管外径/m	32
管材比热容/[J/(kg·K)]	2300
管材密度/(kg/m³)	950
管材热导率/[W/(m·K)]	0.42
钻孔直径/m	0.12
钻孔深度/m	50
土壤密度/(kg/m³)	1600
土壤热导率/[W/(m·K)]	0.69
土壤比热容/[J/(kg·K)]	1640
混合酸密度/(kg/m³)	880
混合酸比热容/[J/(kg·K)]	1940
混合酸热导率/[W/(m·K)]	0.235
混合酸相变温度/℃	20.55
混合酸相变潜热/(kJ/kg)	0.2
油酸密度/(kg/m³)	881
油酸比热容/[J/(kg·K)]	2250
油酸热导率/[W/(m·K)]	0.33
油酸潜热/(kJ/kg)	94.51
油酸相变温度/℃	8.11

5.3.3.1   土壤热影响半径

图 5-2 为原土和 PCM 回填时夏、冬季工况下运行 10h 时 25m 深处水平截面温度分布云图，由图 5-2 可以看出，相对于原土回填，PCM 回填热影响范围减小。如运行 10h 后，夏季和冬季工况下原土回填时的土壤热影响半径分别为 0.69m、0.57m，而对应 PCM 回填时分别为 0.66m、0.55m，显然夏季和冬季采用 PCM 回填时的热影响半径分别为对应原土回填的 95.65％与 96.49％。因此，采用 PCM 回填在同样条件下可以减小埋管间距，缩小埋管占地面积，从而可以节约钻孔面积。

5.3.3.2   PCM 热导率的影响

为了探究 PCM 热导率对相变回填地埋管蓄能传热特性的影响，选取 $\lambda = 0.235W/(m·K)$、$1W/(m·K)$、$1.5W/(m·K)$ 为代表，通过分析 3 种热导率下的土壤温度分布、液相率、单位井深换热量和热影响半径，获得相变回填材料热导率对地埋管换热器蓄能传热特性的影响规律。

图 5-3 示出不同热导率下 PCM 回填夏季和冬季工况连续运行 10h 后 25m 深

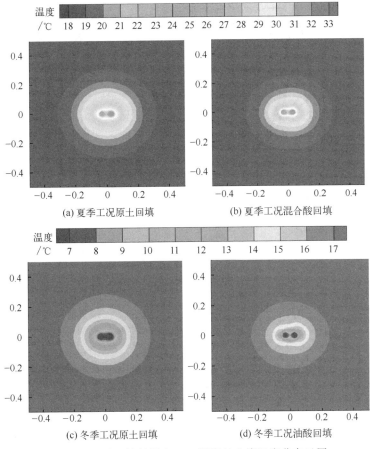

图 5-2　两种回填材料在 25m 深度处土壤温度分布云图

度处各节点土壤温度分布。由图 5-3 可以看出，距离钻孔中心越近，土壤温度受影响程度越大，且热导率越大，温度上升/下降幅度越大，热影响范围也越大。图 5-4 示出不同热导率下夏季和冬季工况 25m 深、半径为 0.1m 处土壤温度随时间的变化。由图 5-4 （a）可知，夏季工况运行 10h 后 3 种热导率下土壤温度分别为 22.65℃、26.23℃、26.38℃，温升率分别为 29.45%、49.87%、50.73%，恢复 14h 后土壤温度分别为 19.35℃、20.49℃、20.07℃，温降率分别为 16.51%、24.23%、27.61%。进一步分析图 5-4 （b）可知，冬季工况运行 10h 后土壤温度分别为 13.83℃、12.59℃、12.07℃，温降率分别为 20.95%、28.06%、31.01%，恢复 14h 后温度分别为 16.03℃、16.14℃、15.61℃，温升率分别为 15.44%、24.54%、25.05%。可以看出，热导率越大，土壤温度变化幅度越大。但较大的热导率会使土壤在运行期间温升/温降较大，有可能导致无法及时在恢复期间完成相变恢复过程。

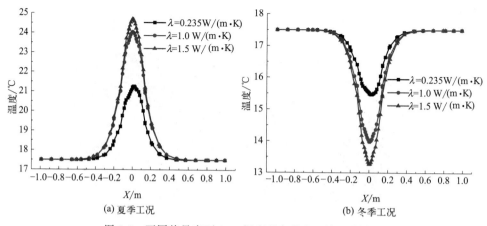

图 5-3 不同热导率下 25m 深度处各节点土壤温度分布

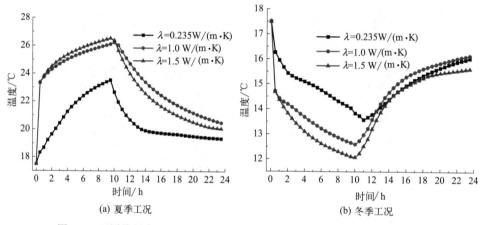

图 5-4 不同热导率下 25m 深距钻孔中心 0.1m 处土壤温度随时间的变化

图 5-5 示出不同热导率下 PCM 液相率随时间的变化，液相率表示钻孔内 PCM 的液化程度，PCM 吸热熔化液相率则从 0 增大到 1，凝固放热液相率则从 1 减小到 0。液化率越大则表明 PCM 的利用率越高。由图 5-5（a）可知，夏季工况中在运行 10h 后，3 种热导率下 PCM 均全部完成了相变，且热导率越大，完全相变所需时间越少；在 14h 恢复过程中，当 $\lambda = 1W/(m \cdot K)$ 和 $1.5W/(m \cdot K)$ 时，PCM 一直未发生相变逆转，仅在最后 2h 开始凝固过程，PCM 未完全恢复，这将对第 2 天地埋管的换热运行产生影响。进一步分析图 5-5（b）可知，冬季工况中在 10h 运行结束后，热导率越大，相变过程越明显，但 3 种热导率下 PCM 均未全部完成相变；在 14h 恢复过程中，热导率越大，相变恢复越快。

由图 5-6 可知，随着热导率的增大，单位井深换热量有显著增加，夏季工况

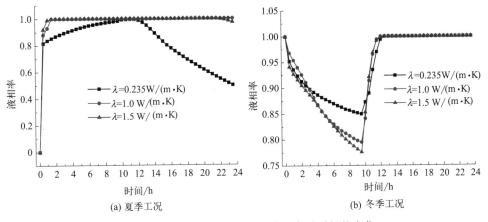

图 5-5　不同导热系数下 PCM 液相率随时间的变化

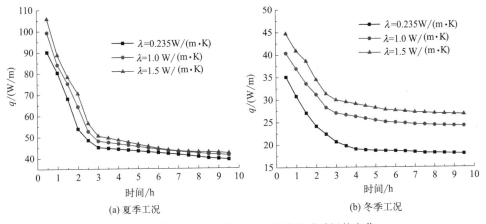

图 5-6　不同热导率下单位井深换热量随时间的变化

对应于 3 种热导率下单井总换热量分别为 70486.98kJ、82027.28kJ、91007.06kJ；对应冬季工况分别为 35328.77kJ、46279.42kJ、51365.61kJ。结合图 5-5 中液相率变化规律，进一步分析图 5-6 还可知，夏季工况 3 种热导率下 PCM 均在 10h 运行期间全部完成相变，潜热换热量相同，总换热量与显热换热量有关，因此变化规律相同，整体差值并不大。冬季工况单井总换热量增加显著，这是因为随着热导率的增大，PCM 相变率明显增加，相变潜热得到利用，因此单井总换热量对比明显。

由图 5-7 可以看出，随着热导率的增大，热影响半径也显著增加，如夏季工况 3 种热导率下热影响半径分别为 0.66m、0.70m、0.72m，对应冬季工况分别为 0.55m、0.59m、0.61m。以 $\lambda=0.235\mathrm{W/(m \cdot K)}$ 作为比较基准，计算得表 5-2，其中占地面积对比是在假设建筑负荷一定的条件下。

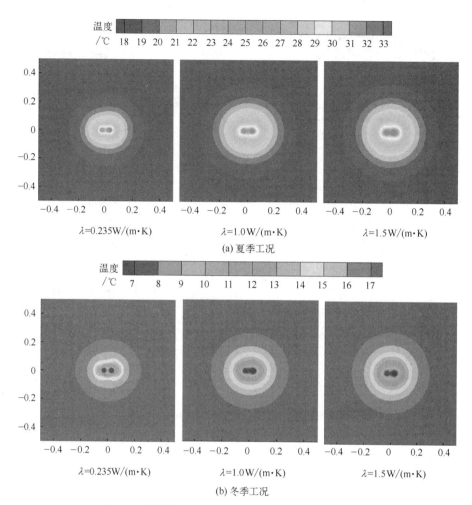

图 5-7　不同热导率下 25m 深度处土壤温度分布云图

表 5-2　各导热系数结果对比

工况	夏季工况			冬季工况		
热导率/[W/(m·K)]	0.235	1.0	1.5	0.235	1.0	1.5
单井总换热量比例	1	1.16	1.29	1	2.00	2.50
热影响半径比例	1	1.06	1.09	1	1.07	1.11
占地面积比例/%	100	91.37	84.50	100	53.50	44.00

　　分析表 5-2 数据可知，以 $\lambda = 0.235W/(m \cdot K)$ 作为比较基准，随着热导率的增大，换热量有显著的增加，热影响半径虽然也随之增大，但换热量和热影响半径两者综合比较可以看出同样负荷条件下，随着热导率的增加，占地面积的比例有明显的减少，因此热导率的增加对整体蓄能传热有优化作用。

综上所述，PCM 热导率增大虽然会导致热影响半径增加，但同时也显著增大换热量，同样负荷条件下具有优势，且能够减少所需占地面积。PCM 热导率增加对整体的蓄能传热有加强作用，但对于运行 10h 恢复、14h 的运行方式而言，较大的热导率会使土壤在运行期间温升较大，导致无法及时在恢复期间完成相变恢复过程，从而会影响第二天运行。

5.3.3.3　PCM 相变温度的影响

PCM 是否发生相变取决于其相变温度的高低，为了分析相变温度对相变回填地埋管蓄能传热特性的影响，分别选取夏季工况相变温度为 19℃、22℃、25℃，冬季工况为 7℃、10℃、12℃进行分析讨论，计算结果见图 5-8～图 5-12。

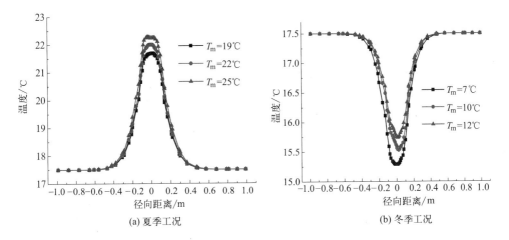

图 5-8　不同相变温度下 25m 深度处不同半径土壤温度分布

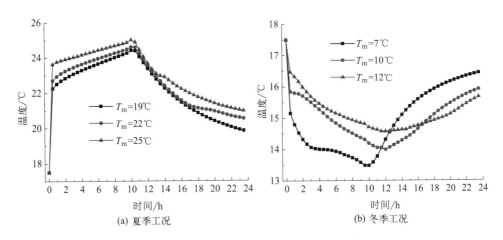

图 5-9　不同相变温度下 25m 深距钻孔中心 0.1m 处温度随时间的变化

由图 5-8 可以看出，夏季工况相变温度越低、冬季工况相变温度越高，钻孔周围土壤温度变化幅度越小，热影响范围也越小。这主要是由于夏季相变温度低、冬季相变温度高会使得更多的 PCM 完成相变吸热或放热，从而可更有效地缓解地埋管换热所导致的土壤温度波动。进一步分析图 5-9 可发现：运行 10h 后，夏季工况相变温度越低，温度上升幅度越小，冬季工况相变温度越高，温度下降幅度越小；恢复 14h 后，夏季工况相变温度越低，恢复效果越好，而冬季工况相变温度越低，温度变化幅度越大，恢复效果较好。这意味着对于本模拟条件，从缓解地埋管运行期间土壤温度变化幅度的角度，夏、冬季应分别采用相变温度低与高的 PCM，但从提高土壤温度恢复效果而言，夏、冬季均应采用相变温度低的 PCM。

图 5-10 示出不同相变温度 T_m 下 PCM 液相率随时间的变化。由图 5-10（a）可知，夏季工况，在运行 10h 期间，随着 T_m 升高，相变回填材料完全液化所需的时间越长；在恢复 14h 期间，T_m 越高，相变逆转过程越快，而 PCM 凝固过程会放热，因此恢复过程中 T_m 越高，温度越高，这与图 5-9（a）中恢复期间的温度变化情况相符。进一步分析图 5-10（b）可知，冬季工况，在运行 10h 期间，随着 T_m 升高，液相率越低，即相变回填材料凝固量越多，潜热量利用率越大；恢复 14h 期间全部完成了相变恢复，有利于第 2 天的循环利用。考虑到相变回填材料需要在运行时间内完成相变，在恢复时间内实现相态恢复，就液相率而言，在运行期间及恢复期间对相变温度的需求正好相反，这是由相变回填材料相变及恢复过程换热条件不同造成的。

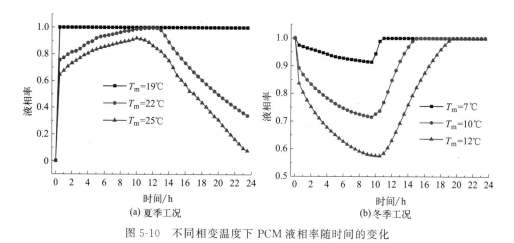

图 5-10　不同相变温度下 PCM 液相率随时间的变化

由图 5-11 可知，夏季工况，随着 T_m 的增加，单位井深换热量减小；冬季工况，随着 T_m 的增加，单位井深换热量增大，这与液相率变化的情况相符。

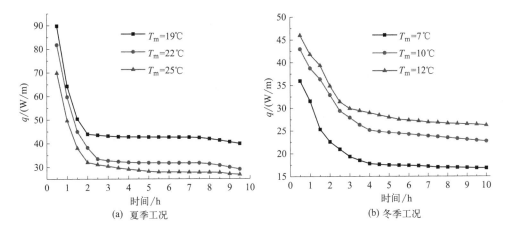

图 5-11　不同相变温度下单位井深换热量随时间的变化

因此夏季和冬季工况运行期间分别选取较低和较高相变温度的相变回填材料，即相变回填材料 T_m 越接近土壤初始温度，越有利于提高 PCM 液相率，增强地埋管换热器蓄能传热性能。图 5-12 示出不同 T_m 下 25m 深度处土壤温度分布云图，由图 5-12（a）可以看出，夏季工况随着 T_m 升高，热影响半径增加，这是因为夏季随着 T_m 升高，PCM 液相率下降，更多热量通过导热方式传导出去，热影响范围增大。进一步分析图 5-12（b）可知，冬季工况随着 T_m 升高，热影响半径减小，这是因为随着 T_m 升高，相变材料相变率增大，更多热量通过潜热蓄存于钻孔内，热影响范围减小。

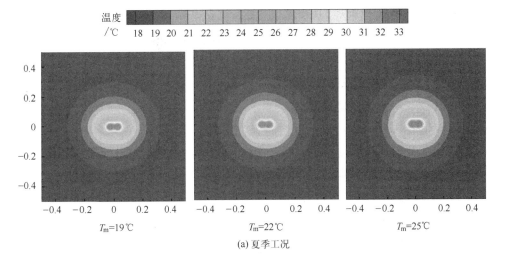

图 5-12

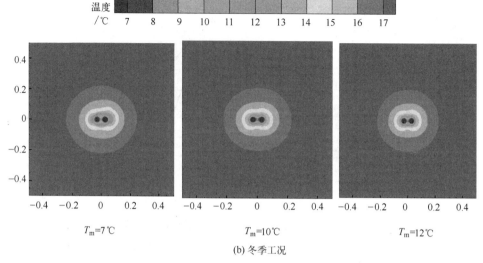

$T_m=7℃$　　　　　　$T_m=10℃$　　　　　　$T_m=12℃$

(b) 冬季工况

图 5-12　不同相变温度下 25m 深度处土壤温度分布云图

综上所述，运行期间，夏季工况采用较低相变温度、冬季采用较高相变温度的 PCM 可以提高 PCM 的相变率和潜热利用率，增强地埋管换热器蓄能传热性能。恢复期间，夏季工况相变温度越高，冬季工况相变温度越低，PCM 相态恢复效果越好。考虑到相变回填材料在一天内的运行时间内完成相变，在恢复时间内实现相态恢复，就液相率而言，在运行期间及恢复期间对相变温度的需求正好相反。因此，实际选取相变回填材料时要综合考虑其运行及恢复期间的相变温度需求，选取合适相变温度。

5.3.3.4　PCM 相变潜热的影响

相变潜热是衡量 PCM 储能能力的重要指标，为了进一步弄清相变潜热的影响，以相变潜热 $L=100kJ/kg$、$200kJ/kg$、$250kJ/kg$ 为代表，探讨不同相变潜热对地埋管换热器热响应特性的影响。

图 5-13 示出 3 种相变潜热下 25m 深不同半径处夏、冬季工况土壤温度分布。由图 5-13 可看出：运行 10h 后，夏季工况下 $L=100kJ/kg$ 时中心温度最高，其次为 $L=200kJ/kg$，最低的是 $L=250kJ/kg$，而冬季正好相反。这主要是由于相变潜热越大，对温度变化的缓冲作用就越强，从而导致温度上升或下降幅度越小。如图 5-14 所示，10h 运行期间，土壤温度上升或下降幅度随相变潜热的增大而减小。进一步分析图 5-14 还可发现：14h 恢复期间，相变潜热越小，土壤温度恢复效果越好。这意味着从延缓运行期间土壤温度变化幅度的角度，希望采用相变潜热大的 PCM，而就加快土壤温度恢复而言，采用相变潜热

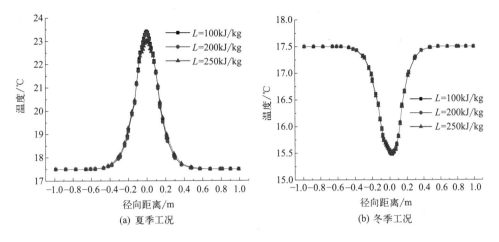

图 5-13　不同相变潜热下 25m 深不同半径处土壤温度分布

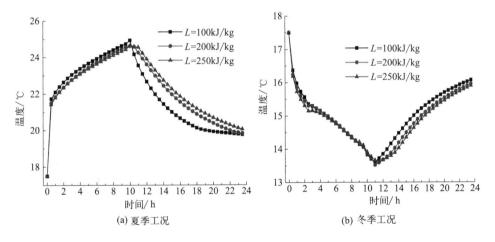

图 5-14　不同相变潜热下 25m 深距钻孔中心 0.1m 处温度随时间的变化

小的 PCM 比较有利。因此，对于 PCM 回填地埋管换热器，其相变潜热的选取要综合考虑运行与恢复两个方面。由图 5-15 可得，运行 10h 期间，随着 L 的增大，同一时刻 PCM 液相率越小；恢复 14h 期间，$L=100\text{kJ/kg}$ 时在恢复期间液相率变化幅度较其余两者要大，这是因为 L 越大，PCM 完成相变及恢复时需要吸收/放出的热量就越多，这与相变回填材料运行及恢复期间吸热/放热实际情况相符。进一步由图 5-16 可以看出，L 对地埋管换热器的蓄能效果影响较大，随着 L 的增大，单位井深换热量也随之增大，因此采用较大的相变潜热可以改善地埋管换热器的蓄能效果，这是因为相变潜热表示相变回填材料的潜热储热能力，相变潜热越大，潜热储热量越多，因此，在同样条件下，采用较大相变

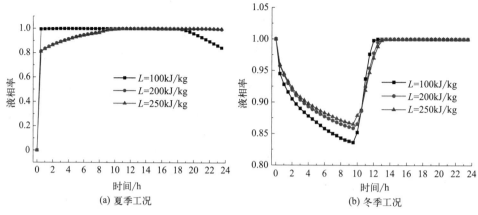

图 5-15   不同相变潜热下 PCM 液相率随时间的变化

潜热的相变回填材料能够提升钻孔蓄能量。综上所述,同样条件下增加 PCM 的相变潜热能够显著增强地埋管换热器的蓄能效果,在前期相变回填材料未完全相变时随着相变潜热的增大,有显著减小热影响半径的效果,而在后期相变完全完成时,相变潜热对热影响半径的影响较小。

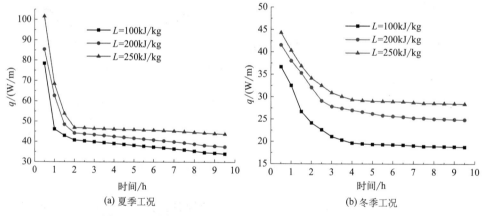

图 5-16   不同相变潜热下单位井深换热量随时间的变化

5.3.3.5   运停时间比的影响

实际运行中,运行时间对 PCM 相变过程也有很大影响,尤其是 24h 内运行与停止的时间比,这将决定 PCM 在一天运行中的相变和相态恢复状态。为了进一步探讨不同运停时间比对 PCM 回填地埋管相变传热的影响,对运停时间比为 8h∶16h、10h∶14h、12h∶12h、14h∶10h、16h∶8h 进行了数值模拟,计算结果如图 5-17 和图 5-18 所示。

分析图 5-17 可得,孔壁中点温度的恢复效果在很大程度上取决于 24h 运行

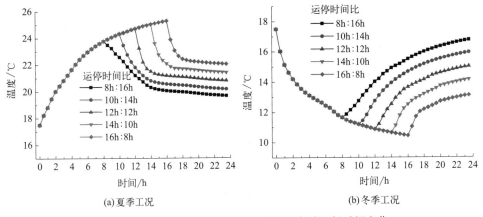

(a) 夏季工况　　　　　　　　(b) 冬季工况

图 5-17　不同运停时间比下孔壁中点温度随运行时间变化

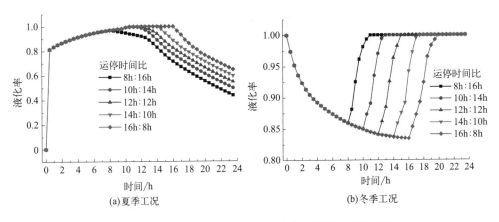

(a) 夏季工况　　　　　　　　(b) 冬季工况

图 5-18　不同运停时间比下 PCM 液化率随运行时间变化

期间运停时间比，运行时间越长，停止时间越短，则恢复效果越差。如图 5-17所示，在 8h：16h 的时间比下，土壤温度的恢复效果优于所有其他情况。其主要原因是运行时间越短，地埋管释放热/吸收热越少，土壤的热扰动越小，且恢复时间越长，因此温度恢复效果越好。进一步分析图 5-18 可以发现，对于夏季工况，PCM 液化率随着运行时间的增加而增大，但由于恢复时间缩短，导致相态恢复率降低。例如，运停时间比为 16h：8h、12h：12h 和 8h：16h，对应恢复期结束时 PCM 的液化率分别为 0.65、0.55 和 0.44。对于冬季工况，PCM 液化率及其恢复时间随着运行时间的增加而减少，并且所有运停时间比下均可以实现相态恢复。这主要是由于运行时间越长，地埋管吸收/释放的热量越大，更多的 PCM 能完成相变，导致 PCM 完成相态恢复所需的时间越长。这意味着当运行周期为 24h 时，从 PCM 完成相变的角度，希望运行时间长，恢复时间短；

但从土壤温度与 PCM 相态恢复的角度，希望运行时间短，恢复时间长。因此，为了平衡土壤温度和 PCM 相态恢复及 PCM 完成相变，有必要针对特定建筑来对运行与恢复时间比进行优化。

5.3.3.6 冷热交替循环的影响

地埋管换热器长期运行过程中，通常处于夏季和冬季循环交替模式，即地埋管通常在交替冷却和加热条件下运行。为了进一步探索交替冷却和加热运行对相变回填地埋管周围土壤温度变化和储能性能的影响，对两个循环运行性能进行了数值模拟，设定每个循环运行模拟周期为 12d。对于一个循环周期，首先在冷却模式下运行 3d 后停止运行 3d，然后继续在加热模式下运行 3d，最后再停止运行 3d，从而完成一个循环运行周期。每天采用 10h 运行和 14h 恢复的间歇运行模式，模拟结果见图 5-19 和图 5-20。

分析图 5-19 可以看出，在交替冷却和加热循环运行模式下，PCM 回填可降低土壤温度波动峰值，延迟土壤温度恢复速率。如在第一个夏季模式期间，原土和相变回填下半径 0.1m 处的土壤温度峰值分别为 27.1℃ 和 22.9℃，恢复 3d 后对应的土壤温度分别为 18.4℃ 和 18.9℃。这主要是因为夏季 PCM 熔化并吸收潜热时可以延缓土壤温升幅度，而在恢复期，当 PCM 凝固释放潜热时可以降低土壤温度下降率。进一步分析图 5-19 还可以发现，在第一个冬季模式下，$r=0.1m$ 处原土和 PCM 回填的最低土壤温度分别为 10.9℃ 和 13.3℃。其主要原因是相变回填下冬季运行开始时的土壤温度更高，且在 PCM 凝固过程中会有潜热释放，从而减缓了土壤温度下降幅度。夏季土壤温度更低和冬季土壤温度更高，意味着有更大的传热温差，因此可以改善相变回填地埋管的蓄能传热特性。如图 5-20 所示，相变回填单孔的日总换热量大于原土回填，例如，在第一个夏季，

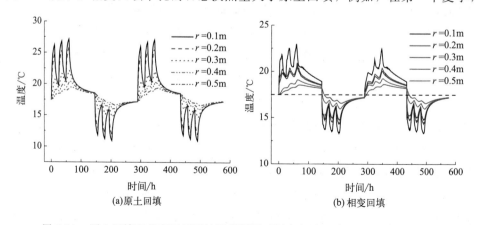

图 5-19 原土回填和相变回填下地埋管周围不同半径处土壤温度随时间的变化

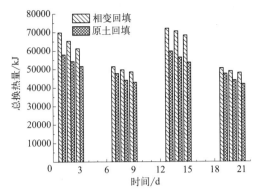

图 5-20　原土回填和相变回填下单孔总换热量随运行时间的变化

第一天、第二天和第三天原土回填单孔日总换热量分别为 57843.2kJ、54261.3kJ 和 51618.9kJ，而 PCM 回填的相应值分别为 69829.4kJ、65361.4kJ 和 61262.2kJ。显然，后者分别是前者的 1.21 倍、1.21 倍和 1.19 倍。同样，在第一个冬季，第七天、第八天和第九天 PCM 回填的相应值分别是原土回填的 1.08 倍、1.13 倍和 1.13 倍。因此，在交替冷却和加热运行过程中，由于 PCM 相变，钻孔附近土壤温度的变化范围和恢复率都可以得到减缓，并且可以提高单孔日总换热量。

5.3.3.7　取放热不平衡率的影响

为了获得不同取放热不平衡条件下相变回填对地埋管换热器传热特性的影响，以取放热量比值为 1∶3 和 1.7∶1 两种模式为代表进行讨论，两种模式具体参数见表 5-3。结合夏、冬季地埋管的换热量以及土壤原始温度，夏季选用混合酸（66% 的癸酸和 34% 的月桂酸复合物，质量分数），冬季选用油酸，冬、夏季工况 PCM 在取放热不平衡下以不同配比进行回填。PCM 和土壤物性参数见表 5-4。

表 5-3　两种模式具体参数

模式	取放热量比值	冬季埋管热流密度/(W/m²)	夏季埋管热流密度/(W/m²)
模式一	1∶3	134	406
模式二	1.7∶1	273	160

表 5-4　PCM 和土壤物性参数

项目	混合酸	油酸	土壤
热导率/[W/(m·K)]	0.235	0.33	1.732
密度/(kg/m³)	880	881	1600
比热容/[J/(kg·K)]	1940	2250	1640
潜热/(kJ/kg)	133.65	94.51	—
相变温度/℃	20.5	8.1	—

从图 5-21 中可以看出，夏季和冬季工况下分别加大混合酸及油酸比例，土壤温度变化速度减缓，这主要是由于夏季工况下混合酸比例越大，其相变吸收的热量就越多，从而减缓了土壤的温升速率；同样冬季工况下油酸比例越大，其相变释放的潜热量就越多，从而降低了土壤温度的下降速率。进一步分析图 5-21（a）可以看出，运行初期孔壁中点土壤温升较慢，但是随着时间的增加土壤温度上升速率加快，这是因为运行初期 PCM 液化吸热，部分热量以潜热的形式蓄存于钻孔内，从而降低了土壤温升幅度，而在 PCM 完全液化后，热量仅靠显热方式传递，温度变化较快，这从图 5-24（a）中液相率随时间的变化也可以得到解释。为了揭示 PCM 回填对钻孔周围土壤温度场的影响，进一步分析图 5-22 可得，夏季工况下随着混合酸比例的增加，土壤温升幅度减小；而冬季工况下土壤温度变化幅度受混合酸比例的影响相对较小，如图 5-22（a）和（b）所示，距离钻孔壁 0.1m 处，混合酸和油酸比例分别为 10:0 与 5:5 时，夏季土壤温度分别为 18.8℃与 19.5℃，对应冬季分别为 16.6℃与 16.7℃。

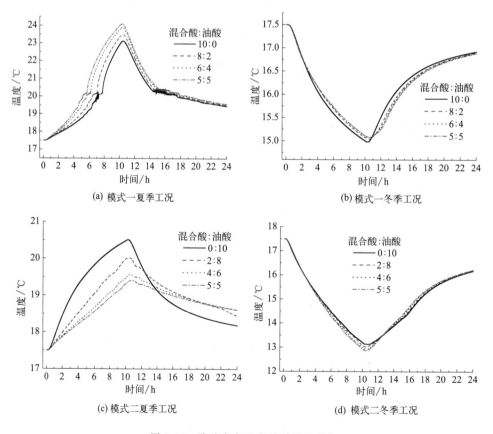

图 5-21　孔壁中点温度随时间的变化

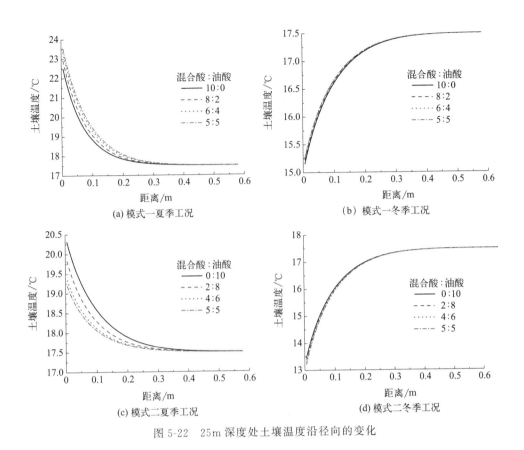

(a) 模式一夏季工况　　　　(b) 模式一冬季工况

(c) 模式二夏季工况　　　　(d) 模式二冬季工况

图 5-22　25m 深度处土壤温度沿径向的变化

　　为了进一步探讨 PCM 回填地埋管停止运行后土壤温度场恢复情况，采用土壤温度恢复率作为评价指标来进行分析。土壤温度恢复率定义为：夏季工况，土壤初始温度与计算时刻温度的比值；冬季工况，计算时刻土壤温度与初始温度的比值。图 5-23 给出了两种模式夏、冬季工况下地埋管周围土壤温度恢复情况。由图 5-23 可以看出，近地埋管处的土壤温度恢复率较低，远地埋管处恢复率高，其主要原因在于近地埋管处受地埋管热影响比较大，土壤温度波动幅度较大，恢复较困难。由于夏季混合酸比例越大，运行期间土壤温升幅度越小，然而恢复期间混合酸凝固放热会减缓土壤温度下降速率，不利于土壤温度恢复；而冬季工况油酸越多，运行过程中土壤温度下降幅度越小，但恢复过程中油酸液化吸收的热量就越多，土壤温度上升越缓慢，因此在实际选取 PCM 配比时要综合考虑运行期间土壤温度变化的幅度及恢复期间土壤温度恢复的程度，从而选取合适的配比。

　　为了探讨在地埋管运行和停止期间 PCM 的相变与恢复过程，采用液相率表示 PCM 的液化程度，以揭示相变与恢复过程中 PCM 的相态变化过程。图 5-24

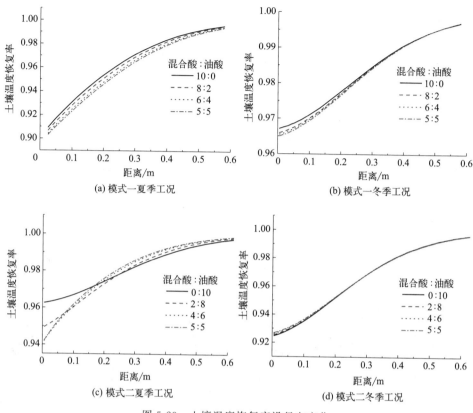

图 5-23　土壤温度恢复率沿径向变化

给出了两种模式夏、冬季工况下 PCM 液相率随时间变化情况。从图 5-24（a）和（c）中可以看出，夏季工况运行 10h 后，混合酸比例越大，其液化时间越长，可利用的潜热量就越多；14h 恢复期间，混合酸比例越大，PCM 相变恢复程度越低。其原因是混合酸越多，PCM 总潜热量就越大，其液化和凝固需要吸收或释放的热量越多，从而需要的时间更长。进一步分析图 5-24（b）和（d）可以看出，冬季工况运行 10h 后，油酸比例越大，其发生相变的量越少，而 14h 恢复期间，不同比例的混合酸均已完全恢复，有利于第 2 天的循环利用。这主要是因为冬季取热量小，经过 10h 运行后油酸未全部相变，其潜热量未得到完全利用，而在 14h 恢复期间，油酸能够全部完成相态恢复。因此，根据不同取放热量选取合适配比的冬、夏季工况 PCM，对 PCM 潜热量的充分利用及循环利用至关重要。

　　综上分析可以得出，在本计算条件下：①放热量大于取热量时加大混合酸的比例，反之加大油酸比例，可以降低地埋管周围土壤温度波动幅度，从而缩小其热影响区域；②从利于土壤温度场恢复的角度，要综合考虑运行期间土壤

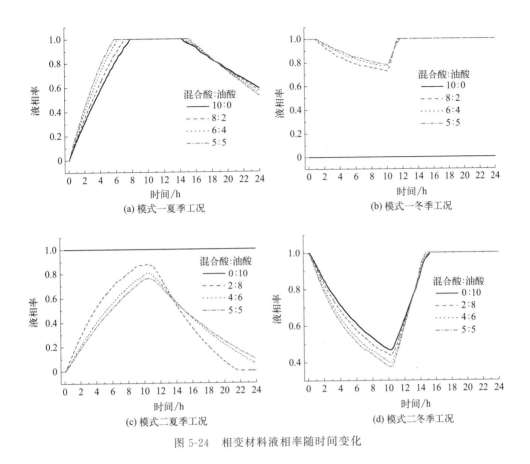

图 5-24　相变材料液相率随时间变化

温度变化的幅度和恢复期间土壤恢复的程度；③夏季工况下混合酸比例越大，冬季工况下油酸比例越大，可利用的潜热量就越多，然而相态恢复程度却越低，不利于下一周期 PCM 循环利用。

5.4　相变回填地埋管换热器蓄能传热特性的试验研究

5.4.1　试验系统

相变回填地埋管换热器试验系统如图 5-25 所示，该试验系统由砂箱、数据采集系统、恒温进口边界模拟系统等几部分组成。其中钻孔、回填材料及埋管均设计成活动可调节形式，以便于根据工况需要进行调节与更换。为了模拟夏季和冬季两种工况下土壤的进口边界条件，采用恒温水浴提供恒定的进口温度。为了测量钻孔内与钻孔外土壤温度的变化情况及其蓄能特性，在钻孔内及钻孔

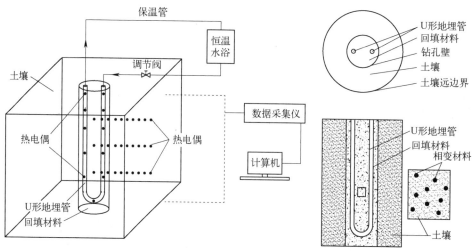

(a) 试验系统原理

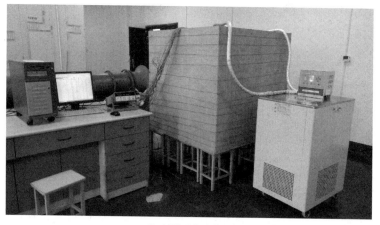

(b) 试验系统实物

图 5-25 相变回填地埋管换热器试验系统

外土壤不同深度、不同半径处设置若干个温度测点，以监测相变回填材料相变过程中钻孔内回填材料和钻孔外土壤的温度变化情况，通过地埋管进出口温度与循环流量的测量可获得其蓄能特性。

5.4.2 试验工况

试验分为夏季和冬季工况，即放热和取热过程，夏季和冬季工况流体进口温度分别设定为 35℃、5℃，模仿办公建筑启停时间，即试验系统运行 10h 后停止并记录其 14h 恢复期间的温度变化。试验开始时先记录土壤原始温度作为对比基准，待恒温水浴温度达到设定值且恒定时，打开恒温水浴水泵按钮，使循环流体进入 U 形地埋管与回填材料进行换热，试验过程中数据采集时间间隔为 60s。通过对比钻孔内温度变化、钻孔外土壤过余温度变化、单位井深换热量和不同深度土壤温度径向分布，分析各个工况对地埋管蓄能传热特性的影响。具体工况如下。

(1) 相变过程影响试验工况　分别利用原土和 PCM 作为回填材料，记录夏季和冬季工况下流体及土壤温度的变化规律，探究相变过程对地埋管蓄能传热特性的影响。

(2) 夏、冬季 PCM 配比影响试验工况　混合酸和油酸同时作为回填材料回填时，改变混合酸和油酸回填质量比例分别为 2∶8、4∶6、6∶4、8∶2，探究夏季和冬季 PCM 不同配比对地埋管换热器蓄能传热特性的影响。

(3) PCM 强化换热工况　通过添加含铁屑土壤的方式强化 PCM 换热，探究 PCM 换热强化对地埋管换热器蓄能传热特性的影响。

5.4.3　试验结果及分析

5.4.3.1　相变过程对地埋管换热器蓄能传热特性的影响

对原土和相变回填地埋管的回填材料与土壤温度变化及恢复情况、换热量变化进行试验测试，以期获得相变过程对地埋管换热器蓄能传热特性的影响。

(1) 钻孔内回填材料温度随时间变化　图 5-26 示出夏季工况两种回填材料回填时 0.6m 深距离钻孔中心不同半径处回填材料温度随时间的变化。从图 5-26 中可以看出，夏季工况下两种回填材料在 10h 运行期间前 3h 温度上升较快，随后上升逐渐平缓，运行 10h 后 $r=0$ 处原土和混合酸回填温度分别为 22.12℃、20.62℃，温度上升率分别为 78.60%、64.88%。显然，混合酸回填相对于原土回填时的温度及温升率均较小，这是因为混合酸发生相变时会吸收一部分热量并转化为相变潜热，且热导率较小，导致温升率比原土回填小。从图 5-26 还可以看出，$r=0.015m$、0.03m 处的回填材料温度变化趋势与 $r=0m$ 处相同，但混合酸回填时 $r=0.015m$、0.03m 处均未达到相变温度 20.55℃，说明在 10h 运行结束后钻孔内的混合酸并未完全相变，此时混合酸的相变潜热并未得到完全利用。进一步分析图 5-26 可以发现，采用混合酸回填有较低的钻孔内温度，而较低的钻孔内温度能够保证高温流体与周围回填材料之间有较大的换热温差，对换热过程是有利的。因此，夏季采用混合酸回填能够减缓钻孔内温度持续升高的问题，保持地埋管换热器流体与周围回填材料之间有较大的温差。分析图 5-26 还可得到，两种回填材料下在 14h 恢复期间温度下降较快，这是由于钻孔中心温度较高，与周围土壤温差大，地温恢复较快，之后温度恢复变慢，并逐渐趋于稳定。恢复 14h 后，$r=0$ 处原土和混合酸回填区温度分别为 12.85℃、12.29℃，温度恢复率分别为 92.92%、97.58%，原土回填土壤温度未完全恢复至原始温度，这将会导致第二天的换热性能低于第一天，长期运行时土壤温度会逐渐上升，产生土壤热失衡问题。而混合酸回填温度恢复情况相对较好，有利于下一个周期的运行。

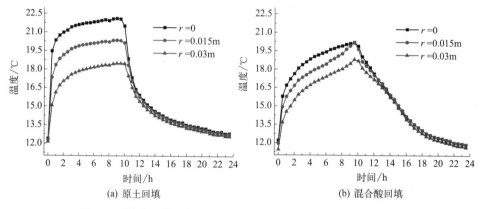

图 5-26   夏季工况 0.6m 深处钻孔内回填材料温度随时间的变化

图 5-27 示出冬季工况两种材料回填时 0.6m 深不同半径处回填材料温度随时间的变化。从图 5-27 中可以看出，冬季工况下两种回填材料 $r=0$、0.015m、0.03m 处温度变化趋势相似，都是在 10h 运行期间温度随时间下降，在 14h 恢复期间温度逐渐上升。进一步分析图 5-27 可知，原土回填时 10h 运行期间温度下降明显，油酸回填在 4h 后温度变化平缓，且油酸回填 10h 运行终温高于原土回填，这是因为油酸回填运行 4h 后达到相变温度，发生液-固相变放出热量，且油酸热导率小，因此温度变化率小。油酸回填的温度变化对地埋管换热器流体

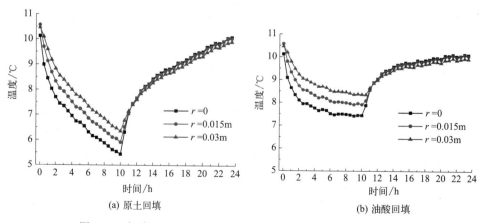

图 5-27   冬季工况 0.6m 深处钻孔内回填材料温度随时间的变化

与周围回填材料之间的换热过程有利，这是因为油酸回填能保证较高的回填区温度，与低温的流体温度之间保持较高的温差，有利于传热的进行。

（2）钻孔外土壤过余温度随时间变化　图 5-28 和图 5-29 分别给出夏季及冬季工况两种回填材料回填时 0.6m 深不同半径处钻孔外土壤过余温度随时间的变化。由图可看出，不同半径处 10h 运行期间土壤过余温度 θ 随时间变化趋势相同，均为开始运行时温度随着时间上升/下降较快，随后上升/下降逐渐平缓；14h 恢复期间，温度逐渐下降/上升。分析图 5-28 可知，夏季工况下原土回填时 10h 运行后 $r=0.11m$、$0.19m$、$0.27m$ 处 θ 分别为 2.70℃、1.25℃、0.62℃，混合酸回填对应的 θ 分别为 1.88℃、0.73℃、0.61℃；14h 恢复后，原土回填时 $r=0.11m$、$0.19m$、$0.27m$ 处土壤温度恢复率分别为 92.67%、97.08%、98.42%，混合酸回填时对应值分别为 94.67%、96.00%、96.8%。进一步分析图 5-29 还可得，冬季工况下原土回填时 10h 运行后 $r=0.11m$、$0.19m$、$0.27m$

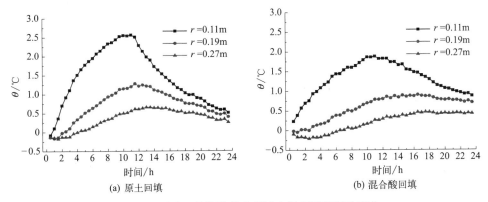

图 5-28　夏季工况钻孔外土壤过余温度随时间的变化

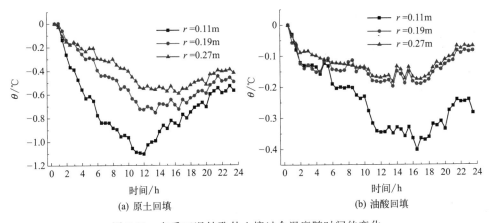

图 5-29　冬季工况钻孔外土壤过余温度随时间的变化

处 θ 分别为－1.06℃、－0.64℃、－0.45℃，油酸回填对应的 θ 分别为－0.35℃、－0.18℃、－0.17℃；14h 恢复后，原土回填时 10h 运行后 $r=$0.11m、0.19m、0.27m 处 θ 分别为－0.57℃、－0.50℃、－0.42℃，相变回填对应的 θ 分别为－0.28℃、－0.08℃、－0.07℃。因此，可以看出距离钻孔中心越近，土壤温度受循环流体换热影响程度越大，而 PCM 回填不同径向距离处钻孔外土壤温度变化幅度均减小，这意味着采用 PCM 回填可以有效减缓取放热对土壤温度变化影响的幅度。

（3）单位井深换热量随时间变化　图 5-30 给出夏季和冬季工况两种回填材料回填时单位井深换热量 q 随时间的变化。从图 5-30（a）中可以看出，夏季工况 10h 运行过程中原土回填时 q 从 165.11W/m 下降至 76.69W/m，单井总换热量为 13278.28kJ，混合酸回填时 q 从 174.94W/m 下降至 98.42W/m，单井总换热量为 14527.43kJ，很明显采用混合酸回填单井总换热量可多存 9.41%。进一步分析图 5-30（b）可知，冬季工况原土回填时 q 从 82.52W/m 下降至 24.12W/m，单井总换热量为 3720.45kJ，油酸回填时，q 从 105.27W/m 下降至 32.55W/m，单井总换热量为 4772.25kJ，采用油酸回填单井总换热量可多存 28.27%。很显然，夏季和冬季工况下 PCM 回填时的 q 均大于原土回填，这是因为 PCM 回填蓄热包括显热蓄热和潜热蓄热两部分，循环流体的热量一部分靠导热传递到周围土壤中，一部分可通过 PCM 的潜热来蓄存，因此，采用 PCM 回填能够在缓解钻孔内回填材料温度变化幅度、保证较大换热温差的同时增大换热量。

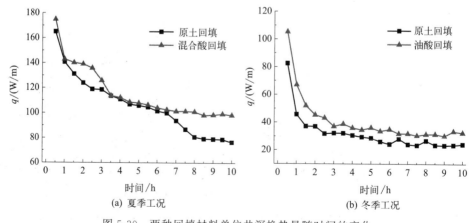

图 5-30　两种回填材料单位井深换热量随时间的变化

（4）不同埋深土壤温度径向分布　图 5-31 给出夏季和冬季工况下原土及 PCM 回填时运行 10h 后不同埋深测点径向方向土壤过余温度分布，可以看出最

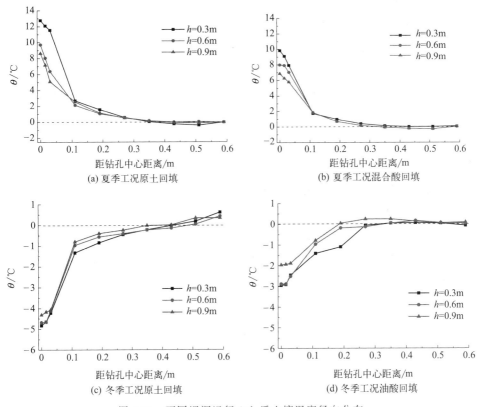

(a) 夏季工况原土回填　　(b) 夏季工况混合酸回填

(c) 冬季工况原土回填　　(d) 冬季工况油酸回填

图 5-31　不同埋深运行 10h 后土壤温度径向分布

靠近流体进口的上排测点 $h=0.3$m 处中心过余温度较大，随着深度增加，温度变化减小，这是因为流体温度沿程变化，夏季工况随着埋深增加不断放热而下降，冬季工况随着埋深增加不断吸热而上升，越靠近 U 形地埋管进口支管温度越大/越小。进一步分析图 5-31 可以看出，相对于原土回填而言，PCM 回填时土壤温度变化幅度减小，热影响半径也较小。如连续运行 10h 后原土回填，夏季和冬季工况下土壤热影响半径分别为 0.37m、0.41m，对应 PCM 回填时分别为 0.32m、0.36m，夏季和冬季工况下 PCM 回填热影响半径分别为原土回填的 86.49%、87.80%，而由图 5-30 中单位井深换热量分析可知，PCM 回填单井总换热量为原土回填的 1.09 倍和 1.28 倍，由此可以推出当建筑冷（热）负荷一定时，在同样埋深条件下，夏季和冬季工况采用 PCM 回填时分别可减少占地面积 20.63%、31.51%。

综上所述可知，采用 PCM 回填的地埋管换热器能够减缓钻孔内温度持续升高或降低的问题，保持地埋管循环流体温度与周围回填材料之间较大的温差，对换热过程有利；距离钻孔中心越近，土壤温度受循环流体换热影响程度越大，而 PCM 回填不同径向距离处钻孔外土壤温度变化幅度均小于原土回填，因此采用 PCM 回填可以有效缓解钻孔外土壤温度上升或下降幅度；夏季和冬季工况下 PCM 回填的单位井深换热量均大于原土回填，在本试验条件下，采用 PCM 回填的单井总换热量夏季和冬季分别比原土回填多 9.41%、28.27%，因此采用 PCM 回填能够显著增强地埋管换热器蓄能效果。采用 PCM 回填能够减少热影响半径，本试验条件下夏季和冬季工况下 PCM 回填的热影响半径分别为原土回填的 86.49%、87.80%，因此，在一定建筑负荷条件下，PCM 回填能够达到减少土地占用面积的效果。

5.4.3.2　混合酸与油酸配比对地埋管换热器蓄能传热特性的影响

为了获得两种相变回填材料配比的影响，对混合酸和油酸分别以 2:8、4:6、6:4、8:2 的回填比例同时作为回填材料回填时，夏季和冬季工况下 10h 运行和 14h 恢复情况进行对比试验，以探讨混合酸和油酸综合作用对地埋管换热器蓄能传热特性的影响。

图 5-32 给出混合酸和油酸不同配比回填时夏季及冬季工况钻孔中心回填材料温度随时间的变化。由图 5-32 可以看出，10h 运行期间夏季和冬季工况下不同配比温度变化趋势相同，都是在最初的 4h 内温度上升/下降较快，随后上升/下降逐渐平缓，14h 恢复期间温度逐渐恢复。进一步分析图 5-32（a）可知，夏季工况连续运行 10h 后，各配比下钻孔中心温升分别为 9.85℃、9.67℃、9.43℃、9.06℃，温升率分别为 90.46%、90.04%、88.63%、86.78%，温升幅度随着混合酸含量增加而降低，这是因为混合酸比例越大，夏季起作用的混合酸量越多，对缓解温度上升幅度的作用越明显。分析图 5-32（b）还可知，冬季工况各配比温降分别为 3.54℃、3.39℃、3.81℃、3.43℃，温降率分别为

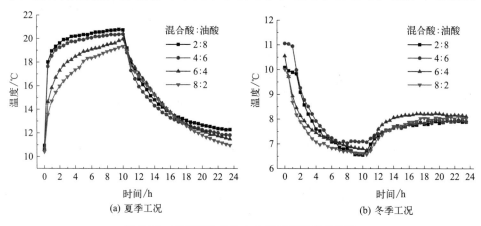

图 5-32　不同配比钻孔中心温度随时间的变化

35.08%、30.65%、36.11%、34.27%，冬季温度变化比较杂乱，这可能是由
于油酸发生相变后变成固相，固相热导率大于液相，但同时存在混合酸，而混
合酸热导率小，因此油酸和混合酸随着配比变化会使热导率变化，从而使钻孔
内温度变化杂乱。

图 5-33 给出不同配比下钻孔外距钻孔中心 0.11m 处土壤过余温度随时间的
变化。由图 5-33 (a) 可知，夏季工况 10h 运行期间 θ 随时间变化趋势相同，其
中混合酸和油酸以 8∶2 配比回填时温度变化幅度最小。综合对比 4 种配比土壤
温度变化可以看出，随着混合酸含量的增加，对钻孔外土壤温度上升有较好的
缓解作用。进一步由图 5-33 (b) 可知，冬季工况混合酸和油酸配比分别为 2∶8
和 4∶6 时温度下降幅度均较小，前者是因为油酸含量高，大部分热量转化为潜
热储存起来，后者则是因为混合酸的含量增加，导致总体热导率变小。

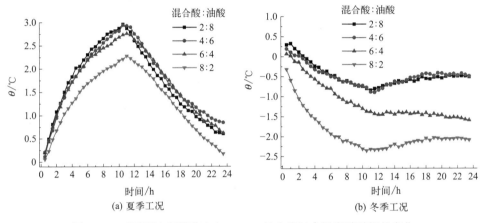

图 5-33　不同配比距钻孔中心 0.11m 处土壤过余温度随时间的变化

分析图 5-34 (a) 可得，夏季工况随着混合酸含量占比的增加，单位井深换
热量逐渐增大，如 10h 运行期间，当配比为 2∶8 时 q 从 167.05W/m 下降至
88.47W/m，单井总换热量为 13464.17kJ；配比为 4∶6 时 q 从 187.08W/m 下
降至 115.65W/m，单井总换热量为 16146.09kJ；配比为 8∶2 时 q 从
253.91W/m 下降至 167.92W/m，单井总换热量为 23712.18kJ。这是因为夏季
工况随着混合酸占比的增加，起作用的 PCM 含量增加，但各配比下 q 随着时间
变化幅度不同，这是由于随着混合酸含量增加，热导率减小，显热换热量减少。
各配比下单井总换热量关系为 8∶2＞6∶4＞4∶6＞2∶8，混合酸含量越多，单
井总换热量越大，其中混合酸和油酸配比为 8∶2 和 6∶4 时 q 相差不大，这是因
为夏季工况下配比为 8∶2 时混合酸并未完全完成相变，PCM 的相变潜热并未得
到完全利用。进一步由图 5-34 (b) 可得，冬季工况 10h 运行期间，当配比为

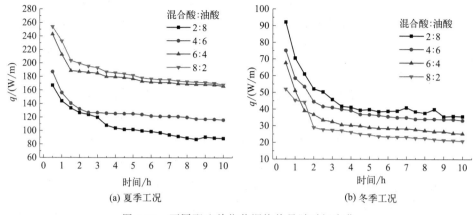

图 5-34   不同配比单位井深换热量随时间变化

2:8 时 q 从 92.21W/m 下降至 35.39W/m，单井总换热量为 5536.02kJ；配比为 4:6 时 q 从 75.07W/m 下降至 33.18W/m，单井总换热量为 4966.13kJ；而当配比为 8:2 时 q 从 51.98W/m 下降至 20.85W/m，单井总换热量为 3362.49kJ。显然，冬季随着油酸含量的增加单位井深换热量增大明显，这是因为冬季工况下油酸完全完成相变，PCM 潜热得到完全利用，在总换热量中起主要作用。为了进一步获得不同配比下土壤的热影响范围，图 5-35 给出混合酸和油酸不同配比下运行 10h 后 0.6m 埋深处径向方向上测点的过余温度变化，可以看出夏季工况下混合酸和油酸配比为 8:2 时热影响范围最小，而冬季工况下混合酸和油酸配比为 2:8 时热影响范围最小。

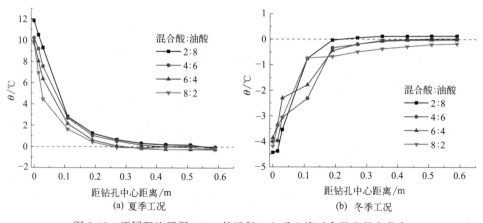

图 5-35   不同配比埋深 0.6m 处运行 10h 后土壤过余温度径向分布

考虑到各种配比下混合酸和油酸相互影响，现将夏季和冬季工况各配比的结果整理如表 5-5 所示。在实际工程应用中夏季和冬季工况跨季节蓄能，两个季节相互影响，因此选取各配比夏季和冬季工况热影响半径较大值分别为 0.52m、0.47m、0.48m、0.60m 作为土壤热影响半径，可以看出混合酸和油酸以 4∶6 配比时土壤热影响半径最小。而各配比夏季和冬季工况下的单井总换热量需根据建筑冷热负荷实际比例进行选择，要考虑地区适应性。

表 5-5 各配比结果对比

配比	2∶8		4∶6		6∶4		8∶2	
工况	夏季	冬季	夏季	冬季	夏季	冬季	夏季	冬季
单井总换热量/kJ	13464.17	5536.02	16146.09	4966.13	22903.26	3932.50	23712.18	3362.49
热影响半径/m	0.52	0.23	0.47	0.43	0.31	0.48	0.27	0.60

综上所述，混合酸和油酸共同回填时两者因物性参数不同会对回填材料的综合热物性产生影响，在本实验条件下，选取各配比夏季和冬季工况下热影响半径较大值作为土壤热影响半径，混合酸和油酸以 4∶6 配比时土壤热影响半径最小。而实际建筑采用时要考虑地区适应性，需根据实际建筑冷热负荷条件选取合适配比。

5.4.3.3 PCM 强化对地埋管换热器蓄能传热特性的影响

热导率小是 PCM 的主要缺点，如何进行 PCM 强化换热是其推广应用的关键。以夏季工况为例，采用在混合酸回填时添加含铁屑土壤用以强化换热，铁屑与土壤分别以 1∶7 和 2∶7 质量比均匀混合，然后作为回填材料的一部分回填至钻孔中，通过测定得到添加铁屑后土壤的热导率分别为 0.997W/(m·℃) 和 1.446W/(m·℃)。通过对 PCM 强化换热后钻孔内外土壤温度分布、单位井深换热量和热影响半径进行对比分析，获得 PCM 强化换热对地埋管蓄能传热特性的影响。

图 5-36 给出夏季工况 2 种含铁屑土壤下距离钻孔中心不同半径处钻孔内回填材料温度随时间的变化。由图 5-36 可以看出，$\lambda = 0.997W/(m·℃)$ 时，连续运行 10h 后 $r = 0$、0.015m、0.03m 处温度分别为 20.56℃、20.32℃、18.37℃，温升分别为 8.97℃、10.09℃、7.02℃，恢复 14h 后温度分别为 11.00℃、10.90℃、10.71℃，温降分别为 9.56℃、9.42℃、7.66℃。$\lambda = 1.446W/(m·℃)$ 时对应温度分别为 22.62℃、22.09℃、21.31℃，温升分别为 11.02℃、11.86℃、9.96℃，恢复 14h 后温度分别为 11.94℃、11.71℃、11.89℃，温降分别为 10.68℃、10.38℃、9.42℃。很显然，热导率越大，温度变化幅度越大，且 $\lambda = 1.446W/(m·℃)$ 时最远端管壁处温度也高于相变温度 20.55℃，说明 PCM 在该热导率下完全完成相变，因此较大的热导率能够加大

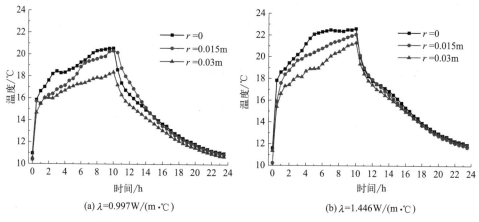

图 5-36　不同热导率钻孔内回填材料温度随时间的变化

PCM 相变率，充分利用 PCM 的相变潜热。

图 5-37 给出夏季工况中两种热导率下距离钻孔中心不同半径处钻孔外土壤过余温度随时间的变化，分析可得，连续运行 10h 后 $r=0.11$m 处两种热导率下土壤过余温度 θ 分别为 $3.53℃$、$4.87℃$，恢复 14h 后 θ 分别为 $1.29℃$、$1.94℃$；$r=0.19$m 对应 θ 分别为 $2.07℃$、$2.24℃$ 和 $1.90℃$、$1.55℃$；$r=0.27$m 处对应 θ 分别为 $1.31℃$、$1.13℃$ 和 $1.63℃$、$1.27℃$。可以看出，10h 运行期间，热导率越大，钻孔外土壤温度上升幅度越大；在 14h 恢复期间，热导率越大，土壤温度恢复情况越不理想，土壤温度未恢复至原始温度，这是因为在运行 10h 后，热导率越大，钻孔内回填材料的终温越高，在 14h 恢复期间需要恢复的温差越大，导致最终恢复效果较差，这将不利于地埋管换热器长期运行，因此，应合理控制强化换热的程度。

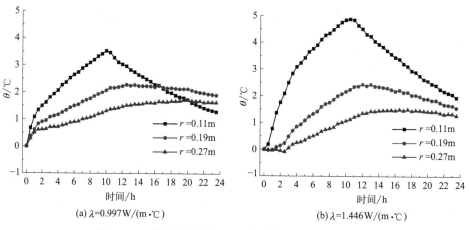

图 5-37　不同热导率钻孔外土壤过余温度随时间变化

由图 5-38 可知，不同热导率单位井深换热量随时间变化差距明显，$\lambda = 0.997\text{W}/(\text{m}\cdot\text{℃})$ 时 q 从 113.76W/m 下降到 43.44W/m，$\lambda = 1.446\text{W}/(\text{m}\cdot\text{℃})$ 时 q 从 157.08W/m 下降到 105.02W/m，两种热导率下单井总换热量分别为 9116.40kJ、17875.12kJ。显然，后者是前者的 1.96 倍，热导率越大，单位井深换热量越大，热导率大的单井总换热量增加显著。结合上文分析可知，$\lambda = 1.446\text{W}/(\text{m}\cdot\text{℃})$ 时相变材料完全完成

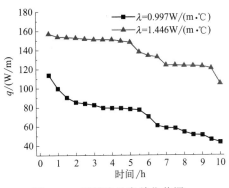

图 5-38　不同热导率单位井深
换热量随时间的变化

相变，相变潜热得到充分利用，因此单井总换热量对比明显。图 5-39 给出两种热导率下运行 10h 后不同埋深土壤过余温度径向分布。由图 5-39 可以看出，随着热导率的增大，热影响范围显著增加。两种热导率下热影响半径分别为 0.38m、0.58m，这是因为热导率大，热量传导更容易，热影响范围加大。

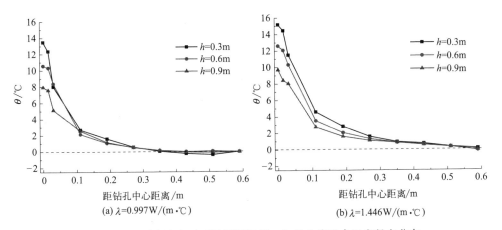

图 5-39　不同热导率下不同埋深运行 10h 后土壤过余温度径向分布

综上所述，在相变回填材料中，通过添加含铁屑土壤来进行强化换热，可以增大相变回填材料的综合热导率，导致热影响半径增加，但同时也增加了相变回填材料相变比率，从而显著增大单个钻孔的总换热量，对地埋管的换热和蓄能性能均有提升。但较大的热导率也会使土壤在连续运行期间温升较大，导致无法及时在温度恢复期内完成相变恢复过程。因此，PCM 强化换热需要综合考虑换热量、热影响半径及土壤温度恢复状况来综合选择合理的强化材料及材料配比。

5.5　相变回填地埋管换热器应用中有待解决的问题

相变回填地埋管换热器是一种将相变储能与地埋管换热技术相结合的极具发展潜力的浅层地热能开发利用技术，目前还处于起步研究阶段，尚有一些关键问题需要解决，具体如下。

（1）PCM 的封装问题　将 PCM 作为钻孔回填材料直接填入钻孔中，由于 PCM 在固液相变过程中，其对应的液态材料具有流动性，长期运行会造成 PCM 的流失。为防止液态 PCM 本身或地下水渗流携带造成的流失及其可能带来的对局部土壤环境污染的影响，必须对 PCM 进行封装。因此，在保证充分换热的条件下，如何对 PCM 进行封装是其推广应用中有待解决的关键问题之一。

（2）PCM 的筛选问题　地埋管换热器一般是工作在冬、夏两季工况，其对应的工作温度范围不同，从而需要配备满足冬、夏两季相变要求的两种 PCM 作为相变回填材料，而且不同地区土壤原始温度及其对应的冬、夏两季地埋管换热器最佳工作水温也存在差异性。因此，选择适合于不同气候地区对应于冬、夏两季运行的两种 PCM 作为地埋管换热器相变回填材料是目前应用中需要解决的关键问题之一。

（3）PCM 的优化配比问题　如上所述，相变回填材料应该选择满足冬、夏两季相变要求的两种 PCM 作为相变材料进行回填。这就需要确定两种 PCM 回填量的多少及其配比，而这又要取决于单孔夏季排热量与冬季吸热量的大小及其运行时间。理想的配比是在运行期间 PCM 能够完全完成相变，在停止期间能够完全恢复形态，而这要取决于地埋管换热器的换热量及运行与停止时间，是一个比较复杂的多因素问题。

（4）运行与恢复时间问题　与传统材料回填地埋管不同，相变材料回填地埋管由于需要充分利用 PCM 的相变潜热来缓解温度变化与增大蓄能量，因此，相变回填地埋管换热器必须采用间歇运行工况，从而可以在运行期使得 PCM 完全相变，在间歇期完成 PCM 的相态恢复。这不仅需要优化系统运行与恢复时间比例，还需要考虑单孔换热量以及建筑负荷的时间特性，是一个相对比较复杂的问题。

第6章

能量桩换热及热-力耦合特性

能量桩作为兼具换热与承载双重功能的一种经济高效型能源地下结构，近年来在地埋管地源热泵领域得到推广应用。它将地埋管换热器埋设于建筑物桩基内，使其与建筑桩基合二为一，不仅可以节省地埋管占地面积，而且可以降低钻孔费用，具有较好的应用前景。但能量桩运行过程中，由于温度的变化会引起热胀冷缩，产生一系列的力学问题，从而会对能量桩的结构带来安全隐患。本章在介绍能量桩工作特性的基础上，重点对螺旋型埋管能量桩、相变混凝土能量桩、渗流下能量桩的换热及热-力耦合特性进行分析与研究。

6.1 概述

能量桩作为一种新型地埋管换热器，是将传统的地埋管换热器与建筑桩基相结合，在建筑初期就通过桩基的钢筋骨架将换热地埋管浇筑其中，其结构示意如图 6-1 所示，它是通过地埋管内的循环流体与建筑桩基进行热交换，深度一般为 10～50m，直径 400～1500mm，埋管形式可以是单 U 形、W 形、多 U 形及螺旋型等。能量桩作为建筑桩基，要承担上部建筑荷载的作用，在建筑荷载作用下，桩基结构会受到压力作用产生位移沉降，同时在桩基内部产生不同大小的轴力，过大的建筑荷载会使桩基内部产生的轴力以及位移沉降量过大，威胁桩基结构安全。与此同时，能量桩也要承担换热器的功能，能量桩在日间运行期间通过桩基内部换热地埋管中流体的循环流动实现与周围土体的冷热交换，在夜间恢复期通过将桩内多余的冷热量排向周围土体实现温度恢复。在日夜循环过程中，能量桩及周围土体的温度场一直处于动态变化之中，而能量桩作为一种弹性结构体，在温度场发生变化的同时其内部会产生相应的膨胀与收缩变形，桩基周围土体作为一种弹塑性结构体同样也会发生周期性的变形。在产生膨胀与收缩变形的过程中，由于桩基与周围土体的紧密接触，在很大程度上限制了桩基的自由变形。由于周围土体的约束作用，桩基内部会产生不同程度的热应力，应力过大会对桩基结构安全产生威胁，因此应关注温度荷载作用带来的力学特性变化。实际工程中能量桩经常处于建筑荷载与温度荷载的耦合作用下，使得能量桩产生的力学变化更加复杂，因此，能量桩换热及热-力耦合特性是近年来能量桩领域的研究热点。

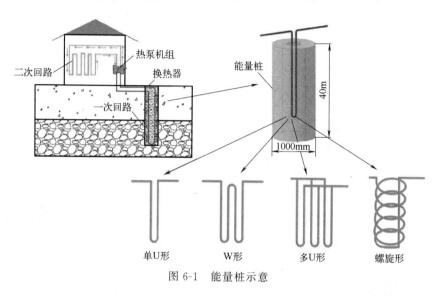

图 6-1　能量桩示意

6.2　能量桩的性能评价

6.2.1　换热性能

6.2.1.1　换热量

衡量能量桩换热性能优劣的最直观参数为桩埋管内介质与桩周土壤的换热量，常用的有换热量与单位桩深换热量。

换热量可表示为

$$Q = \rho V c_{p}(T_{in} - T_{out}) \tag{6-1}$$

单位桩深换热量可计算如下。

$$q = \frac{\rho V c_{p}(T_{in} - T_{out})}{L} \tag{6-2}$$

式中，Q 为换热量，W；q 为单位桩深换热量，W/m；ρ 为管内流体密度，kg/m^3；V 为流体流量，m^3/s；c_{p} 为管内流体比热容，J/(kg·℃)；T_{in}、T_{out}

分别为流体进出口温度，℃；L 为桩基深度，m。

6.2.1.2 过余温度

能量桩运行过程中，桩基和周围土体的温度会随运行时间及工况变化而改变，为直观地展示桩基和土体的温度变化情况，引入过余温度的概念，即该时刻的温度与初始时刻温度的差值。

$$\theta = T_m - T_0 \tag{6-3}$$

式中，θ 为过余温度，℃；T_m 为该时刻温度，℃；T_0 为初始时刻温度，℃。

6.2.1.3 温度恢复率

根据建筑负荷特性与运行时间，能量桩通常是间歇或周期性运行的，桩体及其周围土壤温度会在间歇运行期间得到一定程度的恢复，从而可缓解桩土的热变形幅度。为了评价温度的恢复效果，可用温度恢复率来表示，其计算公式如下。

$$\zeta = 1 - \frac{\theta}{T_0} \tag{6-4}$$

式中，ζ 为温度恢复率；θ 为过余温度，℃；T_0 为初始时刻温度，℃。

6.2.1.4 热影响范围

能量桩内置埋管内循环介质与桩周土壤换热过程中，热量以桩身为中心逐渐对桩周土体向外进行扩散，扩散过程中对桩周土壤温度产生影响。在某一确定水平方向上，从桩身中心至桩周土壤温度不受热扩散影响，保持初始温度的边界即为热影响范围。在确保承载性能的前提下，热影响范围的大小决定了能量桩布置的间距大小。

6.2.2 力学特性

6.2.2.1 热应变

当桩身不受任何外部荷载及约束作用，桩可视为自由杆件，桩身受热或受冷时，桩身能够自由膨胀或收缩，产生的自由热应变可由式（6-5）计算，其中桩身两端的应变量最大，桩身中点处应变量最小。

$$\varepsilon_{Free} = \alpha_c \Delta T \tag{6-5}$$

式中，ε_{Free} 为没有任何限制的自由热应变；α_c 为桩身材料的热膨胀系数，℃$^{-1}$；ΔT 为桩身温度变化值，℃。

当桩身位于岩土体中时，由于桩与土接触界面上侧摩阻力以及桩端和桩顶部约束反力的存在，桩身温度改变时桩身不能够自由膨胀或收缩变形，导致温度变化时桩身实际应变量将小于由式（6-5）计算的结果，桩身受约束的应变可由式（6-6）计算。

$$\varepsilon_{\text{Rstr}} = \varepsilon_{\text{Free}} - \varepsilon_{\text{Obs}} \tag{6-6}$$

式中，$\varepsilon_{\text{Rstr}}$ 为约束热应变；ε_{Obs} 为观测应变。

6.2.2.2 轴力

由于能量桩在运行过程中会产生温度的变化，导致桩体产生不同程度的膨胀与收缩，加上桩顶荷载和周围土体的约束限制作用，导致桩体内部出现不同程度的附加热应力，应力过大会对桩体结构安全产生影响。

桩轴力计算公式如下：

$$\sigma_T = E(\varepsilon_T - \alpha_c \Delta T) \tag{6-7}$$

$$P = A\sigma_T \tag{6-8}$$

式中，σ_T 为热应力，kPa；E 为桩体弹性模量，kPa；ε_T 为观测应变；α_c 为桩身材料热膨胀系数，$^\circ\text{C}^{-1}$；ΔT 为桩身温度变化值，$^\circ\text{C}$；P 为桩身轴力，kN；A 为桩身截面面积，m^2。

6.2.2.3 侧摩阻力

能量桩在运行过程中，受到桩顶荷载和温度荷载作用时会与周围土体产生相对位移，从而会产生桩侧摩擦力，可以通过如下公式计算：

$$f = \frac{(\sigma_i - \sigma_{i-1})d}{4\Delta l} \tag{6-9}$$

式中，f 为桩身侧摩擦力，kPa；σ_i 为微元上表面所受轴向应力，kPa；σ_{i-1} 为微元下表面所受轴向应力，kPa；d 为桩径，m；Δl 为微元长度，m。

6.2.2.4 位移

能量桩在运行过程中，桩身受温度影响产生热胀冷缩，桩顶产生向上或向下方向的变形，同时在桩周土体和桩身结构约束下桩身也会产生横向或径向的变形，从而影响桩基整体结构安全。因此分别提出桩顶位移、桩身位移及径向位移来衡量其桩身变形的大小，即该时刻的桩体变形量与初始时刻桩体变形量的差值，当桩顶位移为负值时，意味着桩体产生了沉降。当桩体径向位移为正时表示桩体沿径向方向发生的膨胀。

6.2.2.5 桩身沉降

能量桩在运行过程中，除桩顶荷载会导致桩身产生沉降外，温度荷载的波动产生的位移会造成桩身的附加沉降，为衡量桩身位移对桩基整体结构产生的影响程度，引入桩身沉降了概念。

6.2.2.6 土压力

能量桩的轴向承载力大小由桩身侧摩阻力以及桩端土壤对桩身的承载力两部分决定，为研究桩端土壤对桩身的承载力大小，引入土压力的概念，根据牛顿第三定律测量土壤的压力变化来测量土壤对能量桩的承载力。

6.2.2.7　桩土作用

　　能量桩在运行过程中，热力耦合作用导致桩身变形与位移而对桩周土体产生挤压变形，由于桩、土的支承刚度与变形特征不同，因此桩、土间会产生不同作用力，从而影响能量桩和桩周土体的性能，这种现象即为桩土作用。

6.3　螺旋型地埋管能量桩

6.3.1　螺旋型地埋管能量桩换热性能的数值模拟

6.3.1.1　物理模型

　　由于螺旋型地埋管能量桩结构的复杂性，为了便于模型建立，特作以下简化假设：

　　① 由于桩基外部土壤和内部桩基沿深度方向温差较小，因此不考虑轴向温度变化，只考虑径向温度变化；

　　② 同一深度土壤、桩基的初始温度均匀一致；

　　③ 土壤、埋管、桩基材料为均质各向同性固体，物性参数为常数；

　　④ 忽略地下水渗流和热湿迁移的影响；

　　⑤ 忽略螺旋管管壁与回填材料及回填材料与周围土壤间接触热阻；

　　⑥ 因埋管较长，而埋管进出口温差较小，可认为微元管段内流体温度和速度一致；

　　⑦ 将螺旋型地埋管的换热看作为作用于桩基外表面的一等价热源。

　　根据以上假设，螺旋型地埋管能量桩在土壤中的换热可看成在桩基外表面存在内热源的一维非稳态导热问题，如图 6-2 所示。

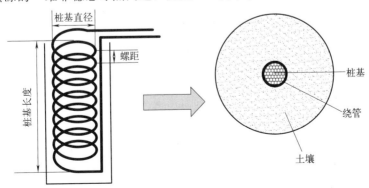

图 6-2　螺旋型地埋管能量桩物理模型

6.3.1.2　数学模型

（1）固体一维非稳态导热方程　基于以上假设，在对称圆柱坐标系中，其一维非稳态导热问题的控制方程可表示为

$$\rho c_{\mathrm{p}}\frac{\partial T}{\partial \tau}=\frac{1}{r}\times\frac{\partial}{\partial r}\left(r\lambda\,\frac{\partial T}{\partial r}\right)+Q \tag{6-10}$$

式中，T 为控制体积在 τ 时刻的温度，℃；τ 为时间，s；r 为桩基半径，

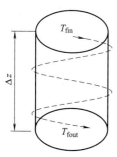

m；λ 为热导率，W/(m·℃)；ρ 为密度，kg/m³；c_{p} 为比热容，J/(kg·℃)；Q 为内热源，W/m³。

（2）管内水温计算　如图 6-3 所示，在桩基深度方向单位长度为 Δz 的桩基上，假设单位时间间隔内，管内流体和管外固体传热为准稳态，根据 6.3.1.1 小节中的假设⑤，地埋管外壁与桩基和土壤紧密接触，不存在接触热阻，地埋管外壁温度等于与管壁接触的土壤温度，则

图 6-3　单位长度桩基管内流体换热示意

管内流体换热过程可以看成由管内流体对流换热和管壁导热两个过程组成，根据能量平衡可得

$$Q=\frac{T_{\mathrm{fin}}-T_{\mathrm{s}}}{R_{\mathrm{t}}} \tag{6-11}$$

$$R_{\mathrm{t}}=\frac{1}{\pi d_{\mathrm{in}}hL_{\mathrm{p}}}+\frac{1}{2\pi\lambda_{\mathrm{p}}L_{\mathrm{p}}}\ln\frac{d_{\mathrm{out}}}{d_{\mathrm{in}}} \tag{6-12}$$

$$h=0.023Re^{0.8}Pr^{0.4}\frac{\lambda_{\mathrm{f}}}{d_{\mathrm{in}}} \tag{6-13}$$

$$T_{\mathrm{fout}}=T_{\mathrm{fin}}-\frac{Q}{c_{\mathrm{pf}}m_{\mathrm{f}}} \tag{6-14}$$

式中，Q 为土壤内热源强度，W；T_{fin}、T_{fout}、T_{s} 分别为微元管段的流体进口温度、出口温度和土壤温度，℃；L_{p} 为单位桩深的螺旋管长度，m；R_{t} 为单位桩深当量热阻，℃/W；c_{pf} 为管内流体比热容，J/(kg·℃)；d_{in}、d_{out} 分别为螺旋型地埋管的内、外直径，m；λ_{p} 为管材的热导率，W/(m·℃)；h 为管内流体的对流换热系数，W/(m²·℃)；m_{f} 为管内流体的质量流量，kg/s。

6.3.1.3　定解条件

（1）初始条件

$$T_{\mathrm{f}}(z,\tau)=T_{\mathrm{p}}(r,z,\tau)=T_{\mathrm{s}}(r,z,\tau)=T_0(\tau=0) \tag{6-15}$$

（2）边界条件

① 土壤远边界条件。

$$T_s(r,z,\tau) = T_0 \tag{6-16}$$

② 管外壁和固体交界面处边界条件。

$$T_{s|r=r_{out}} = T_{p|r=r_{out}} \tag{6-17}$$

$$Q_{p|r=r_{out}} = Q_{s|r=r_{out}} \tag{6-18}$$

③ 管内壁为第三类边界条件。

热泵运行时

$$h = 0.023 Re^{0.8} Pr^{0.4} \frac{\lambda_f}{d_{in}} \tag{6-19}$$

热泵停止时

$$h = 0 \tag{6-20}$$

式中，下标 f、p、s 分别表示管内流体、管材、固体土壤；T_0 为土壤初始温度，℃；z 为桩基深度，m；τ 为时间，s。

6.3.1.4　计算结果及其分析

考虑到实际运行工况，模拟计算采用日间放热 10h、夜间停运 14h 的间歇运行方式，螺旋型地埋管材料为高密度聚乙烯，用 TDMA 算法对离散方程进行求解，用 Matlab 编程进行计算，所采用的计算参数如表 6-1 所示，计算结果见图 6-4～图 6-9。

表 6-1　螺旋型地埋管能量桩换热计算参数

参数	取值
管材热导率/[W/(m·K)]	0.48
螺旋型地埋管内外直径/m	0.025/0.032
螺距/m	0.2
桩基长度/m	8
桩基直径/m	1
土壤热导率/[W/(m·K)]	0.9
土壤密度/(kg/m³)	1500
土壤比热容/[J/(kg·K)]	1100
水密度/(kg/m³)	1000
水比热容/[J/(kg·K)]	4189
水热导率/[W/(m·K)]	0.56
管内水流速/(m/s)	0.6
模拟区域直径/m	10
进口水温/℃	35
土壤初始温度/℃	17.5
模拟周期/d	90

（1）桩基直径的影响   为了探讨桩基直径对螺旋型地埋管能量桩换热性能的影响，以直径0.6m、1m、1.4m为代表，分析了不同桩基直径下的换热量及其相应的土壤温度变化，结果如图6-4所示。

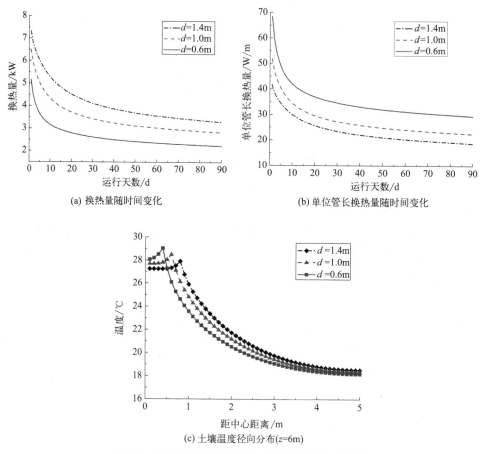

(a) 换热量随时间变化

(b) 单位管长换热量随时间变化

(c) 土壤温度径向分布(z=6m)

图6-4   桩基直径对换热量与土壤温度分布的影响

分析图6-4（a）可以看出，换热量随桩基直径增加而增大，如桩基直径分别为0.6m、1m、1.4m，运行30d时其对应的换热量分别为2.62kW、3.43kW、4.08kW。当桩基直径从0.6m增加到1m时，换热量增加了30.9%，但当桩基直径由1m增加到1.4m时，换热量仅增加了18.9%，这说明桩基直径并非越大越好，在桩基直径较小时增加桩基直径可以大幅增加换热量，但随着桩基直径的增加，其换热量增幅越来越小。从图6-4（b）还可以发现，桩基直径的增大会导致单位管长换热量的降低，如直径为0.6m时，单位管长换热量为34.79W/m，而当桩基直径增加为1.4m时，其对应值为23.21W/m。由此可看出，增大桩基直径虽然有利于增加螺旋埋管能量桩总换热量，但是单位管长换热量会减小。因此，桩基直径不可无限制增加，应该根据总换热量、单位管长换热量、空调负荷需求来对其进行综合优化。进一步分析图 6-4（c）可以看出，桩基和土壤温度分布是由桩基中心往外逐渐升高，在接近桩基表面处达到最高，然后向外温度急剧下降。如当桩基直径为 0.6m、1m、1.4m 时，最高温度点所在的半径分别为 0.4m、0.6m、0.8m，说明桩基直径越大，最高温度点也逐渐向外移动。桩基直径为 0.6m、1m、1.4m 时深度为 6m 处桩基温度最高值分别为 29.02℃、28.48℃、27.9℃，温度越高，意味着桩基储存热量的能力越小，因此增加桩基直径有利于桩基蓄存更多的热量，从而可增加螺旋型地埋管能量桩的换热量。

（2）桩基深度的影响　为了研究桩基深度对螺旋型地埋管能量桩换热性能的影响，分别对深度为 8m、10m、12m、14m 进行了数值模拟，结果如图 6-5 所示。

由图 6-5（a）可以看出，桩基深度为 8m、10m、12m、14m 时的平均换热量分别为 3.43kW、4.17kW、4.86kW、5.51kW，说明增加桩基深度，有利于提高总换热量。进一步分析图 6-5（b）可以发现，随桩基深度增加，其单位深度桩基换热量会降低，如桩基深度为 8m、10m、12m、14m 时，其对应的单位深度桩基平均换热量分别为 428.7W/m、416.6W/m、404.6W/m、393.6W/m。因此，当换热器内流体温降较小时，可以考虑增加桩基深度来增大总换热量，增加管内流体的温降幅度。

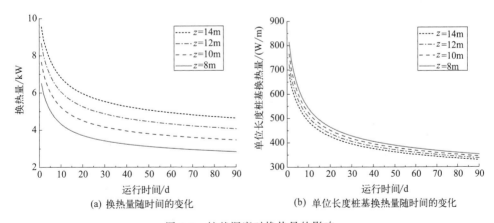

(a) 换热量随时间的变化　　　　(b) 单位长度桩基换热量随时间的变化

图 6-5　桩基深度对换热量的影响

（3）土壤类型的影响　为了探讨土壤类型对螺旋型地埋管能量桩换热性能的影响，以黏土、砂土、砂岩三种典型土壤为例，表 6-2 列出了对应的热物性参数，计算结果见图 6-6。

表 6-2　三种典型土壤的热物性参数

土壤类型	密度/(kg/m³)	比热容/[kJ/(kg·K)]	热导率/[W/(m·℃)]	热扩散率/(m²/s)
黏土	1500	1100	0.9	0.545×10⁻⁶
砂土	2000	700	2.0	1.430×10⁻⁶
砂岩	2500	1400	3.2	0.900×10⁻⁶

从图 6-6（a）中可以看出，三种土壤中换热量均是随着时间增加而减小的，并逐渐趋于平稳。同等条件下，黏土、砂土、砂岩中的平均换热量分别为 3.43kW、4.35kW、5.54kW，这说明砂岩最有利于换热器换热，其次是砂土，换热效果最差的是黏土。进一步分析图 6-6（b）可以看出，在半径小于 1.5m 的范围内，黏土的桩基和土壤温度是最高的，其次是砂土，砂岩的桩基和土壤温度是最低的，这主要是因为黏土的比热容和热扩散系数最小，换热器释放的热量不能快速向外扩散，导致桩基中心区域温度较高。在半径大于 1.5m 范围，砂土的土壤温度是最高的，这是由于砂土的土壤热扩散系数大，热扩散半径最大，因此距离桩基较远的砂土土壤温度最高。而砂岩的桩基和土壤温度是最低的，这是由于砂岩不仅热扩散系数大，而且比热容也最高，因此砂岩土壤温度上升速率和幅度最低。

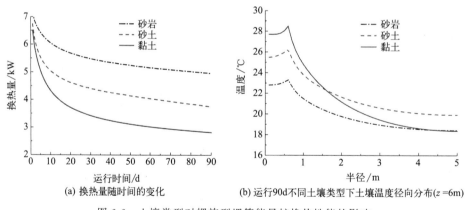

(a) 换热量随时间的变化　(b) 运行90d不同土壤类型下土壤温度径向分布(z=6m)

图 6-6　土壤类型对螺旋型埋管能量桩换热性能的影响

（4）螺旋型地埋管组数的影响　为了探讨螺旋型地埋管组数对螺旋型地埋管能量桩换热性能的影响，对单螺旋、双螺旋、三螺旋三种螺旋型地埋管能量桩进行了数值模拟，计算结果如图 6-7 所示。

从图 6-7（a）中可以看出，换热器运行期间前 15d，三螺旋和双螺旋的换热量相对于单螺旋换热器换热量的增幅较大，运行 15d 之后，三螺旋和双螺旋换热器相对于单螺旋换热器换热量增幅减小并且趋于稳定，这是由于运行前期桩

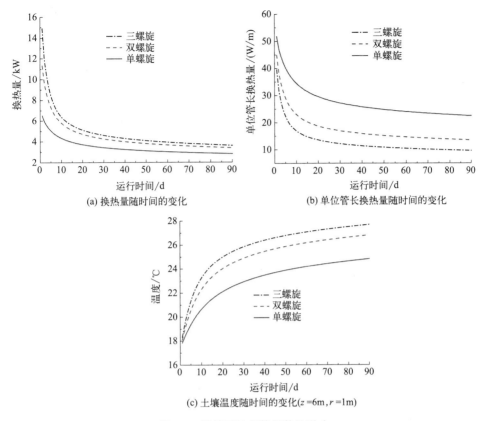

(a) 换热量随时间的变化　　　　　(b) 单位管长换热量随时间的变化

(c) 土壤温度随时间的变化($z=6m, r=1m$)

图 6-7　螺旋型地埋管组数的影响

基和土壤温度较低,螺旋型地埋管组数越多,换热量增幅越大;但运行一段时间后,由于桩基和土壤温度会逐渐升高,螺旋型地埋管组数的增加对增大换热量的贡献减小。因此,通过增加螺旋型地埋管组数来强化螺旋型地埋管能量桩的换热量主要适合于运行初期。进一步分析图 6-7(a)可得,单螺旋、双螺旋、三螺旋的平均换热量分别为 3.43kW、4.37kW、4.80kW,显然,双螺旋的换热量相对于单螺旋增长了 27.4%,而三螺相对于双螺旋仅增长了 9.8%。由此可以看出,双螺旋相对于单螺旋换热量增量明显高于三螺旋换热器相对于双螺旋换热量的相对增量。因此,实际工程中,螺旋埋管组数并非越多越好。

进一步分析图 6-7(b)可以看出,增加螺旋型地埋管组数会降低单位管长换热量,如单螺旋、双螺旋和三螺旋对应的平均单位管长换热量分别为 27.3W/m、17.4W/m、12.7W/m,因此,增加螺旋型地埋管组数虽然有利于增加能量桩总换热量,但是单位管长换热量会减小,在单螺旋情况下,可以考虑适度增加螺旋型地埋管组数来增加换热量。从图 6-7(c)中还可以看出,在整个运行期间，同一位置处，螺旋型地埋管组数越多，土壤和桩基温度增长速率和幅度就越大，不利于土壤温度恢复和换热器的长期运行。因此，增加螺旋型地埋管组数仅能在短期内提高换热器换热量，长期运行会导致土壤温度上升过快和过高，降低单位管长的换热量。

6.3.2　螺旋型地埋管能量桩换热性能的试验研究

6.3.2.1　实验系统介绍

基于相似理论，搭建了螺旋型地埋管能量桩模型实验台，其实验系统如图6-8所示。系统由砂箱试验台、恒温水浴、循环管路、数据采集等部分组成。砂箱实验台采用0.8m×0.8m×1.2m木质箱体填充砂土制成，箱体顶部和底部采用橡塑保温材料进行保温以模拟一维径向传热。螺旋型地埋管换热器选用内外直径分别为5mm、8mm的PU管，将其缠绕在外径为200mm、内径为190mm的PVC管上。数据采集系统中利用铜-康铜（T形）热电偶作为测温元件，设定33个温度测点，分别布置在螺旋型地埋管及其周围不同深度、不同半径的土壤

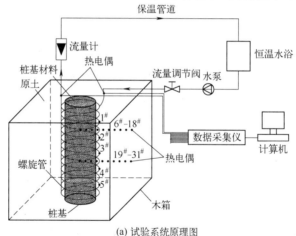

(a) 试验系统原理图

(b) 实验系统实物图

图6-8　螺旋型地埋管能量桩实验系统

中。其中，螺旋型地埋管上布置 5 个测点，主要测定其内水温的变化，包括进
出口温度测点（1# 和 5#），中间每隔 20cm 螺距布置一个测点。

6.3.2.2　实验结果分析

（1）不同进口水温的影响　为了探讨进口水温对螺旋型地埋管能量桩换热
性能的影响，以 37℃、32℃、27℃ 三种进口温度为代表进行了换热性能实验。
实验桩基采用普通土壤回填、连续运行的方式，实验结果见图 6-9～图 6-11。

由图 6-9 可见，螺旋型地埋管能
量桩在三种进口水温下换热量随时间
变化趋势相同，当进口水温为 37℃、
32℃、27℃ 时，其对应的平均换热量
分别为 323.5W、271.5W、220.1W。
当进口水温从 27℃ 增加到 32℃ 时，换
热量增幅为 23.35%。这是因为进口
水温较低，增加进口水温，换热量相
对增量较大，进口水温从 32℃ 增加到
37℃ 时，换热量增幅为 19.15%，因
为进口水温较高，增加进口水温换热

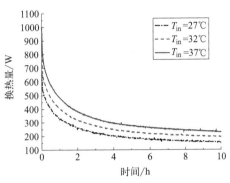

图 6-9　不同进口水温下换热器
换热量随时间变化

量相对增量较小。因此在进口水温较低的情况下可以通过适当增加进口水温来
增加换热量，但当在进口水温较高情况下，再提高进口水温会使得冷凝温度过
高，从而影响热泵性能，因此不宜再通过提高进口水温来增加换热量。

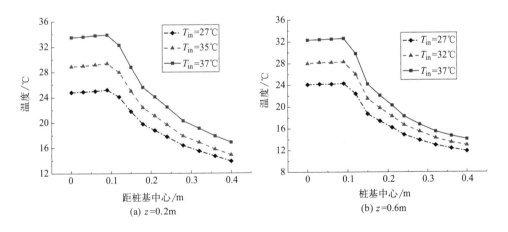

图 6-10　不同进口水温下运行 10h 桩基和土壤温度径向分布

分析图 6-10 可以看出，随着进口温度升高，相应测点温度也升高，且桩基

内土壤温度由中心到桩基外表面逐渐升高，再由桩基表面往外温度急剧下降。如图 6-10（a）所示，当进口水温为 37℃时，桩基内部温度高于 33℃，桩基外部温度均低于 32℃，当距离桩基中心超过 0.2m 时，土壤温度均低于 24℃，呈现出桩基温度高、桩基外温度低的温度分布状态，这意味着螺旋型地埋管换热器释放的热量很大一部分向桩基内部传递，蓄存于桩基内部。为了进一步获得桩基内部温度的变化，图 6-11 给出了桩基内部土壤过余温度 θ 值随时间的变化。可以看出，当进口水温为 37℃时，θ 在 7h 后趋于稳定状态，而当进口水温为 32℃、27℃时，θ 值达到稳定状态所需要的时间分别为 6h 和 4.5h，说明进口水温越高，桩基内部土壤 θ 值达到稳定状态所需的时间越长。当桩基内部温度达到稳定时，对于进口水温为 37℃、32℃、27℃，其桩基内部均温分别为 20.3℃、17.7℃、14.3℃。由此可得：进口水温增加，桩基温度增加，桩基蓄存的热量越多。

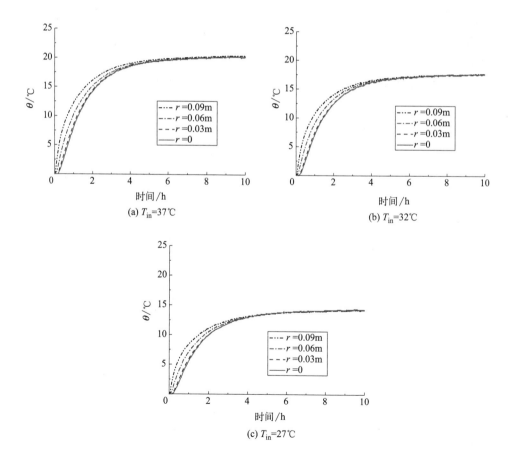

图 6-11　不同进口水温下 $z=0.2$m 桩基 θ 值随时间的变化

（2）不同间歇运行模式的影响　为了探讨不同间歇运行模式对螺旋型地埋管能量桩换热性能的影响，进行了连续运行、启停时间比分别为 2：1 和 1：1 的间歇运行三种模式的实验测试，实验中进口温度为 37℃，桩基材料为普通土壤，测试时间为 10h，实验结果见图 6-12 和图 6-13。

由图 6-12 可以看出，连续运行模式下，换热量是逐渐下降的，前期下降较快，后期下降幅度逐渐减小，间歇运行模式下的换热量也是逐渐减小的，但每次间歇后会提升。三种不同运行模式对应的换热器平均换热量分别为 343.47W、397.3W、456.23W，两种间歇模式平均换热量比连续运行模式分别提高了 15.67% 和 32.83%，这主要是由于间歇运行有利于土壤温度的恢复，从而增大换热温差，换热量有所增加。因此可以根据实际运行情况调节运行模式，使换热器的换热量和效率最大化。进一步从图 6-13 中可以看出，相比连续运行而言，间断运行时的平衡温度比连续运行时低，温升率大大降低，且间歇时间越长，土壤温度恢复程度越大。在连续运行、启停比为 2：1 和启停比为 1：1 三种模式下土壤 θ 最大值分别是 15.5℃、14.7℃、14℃，相比连续运行，两种间歇运行模式下土壤 θ 最大值分别降低了 5% 和 9.7%，这是因为间歇运行有利于土壤温度恢复。因此，通过人为控制地源热泵的间歇运行方式可以使土壤温度得到有效恢复，有利于提高螺旋型地埋管能量桩换热效率与地源热泵运行性能。

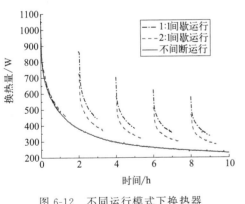

图 6-12　不同运行模式下换热器
换热量随时间的变化

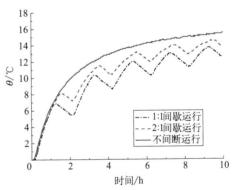

图 6-13　不同运行模式下土壤
θ 值随时间的变化

（3）不同地埋管螺距的影响　螺旋形地埋管的旋转螺距决定了单个桩基地埋管的总长度，对换热性能会有较大的影响。为了探讨螺距对螺旋型地埋管能量桩换热特性的影响，对 2cm、4cm 及 6cm 螺距的螺旋型地埋管能量桩进行了实验研究，结果如图 6-14 和图 6-15 所示。

分析图 6-14（a）可以看出，减小地埋管螺距能够增加换热器的总换热量，

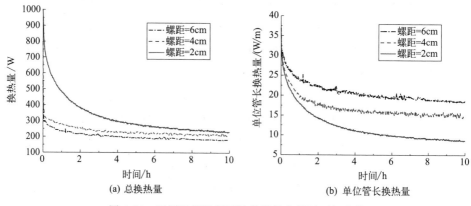

图 6-14　不同埋管螺距下换热器换热量随时间变化

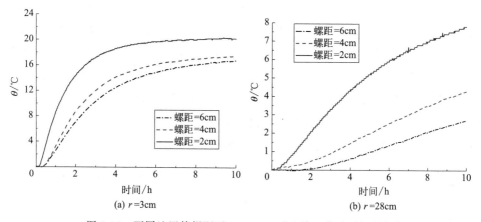

图 6-15　不同地埋管螺距下 $z=0.2$ m 时土壤 θ 值随时间的变化

如当螺距为 2cm 时，前 5h 内换热量减少量比较大，后 5h 减少量较小，随后换热量趋于稳定。但当螺距增加至 4cm 和 6cm 时，换热量在运行期间一直趋于稳定。因此，在换热器运行前期，减小地埋管螺距能够较大幅度地增加换热量，后期差距逐渐减小，换热量增幅也减小。进一步分析图 6-14（b）可以发现，减小地埋管螺距会降低单位管长换热量，如螺距为 6cm、4cm、2cm 时的单位管长平均换热量分别为 20.86W/m、16.91W/m、12.12W/m。因此，减小地埋管螺距虽然有利于增加单个螺旋型地埋管能量桩的总换热量，但是单位管长换热量会减小，在能量桩换热受限的情况下，可以考虑适度减小地埋管螺距来增加换热量。进一步从图 6-15 可以看出，随着地埋管螺距减小，其周围土壤温升速率增加，趋于平稳值的时间缩短，其对应的平衡温度值也变大，如在螺距为 2cm 时，其在半径为 3cm 时的土壤温度平衡时的 θ 为 20.3℃，而在螺距为 4cm、6cm 时对应值分别为 17.5℃、16.7℃。这主要是由于地埋管螺距减小，埋管总长度增加，换热量增加，换热器周围土壤温度上升速率和幅度都会增加，但螺旋管不同线圈间热干扰也会增强，导致单位管长换热量会大幅降低。因此，地埋管螺距应根据实际情况适度减小。

（4）不同桩基材料的影响　由于螺旋型地埋管放热过程中会有部分热量蓄存于桩基中，因此，桩基材料的热容量对其换热特性和周围土壤温度恢复特性有一定的影响。为此，对普通土壤桩基、土壤石蜡混合材料桩基及绝热桩基三种情况进行了实验测试，对运行 10h 土壤温度变化和停止后 14h 土壤温度的恢复进行了连续 24h 监测。

从图 6-16 中可以看出，绝热桩基、普通土壤桩基和加石蜡三种桩基材料的平均换热量分别为 180.53W、228.72W、261.26W。很显然，绝热桩基相对于普通土壤桩基平均换热量降低了 21.1%，加石蜡土壤桩基相对于普通土壤桩基平均换热量增加了 14.2%。进一步分析图 6-17 可以看出，绝热桩基、普通土壤桩基和加石蜡土壤桩基沿桩基深度方向的水温降分别为 3.4℃、4.2℃、4.6℃，显然，绝热桩基水温降最小，含石蜡土壤桩基水温降最大。由此可以看出，螺旋型地埋管能量桩换热性能受桩基材料的影响较大，桩基材料的比热容越高，吸收热量越多，水温降越大。

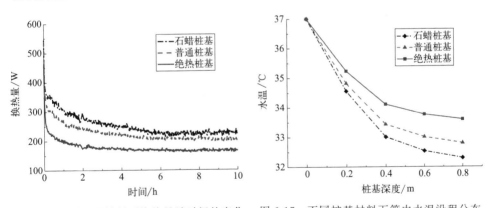

图 6-16　不同桩基材料下换热量随时间的变化　图 6-17　不同桩基材料下管内水温沿程分布

图 6-18 给出了深度为 0.2m 的桩基外部不同半径处土壤 θ 值随时间的变化。从图 6-18 中可以看出，运行 10h 过程中，半径一定时，绝热桩基土壤 θ 值上升最快，上升幅度最大；含石蜡土壤桩基的土壤温度 θ 值上升速率最慢。如在运行 10h 后，$r=15$cm 处绝热桩基的土壤 θ 值为 11.5℃，对于土壤桩基和含石蜡土壤桩基，其对应值分别为 10.7℃ 和 10℃，这说明桩基材料的比热容越大，可以吸收螺旋地埋管释放的热量越多，从而降低桩基外侧土壤的温度上升速率和幅度，有利于强化桩基外侧土壤的热扩散，从而增加换热性能。进一步分析图 6-18 可以看出，在

14h土壤温度恢复期内，在24h时$r=15$cm处，绝热桩基、普通土壤桩基、含石蜡土壤桩基的土壤温度恢复率分别为78.95％、76.79％和74.64％，这说明靠近桩基处土壤温度恢复效果最好的是绝热桩基，这主要是由于恢复过程中桩基内部蓄存的热量对土壤温度恢复产生影响，桩基材料比热容越高，桩基外侧靠近换热器的土壤温度恢复越慢。但是离桩基中心越远，这种影响就会减小。如图6-18（b）所示，$r=21$cm处，在24h时，绝热桩基、普通土壤桩基和含石蜡土壤桩基对应的土壤温度恢复率分别为78.07％、80.22％、78.02％，普通土壤桩基的土壤温度恢复效果最好，绝热桩基和含石蜡土壤桩基土壤恢复效果差异很小。进一步分析图6-18（c）可得，运行24h时$r=28$cm处绝热桩基、普通土壤桩基和加石蜡土壤桩基对应的土壤温度恢复率分别为80.48％、83.73％、81.03％。很明显，普通土壤桩基的土壤温度恢复效果最好，其次是加石蜡土壤桩基，绝热桩基的土壤温度恢复效果最差，说明桩基内部蓄存的热量对桩基外侧靠近换热器的土壤温度恢复有较大的延迟，对离换热器较远的土壤温度恢复的影响较小。

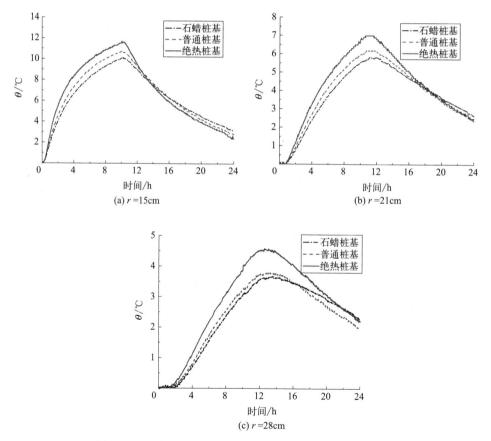

图6-18　不同桩基材料下$z=0.2$m时土壤θ值随时间变化

6.3.3 螺旋型地埋管能量桩研究结论

① 增加桩基直径有利于改善桩基的蓄热能力，降低桩基内部温度上升速率和幅度，从而可提高螺旋型地埋管能量桩的换热能力，如桩基直径分别为 0.6m、1m、1.4m 时，其对应的换热量分别为 2.62kW、3.43kW、4.08kW；但增加桩基直径会导致单位管长换热量减小，如直径为 0.6m、1.4m 时，其单位管长换热量分别为 34.79W/m、23.21W/m。因此，桩基直径不可无限制增加，应该根据总换热量、单位管长换热量来进行优化。

② 桩基深度的增加有利于提高螺旋型地埋管能量桩的总换热量，但桩基深度的增加对单位长度桩基的换热量影响很小，如桩基深度为 8m、10m、12m、14m 时的平均换热量分别为 3.43kW、4.17kW、4.86kW、5.51kW，其对应的单位长度桩基平均换热量分别为 428.7W/m、416.6W/m、404.6W/m、393.6W/m。因此，当桩基换热量不足时，可以通过适当增加桩基深度提高换热量。

③ 土壤比热容和热扩散率越高，埋管换热量越大。同等条件下，黏土、砂土和砂岩三种土壤中砂岩最有利于地埋管换热，土壤温度上升速率低，而黏土最不利于换热，土壤温度上升率高；如黏土、砂土、砂岩下螺旋型地埋管能量桩的平均换热量分别为 3.43kW、4.35kW、5.54kW。

④ 螺旋型地埋管螺旋组数越多，换热量越大，但是单位管长换热量会大幅下降，且会导致土壤温度上升速率和幅度增加，如单螺旋、双螺旋、三螺旋的平均换热量分别为 3.43kW、4.37kW、4.80kW，对应的平均单位管长换热量分别为 27.3W/m、17.4W/m、12.7W/m。因此螺旋地埋管组数并非越多越好，应根据实际运行情况来合理选择。

⑤ 增加地埋管入口水温能够增加换热量，桩基中储存的热量也会增大，但会导致桩体及桩周土壤温升速率和幅度变大；对于相同的入口温度，桩基温度从桩中心到桩基外表面逐渐增大并在外表面达到峰值，然后沿径向方向温度急剧下降。

⑥ 在间歇运行模式下，通过合理的间歇运行控制，可以改变土壤温度的变化趋势，有效地抑制土壤温度的上升速率，从而提高桩基的换热性能。当运行与停止的总时间比一定时，间歇时间越长，土壤温度恢复效果越好。

⑦ 减小螺旋型地埋管螺距可以增加螺旋型地埋管能量桩的总换热量，但也会导致单位管长换热量的降低。因此，螺旋型地埋管的螺距不能无限地减小，应通过考虑总换热量、单位管长换热量和可用桩面积以及安装和材料成本等来

优化。此外，随着螺距的减小，土壤过余温度的稳定值增加，相应的稳定时间变长。

⑧ 桩基材料的蓄热性能对螺旋型地埋管能量桩的热释放率和桩周土壤温度恢复率有较大影响。桩基材料的蓄热性能越好，桩基中储存的热量越多，热释放率越好，但会降低桩周土壤的温度恢复效果。因此，应根据建筑桩基的施工要求和能量桩的传热来综合考虑桩基材料的选择。

6.4　相变混凝土能量桩

6.4.1　相变混凝土能量桩的提出

能量桩相比传统地埋管换热器具有换热效率高、钻孔费用低、节约占地面积等优势，然而其换热量有限以及换热过程中由于温度改变导致桩体热胀冷缩而对上部建筑物结构的稳定性产生影响，这在一定程度上限制了能量桩的发展与应用，因此如何克服这些问题，还急需进一步研究。

相变材料（PCM）在相变过程中可以释放或吸收大量潜热，并且在此过程中PCM温度变化很小，具有储存热量和调节温度的作用。因此，在建筑节能、工程结构降温、道路保养等领域，有学者提出通过直接掺混、封装等方式把PCM加入混凝土中，可以制备出具有"自调温"作用的相变储能混凝土。将相变混凝土引入能量桩中，可实现：利用相变混凝土的相变吸热与放热来改变能量桩的热响应特性，可减小桩埋管吸热与放热过程对桩周土体的热影响范围；利用相变混凝土在相变过程中巨大的潜热及相变时温度变化小的特点，可改善能量桩换热性能；利用相变混凝土相变过程中吸收或释放能量在一定程度上可降低能量桩的温度变化幅度，从而减小因温度变化引起的温度附加应力和变形对桩基上部结构造成的影响。由此可以看出，能量桩采用相变混凝土作为桩身材料，对于克服传统能量桩换热量有限以及缓解换热过程中因温度变化导致的热胀冷缩与热应变问题具有重要意义。

6.4.2　相变混凝土能量桩热-力耦合特性的数值模拟

6.4.2.1　计算模型

相变混凝土能量桩与桩周土体间的热-力耦合是一个非常复杂的过程，为简化分析，特作如下假设。

① 相变混凝土和桩周土体是均匀各向同性物质，且物性参数不随温度的改

变而变化。

② 能量桩与桩周土体之间只有导热，不考虑水分迁移等引起的热量传递。

③ 不考虑埋管管壁与桩身混凝土、桩身混凝土与桩周土体间的接触热阻。

④ 能量桩发生弹性变形，桩周土体发生弹塑性变形。

⑤ 桩-土接触面采用接触单元进行模拟，模拟过程中桩-土摩擦系数不发生改变。

基于以上假设，建立如图 6-19 所示的物理模型。

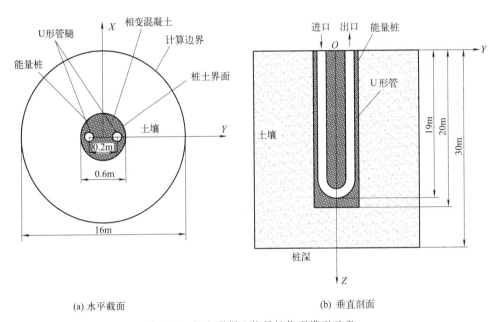

(a) 水平截面　　　　　　　(b) 垂直剖面

图 6-19　相变混凝土能量桩物理模型示意

利用 GAMBIT 软件对上述物理模型区域进行网格划分，考虑到 U 形桩埋管内流体沿深度方向温度变化较小，为减少网格数量，在桩深方向选择较大的网格间距。在 U 形桩埋管的弯管处由于流体突然变向，流场变化剧烈，故需对弯管所在区域的网格进行加密。桩埋管周围由于温度梯度较大而对管周网格进行加密。此外，桩土接触面的网格密度相同以保证桩土耦合的准确性。计算模型的网格划分如图 6-20 所示。为验证网格划分的可靠性，进行了独立性验证。选取 3 种网格密度（668175、860469、1047426）进行计算，在埋管进口温度一定时，以计算出的埋管出口温度值作为对比基准，考虑到计算精度与计算时间，得到采用的网格数量为 860469。

6.4.2.2　计算参数

首先在 FLUENT 中计算出能量桩体内因水流温度改变产生的温度场，再将

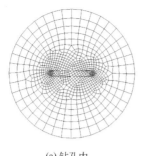

(a) 钻孔内   (b) 计算区域

图 6-20   计算模型的网格划分

结果以体荷载的形式导入 ABAQUS 结构场中进行热应力模拟分析，使用这种单向耦合方法可以快速计算出能量桩产生的温度应力。考虑到相变混凝土内 PCM 比例越大，其储能能力就越强，但抗压强度却越低。为在保证相变混凝土能量桩强度要求的前提下，尽可能改善其换热性能，故在混凝土中添加了体积分数为 8% 的 PCM。模拟过程中使用的计算参数见表 6-3。

表 6-3   模拟过程中使用的计算参数

参数	取值
U 形管内径/m	0.026
U 形管外径/m	0.032
U 形管脚间距/m	0.04
U 形管深度/m	19
能量桩深度/m	20
能量桩直径/m	0.6
计算区域直径/m	16
U 形管材热导率/[W/(m·K)]	0.42
U 形管材密度/(kg/m³)	950
U 形管材比热容/[J/(kg·K)]	2300
相变混凝土能量桩热导率/[W/(m·K)]	2.1
相变混凝土能量桩密度/(kg/m³)	2100
相变混凝土能量桩比热容/[J/(kg·K)]	1800
相变温度/℃	20
相变混凝土能量桩潜热/(J/kg)	2000
传统能量桩热导率/[W/(m·K)]	2.3
传统能量桩密度/(kg/m³)	2300
传统能量桩比热容/[J/(kg·K)]	980

续表

参数	取值
土壤初始温度/℃	18
土壤热导率/[W/(m·K)]	1.8
土壤密度/(kg/m³)	1800
土壤比热容/[J/(kg·K)]	1600
流体热导率/[W/(m·K)]	0.6
流体密度/(kg/m³)	998
流体比热容/[J/(kg·K)]	4182
能量桩压缩模量/MPa	30000
土壤压缩模量/MPa	35
能量桩泊松比	0.2
土壤泊松比	0.3
土体黏聚力/kPa	20
土壤内摩擦角/(°)	28

6.4.2.3　计算结果与分析

（1）相变过程对能量桩热-力特性的影响　由图 6-21 可知，相变混凝土能量桩的换热量明显大于传统能量桩，如运行 10h 后，传统能量桩和相变混凝土能量桩的单位桩深换热量分别为 125.3W/m 和 138.2W/m，显然，后者比前者高 10.3%。这是由于相变混凝土能量桩内的 PCM 相变吸收了高温流体部分热量。由此可知，在能量桩中添加 PCM 可有效改善其换热性能。为了获得相变过程对桩周土壤热影响范围的影响，图 6-22 给出了两种能量桩运行 10h 后 10m 深处桩周土壤温度分布云图，可以看出，传统能量桩热

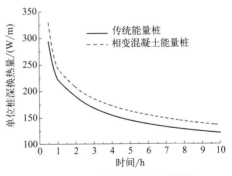

图 6-21　两种能量桩单位桩深
换热量随时间的变化

影响区域明显大于相变混凝土能量桩，如传统能量桩在 X 和 Y 方向上的土壤热影响距离分别为 0.36m 和 0.42m，而对应相变混凝土能量桩的土壤热影响距离分别为 0.26m 和 0.35m，这主要是由于 PCM 相变吸热降低了桩身温升幅度，从而缩小了对周围土壤的热影响区域。

分析图 6-23 可得，能量桩在单独力荷载作用下，桩身位移沿桩深方向逐渐减小，其主要原因是桩体受桩侧摩阻力的作用，且随着桩深增加，其侧摩阻力

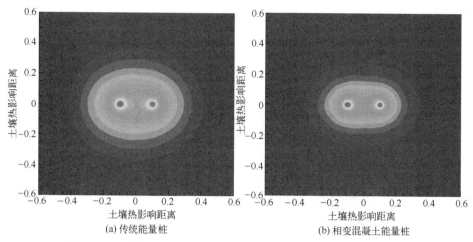

图 6-22   两种能量桩 10m 深度处桩周土壤温度分布云图（单位：m）

越大，因而位移越小。进一步由图 6-23 可知，在单独温度荷载下，桩身受热膨胀向两端移动，在桩身中部偏下的位置位移为零，且桩端位移小于桩顶位移，这主要是由于桩端处受土体约束，而桩顶处表现为自由膨胀。对比图 6-23（a）与（b）可以发现，传统能量桩的桩身位移变化量大于相变混凝土能量桩，如传统能量桩的桩顶和桩端位移分别为 0.59mm 和 0.31mm，而对应相变混凝土能量桩分别为 0.41mm 和 0.22mm，这主要是因为相变混凝土能量桩桩身温度上升幅度小，导致受热膨胀变形较小。这意味着采用相变混凝土能量桩，理论上可以降低桩身与桩顶位移，有利于桩上部结构的稳定。

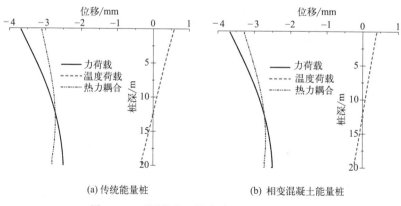

图 6-23   不同荷载下桩身位移随深度的变化

由图 6-24 可得，单独力荷载下，两种能量桩桩身轴力沿桩深方向均呈现递减趋势，这是因为荷载从桩顶传递到桩端的过程中受到侧摩阻力的削减。单独温度荷载下，温度升高引起的桩身轴力沿桩深方向先逐渐增大，在埋管弯管处达到最大值后逐渐减小。进一步对比图 6-24（a）与（b）可以发现，与传统能量桩相比，相变混凝土能量桩桩身轴力略微下降，如在桩深 10m 处，传统和相变混凝土能量桩轴力分别为 595.6kN 和 576.7kN。这是由于相变混凝土能量桩温升幅度较小，导致热应力较小。从图 6-24 中还可看出，由于桩身温度升高引起的热应力表现为压应力，导致热力耦合作用下桩身轴力相比力荷载单独作用时有所增大，故在能量桩设计中应对此问题加以注意。

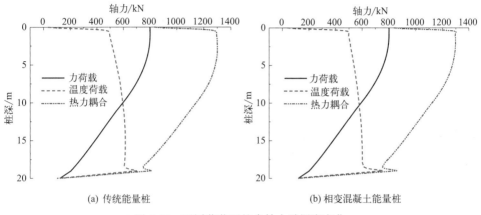

图 6-24　不同荷载下桩身轴力随深度变化

图 6-25 给出了传统能量桩与相变混凝土能量桩在力荷载、热力耦合荷载下的侧摩阻力及两者侧摩阻力的增量沿桩深的变化。可以看出，热力耦合作用下桩身上部侧摩阻力相对于单独力荷载有所减小，而桩身下部侧摩阻力有所增大。这是因为在单独力荷载下桩的侧摩阻力方向均向上，而桩身受热膨胀后向两端移动，造成附加的桩身上部侧摩阻力方向向下、下部侧摩阻力向上，从而导致

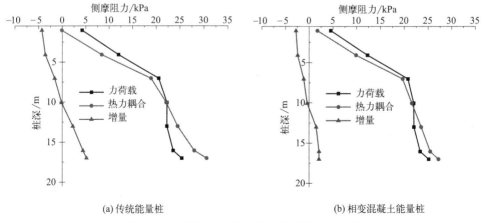

图 6-25　不同荷载下桩身侧摩阻力随深度变化

桩身上部侧摩阻力相互抵消，桩身下部侧摩阻力相互叠加。进一步对比分析图 6-25（a）与（b）可得，相变混凝土能量桩在热力耦合作用下的侧摩阻力相对于单独力荷载的增量小于传统能量桩，如在桩深 13m 处，相变混凝土能量桩和传统能量桩的侧摩阻力增量分别为 1.51kPa 和 2.26kPa，这主要是因为相变混凝土能量桩受热膨胀产生的桩土相对位移较小，这说明相变混凝土能量桩因受热导致的桩土界面变化相比传统能量桩要小。

（2）U 形桩埋管管腿间距的影响   由图 6-26（a）可知，单位桩深换热量随管腿间距增加而增大，但是增加幅度降低。如运行 5h 时，间距为 200m 时的单位桩深换热量为 162.8W/m，而间距分别为 300mm 和 400mm 时分别为 221.1W/m 和 231.4W/m。这主要是因为随管腿间距加大，两管腿间的热干扰减弱，从而有更多的热量输出。但管腿间距越大，桩内 PCM 利用率却不一定越高，正如图 6-26（b）所示，随着管腿间距增大，PCM 液化率先增大后减小，间距为 300mm 时最大。这主要是因为间距为 300mm 时的高温区最大，且相对比较集中，因此 PCM 的液化率最大。由图 6-26（b）可以进一步发现，间距为 200mm 时，运行结束后 PCM 液化率逐渐减小，PCM 相态进入恢复状态；而当间距达到 300mm 或 400mm 时，停止运行后液化率继续增加，PCM 未进入恢复状态。这主要是由于间距较大时，高温区比较分散，停止运行后热量会继续向中心区扩散，导致 PCM 继续液化。进一步分析图 6-27 可以看出，间距为 200mm 时高温区相对集中，间距为 300mm 时高温区增大，有利于 PCM 的熔化和换热性能的提高。但当间距为 400mm 时，高温区开始分散。从图 6-27 中还可以发现，间距越小，桩中心温度越高。例如，间距为 200mm 时，桩中心温度可达 26℃，比间距为 300mm 时高出近 4℃。但桩中心温度过高会导致 U 形管两管腿局部热短路，不利于传热。因此，应综合考虑桩中心温度、土壤热影响范围

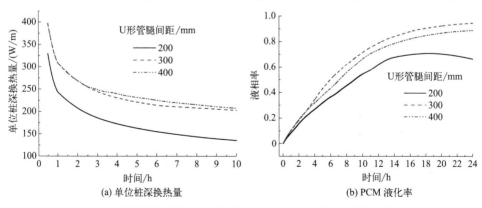

(a) 单位桩深换热量   (b) PCM 液化率

图 6-26   不同管腿间距下单位桩深换热量与 PCM 液相率随时间的变化

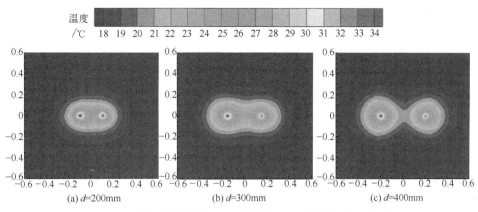

图 6-27　不同管腿间距下 10m 深度处水平截面温度分布云图

和 PCM 液化率来合理确定 U 形管两腿间距。

　　为了进一步获得管腿间距对相变混凝土能量桩力学特性的影响，图 6-28 示出了不同管腿间距下桩身位移增量、轴力、侧摩阻力的分布规律。由图 6-28

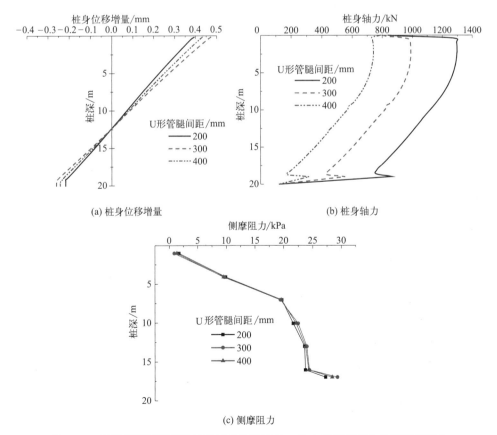

图 6-28　不同管腿间距下能量桩桩身位移增量、轴力和侧摩阻力沿深度的变化

（a）可知，管腿间距为 300mm 时桩体受热产生的位移增量最大，如桩顶处位移增量达 0.47mm，其次为管腿间距 400mm，最小的是管腿间距 200mm，这主要是因为管腿间距为 300mm 时的能量桩桩身高温区域最大，导致因温升而产生的膨胀量最大。进一步分析图 6-28（b）可以看出，桩身轴力随着管腿间距的加大而减小，且减小的幅度较大，这主要是因为桩身轴力受桩中心温度影响较大，温度越高，桩身轴力就越大。从图 6-28（c）还可知，不同管腿间距下的桩侧摩阻力差别很小，这说明在本计算条件下，对不同管腿间距下能量桩加热，导致的桩土界面变化量很小。由此可得，加大管腿间距，可有效减小桩身轴力，但有可能会导致桩身变形增大。

（3）热导率的影响　相变混凝土的热导率会直接影响热量的传递，从而决定了能量桩桩身温度变化的幅度及其所诱导的桩体变形大小。为研究热导率对

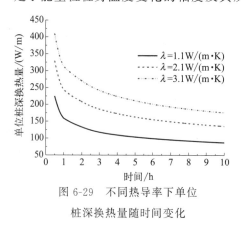

图 6-29　不同热导率下单位
桩深换热量随时间变化

相变混凝土能量桩换热性能及力学特性的影响，选取热导率为 1.1W/(m·K)、2.1W/(m·K)、3.1W/(m·K) 为代表进行分析。

从图 6-29 中可以看出，随着热导率的增加，单位桩深换热量逐渐增大，如运行 10h 后热导率为 1.1W/(m·K) 时的单位桩深换热量为 87.1W/m，而热导率为 2.1W/(m·K) 和 3.1W/(m·K) 时对应值分别为 135.6W/m 与 175.9W/m，这是

因为在比热容一定的条件下，热导率越大，热量越容易扩散，换热效果越好。进一步分析图 6-30 可以看出，随着热导率增大，土壤热影响范围明显变大。由

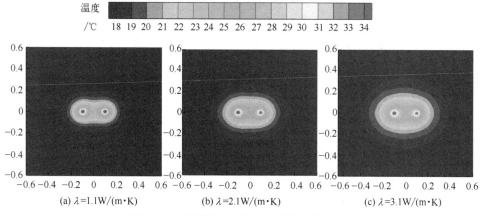

图 6-30　不同热导率下 10m 深度处温度分布

此可见，采用较大热导率的相变混凝土可以明显改善桩的换热效果，但同时也会增加土壤热影响范围。

为了获得换热过程中热导率对 PCM 液化率的影响，图 6-31 给出了不同热导率下相变混凝土中 PCM 液相率随时间的变化曲线。由图 6-31 可知，在 10h 运行过程中，热导率越大，PCM 液化率越大，PCM 发生液化的量越多。这是由于相变混凝土热导率越大，就会有更多的热量传递到桩体，从而造成桩身高温区域越多，更多的 PCM 会达到液化温度，正如图 6-30 所示；进一步分析图 6-31 可以发现，在 14h 恢复过程中，热导率越小，液化率越小，但不同热导率下的相变混凝土中 PCM 相态均未完全恢复，其主要原因在于恢复时间较短，导致桩身温度无法及时降低到相变混凝土相变温度以下。因此，在实际选取相变混凝土热导率时，应根据具体的运行与恢复时间综合考虑其相变与恢复需求。

图 6-32 给出了不同热导率下相变混凝土能量桩桩身位移增量、桩身轴力和侧摩阻力随深度的变化。为分析能量桩在桩顶力荷载作用下，桩体因受热产生的位移变化量，定义位移增量为能量桩在热力耦合荷载与单独力荷载作用下位移的差值。从图 6-32（a）中可以看出，随着热导率的增加，桩身位移增量变化幅度逐渐增大，如热导率为 1.1W/(m·K)、2.1W/(m·K) 和 3.1W/(m·K) 时的桩顶位移增量分

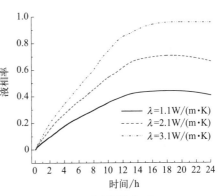

图 6-31　不同热导率下 PCM
液相率随时间的变化

别为 0.29mm、0.41mm 和 0.49mm，这意味着加大热导率，将会导致相变混凝土能量桩的变形增大。进一步分析图 6-32（b）可知，能量桩在热力耦合作用下，热导率为 3.1W/(m·K) 时的桩身轴力最大，热导率为 2.1W/(m·K) 的

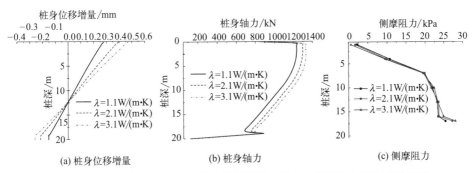

(a) 桩身位移增量　　　　　(b) 桩身轴力　　　　　(c) 侧摩阻力

图 6-32　不同热导率下能量桩桩身位移增量、轴力、侧摩阻力随深度的变化

次之，热导率为 1.1W/(m·K) 的最小，这主要是因为热导率越大，桩身温度越高，附加温度应力就越大，轴力也就越大。从图 6-32 (c) 中还可以看出，热导率对侧摩阻力影响较小，这说明在本计算条件下，桩土界面受热导率影响较小。

（4）相变潜热的影响　PCM 储能能力的大小可通过相变潜热衡量，故相变潜热是 PCM 一个重要的物性参数。为了探讨相变潜热的影响，选取相变潜热为 2000J/kg、3000J/kg、4000J/kg 为代表，探究不同相变潜热对相变混凝土能量桩换热性能及力学特性的影响。

由图 6-33 可知，随相变潜热的增大，单位桩深换热量呈现增大的趋势，如运行 10h 时，相变潜热为 2000J/kg、3000J/kg、4000J/kg 时的单位桩深换热量分别为 135.6W/m、137.6W/m、139.6W/m。这是由于 PCM 在熔化时，需要吸收热量，潜热值越大，吸收的热量就越多，换热量也就随之越大。从图 6-33 中还可看出，在本计算条件下，单位桩深换热量受相变潜热影响较小，这主要是由于为了满足能量桩结构特性，相变混凝土内 PCM 比例较小，造成相变潜热值相差不大，但是若在保证能量桩结构强度的前提下，加大 PCM 填充比例，则不同相变潜热下换热量的差别会更为明显。进一步分析图 6-34 可以发现，在 10h 运行期间，相变潜热越大，相变混凝土中 PCM 液相率越低，如运行 10h 时，相变潜热为 2000J/kg、3000J/kg 和 4000J/kg 时的液相率分别为 0.54、0.50 和 0.47，这意味着相变潜热越大，PCM 液化量就越少，这是因为相变潜热越大，降低桩身温度升高幅度的能力越强，从而导致产生的高温区域范围也就越小；在 14h 恢复期间，相变潜热越大，相态恢复的速度越慢，这是因为相变潜热越大，PCM 发生相态恢复时需要放出的热量就越多，完成的时间也就越长。

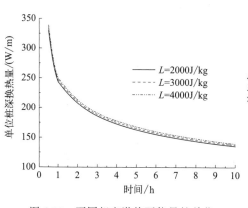

图 6-33　不同相变潜热下能量桩单位
桩深换热量随时间的变化

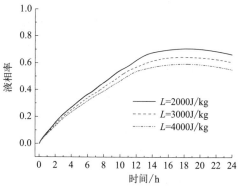

图 6-34　不同相变潜热下液
相率随时间的变化

由此可以看出，运行期间，相变潜热越大，桩身温升幅度越小，就越有利于进行换热，但恢复期间，PCM 完成相态恢复的时间会随着相变潜热的增大而增加。因此在实际工程中，在保证 PCM 完成相态恢复的前提下，应尽可能选取相变潜热大的 PCM 作为相变填充材料。

图 6-35 给出了不同相变潜热下连续运行 10h 后相变混凝土能量桩桩身位移增量、桩身轴力、侧摩阻力随深度的变化规律。可以看出，桩身位移增量和轴力以及侧摩阻力受相变潜热影响均较小，这主要是因为 PCM 含量较少，导致在不同的相变潜热下，桩身温度基本一致，桩身受热变形以及产生的附加温度应力相差不大，但正如上所述，若加大 PCM 含量，则相变潜热会对相变混凝土能量桩的力学特性有明显影响。

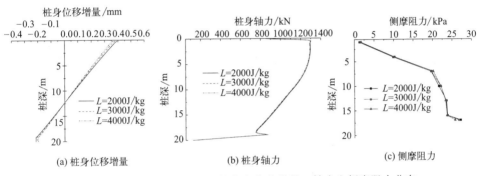

图 6-35　不同相变潜热下能量桩桩身位移增量、轴力和侧摩阻力分布

（5）相变温度的影响　PCM 吸热放热的状态改变过程除了与热导率及相变潜热有关外，还与相变温度紧密相关。为了探究相变温度的影响，分别选取相变温度为 20℃、23℃、26℃进行探讨。图 6-36 给出了相变温度对相变混凝土能量桩单位桩深换热量的影响。可以看出，放热工况下，随着相变温度的升高，单位桩深换热量逐渐减小，如运行 10h 时，相变温度为 26℃时的单位桩深换热量为 131.3W/m，而相变温度为 23℃、20℃ 时分别为 133.3W/m 与 135.6W/m。由此可见，放热工况下，采用相变温度低的 PCM 在一定程度上可以改善其换热效果，因此为强化相变混凝土能量桩的换热性能，在放热工况下应尽可能降低相变温度，以接近土壤初始温度为最佳。为了进一步

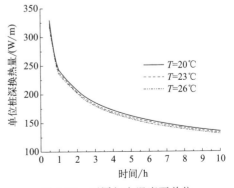

图 6-36　不同相变温度下单位桩深换热量随时间的变化

获得相变温度对土壤热影响范围的影响，图 6-37 给出了不同相变温度下能量桩运行 10h 后 10m 深处水平截面温度分布情况。由图 6-37 可知，相变温度越高，桩身温度上升幅度越大，产生的土壤热影响范围也越大，这主要是因为相变温度越高，发生相变熔化的 PCM 的量就越少，PCM 的利用率就越低，吸收的热量也就越少，就会有更多的热量扩散到能量桩周围土壤中，从而增加了土壤的热影响区域。

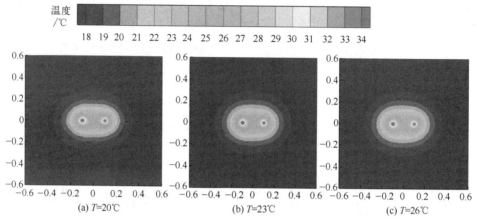

图 6-37   不同相变温度下 10m 深度处水平截面温度分布云图

为了进一步分析相变温度对 PCM 液化率的影响规律，图 6-38 给出了 PCM 在不同相变温度下液相率随时间的变化。由图 6-38 可以看出，放热工况下，在 10h 运行期间，相变温度越高，PCM 液化率越小。如当相变温度为 26℃时，液化率几乎为零，这主要是因为放热工况下相变温度越高，PCM 越不容易发生固液相变。但在 14h 的恢复期内，相变温度越高，PCM 相态恢复越快。这是因为在放热工况下，相变混凝土能量桩在恢复期间的桩身温度是逐渐下降的，故相变温度高的就会先凝固。由此可得，放热工况下，从运行过程中 PCM 完成相变的角度，相变温度越低，PCM 液化率越大，PCM 利用得越充分；但从运行停止后 PCM 相态恢复的角度，相变温度越低，其 PCM 相态恢复的量越小，从而会影响下一个运行周期 PCM 的利用率。因此，实际应用中应综合考虑 PCM 相变与相态恢复过程

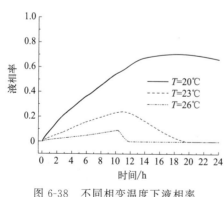

图 6-38   不同相变温度下液相率
随时间的变化

来选定相变温度。

从图 6-39 (a) 与 (b) 中可以看出,随着相变温度的升高,桩身位移增量变化及桩身轴力逐渐增大,如当相变温度分别为 20℃、23℃和 26℃时,桩顶处的位移增量分别为 0.41mm、0.43mm 和 0.44mm,其对应的桩身轴力峰值分别为 1262.7kPa、1277.6kPa 和 1302.2kPa,这是因为相变温度越高,桩体温升幅度越大。进一步分析图 6-39 (c) 还可知,桩的侧摩阻力受相变温度影响很小,这主要是因为在不同的相变温度下桩身位移变化量相差不大,造成因桩土相对移动引起的侧摩阻力很接近。由此可得,放热工况下,从减小桩身变形及轴力的角度,应选取较低的相变温度。

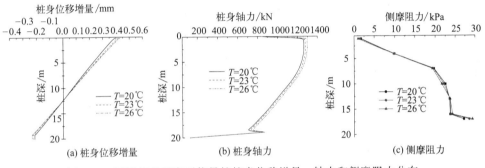

图 6-39　不同相变温度下能量桩桩身位移增量、轴力和侧摩阻力分布

6.4.3　相变混凝土能量桩热-力耦合特性的实验研究

6.4.3.1　实验系统

基于相似理论搭建了相变混凝土能量桩缩尺模型试验台,试验系统由砂箱、恒温进口边界模拟系统、数据采集系统三部分组成。砂箱作为能量桩热力耦合作用区域,内部包含能量桩区域和桩周土体区域。恒温进口边界模拟系统由恒温水浴实现,可为能量桩提供恒定的进口温度。数据采集系统用于监测能量桩的温度、桩顶位移、桩身应变以及桩周土体温度变化情况,该试验系统见图 6-40。其中砂箱的长、宽、高尺寸分别为 800mm、800mm、1200mm,内置能量桩直径为 100mm,高度为 1.1m。

为了获得桩身及桩周土体的温度和桩身变形,在桩壁及桩周土体不同位置处埋设热电偶用来测量温度,具体位置为桩体一侧(与进出水管垂直方向)距桩顶距离分别为 300mm、600mm、900mm 处沿水平方向布置了三组热电偶,每组热电偶距桩壁距离依次为 0、20mm、40mm、80mm、120mm、180mm、260mm、360mm、480mm;在桩埋管进出水口各布置一个热电偶,用来测量进出口水温，以得到能量桩的换热量；沿桩体两侧（与进出水管垂直方向）距桩顶距离分别为 275mm、450mm、625mm、800mm、975mm 处对称布置 10 个电阻式应变片以测量桩体应变；桩端放置应变式土压力盒用来测量桩端竖向压应力。

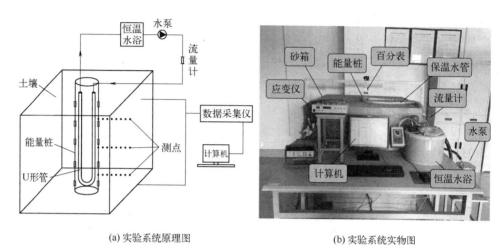

(a) 实验系统原理图　　　　　　　　　(b) 实验系统实物图

图 6-40　相变混凝土能量桩模型实验系统

6.4.3.2　实验结果及分析

（1）传统能量桩与相变混凝土能量桩的对比　为了获得相变混凝土能量桩与传统能量桩热力学特性的差异，从换热量、桩身及桩周土体温度、桩顶位移、桩身应力和桩端土压力几个方面对传统能量桩和相变混凝土能量桩进行对比分析，实验结果见图 6-41～图 6-55。

从图 6-41 中可以看出，经过 10h 运行，传统能量桩的单位桩深换热量从 169.3W/m 下降至 53.8W/m，单桩总换热量为 2900.5kJ；相变混凝土能量桩的单位桩深换热量从 179.8W/m 下降至 54.3W/m，单桩总换热量为 3162.7kJ。很明显，相变混凝土能量桩相比传统能量桩单桩可多蓄存 9.04% 的热量，这是因为相变混凝土能量桩的换热由两部分组成，一部分通过显热的方式将桩埋管内高温流体的热量传递到桩土中，另一部分则通过 PCM 相变以潜热的形式蓄存起来。进一步分析图 6-42 可得，与传统能量桩相比，相变混凝土能量桩温升幅度较小，如运行 10h 后，传统能量桩和相变混凝土能量桩桩壁中点处温度分别为 30.7℃ 和 29.4℃，温度上升幅度分别为 17.6℃ 和 16.1℃，这是因为随着相变混凝土能量桩桩体温度的升高，桩内 PCM 发生液化吸收了一部分热量，从而降低了桩体温度上升幅度，这意味着采用相变混凝土能量桩可以有效减缓桩体的温度变化幅度。

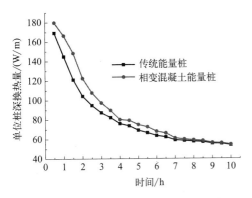

图 6-41　单位桩深换热量随时间的变化

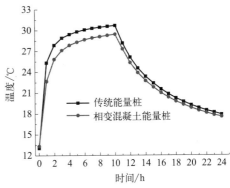

图 6-42　桩壁中点温度随时间的变化

为了获得能量桩换热对桩周土壤热影响的范围，图 6-43 给出了运行结束时两种能量桩在深度 0.5m 处土壤过余温度沿径向分布情况。由图 6-43 可知，放热工况下传统能量桩运行 10h 后，距离桩壁 0.02m、0.18m、0.36m 处的土壤过余温度依次为 14.3℃、3.6℃、0.3℃，而对应相变混凝土能量桩依次为 13.1℃、1.6℃、0.1℃。显然，相变混凝土能量桩桩周土体温升幅度较低，土壤热影响半径较小。在实际工程中，能量桩往往是以桩群的形式运行，而较小的热影响半径可以避免桩群相互之间的热干扰，或者缩小桩排列间距。

为了进一步探讨换热过程对桩顶位移的影响，图 6-44 给出两种能量桩桩顶位移随时间的变化。从图 6-44 中可以看出，桩顶位移随时间变化规律与温度变化规律类似，正如图 6-42 中所示。进一步分析图 6-44 可知，与传统能量桩相比，相变混凝土能量桩因受热产生的桩顶位移减小，如经过 10h 运行，传统能量桩的桩顶位移为 0.12mm，而相变混凝土能量桩只有 0.109mm，这主要是由于相变混凝土能量桩桩身温升幅度较小。因此，相变混凝土能量桩相比传统能

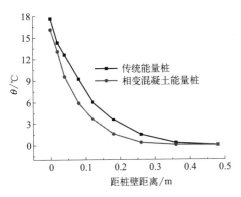

图 6-43　土壤 0.5m 深处过余温度径向分布

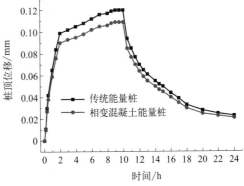

图 6-44　桩顶位移随时间变化

量桩在运行过程中可降低位移的变化幅度，有利于上部结构的稳定。

图 6-45 给出传统和相变混凝土能量桩运行结束时桩身应力沿深度分布情况。从图 6-45 中可以看出，放热工况下，两种能量桩的桩身应力大致呈三角形分布，桩身中点处应力值最大，这是因为桩身中点处约束最强，故变化最大。与传统能量桩相比，相变混凝土能量桩桩身应力较小，如传统和相变混凝土能量桩的应力峰值分别为 -196kPa 和 -179kPa，这主要是由于桩身温度升高幅度差异，传统能量桩因受热温升幅度大，产生的变形相对较大，进而导致受到的约束较大。由此可得，相比传统能量桩，相变混凝土能量桩在运行过程中，可减小因中部应力集中而对桩体结构产生的危害。

图 6-46 给出传统和相变混凝土能量桩桩端土压力随时间的变化。从图 6-46 中可以看出，无桩顶荷载作用下，两种能量桩在 10h 运行过程中，桩体受热导致桩端土压力均逐渐增大，在 14h 恢复过程中桩端土压力均不断减小。进一步分析图 6-46 可知，传统能量桩的最大桩端土压力为 9.2kPa，而相变混凝土能量桩的最大桩端土压力仅有 8.4kPa，是传统能量桩的 90.9%，这是因为相变混凝土能量桩受热产生向下的位移较小，导致桩端所受的作用力较小，这说明相变混凝土能量桩因 PCM 相变在一定程度上可以降低桩端土压力。

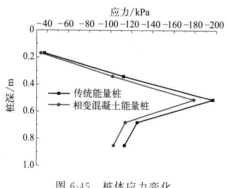

图 6-45　桩体应力变化

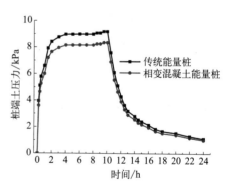

图 6-46　桩端土压力随时间的变化

（2）不同运停时间比对能量桩热力学特性的影响　实际工程中，根据不同的建筑类型及其负荷特性，可采用不同的运停时间比。运停时间比对相变混凝土能量桩内 PCM 的相变与恢复过程有较大的影响，尤其是在一天运行中开机和停机的时间比，对 PCM 的相变和相态恢复至关重要。为了进一步探讨一天内不同运停时间比对相变混凝土能量桩热力学特性的影响，对运停时间比分别为 8：16、10：14、12：12 和 14：10 的工况进行了实验研究。

由图 6-47（a）可知，运行时间越长，总换热量越大，但随运行时间的增加，相比于 8：16 模式，10：14、12：12 和 14：10 模式下的总换热量分别增加

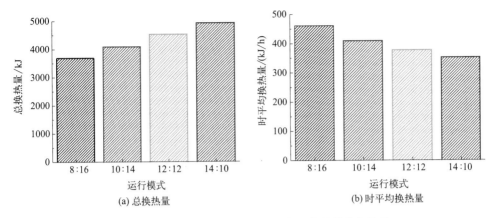

图 6-47　不同运停时间比下相变混凝土能量桩的换热量

了 10.9％、10.7％、8.8％，可以看出总换热量增加的幅度呈现出逐渐减小的趋势，这是因为随运行时间的推移，桩体与地埋管间温差逐渐减小，导致换热量越来越小。进一步分析图 6-47（b）可以发现，相变混凝土能量桩在 8∶16、10∶14、12∶12 和 14∶10 下的时平均换热量分别为 461kJ/h、409kJ/h、377kJ/h 和 352kJ/h，与运行 8h 相比，运行 10h、12h、14h 的时平均换热量分别降低了 11.3％、18.1％、23.7％。由此可见，运行时间越长，相变混凝土能量桩的总换热量越大，但时平均换热量却越小。因此，为了强化换热效果，运行中可根据具体情况合理确定运行与停止时间。

为了分析运停时间比对桩体温度变化的影响，图 6-48 给出了不同运停时间比下桩壁中点温度随时间的变化情况，可以看出，运行时间越长，桩壁中点温度越高，但当运行时间超过 5h 后，温升幅度较小，并逐渐趋于平稳。进一步分析图 6-48 可知，经过 24h 的运行和恢复后，在运停时间比分别为 8∶16、10∶14、12∶12 和 14∶10 时，其对应桩壁中点最终温升分别为 3.4℃、4.2℃、5.1℃ 和 6.2℃。由此可见，恢复时间越短，桩体最终温度越高，若桩体最终温度高于 PCM 的相变温度，将会导致桩内 PCM 无法完成相态恢复，不利于下一个周期

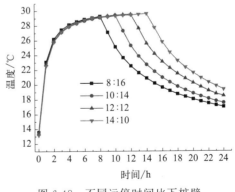

图 6-48　不同运停时间比下桩壁中点温度随时间的变化

的运行，故在实际应用中应尽量保证恢复时长以确保 PCM 能够循环利用。

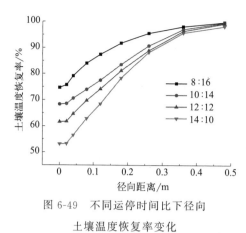

图 6-49　不同运停时间比下径向
土壤温度恢复率变化

为了进一步探讨不同运停时间比下相变混凝土能量桩经过 24h 后桩周土壤温度恢复情况，图 6-49 给出了不同运停时间比下的土壤温度恢复率。由图 6-49 可以看出，在运停时间比一定时，靠近桩体处的土壤温度恢复率较低，远离桩体处恢复率高，其主要原因是靠近桩体处土壤受桩埋管内高温流体热影响比较大，温升幅度较大，导致在有限的时间内难以及时恢复。

进一步分析图 6-49 可知，恢复时间越长，土壤温度恢复率越高，如经过 16h、14h、12h 和 10h 的恢复，桩壁处的土壤温度恢复率分别为 74.67％、68.34％、61.6％和 53.12％，这主要是因为运行时间越短，土壤温升幅度越小，加之恢复时间越长，土壤温度恢复越充分。因此，通过合理确定运停时间比，在确保换热效率的基础上，能够保证 PCM 相态恢复以提高 PCM 的利用率，对于充分发挥相变混凝土能量桩的优势至关重要。

从图 6-50 中可以看出，在不同运停时间比下，桩顶最大位移量差别较小，这是因为经过 5h 运行后，桩体温升幅度逐渐平缓，导致桩顶几乎不再上升。分析图 6-50 还可发现，恢复时间越长，桩顶残余位移量越小，如在运停时间比为 8：16、10：14、12：12 和 14：10 时，桩顶残余位移量分别为 0.015mm、0.021mm、0.029mm 和 0.045mm。这是因为恢复时间越长，桩体温度恢复后越接近初始温度，从而桩体残余变形量越小。进一步分析图 6-51 可以看出，经

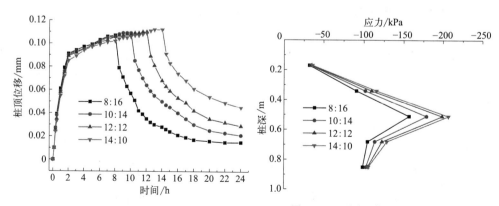

图 6-50　不同运停时间比下桩顶
位移随时间的变化

图 6-51　不同运停时间比下桩体
应力沿深度方向的变化

过 8h、10h、12h 和 14h 的运行，桩身应力峰值分别为 −157kPa、−179kPa、−199kPa 和 −207kPa，这表明运行时间越长，桩身应力峰值越大，其原因是运行时间越长，桩体温升幅度越大，因温差引起的应力也就越大。从图 6-52 中可以得出，运行期间，前 3h 桩端土压力急剧增大，之后逐渐趋于稳定，且不同运停时间比下差别不大，如经过 8h、10h、12h 和 14h 的运行，桩端土压力分别为 8.1kPa、8.4kPa、8.6kPa 和 8.6kPa。在恢复期间，桩体温度随着时间不断下降，引起桩体从两端向中间收缩，进而导致桩端土压力逐渐减小。由于恢复时间不同，导致不同运停时间比下桩体的桩端土压力最终

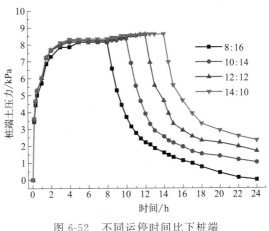

图 6-52　不同运停时间比下桩端
土压力随时间的变化

恢复值不同，且随恢复时间的增加，桩端土压力越接近初始值，如经过 16h、14h、12h 和 8h 的恢复，桩端土压力最终分别为 0、1kPa、1.7kPa 和 2.3kPa，这意味着恢复时间越长，桩端土体的恢复效果越好。

（3）桩顶荷载对能量桩热力学特性的影响　能量桩因温度变化产生附加温度荷载的主要原因是桩身的变形受到桩侧摩阻力及桩顶荷载和桩端阻力的约束，在不同桩顶荷载下桩侧摩阻力及桩端阻力的发挥程度不一样，导致桩身受到的约束也会有所不同。为进一步探究桩顶荷载对相变混凝土能量桩热力学特性的影响，采用堆载砝码的方式，在桩顶分别施加 0、0.5kN、1kN 三种载荷进行实验研究。实验中进口水温为 35℃，采用加热 10h、恢复 14h 的间歇模式。

为了便于分析比较，加热时桩顶产生上升位移，规定为正，恢复时桩顶产生沉降位移，规定为负。从图 6-53 中可以看出，桩顶荷载为 0、0.5kN 和 1kN 时，桩顶位移起始点分别为 0、−0.127mm 和 −0.275mm，且加热产生的桩顶最

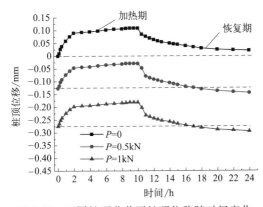

图 6-53　不同桩顶荷载下桩顶位移随时间变化

大位移分别为 0.109mm、0.098mm 和 0.094mm，这表明桩顶荷载在一定程度
上限制了桩身受热向上膨胀变形。进一步分析图 6-53 可知，桩顶无荷载时，经
过 14h 恢复，桩顶位移基本上可以恢复至初始值；而当桩顶有荷载时，桩顶位
移在桩顶荷载沉降的基础上有所增加，即出现了沉降累积现象，且随桩顶荷载
增加，沉降累积越大。如桩顶荷载为 0.5kN 时，沉降为 0.018mm，而桩顶荷载
为 1kN 时，沉降为 0.02mm，这是因为当桩顶有载荷作用时，桩端土体受压变
形更加明显。

　　为了获得桩顶荷载对桩身应力的影响，图 6-54 给出了不同桩顶荷载下能量
桩运行 10h 后桩身应力分布情况。从图 6-54 中可以看出，桩身应力随桩顶荷载
的增加而增大，如在 0、0.5kN、1kN 三种桩顶载荷下，桩身应力峰值分别为
−179kPa、−205kPa 和 −289kPa，其原因是能量桩受热以及在桩顶荷载下，桩
身应力均表现为压应力，故温度荷载相同时，桩顶荷载越大，桩身应力就越大。
进一步分析图 6-54 可知，桩身下部应力相差较小，其原因主要是桩顶荷载对桩
身应力的影响随桩身埋入土壤中深度的增加逐渐减弱。为了进一步分析桩顶荷
载对桩端土压力的影响规律，图 6-55 给出了不同桩顶荷载下桩端土压力随时间
的变化。从图 6-55 中可以看出，桩顶荷载为 0、0.5kN 和 1kN 时，桩端土压力
最大值分别为 8.4kPa、8.7kPa 和 8.9kPa，这表明桩端土压力最大值随着桩顶
荷载的增加而增大，其主要原因是桩顶载荷越大，桩侧摩阻力就会发挥得越完
全，进而导致桩端承担的桩顶载荷越多。

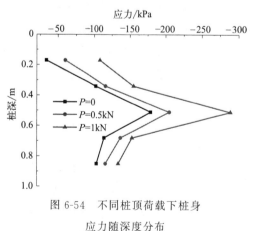

图 6-54　不同桩顶荷载下桩身
应力随深度分布

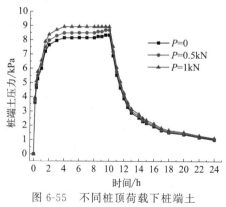

图 6-55　不同桩顶荷载下桩端土
压力随时间的变化

6.4.4　相变混凝土能量桩研究结论

　　① 由于 PCM 相变过程中温度恒定并且液化吸收热量，相比传统能量桩，

相变混凝土能量桩的换热性能可提高，桩身温度变化幅度降低，土壤热影响范围缩小；且产生的桩身位移、轴力以及侧摩阻力变化量减小，这有利于上部结构的稳定。

② 相变混凝土能量桩的换热性能和力学特性受桩埋管管腿间距影响较大，随着管腿间距的增大，换热率和土壤热影响范围逐渐增大，温度变化引起的 PCM 液相率和桩身位移增量呈现出先增大、后减小的趋势。此外，管腿间距增大，高温区会分散，桩轴力减小。

③ 相变混凝土能量桩的换热性能和力学特性受热导率影响较大，从提高换热性能的角度，应增大热导率，但从降低桩身位移、轴力及侧摩阻力变化幅度的角度，应减小热导率。因此，在保证结构要求的前提下，可采用较大热导率的相变混凝土能量桩。

④ 放热工况下，采用较低的相变温度和较大的相变潜热有利于改善相变混凝土能量桩的换热性能，降低桩身温升幅度。在本计算条件下，为了保证能量桩的结构特性，PCM 比例较小，导致相变潜热和相变温度对相变混凝土能量桩热力学特性影响不大，但若在保证能量桩结构强度的前提下，加大 PCM 填充比例，则热力学特性的差别更为明显。

⑤ 提高进口水温可以改善相变混凝土能量桩的换热性能，但也会加大桩身和桩周土体温升幅度，进而导致桩顶位移、桩身热应力和桩端土压力增加，因此要依据实际应用情况合理确定进口水温。

⑥ 在以 24h 为周期的不同运停时间比下，运行时间越长，相变混凝土能量桩总蓄热量越大，但时平均换热量越小、桩周土壤温度恢复率越低，桩顶残余位移量、桩身热应力和桩端土压力也会越大。

⑦ 与桩顶无荷载相比，在有桩顶荷载下相变混凝土能量桩桩顶出现了沉降累积现象，桩身应力和桩端土压力也有所增加。且桩顶荷载越大，沉降累积现象越明显、桩身应力和桩端土压力越大。

6.5　渗流作用下能量桩

6.5.1　渗流作用下能量桩热-力耦合特性的数值模拟

6.5.1.1　计算模型

渗流作用下能量桩与桩周土壤间的相互作用是一个复杂的热-流-力耦合过程，包括地埋管内循环流体与地埋管内壁的对流换热、地埋管壁与桩体的导热、桩体与桩周土壤的导热以及地下水渗流传热等，同时桩土温度场变化还会引起桩的力学特性变化，为了简化分析，做出如下假设。

① 不考虑桩内钢筋等因素的影响，将桩身视为均匀且各向同性的混凝土材料；假设在传热过程中，桩身混凝土的热物性参数保持不变；桩身混凝土以导热的方式进行热量传递，忽略水分迁移等的影响。

② 土壤和桩身的初始温度相同，且土壤远边界温度保持不变，同时不考虑土壤沿深度方向的温度变化和地表面空气换热的影响。

③ 桩周土壤是一种孔隙充满水的多孔介质，其液相和固相均不可压缩，且热量传递是通过多孔介质固相以传导方式和多孔介质液相以对流换热方式进行的。

④ 不考虑地埋管管壁与桩身、桩身与桩周土壤的接触热阻。

⑤ 渗流速度和方向保持不变，且不考虑渗流速度沿深度方向的变化。

⑥ 桩身为弹性变形，桩周土壤发生弹塑性变形，桩土间摩擦系数保持不变。

基于以上假设，参考实际工程中能量桩所用参数，建立渗流场下内置并联双 U 形地埋管能量桩的换热及热-力耦合物理模型。为便于分析，定义 x 正方向为渗流下游，x 负方向为渗流上游，y 方向为垂直于渗流方向，z 方向为深度方向。能量桩物理模型示意见图 6-56，所建模型几何参数见表 6-4。

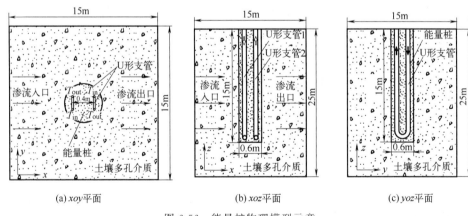

(a) xoy 平面   (b) xoz 平面   (c) yoz 平面

图 6-56   能量桩物理模型示意

表 6-4   能量桩物理模型几何参数

参数	数值
U 形管外径/m	0.032
U 形管内径/m	0.025
U 形管中心距/m	0.2
U 形管深度/m	14.5

续表

参数	数值
桩深/m	15
桩径/m	0.6
土壤计算区域/m	15×15×25
桩内并联 U 形地埋管数/根	2

利用 Gambit 软件建立内置并联双 U 形地埋管的能量桩数值模型。考虑到 U 形地埋管沿深度方向较长，因此沿深度方向采用较大的网格间距；U 形地埋管弯管部分易产生流动漩涡，加密该处的网格数量；为保证各接触面处模拟结果的准确性，U 形地埋管、桩身和桩周土壤沿深度方向的网格划分间距一致；U 形弯管周围桩身采用非结构化网格，将其加密处理以提高网格质量；桩身下部桩周土壤区域的网格沿深度方向由密到疏以减少网格数量。模型网格划分示意如图 6-57 所示。

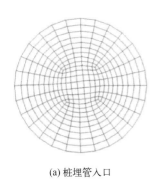 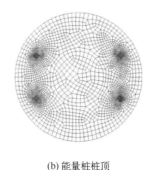 

(a) 桩埋管入口　　　　　　(b) 能量桩桩顶　　　　　　(c) 整体计算区域

图 6-57　模型网格划分示意

6.5.1.2　计算条件

采用 Fluent 和 Abaqus 软件对渗流场下能量桩的换热及热-力耦合特性进行求解计算，模拟运行时间为 14d，桩内地埋管入口水温为 35℃，流速为 0.6m/s，桩体及周围土壤的初始温度设定为 17.5℃，地下水渗流速度为 60m/a，其余相关参数见表 6-5。

表 6-5　计算条件

参数	数值
桩内 U 形地埋管内/外径/mm	25/32
管脚间距/m	0.2
U 形地管热导率/[W/(m·K)]	0.48
混凝土密度/(kg/m³)	2500

续表

参数	数值
混凝土比热容/[J/(kg·K)]	960
土壤固体成分比热容/[J/(kg·K)]	1600
桩周土壤孔隙率	0.4
循环流体热导率/[W/(m·K)]	0.67
桩内 U 形地埋管数/根	2
U 形地埋管密度/(kg/m³)	1200
U 形地埋管比热容/[J/(kg·K)]	2300
混凝土热导率/[W/(m·K)]	2.3
土壤固体成分密度/(kg/m³)	1800
土壤固体成分热导率/[W/(m·K)]	1.7
循环流体密度/(kg/m³)	1000
循环流体比热容/[J/(kg·K)]	4216
桩周土壤压缩模量/MPa	35
混凝土桩身压缩模量/MPa	30000
桩周土壤泊松比	0.3
混凝土桩身泊松比	0.2
桩周土壤黏聚力/kPa	20
桩周土壤内摩擦角/(°)	30

6.5.1.3 计算结果分析

（1）地下水渗流的影响　为了探讨地下水渗流对能量桩换热及热-力耦合特性的影响，对无渗流工况（渗流速度为 0）和渗流工况（渗流速度为 60m/a）进行数值模拟，计算结果见图 6-58～图 6-65。

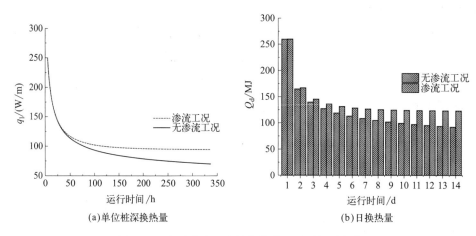

(a)单位桩深换热量　　(b)日换热量

图 6-58　有无渗流下能量桩换热量随时间的变化

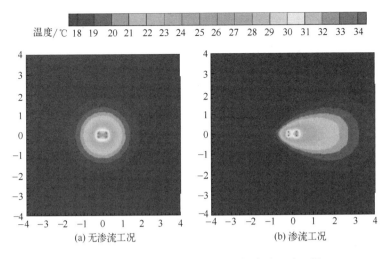

图 6-59　有无渗流下能量桩 7.5m 深度处温度云图

由图 6-58 可知，在渗流工况下，能量桩换热量经过一段时间逐渐趋于稳定，而无渗流工况下，桩体换热量持续减少且换热量明显小于渗流工况；随着时间推移，两者换热量的差值越来越大，如运行第 4 天两者的日换热量差值为 9.17MJ，而到运行的最后一天，差值增加至 30.97MJ。这主要是由于渗流工况下地下水存在使热量随着渗流方向迁移，降低桩土温度变化幅度，使能量桩换热性能增强。分析图 6-59 可以看出，无渗流工况时，桩体向周围土体对称散热，热影响范围约为 1.88m；渗流工况时，温度场沿地下水流动方向偏移，其中地下水上游、下游和垂直方向的热影响范围分别为 1.06m、4.03m、1.85m。进一步对比分析可以看出，在渗流工况下，地下水上游和下游的热影响范围分别是无渗流工况时的 43.62% 和 114.36%。这表明渗流场的存在，使得桩群中前排桩排入土壤中的热/冷量会沿渗流方向传递，影响后排桩的散热。

图 6-60 给出了有无地下水渗流时桩身截面平均温升沿深度方向的变化，可以看出，随着运行时间的增加，桩身截面平均温升逐渐增大，且运行结束后，渗流工况对应的桩身截面平均温升明显低于无渗流工况，如运行结束，有无渗流时分别为 12.95℃ 和 14.25℃。显然，渗流导致桩身截面平均温升降低了 9.12%。进一步分析图 6-60 还可以发现，随着运行时间增加，渗流导致的桩身截面平均温升降低幅度逐渐增大，如在有地下水渗流，运行结束时相较于运行 3d 时的桩身截面平均温度仅相差 0.60℃，而在无地下水渗流时为 1.50℃。这表明地下水渗流不仅降低了桩体附加温升，也缩短了桩体温度场达到稳定状态所需时间。

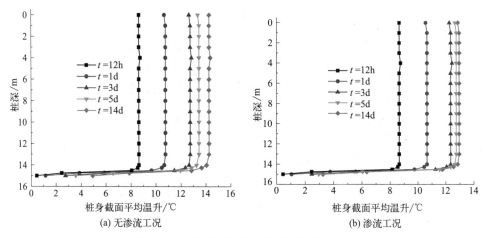

图 6-60　有无渗流下桩身截面平均温升变化

　　图 6-61 给出了有无地下水渗流时单独建筑荷载和热-力耦合荷载下桩身位移沿深度的变化。可以看出，由于桩体受到周围土壤向上的侧摩阻力束缚，且侧摩阻力随着深度的增加而增大，导致在单独建筑荷载下能量桩沿深度方向位移量逐渐变小。但在热力耦合作用下，桩体受热向桩两端膨胀，桩体中下部存在位移零点，且有地下水渗流时桩身位移明显小于无地下水渗流情况。为了更直观反映出渗流作用对桩身位移的影响，图 6-62 给出了有无渗流时热-力耦合作用下桩身位移增量（位移增量为热-力耦合荷载和单独建筑荷载下桩身位移的差值）的变化。由图 6-62 可知，运行 14d 后，无渗流和有渗流情况下桩顶位移增量分别是 1.04mm 和 0.95mm，显然地下水渗流使得桩顶位移增量减少了 5.77%。

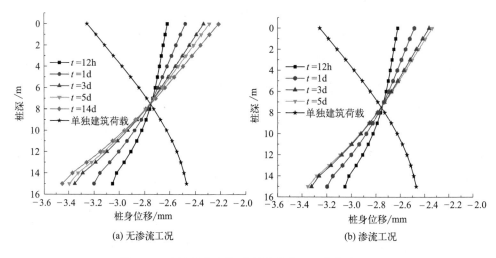

图 6-61　建筑荷载和热-力耦合荷载下桩身位移变化

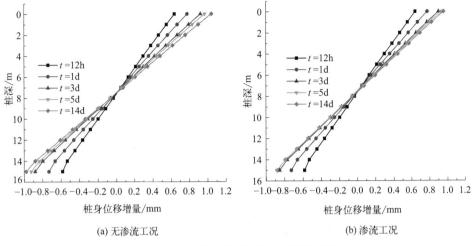

(a) 无渗流工况　　　　　　　　(b) 渗流工况

图 6-62　热-力耦合荷载下桩身位移增量变化

这主要是由于渗流作用使得桩身温升低于无渗流工况,导致其热膨胀变形也较小。进一步分析可发现,有地下水渗流时,能量桩运行 14d 相比于运行 3d 的位移增量增加仅为 0.054mm,而无地下水渗流时为 0.12mm,增量变化量减少 55.00%。这表明,地下水渗流降低了桩体的温升,进而导致桩身位移增量的减少。

由图 6-63 可以看出,在单独建筑荷载下,有无地下水渗流时的桩身轴力都表现为沿深度方向逐渐变小的趋势,其主要原因是在单独荷载的传递过程中,桩体受到周围土壤向上侧摩阻力的削弱。进一步可以看出,由于在加热过程中,产生的附加温度荷载对桩体产生的是压应力,所以在热-力耦合荷载作用下产生

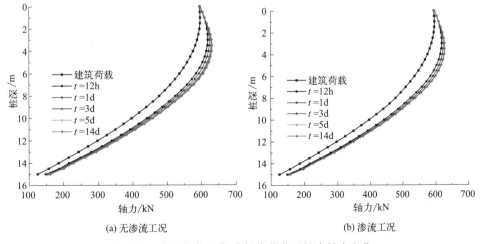

(a) 无渗流工况　　　　　　　　(b) 渗流工况

图 6-63　建筑荷载和热-力耦合荷载下桩身轴力变化

的轴力大于单独建筑荷载，且随着运行时间的增加，热-力耦合荷载作用下轴力逐渐增大。进一步分析图 6-64 可以看出，附加温度荷载随着深度先增大后减小，且最大值约在 6.5m 深处。这是因为桩身上部和下部受热，分别向桩顶和桩端膨胀，这两处受到土壤侧摩阻力的束缚，使得附加温度荷载向两端逐步降低。例如，在有地下水渗流时，能量桩运行 3d 和运行 14d 后最大附加温度荷载分别是 63.4kN 和 64.7kN，对应的无地下水渗流时分别为 64.8kN 和 69.8kN，即运行结束后有地下水渗流使最大附加温度荷载减少了 7.31%；而且，运行 3～14d 期间，有地下水渗流时的附加温度荷载变化幅度只有无地下水渗流时的 26.00%。这是因为附加温度荷载和桩体温升呈正相关变化。

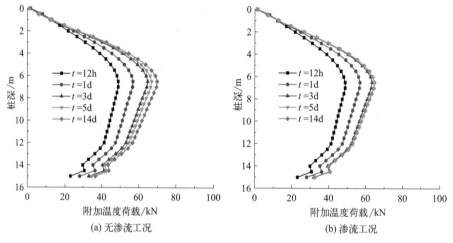

图 6-64   热-力耦合荷载下桩身附加温度荷载变化

图 6-65 给出了单独建筑荷载和热-力耦合荷载下桩身侧摩阻力的变化。由图 6-65 可以看出，热-力耦合荷载下桩体所受侧摩阻力和受单独建筑荷载相比，桩体下部侧摩阻力变大，上部变小。这主要是因为桩体受热向两端膨胀，桩体上部侧摩阻力向下，而下部侧摩阻力向上，但单独建筑荷载下桩体所受侧摩阻力都向上，所以桩体上部的侧摩阻力相互抵消，下部的侧摩阻力互相累加。进一步分析图 6-65，运行 14d 后，有无地下水渗流对应的最大侧摩阻力分别为 -6.26kPa 和 -7.11kPa，有地下水渗流下的最大负侧摩阻力比无地下水渗流时降低了 11.95%。另外，有无地下水渗流下在 3～14d 之间最大负侧摩阻力分别增加了 0.11kPa 和 0.74kPa，这证明在此期间，在有地下水渗流情况下负侧摩阻力变化幅度相对于无地下水渗流情况下减少了 85.14%。这说明地下水的渗流降低了能量桩受热膨胀的程度，从而减小了桩土间相对位移。

（2）桩埋管数量的影响   为了获得渗流作用下桩埋管数量对能量桩热-力耦

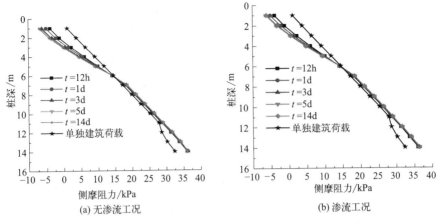

图 6-65　建筑荷载和热-力耦合荷载下桩身侧摩阻力变化

合特性的影响，对比分析了地下水渗流速度 60m/a 下内置单 U、并联双 U、并联 4U 和并联 5U 埋管能量桩的换热性能和力学特性，其中单 U 管脚间距为 0.4m，双 U 和 4U 管脚间距为 0.2m，5U 管脚间距为 0.12m，图 6-66 中给出了 4 种桩埋管数量截面。

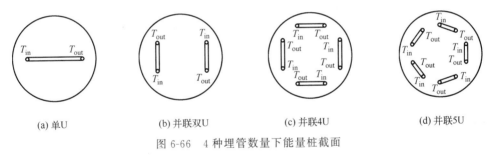

图 6-66　4 种埋管数量下能量桩截面

由图 6-67 可知，4 种桩埋管数量下单位桩深换热量和日换热量均随运行时间逐渐减小，且运行 5d 后换热量衰减趋于平稳。这主要是由于运行初始阶段，桩身与桩周土壤换热温差大，但随着运行时间的增加，换热温差迅速减小，同时渗流将部分换热量沿渗流方向携带至下游，改善了能量桩的换热性能，因而能量桩的换热量呈现出先下降后平稳的变化趋势。进一步分析图 6-67 还可知，当桩埋管数量从单 U 增加至 4U 时，单位桩深换热量会逐渐增大，但当桩埋管数量超过 4 以后换热量反而减少，如运行结束后，单 U、双 U、4U、5U 桩埋管对应的单位桩深换热量分别为 71.46W/m、94.71W/m、115.04W/m、113.99W/m，对应的日换热量分别为 92.66MJ、122.80MJ、149.14MJ、147.78MJ，这主要是因为增加桩内埋管数量，在增加换热面积的同时也增加了 U 形支管间的热短路效应，削弱了埋管与桩身之间的换热效率；当埋管数超过某一值后，桩内产生严重的热量堆积，此时增加桩埋管数量反而会削弱埋管与桩身的热交换效果。因此实际工程中，应合理确定桩内埋管数量。

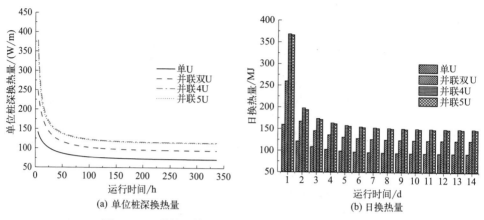

图 6-67   4 种桩埋管数量下能量桩换热量随时间的变化

为进一步探讨渗流作用下桩埋管数量对能量桩力学特性的影响，图 6-68 给出了 4 种埋管数量下桩身截面平均温升、桩身位移增量及附加温度荷载沿深度方向分布曲线。从图 6-68 中可以看出，桩埋管数量越多，桩身温升、位移增量、附加温度荷载越大。如运行结束后，单 U、双 U、4U、5U 埋管能量桩对应的最大桩身温升分别为 9.95℃、12.95℃、15.55℃、15.75℃，对应的桩顶位移增量分别为 0.75mm、0.95mm、1.15mm、1.16mm，相应的最大附加温度荷载分别为 53.3kN、64.7kN、76.9kN、79.1kN。这主要是由于桩埋管数量的增加，使得桩内储存的热量越多，桩身温升也越大，从而导致桩身位移、附加温度荷载也随之增大。

（3）桩埋管布置形式的影响   为了分析桩埋管布置形式对渗流作用下能量

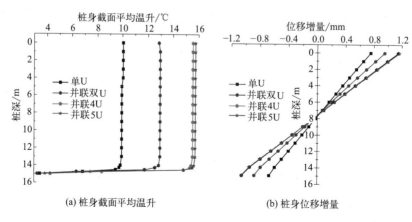

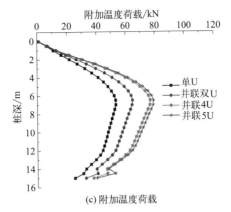

(c) 附加温度荷载

图 6-68　4 种埋管数量下桩身截面平均温升、桩身位移增量、附加温度荷载沿桩深的变化

桩换热及力学特性的影响，对图 6-69 中的单 U、并联双 U 埋管能量桩的 2 种典型布置形式进行了对比分析，结果如图 6-70～图 6-74 和表 6-6 所示。

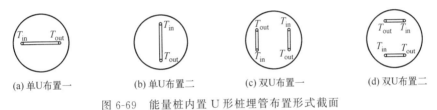

图 6-69　能量桩内置 U 形桩埋管布置形式截面

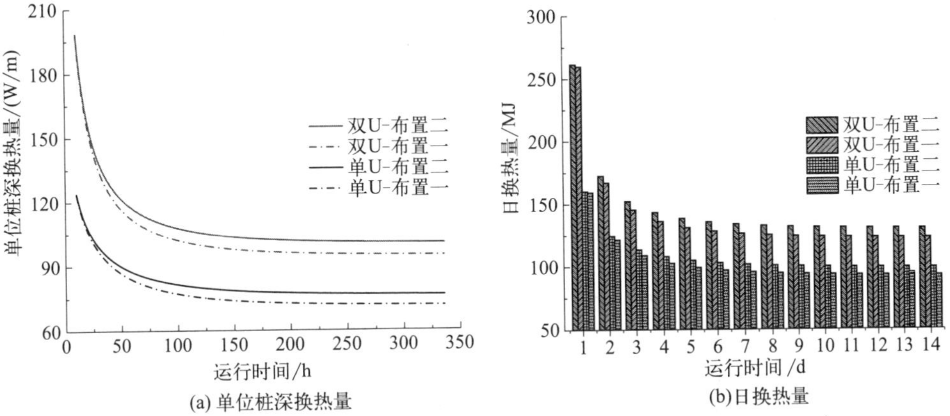

图 6-70　两种布置形式下能量桩换热量随运行时间的变化

由图 6-70 可知，渗流场下单 U 布置二与双 U 布置二的单位桩深换热量明显高于对应布置一，如运行结束时单 U 布置二与双 U 布置二的单位桩深换热量分别为 76.34W/m 和 100.47W/m，而对应布置一分别为 71.46W/m 和 94.71W/m。进一步分析图 6-70 可得，运行 14d 时单 U 布置一、单 U 布置二的日换热量分别

为 92.66MJ 和 98.98MJ，对应双 U 布置一、双 U 布置二的日换热量分别为 122.80MJ 和 130.26MJ。显然单 U 布置二与双 U 布置二的日换热量分别比对应布置一高出 6.82%、6.07%。这主要是由于单 U 布置一较单 U 布置二回水管处在桩身右侧，双 U 布置一与双 U 布置二相比右侧 U 形管整个处在桩身右侧，导致单 U 布置一和双 U 布置一不利于渗流换热，从而导致其换热性能低于对应布置二。

为进一步评价两种布置形式下并联双 U 桩埋管内 2 个 U 形管的换热情况，图 6-71 给出了两种布置形式下并联双 U 埋管能量桩内 2 个 U 形管单位管长换热量随时间的变化，可以看出，双 U 布置一的 U 形管 1、2 对应的单位管长换热量分别为 27.44W/m 和 21.21W/m，对应布置二分别为 25.89W/m 和 25.72W/m。显然双 U 布置一的 U 形管 1 的单位管长换热量是 U 形管 2 的 1.29 倍，而双 U 布置二的两个 U 形管单位管长换热量仅相差 0.17W/m。这说明渗流作用下双 U 布置二的两个 U 形管换热能力相当，但对应布置一中由于 U 形管 2 处于对应 U 形管 1 的渗流下游，从而会受到干扰，导致其换热性能降低。

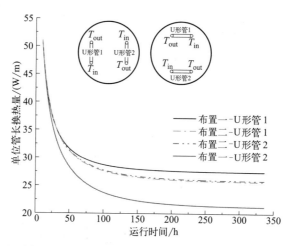

图 6-71   两种布置形式下双 U 桩埋管能量桩内 U 形管
单位管长换热量随时间的变化

表 6-6 给出了渗流下不同桩埋管布置形式对应的力学特性，可以看出单 U 布置二相较于单 U 布置一桩身最大附加温度荷载减小了 2.63%，对应的双 U 布置二相较于双 U 布置一桩身最大附加温度荷载增大了 1.39%。此外，单 U 和并联双 U 埋管能量桩两种布置形式对应的桩顶位移差值较小。由此可知，当渗流速度为 60m/a 时，可以在不影响力学性能的前提下，通过改变桩埋管布置形式以达到提高换热量的目的。

表 6-6　渗流下不同桩埋管布置形式对应的力学特性

桩埋管形式	布置形式	桩顶位移增量/mm	最大附加温度荷载/kN
单 U	布置一	0.75	53.3
	布置二	0.74	51.9
双 U	布置一	0.95	64.7
	布置二	0.97	65.6

图 6-72～图 6-74 给出了两种桩埋管布置形式对应的日换热量、桩顶位移增量及桩身附加温度荷载随渗流速度的变化规律。

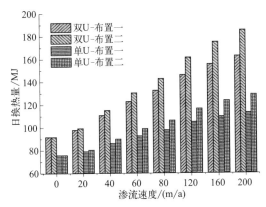

图 6-72　两种布置形式下能量桩日换热量随渗流速度的变化

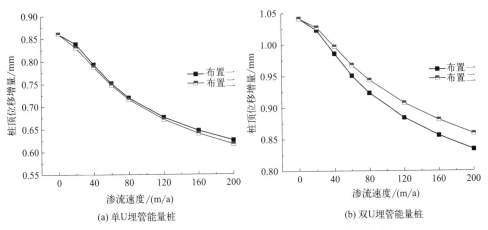

(a) 单U埋管能量桩

(b) 双U埋管能量桩

图 6-73　两种布置形式下桩顶位移增量随渗流速度的变化

由图 6-72 可知，两种布置形式下能量桩日换热量均随渗流速度增加而增大，且渗流速度越大，两种布置形式对应的能量桩换热量差异逐渐增加，如渗流速度为 60m/a、80m/a、120m/a、200m/a 时单 U 布置二的日换热量分别高于单 U

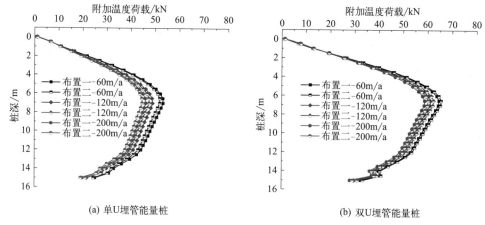

(a) 单U埋管能量桩　　　　　　　　　　　(b) 双U埋管能量桩

图 6-74　两种布置形式下桩身附加温度荷载随渗流速度的变化

布置一 6.82%、8.53%、11.04%、14.08%，对应的并联双 U 埋管能量桩分别为 6.07%、7.80%、10.46%、13.93%。进一步分析图 6-73 可以看出，随着地下水渗流速度的增大，两种布置形式下单 U 和双 U 埋管能量桩的桩顶位移增量均逐渐减少，这主要是由于渗流速度越大，渗流扩散传热效果越好，桩身温升减小，桩身受热膨胀幅度相应降低。与此同时，单 U 埋管能量桩两种桩埋管布置形式对应的桩顶位移增量几乎相同，而双 U 能量桩两种桩埋管布置形式对应的桩顶位移虽有差别，但差值极小；正如图 6-73（b）所示，渗流速度 200m/a 下双 U 布置一、双 U 布置二对应的桩顶位移增量值分别为 0.83mm 和 0.86mm，即布置二相对于布置一增加了 0.03mm。这是因为双 U 布置二对应的桩身平均温升高于双 U 布置一，因而双 U 布置二对应的桩顶位移增量大于双 U 布置一，但温升幅度差值小，对桩身热膨胀效应影响不明显。

分析图 6-74 可知，随着渗流速度的增大，两种布置形式下单 U 和双 U 埋管能量桩的桩身附加温度荷载均逐渐减少，这是由于渗流速度增加导致桩身温升降低的缘故。进一步分析图 6-74 可知，单 U 布置一在渗流速度 60m/a、120m/a、200m/a 时对应的桩身最大附加温度荷载比单 U 布置二分别高出 1.4kN、1.4kN、1.5kN，而双 U 布置二比对应布置一分别增加了 0.9kN、1.3kN、1.4kN，增加幅度均较小。这主要是由于同一渗流速度下，桩埋管排列形式对应的桩身温升幅度不同，但温升幅度差较小，所以不同桩埋管布置形式对附加温度荷载的影响并不明显。

综上可以看出，地下水渗流下桩埋管布置形式对能量桩换热性能影响较大，而对桩力学特性影响较小。在设计桩埋管布置形式时，本模拟条件下，当渗流速度大于 60m/a 时，对于单 U 埋管的能量桩，建议将 U 形埋管管脚方向与渗流方向垂直，而对于双 U 埋管能量桩，则建议将内置的两个 U 形埋管管脚方向均设置为与渗流方向平行。

（4）桩埋管管径的影响 为获得桩埋管管径对能量桩换热性能及力学特性的影响，选取工程中常见的 De25、De32、De40（内径分别为 20mm、26mm、32mm）三种典型管径为代表进行分析，模拟结果见图 6-75 和图 6-76。

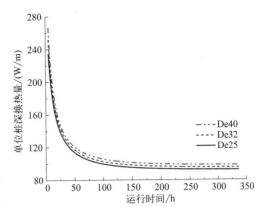

图 6-75 不同埋管管径下单位桩深换热量随时间的变化

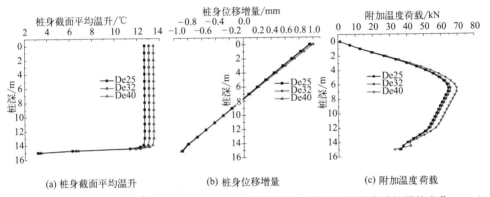

(a) 桩身截面平均温升 (b) 桩身位移增量 (c) 附加温度荷载

图 6-76 不同管径下桩身截面平均温升、位移增量、附加温度荷载随桩深的变化

由图 6-75 可知，随着管径增加，单位桩深换热量逐渐增大，如运行结束时 De25 的单位桩深换热量为 92.26W/m，而对应管径 De32 和 De40 的分别为 95.12W/m 和 98.10W/m，即埋管管径 De32、De40 相对于 De25 的单位桩深换热量分别提高了 3.10%、6.33%，这是因为入口流速不变，增大埋管管径，既增加了换热面积，又提高了管内换热流体的流量，使得埋管与桩身单位时间内可以交换更多的热量。为了进一步获得渗流场下桩埋管管径对能量桩力学特性的影响规律，图 6-76 给出了不同埋管管径下运行两周后桩身截面平均温升、位移增量、附加温度荷载随桩深的变化规律。如图 6-76 （a） 所示，埋管管径越大，桩身截面平均温升越大，如运行结束后 De25、De32、De40 对应的深 7.5m 处桩身截面平均温升分别为 12.65℃、13.05℃、13.45℃。进一步分析图 6-76 （b） 和 （c） 可以看出，加大埋管管径，桩身位移增量、附加温度荷载逐渐增大，如运行结束后，De32、De40 相对于 De25 桩顶位移增量分别增加 1.05%、6.32%，

对应的最大附加温度荷载分别增加 2.07%、8.43%。这主要是由于随着管径的增加，桩身温升幅度增大，桩身受热膨胀效应也越大的缘故。

6.5.2　渗流作用下能量桩热-力耦合特性的实验研究

6.5.2.1　实验系统介绍

依据相似理论，按一定尺寸比例缩小而建立渗流作用下能量桩模型实验系统，见图 6-77。实验系统包括砂箱、温度控制子系统、渗流控制子系统及测试子系统四部分。模型实验台的土体尺寸为 1.45m×1.3m×1.2m，考虑渗流模块后渗流实验台的整体尺寸为 1.6m×1.3m×1.3m。砂箱采用 PVC 硬塑料板加工而成，内置砂土；为便于更换砂土和维护测点，砂箱一侧采用可开启设计。温度控制子系统由恒温水浴、循环水泵、溢流流量计、调节阀等组成，用以控制进入桩埋管的水温与水量，以模拟施加于模型桩的不同冷热荷载。渗流控制子系统由渗流高位水箱、集水箱、渗流给水槽、渗流回水槽、渗流低位水箱、渗流补水泵、水箱水位控制器和调节阀等组成，用以控制砂箱内砂土的湿环境。通过调节渗流高位与低位水箱的高差来模拟不同的渗流速度，通过渗流储水箱、渗流补水泵和液位控制器保持高位水箱液位稳定。测试子系统主要由数据采集系统与测试传感器构成，测试传感器主要包括温度传感器、土压力传感器、桩身应变传感器、千分表。其中温度传感器布置于桩周土体及桩身内部，用于测量桩土的温度场变化；土压力传感器采用土压力盒，布置于桩底部和两侧，以检测桩端和水平方向土压力变化规律；桩身应变传感器采用电阻式应变计布置于桩身内部，用于测量桩身的温度应力变化；千分表安装于桩顶，用于测量桩顶的位移。

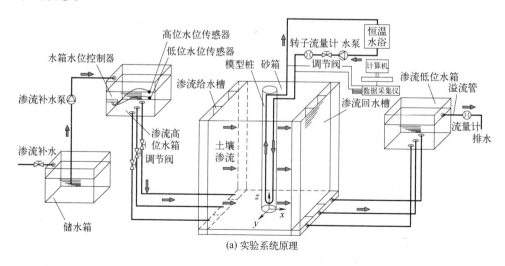

(a) 实验系统原理

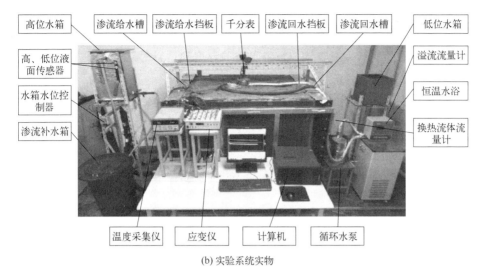

(b) 实验系统实物

图 6-77　能量桩单桩渗流实验台

6.5.2.2　实验工况与步骤

为探究干砂与饱和砂、渗流速度及渗流水位线对能量桩热力学特性的影响，于 2020 年 11 月初至 12 月底，基于能量桩渗流实验台进行了 12 组实验工况，受实验室环境温度变化的影响，整个实验过程中砂箱内土壤温度波动范围为 16.5～19℃，具体实验工况如表 6-7 所示。

表 6-7　实验工况

编号	土壤状态	渗流速度 /(m/a)	砂箱水位线 /m	入口水温 /℃	运行时间 /h	恢复时间 /h
1	干砂	—	—	38	10	14
2	饱和砂	0	0.05	38	10	14
3～5	饱和砂	60、120、180	0.05	38	10	14
6～8	饱和砂	60、120、180	0.05	5	10	14
9、10	饱和砂	120	0.4、0.8	38	10	14
11、12	饱和砂	120	0.4、0.8	5	10	14

实验步骤如下。

① 无渗流场时，将模型桩埋入砂中静置，待桩身沉降稳定后再开始实施实验。

② 有渗流场时，将模型桩埋入砂中，通过调整高低位水箱高度差施加不同渗流速度的渗流场，待渗流场达到所需的渗流速度，且桩身沉降达到稳定状态后再开始实施实验。

③ 桩身沉降和渗流场稳定后，保持渗流场稳定不变，首先将恒温水浴设置为所需进水温度，待恒温水浴温度达到设定值并恒定不变时再打开外接循环水泵，根据不同的实验方案，调控恒温水浴的温度和运行时间。

6.5.2.3　实验结果分析

实验分为夏季和冬季工况，夏季、冬季工况桩内 U 形地埋管入口温度分别为 38℃、5℃。实验采用以一天 24h 为周期的昼夜间歇运行模式，其中日间运行 10h，夜间自然恢复 14h。通过对比模型桩换热量、桩身及桩周土壤温度、桩顶位移、桩身应变、桩端和水平方向土压力的变化，分析不同因素对模型能量桩热力学特性的影响规律。

（1）干砂与饱和砂的对比分析　为了对比干砂与饱和砂状态下能量桩的热力学特性，以干砂（含水率 0.18%）和饱和砂为研究对象进行了对比实验，以期探究桩周土壤状态对能量桩热力特性的影响规律。

从图 6-78 中可知，经过 10h 运行，干砂的单位桩深换热量从 224.27W/m 下降至 59.70W/m；对应饱和砂的换热量从 327.96W/m 下降至 190.31W/m。显然饱和砂对应的单位桩深换热量比干砂多出 3.19 倍，这是因为桩周土壤为饱和砂时砂孔隙中充满水，使得饱和砂的综合热导率较干砂高，从而单位时间内能量桩可以将更多的热量散至桩周土壤中。进一步分析图 6-79 可得，经过 10h 运行，干砂对应的桩身温度明显高于饱和砂，且经过 14h 恢复后，干砂对应的桩身温度恢复效果低于饱和砂，这是因为饱和砂的热容量大于干砂，使得其温升速率低于干砂工况，从而导致饱和砂工况下桩身温升明显减少。与此同时，因饱和砂的热扩散效果较好，24h 的运行周期结束后饱和砂中桩身温度较干砂更接近初始温度，即其桩身温度日自然恢复效果更好。

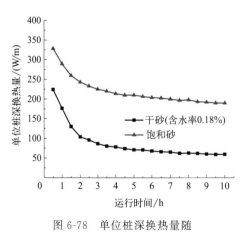

图 6-78　单位桩深换热量随　　　　　图 6-79　桩身测点 T6 温度随运行
　　　　时间的变化　　　　　　　　　　　　时间的变化

　　为了对比分析干砂和饱和砂对桩周土壤温度的影响，图 6-80（a）和（b）分别给出了干砂和饱和砂下运行结束 10h 时 0.75m 深处在渗流方向及垂直于渗流方向上的土壤过余温度分布。从图 6-80（a）中可以看出，饱和砂对应的土壤温升幅度明显低于干砂。进一步分析图 6-80 还可知，干砂的热影响范围约为 0.34m，而对应饱和砂的为 0.50m，这意味着饱和砂在强化能量桩换热性能的同时，也增加了桩身换热对周围土壤的热影响范围。

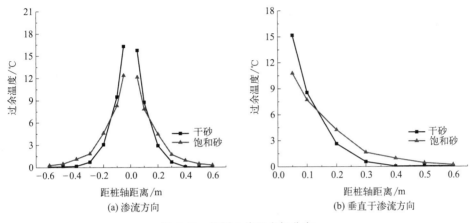

图 6-80　桩周土壤温度场分布

　　由于桩周土体的约束作用，施加热荷载时桩身温度升高而产生的热膨胀效应会对桩周土体产生一定的附加压力。图 6-81 给出干砂和饱和砂下桩端与水平土压力随时间的变化。从图 6-81（a）中可以看出，加热时干砂和饱和砂工况下桩端土压力均增大，刚开始增加较快，原因是桩身温度还没有达到稳定状态，且稳定状态下干砂和饱和砂对应的桩端土压力变化值分别为 31.5kPa、23.8kPa。这主要是由于干砂工况下桩身温升明显高于饱和砂工况，使得其受热时往桩端的膨胀效应高于饱和砂工况。进一步从图 6-81（b）可以看出，随运行时间增加，桩侧水平土压力逐渐增大，且运行 10h 后，干砂和饱和砂对应的水平土压力变化值分别为 17.5kPa、12.9kPa，可见饱和砂对应的水平土压力变化值较干砂减小了 26.29%。其原因是受热时桩身横向膨胀受到土体的约束会引起水平土压力的增大，而桩身横向膨胀效应又与桩身温升有关。

　　为了进一步探讨干砂和饱和砂工况下换热过程对桩身热应变的影响，图 6-82 给出了干砂和饱和砂状态下桩身应变变化曲线。从图 6-82（a）中可以看出，经过 10h 运行后，桩身应变呈现出两端大、中部小的趋势，这主要是由于能量桩受热后往两端膨胀，所以桩身中部应变量最小。从图 6-82（a）中还可以看出，与干砂工况相比，饱和砂对应的桩身应变值较小，如运行 10h 后，干砂和饱和

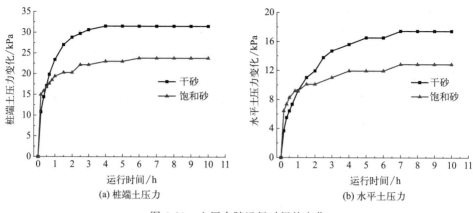

图 6-81　土压力随运行时间的变化

砂对应的最大桩身应变分别为 $63.4\mu\varepsilon$ 和 $58.6\mu\varepsilon$，即饱和砂较干砂最大桩身应变减少 7.51%。进一步分析图 6-82（b）可知，运行期间桩身应变随运行时间增大，自然恢复期间随恢复时间减少，且饱和砂工况自然恢复约 5h 后桩身应变即达到稳定状态，而干砂工况自然恢复 14h 后仍未达到稳定状态。这主要是因为饱和砂下桩身受热产生的温升低于干砂，且自然恢复期间温度恢复效果更好更快，因此其热应变小于干砂工况，对应的应变恢复效果更优。

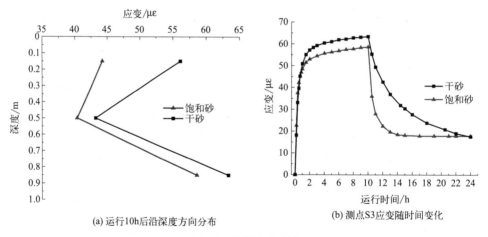

图 6-82　桩身应变变化

从图 6-83 中可以看出，能量桩受热时桩顶向上膨胀，加热至 3h 后趋于稳定，其中干砂工况下桩顶位移上升最大为 0.087mm，对应的饱和砂为 0.104mm。由前文可得饱和砂下能量桩加热产生的桩身温升幅度明显低于干砂工况，从温升角度分析，干砂工况对应的桩顶位移应大于饱和砂工况，但饱和砂工况下土壤中充满水导致桩周土壤压实度变小，使得土壤对桩身膨胀变形的约束力相应减小，桩身受热（受冷）后更容易膨胀（收缩）变形。进一步分析图 6-83 可得，夜间自然恢复 14h 后，饱和砂的桩顶残余位移低于干砂工况，这是因为饱和砂的导热性能要高于干砂工况，从而导致饱和砂工况下桩身夜间 14h 的温度恢复效果优于干砂工况。在实际工程中桩顶部存在建筑荷载，桩基会产生缓慢沉

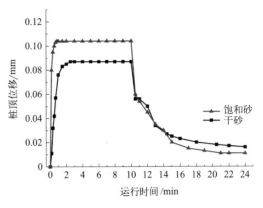

图 6-83　桩顶位移随时间变化

降，从桩身结构安全考虑，由于饱和砂工况下桩顶日位移变化幅度较大，因此不利于桩身上部结构的长期稳定。

（2）渗流速度的影响　从图 6-84 中可以看出，夏冬季工况下，增加渗流速度可以提高单位桩深换热量，如运行 10h 时，在渗流速度为 60m/a、120m/a、180m/a 下，夏季工况对应的单位桩深换热量分别为 195.27W/m、209.22W/m、221.97W/m，对应的冬季工况分别为 94.23W/m、98.61W/m、105.12W/m，即夏季工况渗流速度 120m/a、180m/a 相对于 60m/a 的单位桩深换热量分别提高了 7.14%、13.67%，对应冬季工况为 4.65%、11.56%。这是因为渗流速度越快，夏季工况和冬季工况分别降低了桩身温升与温降，增加了桩身与地埋管流体之间的换热温差，因此能量桩换热量也就越大。正如图 6-85 所示，10h 运行过程中，渗流速度越快，夏季工况桩身温度越低，对应的冬季工况越高，且桩身温度达到稳定运行状态所需时间越短。如运行 10h 后，渗流速度 60m/a、120m/a、180m/a 对应的夏季工况桩身温度分别为 32.96℃、32.69℃、32.24℃，对应的冬季工况分别为 9.16℃、9.28℃、9.37℃。从图 6-85 还可发现，14h 自然恢复期间，渗流速度越快，桩身温度恢复效果越好，且恢复所需时间越短。如自然恢复 14h 后，渗流速度 60m/a、120m/a、180m/a 对应的夏季工况桩身温度分别为 19.10℃、18.43℃、17.72℃，对应的冬季工况分别为 16.87℃、17.01℃、17.19℃。这是因为渗流速度越快，渗流流体单位时间内带走能量桩换热量的能力越强，因而夏季工况桩身温升越小，冬季工况桩身温降越低，自然恢复所需恢复时间也越短。

为了进一步探讨渗流速度对桩周土壤温度变化的影响，图 6-86 给出了运行 10h 后不同渗流速度下深 0.75m 处桩周土壤沿渗流方向上的温度变化。从图 6-86 中可以看出，沿渗流方向上土壤过余温度场产生了明显的偏移，且随着渗流速度

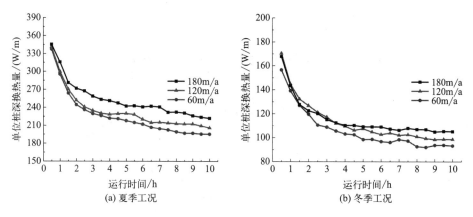

图 6-84　不同渗流速度下单位桩深换热量随时间的变化

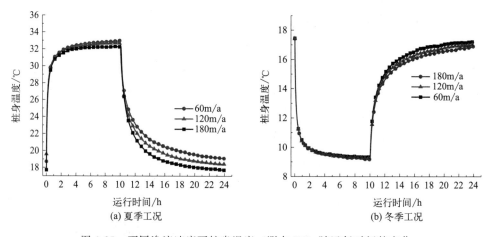

图 6-85　不同渗流速度下桩身温度（测点 T6）随运行时间的变化

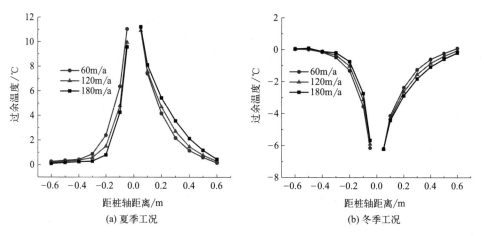

图 6-86　不同渗流速度下沿渗流方向上桩周土壤过余温度分布

的增加，渗流上游侧土壤过余温度越小，而下游侧土壤过余温度越大。如运行10h 结束后，在渗流速度 60m/a、120m/a、180m/a 下，渗流上游侧距桩轴0.2m 处，夏季工况对应的土壤过余温度分别为 2.40℃、1.17℃、0.81℃，对应的冬季工况分别为 -1.31℃、-1.03℃、-0.75℃；对应的下游侧距桩轴 0.2m处，夏季工况分别为 4.17℃、4.72℃、5.46℃，冬季工况分别为 -2.37℃、-2.63℃、-2.88℃。这是因为渗流速度的增加，加速了储存在上游侧土壤中的热量（冷量）往下游转移的速率，热量（冷量）转移的过程导致下游侧土壤温度也随之上升（降低）。

为了获得渗流速度对能量桩力学特性的影响，图 6-87 给出了不同渗流速度下桩端土压力随运行时间的变化情况。从图 6-87 中可以看出，在运行前期，不同渗流速度下的桩端土压力变化值增加较快，之后逐渐趋于稳定，且渗流速度越大，桩端土压力变化值越小。如运行 10h 后，夏季工况渗流速度 60m/a、120m/a、180m/a 对应的桩端土压力分别为 22.04kPa、16.75kPa 和 14.98kPa，对应的冬季工况分别为 -11.46kPa、-7.93kPa、-7.05kPa。这主要是由于渗流速度越快，夏季工况桩身温升越小，能量桩桩身往桩端膨胀的作用力越小；而对于冬季工况，渗流速度越快，桩身温降越低，桩身往桩中部收缩效应相对减小，因而缩减了桩端土压力的变化值。

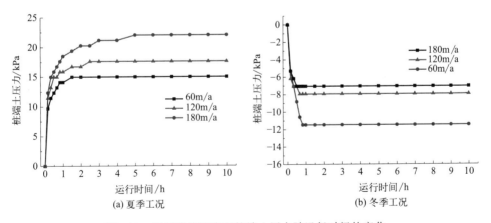

(a) 夏季工况　　　　　　　(b) 冬季工况

图 6-87　不同渗流速度下桩端土压力随运行时间的变化

为了进一步探讨不同渗流速度下换热过程对桩身应变的影响，图 6-88 给出了不同渗流速度下 S3 测点应变值随时间的变化。可以看出，运行期间，桩身应变随渗流速度增大而减小，如运行 10h 后渗流速度 60m/a、120m/a 和 180m/a下夏季工况对应的最大桩身应变分别为 55.35$\mu\varepsilon$、54.16$\mu\varepsilon$ 和 53.09$\mu\varepsilon$，对应的冬季工况分别为 -28.27$\mu\varepsilon$、-27.97$\mu\varepsilon$、-27.37$\mu\varepsilon$；自然恢复期间，渗流速度越快，随恢复时间的增加桩身应变越接近初始值。这是由于桩身应变与桩身温度变化幅度成正相关，正如图 6-85 所示，夏季工况，渗流速度越快，桩身温升越低，同样冬季工况，渗流速度越快，桩身温降越小，且桩身温度自然恢复效果越好。由图 6-89 可知，渗流速度越大，夏季工况桩顶向上膨胀越小，冬季工况桩顶向下沉降越小，如在运行 10h 结束时刻，当渗流速度分别为 60m/a、120m/a 和 180m/a 时，夏季工况桩顶位移分别为 0.107mm、0.105mm 和 0.104mm；对应冬季工况分别为 −0.071mm、−0.068mm 和 −0.066mm。这主要是由于渗流速度越快，桩身温度变化幅度越小，进而导致桩身放热膨胀和取热收缩变形幅度减小。故在实际工程中，考虑到上部建筑结构的安全，在能量桩设计过程中应考虑到渗流场对桩身位移的影响。

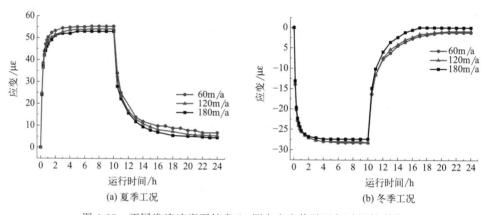

图 6-88　不同渗流速度下桩身 S3 测点应变值随运行时间的变化

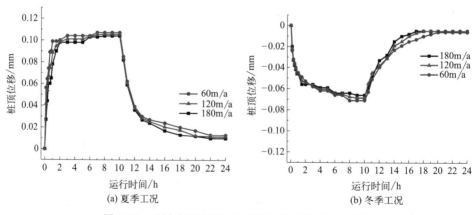

图 6-89　不同渗流速度下桩顶位移随运行时间的变化

（3）渗流水位线的影响　为了弄清渗流水位线对能量桩热力学特性的影响，选取 0.8m、0.4m、0.05m 为渗流水位线代表，进行夏季排热和冬季取热两种工况实验研究，运行期间渗流速度为 120m/a，整个实验过程中渗流水位线实测值存在 ±0.05m 以内的偏差。

从图 6-90 中可以看出，经过 10h 运行，不同渗流水位线下单位桩深换热量变化趋势均为前期下降较快，后期渐趋平稳，且渗流水位线越浅，运行期间单位桩深换热量越大。如运行结束时刻，夏季工况渗流水位线 0.4m、0.05m 对应的单位桩深换热量相对于 0.8m 分别提高了 7.54%、13.30%，对应的冬季工况分别提高了 8.25%、18.38%。其原因是渗流水位线的深浅改变了沿桩身深度方向渗流场与桩身的接触面积，渗流水位线越浅，渗流场与桩身的接触面积越大，渗流场单位时间内可以将更多储存在桩土中的热量（冷量）转移到下游区域，从而提高能量桩的换热性能。为了进一步探讨渗流速度对桩身温度变化的影响，图 6-91 给出了不同渗流水位线下深 0.75m 处桩身温度随运行时间变化情况。由图 6-91 可知，经过日间 10h 运行后，渗流水位线 0.05m、0.4m、0.8m 时，夏季工况对应桩身温度分别为 32.7℃、33.0℃、33.6℃，对应冬季工况分别为 9.4℃、9.2℃、8.9℃；夜间自然恢复 14h 后，渗流水位线 0.05m、0.4m、0.8m 时，夏季工况对应桩身温度分别为 18.40℃、18.67℃、19.41℃，对应冬季工况为 17.11℃、17.03℃、16.69℃。很明显，随着渗流水位线深度的增加，夏季工况能量桩桩身温度越高，冬季工况能量桩桩身温度越低，且自然恢复期间温度恢复效果也随之变差。

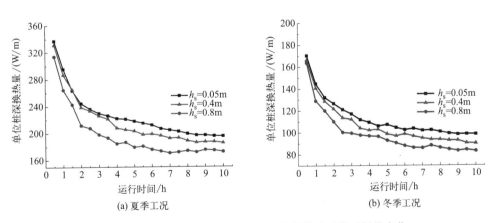

图 6-90　不同渗流水位线下单位桩深换热量随运行时间的变化

为进一步分析渗流水位线对桩身温度的影响，图 6-92 给出了不同渗流水位线下桩身过余温度沿深度方向的变化。从图 6-92 中可以看出，渗流水位线越深，桩身过余温度越大，且渗流水位线深浅改变了桩身沿深度方向的过余温度分布趋势。这主要是由于桩周土壤渗流水位深度的不同，使得桩身沿深度方向与渗

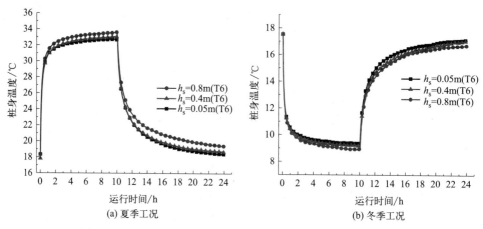

图 6-91 不同渗流水位线下桩身温度（测点 T6）随时间的变化

流场换热不均匀，渗流流体与桩身接触部位桩身过余温度相对低于无渗流区域，从而导致桩身过余温度沿深度方向的分布趋势发生变化。

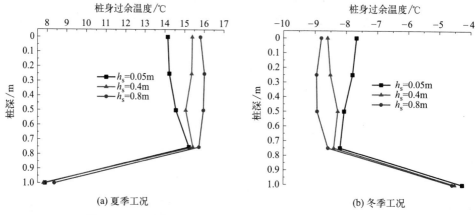

图 6-92 不同渗流水位线下沿深度方向桩身过余温度的变化

为了进一步获得渗流水位线对桩周土壤温度变化的影响，图 6-93 给出了运行结束时刻不同渗流水位线下深度 0.75m 处沿垂直于渗流方向上土壤过余温度的分布。可以看出，渗流水位线的变化会对桩周土壤过余温度变化幅度产生明显影响，且桩周土壤过余温度随着渗流水位线变深而增大。如距桩轴 0.2m 处，在渗流水位线 0.05m、0.4m、0.8m 下，夏季工况对应的桩周土壤过余温度分别为 2.54℃、3.42℃、4.50℃，对应的冬季工况分别为 -1.62℃、-1.89℃、-2.18℃。进一步分析图 6-93 还可以看出，桩周土壤过余温度变化幅值随着距桩轴距离的增大而逐渐趋于平缓，在夏季工况和冬季工况分别距桩轴 0.48m 和 0.39m 以外，土壤过余温度基本不再发生变化。由此可以看出，在本实验条件下，能量桩在垂直于渗流方向上的土壤热影响范围约为 0.48m，这还可以为后期设计渗流场下能量桩群桩实验台提供参考。

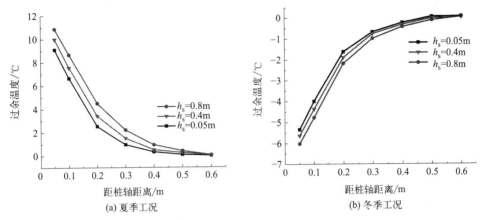

(a) 夏季工况　　　　　　　　　　(b) 冬季工况

图 6-93　不同渗流水位线下沿垂直于渗流方向桩周土壤过余温度分布

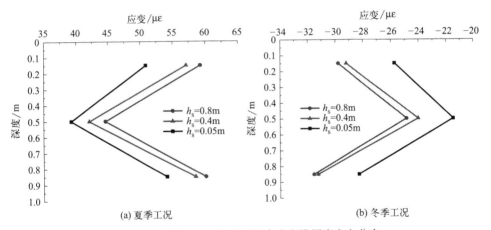

(a) 夏季工况　　　　　　　　　　(b) 冬季工况

图 6-94　不同渗流水位线下桩身应变沿深度方向分布

为获得渗流水位线对能量桩桩身应变的影响，图 6-94 给出了夏、冬季工况下不同渗流水位线下能量桩沿桩深度方向桩身应变的分布情况。由图 6-94 可知，渗流水位线可以改变桩身应变幅值，即渗流水位线越深，能量桩桩身应变越大。如运行 10h 后，夏季工况渗流水位线 0.05m、0.4m、0.8m 对应的 0.85m 深度处桩身应变分别为 $54.16\mu\varepsilon$、$58.55\mu\varepsilon$、$60.12\mu\varepsilon$，对应的冬季工况分别为 $-28.27\mu\varepsilon$、$-31.25\mu\varepsilon$、$-31.55\mu\varepsilon$。这是因为能量桩的桩身应变幅值与桩身温度变化量成正比。从图 6-95 中可以看出，不同渗流水位线，夏、冬季工况运行前 2h 对应的桩端土压力变化幅度较大，之后逐渐趋于稳定，且渗流水位线越深，桩端土压力越大。如运行 10h 结束时，渗流水位线 0.05m、0.4m、0.8m 在夏季工况下对应的桩端土压力分别为 16.7kPa、20.8kPa、23.3kPa，冬季工况下对应的桩端土压力分别为 −7.9kPa、−10.1kPa、−11.5kPa。这主要是由于不同渗流水位线对应的桩身温度变化幅度不同，进而导致各桩端对应的土压力值也不同。

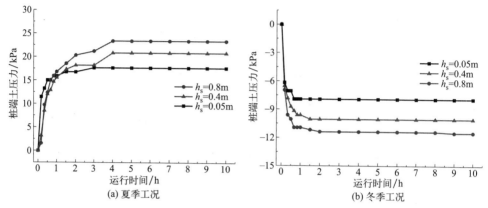

图 6-95 不同渗流水位线下桩端土压力随运行时间的变化

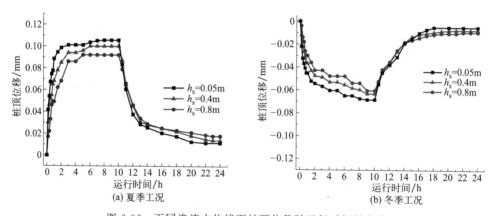

图 6-96 不同渗流水位线下桩顶位移随运行时间的变化

图 6-96 给出了不同渗流水位线下桩顶位移随运行时间的变化规律。由图 6-96 可知，运行期间，渗流水位线越浅，桩顶位移越大，而自然恢复期间，渗流水位线越浅，桩顶位移恢复效果越好。如运行 10h 后，夏季工况渗流水位线 0.05m、0.4m、0.8m 对应的桩顶位移值分别为 0.106mm、0.101mm、0.092mm，对应冬季工况分别为 −0.069mm、−0.063mm、−0.061mm；夜间自然恢复 14h 后，夏季工况渗流水位线 0.05m、0.4m、0.8m 对应的桩顶残余位移值分别为 0.012mm、0.014mm、0.018mm，对应冬季工况分别为 −0.005mm、−0.008mm、−0.009mm。这是因为渗流水位线越浅，能量桩沿深度方向与湿

砂接触区域越大。正如前文图 6-83 所示，湿砂较干砂工况，桩身受热（受冷）后更容易膨胀（收缩），而当夜间桩身失去冷（热）源后，温度回落（回升）期间更容易恢复到接近初始位移值，由此导致桩顶位移日变化幅度也越大。

6.5.3　渗流下能量桩研究结论

① 地下水渗流会带走能量桩释放的热量，降低桩土温度变化幅度，从而产生的相应桩身位移、桩身轴力和侧摩阻力的变化量相应减小。桩体周围土壤温度场随地下水流动方向发生偏移，这会影响后排桩的传热性能。在本模拟条件下有地下水渗流时，桩下游的热影响范围是无地下水渗流情况的 114.36%，而桩上游的热影响范围为无地下水渗流时的 43.62%。

② 增加桩埋管数量可增大能量桩换热量，但当地埋管增加到一定数量后会加剧桩内不同地埋管间的热干扰，导致换热性能下降。且地埋管数的增加也会造成桩身位移和附加温度荷载的增加，因此，对于特定尺寸的能量桩存在最优配置的地埋管数。

③ 渗流下地埋管布置形式对其换热性能有显著影响，而对力学特性影响较小。本模拟条件下，在渗流速度为 60m/a 时，单 U 布置二与双 U 布置二的日换热量分别比对应布置一高出 6.82%、6.07%，对应桩顶位移增量与桩身最大附加温度荷载相差较小。对于单 U 埋管能量桩，建议将 U 形地埋管管脚方向与渗流方向垂直，而对于双 U 埋管能量桩，则建议将内置的两个 U 形地管管脚方向均设置为与渗流方向平行。

④ 增加地埋管管径可以提高能量桩的换热量，但也会加大桩身和桩周土壤温升，导致桩身位移和附加温度荷载增大，因此在选用地埋管管径时需要综合考虑换热和力学性能两方面的要求。

⑤ 由于桩周土壤为饱和状态时砂子孔隙中充满水，使得饱和砂的综合热导率较干砂得到明显的提高，其对应的单位桩深换热量比干砂多出 3.19 倍，但土壤热影响范围较干砂增大 1.47 倍。

⑥ 与干砂相比，饱和砂下桩身温度变化幅度降低，引起的桩端土压力、水平土压力、桩身应变量也较小。另外，饱和砂工况下，砂土孔隙中充水膨胀使得桩周土壤压实度变小，对应的桩顶位移变化幅度较干砂工况更大。

⑦ 渗流速度越快，渗流流体带走桩内热量的能力越强，桩身温度变化幅度随之减小，进而导致运行期间其桩顶位移、桩身热应变、桩端土压力和水平土压力变化值减少。自然恢复期间，可以改善能量桩因受热（受冷）而产生的力学参数变化值的恢复效果。

⑧ 渗流水位线较浅的区域相对于较深的区域增加了沿深度方向渗流场与桩身的接触面积，渗流场单位时间内可以将更多的桩土中热量转移到下游区域，从而改善了能量桩的换热性能。另外渗流水位线越浅，桩身和桩周土壤的温度变化幅度越小，与此对应的桩身热应变和土压力变化值也越小。

6.6　土壤分层对能量桩热力学特性的影响

实际运行中，能量桩的热-力耦合特性不仅受到热力荷载和地下水渗流的影响，而且与桩周土壤类型及其分层密切相关。为了进一步获得土壤分层对能量桩热力学特性影响，选取软土、粉质黏土、硬质黏土和岩土四种典型土壤作为代表，研究了桩周不同土壤分层下的换热性能与桩顶位移。表 6-8 列出了四种土壤类型的特性参数，模拟结果如图 6-97 和图 6-98 所示。

表 6-8　四种典型土壤参数

土壤类型	黏聚力 /kPa	内摩擦角 /(°)	压缩模量 /MPa	泊松比	热导率 / [W/(m·K)]	比热容 / [J/(kg·K)]	密度 /(kg/m³)
软土	15	28	35	0.29	2.0	700	2000
粉质黏土	22	15	6	0.35	1.5	1100	1500
硬质黏土	60	18	20	0.3	0.9	1500	1100
岩土	20	27	600	0.3	3.2	1400	2500

从图 6-97（a）中可以看出，四种土壤类型下能量桩的单位桩深换热量随时间的变化趋势相同，即在初始阶段急剧下降，然后趋于稳定。相同条件下，岩土的单位桩深换热量最大，其次是软土和粉质黏土，硬质黏土的最低。例如，岩土、软土、粉质黏土和硬质黏土在运行 10h 时的单位桩深换热量分别为 86W/m、

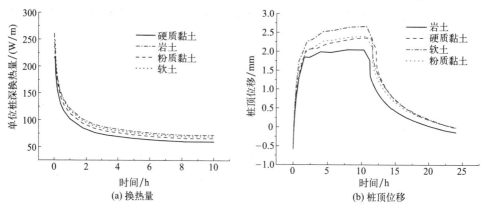

(a) 换热量　　　　　　　　　　　　　(b) 桩顶位移

图 6-97　不同土壤类型换热量及位移变化

72W/m、65W/m 和 57W/m。这意味着岩土对能量桩的换热最有利,而硬质黏土最不利。进一步从图 6-97(b)可以得到,软土中桩顶位移变化最大,其次是粉质黏土和硬质黏土,岩土中最小。显然,这与单位桩深换热量随时间的变化规律不是一一对应的。最主要的原因是桩顶位移不仅受温度变化的影响,还与内聚力和内摩擦角等力学参数相关。

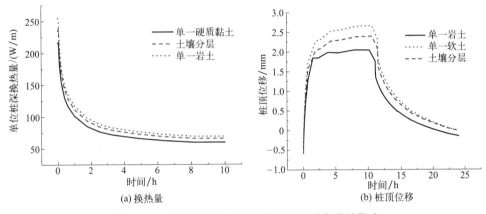

图 6-98　土壤分层对能量桩换热量及桩顶位移的影响

为了进一步获得土壤分层对能量桩换热及位移的影响,设定从地表面向下的土壤类型依次为软土、粉质黏土、硬质黏土和岩土,每层深度为 5m。从图 6-98(a)可以看出,考虑土壤分层的单位桩深换热量高于硬黏土,但低于岩土,其值正好处于图 6-98(a)所示的单一土壤类型的最大和最小单位桩深换热量之间。进一步分析图 6-98(b)可以发现,考虑土壤分层的位移变化幅度要高于单一岩土,同时低于单一软土的情况,其大小正好处于图 6-98(b)中单一土壤类型的最大位移和最小位移之间。这主要是由于土壤分层综合了各个单一土壤类型的换热效率,同时也综合了各个单一土壤类型的力学性能。这意味着土壤分层对能量桩的换热性能和位移有显著影响,因此考虑土壤分层可以更真实地反映能量桩的换热和位移特性。

第7章
冷却塔-地源热泵复合系统

地埋管地源热泵在以供冷为主的地区或建筑物中的应用，存在夏季向土壤中的放热量大于冬季取热量的缺陷，长期运行会导致土壤温度逐年升高，使得热泵运行效果恶化。以冷却塔作为辅助散热装置的冷却塔-地源热泵复合系统，在平衡全年土壤取放热量的同时，可通过取代部分地埋管而降低钻孔埋管费用，因而在以供冷为主的场合得到广泛应用。本章在阐述冷却塔-地源热泵复合系统形式的基础上，详细给出复合系统的设计与运行控制策略，并对冷却塔不同散热运行模式下土壤温度的恢复特性进行了深入研究。

7.1 冷却塔-地埋管地源热泵复合系统形式

7.1.1 辅助冷却地源热泵复合系统工作原理

辅助冷却地源热泵复合系统是指在传统地埋管地源热泵的基础上加装其他辅助散热装置，以代替部分地埋管的地源热泵系统。其工作原理是：冬季利用地埋管从土壤中的取热作为低位热源，通过热泵提升后向房间供热；夏季室内余热的排除则由地埋管向土壤中的放热与辅助散热装置的散热来共同承担。辅助冷却地源热泵复合系统的构成主要包括地埋管换热系统、热泵系统及辅助散热系统三部分。其中辅助散热系统根据各地区的具体情况与需要，可以采用闭式（图7-1）或开式（图7-2）冷却塔系统、铺设有换热盘管的浅水池（图7-3）及预埋有换热盘管的路面（图7-4）、桥面与停车场等所替代。其中后者主要是将夏季释放至土壤中的多余热量，用于冬季取出来融化路面、桥面的积雪，而浅水池辅助散热系统中的水既可作为景观来欣赏，也可作为农作物灌溉用水。

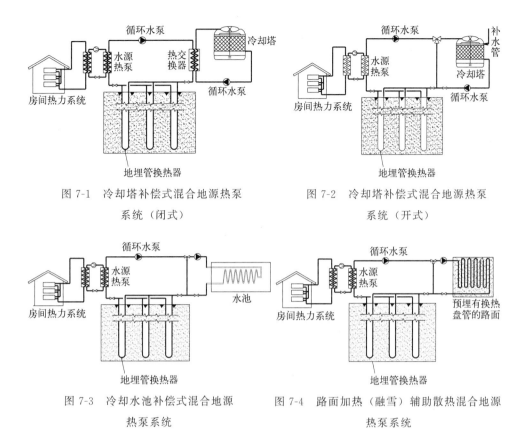

图 7-1　冷却塔补偿式混合地源热泵　　　图 7-2　冷却塔补偿式混合地源热泵
　　　系统（闭式）　　　　　　　　　　　系统（开式）

图 7-3　冷却水池补偿式混合地源　　　　图 7-4　路面加热（融雪）辅助散热混合地源
　　　热泵系统　　　　　　　　　　　　热泵系统

7.1.2　冷却塔-地源热泵复合系统形式

实际工程中，冷却塔-地源热泵复合系统中冷却塔与地埋管间的连接方式通常有两种，一种是串联，一种是并联。如图 7-5 所示，串联连接方式中冷凝器出来的热水先经过冷却塔散热，再进入地埋管换热器散热。由地埋管地源热泵系

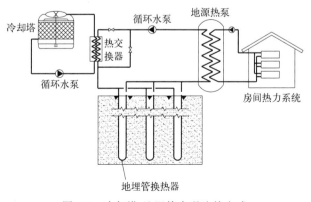

图 7-5　冷却塔-地埋管串联连接方式

统承担基础负荷，冷却塔用于调峰、平衡取热量和排热量的差异。图 7-6 为并联连接方式，此连接方式中冷却塔与地埋管换热器可同时运行，也可交替运行，这主要取决于冷却塔的具体选型。无论采用哪种连接方式，在选择冷却塔时，冷却塔运行时的散热率与时间的乘积应能平衡全年土壤的取热量和放热量的差异，使得地下土壤温度在一个运行周期内（通常为 1 年）能实现恢复。

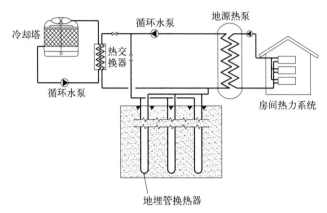

图 7-6　冷却塔-地埋管并联连接方式

7.2　冷却塔-地源热泵复合系统设计

7.2.1　设计内容

冷却塔-地源热泵复合系统设计的主要内容是针对某一给定的建筑物，如何合理确定出地埋管换热器的长度、辅助冷却塔的容量及其开启时间等。这不仅要考虑系统的经济性，而且要涉及系统的运行性能与可靠性、地埋管的布置形式、系统的运行与控制策略及整个系统的维修费用等，是冷却塔-地源热泵复合系统设计中的一个重要环节。目前国内外对此也进行了大量的研究，提出的设计方法也不一样，但主要集中于冷却塔散热能力的确定、地埋管换热器长度设计及冷却塔运行控制策略与运行时间等。

7.2.2　控制策略

冷却塔-地源热泵复合系统的控制策略主要是指对冷却塔运行的控制，其控制方案的不同对整个系统的经济性、运行效果及其运行费用等有着很重要的影响。综合国内外有关文献，目前，常用的控制方案主要有三类：设定热泵进

（出）口流体最高温度、温差控制及控制冷却塔开启时间。

7.2.2.1　热泵进（出）口流体温度控制

该控制方案主要是根据所在地区的具体气候特点及建筑物负荷的具体需要，事先设定好热泵进（出）口流体的最高温度，当在运行过程中达到或超过此设定极限温度值时，启动冷却塔及其循环水泵进行辅助散热，该设定值一般为 35.8℃。

7.2.2.2　温差控制

温差控制主要是指对热泵进（出）口流体温度与周围环境空气干球温度之差进行控制，当其差值超过设定值时，启动冷却塔及循环水泵进行辅助散热，主要有以下三种控制条件。

① 当热泵进口流体温度与周围环境空气干球温度差值＞2℃时，启动冷却塔及冷却水循环水泵，直到其差值＜1.5℃时关闭。

② 当热泵进口流体温度与周围环境空气干球温度差值＞8℃时，启动冷却塔及冷却水循环水泵，直到其差值＜1.5℃时关闭。

③ 当热泵出口流体温度与周围环境空气干球温度差值＞2℃时，启动冷却塔及冷却水循环水泵，直到其差值＜1.5℃时关闭。

7.2.2.3　控制冷却塔的开启时间

此控制方案主要是考虑到土壤的短期及长期蓄冷作用，并以此来避免或抵消土壤因长期运行所产生的热积累而造成的温升。考虑到夜间室外气温比较低，此控制方案通过在夜间开启冷却塔运行 6h（午夜 12 点至早上 6 点）的方式将多余的热量散至空气中。为了避免发生水环路温度过高的情况，方案中采用设定热泵最高进（出）口流体温度的方法作为补充，具体有以下三种方法。

① 冷却塔及循环水泵在全年每天中午 12 点至早上 6 点运行；在其他时间内，只有当热泵进（出）口流体温度超过 35.8℃时，启动冷却塔及循环水泵。

② 此方法与上面基本相同，不同之处在于冷却塔及循环水泵只是在每年的 1~3 月每天中午 12 点至早上 6 点运行，即在冷季节将土壤中过多的热量通过辅助散热装置冷却塔散至空气中。

③ 此方法与上面基本相同，不同之处在于冷却塔及循环水泵只是在每年的 6~8 月每天中午 12 点至早上 6 点运行，即在热季节将土壤中过多的热量通过辅助散热装置冷却塔散至空气中。

已有研究通过模拟对以上各种控制方案进行了详细的比较分析，结果表明：温差控制中的方案 3 是最佳的。该方案充分利用了冬季土壤的蓄冷作用；同时，在春、夏、秋季条件有利时（如室外空气温度较低），也可自动定期将土壤中的部分多余热量通过冷却塔释放至空气中，从而可使系统初投资及运行费用均达到最低。

7.2.3 设计方法

7.2.3.1 确定供热与供冷地埋管长度

地埋管长度的确定可以采用国际地源热泵协会模型，该模型是北美洲确定地埋管换热器尺寸的标准方法，以开尔文线热源理论为基础，以最冷月和最热月的负荷为计算的依据。

$$L_h = \frac{CAP_H\left(\frac{COP_H-1}{COP_H}\right)(R_p+R_SF_H)}{(T_L-T_{min})} \tag{7-1}$$

$$L_c = \frac{CAP_C\left(\frac{COP_C-1}{COP_C}\right)(R_p+R_SF_C)}{(T_{max}-T_H)} \tag{7-2}$$

式中，CAP_H 为地源热泵处于最低进口流体温度 T_{min} 时的供热负荷，W；COP_H 为地源热泵处于最低进口温度时的供热性能系数；CAP_C 为地源热泵处于最高进口流体温度 T_{max} 时的供冷负荷，W；COP_C 为地源热泵处于最大进口温度时的供冷性能系数；T_{min} 为供暖运行时热泵的最低进口流体温度，℃；T_{max} 为供冷运行时热泵的最高进口流体温度，℃；R_p、R_S 分别为管材热阻与土壤热阻，m·℃/W；F_H、F_C 分别为热泵供热与供冷运转系数。T_H、T_L 分别为土壤的年最高与最低温度，℃，可采用 Kusuda 分析解方程来估计土壤温度，其计算式如下。

$$T(X_s,t)=T_M-A_s\exp\left[-X_s\left(\frac{\pi}{365\alpha_s}\right)^{\frac{1}{2}}\right]\cos\left\{\frac{2\pi}{365}\left[t-t_0-\frac{X_s}{2}\left(\frac{365}{\pi\alpha_s}\right)^{\frac{1}{2}}\right]\right\}$$

$$\tag{7-3}$$

式中，$T(X_s,t)$ 为土壤深度 X_s 和年时间 t 的地下温度，℃；T_M 为平均地下温度，可视为所有深度直至61m是恒定的，在这个深度以下每30m深温度增加很少，T_M 可认为等于地下水温度或年平均空气温度加1.1℃；A_s 为年地表面土壤温度波动，大多数草地表面为10.6~14.4℃，它依据位置、土壤类型和含水量而变化；α_s 为土壤热扩散系数，m²/s 或 m²/h 或 m²/d；t_0 为恒定状态，最小土壤表面温度时间，d。

对于一定深度 X_s 的最高与最低土壤温度分别为

$$T_H=T_M+A_s\exp\left[-X_s\left(\frac{\pi}{365\alpha_s}\right)^{\frac{1}{2}}\right] \tag{7-4}$$

$$T_L = T_M - A_s \exp\left[-X_s\left(\frac{\pi}{365\alpha_s}\right)^{\frac{1}{2}} \right] \tag{7-5}$$

对于竖直地埋管有

$$T_H = T_L = T_M \tag{7-6}$$

7.2.3.2　确定供热时热泵机组的进水温度

供热时热泵机组的进水温度是指可以接受的最低温度。由于在大型商业及公共建筑中冷负荷较大，即使有较低的机组供热进水温度，供冷时机组负荷也能满足要求。一般情况下，为避免结冰，进水温度可维持在 5～7℃。

7.2.3.3　确定地埋管长度与冷却塔的冷却能力

由于冷负荷大于热负荷，为了降低钻孔费用，减少地埋管数量，因此复合系统中地埋管长度以满足冬季供热要求来确定，则其设计地埋管长度可按 L_h 来确定。在实际运行过程中，为了平衡全年地埋管冬夏从土壤中的取（放）热量，在确定冷却塔容量时必须根据实际运行负荷、运行时间、机组的性能及系统的控制策略等来综合考虑。若冷却系统能力选择较小，则必须延长其运行时间。冷却塔的冷却能力可按式（7-7）计算。

$$Q_{cooler} = Q_{system} \frac{L_c - L_h}{L_c} \tag{7-7}$$

式中，Q_{cooler} 为冷却塔的设计散热能力，W；Q_{system} 为整个系统环路夏季的排热量，W。

7.2.3.4　确定冷却塔的运行时间

对于典型建筑而言，冷却塔所需运行时间可用式（7-8）来确定。当地埋管无法满足散热需求时，启动冷却塔辅助冷却。一般情况下以循环管路流体温度作为启停标准，即当地埋管循环流体温度上升到一设定值时（一般取 27～32℃）启动冷却塔辅助散热系统。

$$\text{EFLH}_{Cooler} = \text{EFLH}_c\left(1 - \frac{Q_{cooler}}{2Q_{system}}\right) \tag{7-8}$$

式中，EFLH_{Cooler} 为冷却塔的运行时间，h；EFLH_c 为系统供冷当量全负荷时间，h。

7.2.3.5　冷却塔实际运行时间的计算

冷却塔运行时间是指为平衡地埋管冬夏取（放）热量所需的全年运行时间，包括供热和供冷两部分时间，可采用如下公式来计算。

$$\text{Hours}_{cooler} = \frac{C_{fc}Q_c\text{EFLH}_c - C_{fh}Q_h\text{EFLH}_h}{c_1\dot{m}\text{Range}} \tag{7-9}$$

式中，C_{fc}、C_{fh} 分别为热泵供冷和供热修正系数，可按表 7-1 取值；Q_c、Q_h 分别为地埋管的放热量与吸热量，W；c_1 为循环流体的质量比热容，kJ/(kg·℃)；$\dot{m}$ 为热泵机组循环流体的质量流量，kg/s；Range 为温度波动幅度，℃；$EFLH_c$ 与 $EFLH_h$ 分别为供冷和供热模式下的当量全负荷时间，h。

表 7-1   热泵修正系数

制冷系数(COP)	C_{fc}	供热系数(COP)	C_{fh}
3.2	1.31	3.0	0.75
3.8	1.26	3.5	0.77
4.4	1.23	4.0	0.80
5.0	1.20	4.5	0.82

7.3   冷却塔开启控制策略研究

为了探讨冷却塔开启控制策略对冷却塔-地源热泵复合系统性能的影响，以上海某办公建筑为对象，通过建立其系统动态仿真模型，进行为期 20 年的系统运行动态仿真，分析冷却塔季节性与昼夜开启控制策略对土壤平均温度、热泵机组性能系数及系统能耗的影响。

7.3.1   建筑模型

图 7-7 给出了采用 DeST 软件构建的上海某栋小型商业办公建筑模型。该建筑共 10 层，总面积为 2520m²，长宽分别为 21m、12m，层高为 3m，走廊宽为 2m。室内外设计参数见表 7-2 和表 7-3。该办公建筑的供冷期为 6 月 15 日～9 月 15 日，供热期为 11 月 15 日～次年 3 月 15 日。通过 DeST 计算得到该办公建筑全年逐时负荷见图 7-8，其中最大冷负荷为 236.06kW，最大热负荷为 152.76kW，全年累积冷负荷为 144MW·h，累积热负荷为 33.5MW·h，年累计冷热负荷比为 4.3∶1。

表 7-2   上海某办公建筑空调室内设计参数

地点	温度/℃		夏季相对湿度/%	人员热扰/(人/m²)	灯光热扰/(W/m²)	设备热扰/(W/m²)
	夏季	冬季				
办公室	23～25	21～23	50～60	0.1	18	13
会议室	24～26	20～22	50～65	0.3	11	5
休息室	24～26	20～22	50～65	0.3	11	0

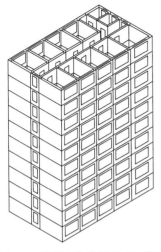

图 7-7　模拟办公建筑 DeST 模型

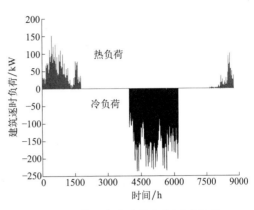

图 7-8　模拟办公建筑全年逐时负荷

表 7-3　上海市某办公建筑空调室外设计参数

季节	干球温度/℃	湿球温度/℃	大气压力/kPa	相对湿度/%	平均风速/(m/s)
夏季	34.6	28.2	100.570	69	3.4
冬季	−1.2	—	102.650	74	3.3

7.3.2　仿真模型及条件

7.3.2.1　系统仿真模型

图 7-9 和图 7-10 分别给出利用瞬态仿真软件建立的地源热泵系统和冷却塔-

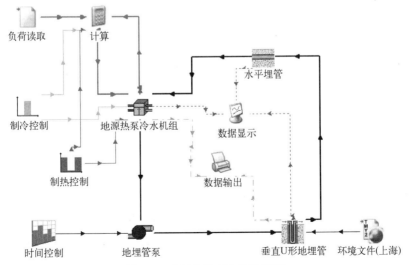

图 7-9　地源热泵系统仿真模型

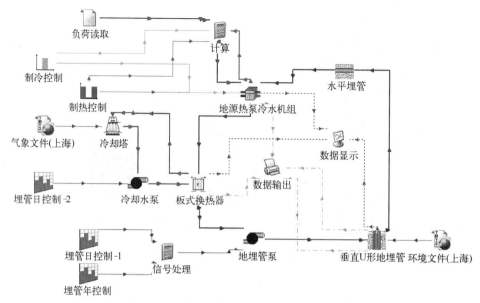

图 7-10　冷却塔-地源热泵复合系统仿真模型

地源热泵复合系统模型。表 7-4 给出系统设备参数,其中地源热泵系统中机组和地埋管长度由夏季冷负荷确定。冷却塔-地源热泵复合系统中机组和地埋管长度由冬季热负荷确定,辅助冷却塔按照冷热负荷差值选型,冷却塔与地埋管换热系统通过板式换热器串联连接。

表 7-4　系统设备参数

系统名称	设备	额定容量	额定功率
地源热泵系统	热泵机组	制冷:253.6kW	制冷:40.0kW
		制热:240.3kW	制热:50.6kW
冷却塔-地源热泵复合系统	热泵机组	制冷:139.8kW	制冷:27.6kW
		制热:154.2kW	制热:38.7kW
	冷却塔	13.5m³/h	0.37kW

7.3.2.2　模拟条件及控制策略

为了使得各控制策略具有可比性,热泵机组开启时间均保持一致,供冷季为 6 月 15 日~9 月 15 日,供热季为 11 月 15 日~次年 3 月 15 日,每天运行时间为 8:00~18:00,进行为期 20 年的动态计算,仿真时间步长为 1h。冷却塔控制策略采用:①冷却塔季节性开启控制策略,即分别在夏季、过渡季、冬季开启冷却塔,且每个季节开启总时间一致;②冷却塔昼夜开启控制策略,即分别在白天 8:00~18:00,夜间 20:00~次日 6:00 开启冷却塔,全年开启总时间一致。模拟条件如表 7-5 所示，热泵机组制冷及制热工况设计参数如表 7-6 所示。

表 7-5　模拟条件

参数	取值	参数	取值
钻孔直径/cm	15	土壤初始温度/℃	15.7
钻孔深度/m	80	复合地源热泵钻孔数/个	30
钻孔间距/m	5.0	土壤热导率/[W/(m·K)]	1.90
地源热泵钻孔数/个	62	土壤比热容/[kJ/(m³·K)]	2552
U 形地埋管外径/cm	4	管材热导率/[W/(m·K)]	0.44
U 形地埋管内径/cm	3.2	管内流体热导率/[W/(m·K)]	0.62

表 7-6　热泵机组制冷及制热工况设计参数

项目	夏季	冬季
源侧进口设计水温/℃	25	10
源侧出口设计水温/℃	30	—
用户侧供水温度/℃	7	45
用户侧回水温度/℃	12	40
额定性能系数	6.34	3.98

7.3.3　计算结果与讨论

7.3.3.1　冷却塔季节性开启控制策略

从图 7-11 中可以看出，4 种控制策略下前 5 年土壤平均温度上升较快，随后上升逐渐平缓；其中单独地源热泵系统土壤温升最大，20a 末时土壤年平均温度已上升至 34.62℃，温升为 18.92℃，温升率达 121%；而复合系统冷却塔季节性 3 种控制策略的温升分别为 12.84℃、12.55℃、9.42℃，温升率分别为 82%、80%、60%，说明冷却塔-地源热泵复合系统对土壤温度恢复有积极作用。这是因为冷却塔辅助散热使地埋管排放到地下换热区的热量减少，土壤温升减小。对比冷却塔-地源热泵复合系统 3 种冷却塔开启控制策略可知，冬季开启冷却塔效果最佳，这是因为冬季外界环境温度较低，换热温差较大，冷却塔辅助散热量相对比例较大，在总换热量一定情况下，地埋管侧换热量较小，土壤温度变化相对较小。

为了进一步获得不同冷却塔控制策略下地下换热区土壤温度一年四季的变化规律，以第 6 年土壤平均温度变化为例进行分析，结果如图 7-12 所示。结果显示，4 种控制策略下土壤温度变化趋势相同，在供热季地埋管从土壤中取热导致土壤温度下降；而过渡季时，系统停机，土壤温度自然恢复；制冷季时，地埋管向土壤中排热导致土壤温度上升。4 种制策略下夏季土壤温升率分别为 25%、31%、27%、21%，冬季土壤温降率分别为 19%、25%、21%、23%。系统夏季温升率越大，向土壤排放的热量越多，冬季温降率越低，冬季取热更容易。

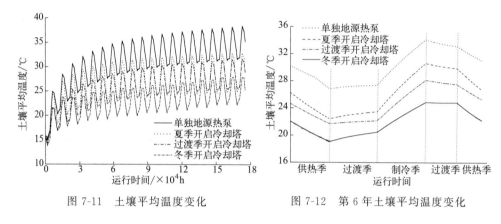

图 7-11　土壤平均温度变化　　　　图 7-12　第 6 年土壤平均温度变化

图 7-13 给出运行 20a 间热泵机组年平均 COP 随时间的变化。由图 7-13 可以看出，单独地源热泵运行时，热泵机组 COP 降幅最大，如在第 1 年 COP 为 3.88，而第 20 年时 COP 值已降至 3.38，降幅达到 13%，表明土壤热不平衡导致的土壤热堆积问题严重，从而大幅度降低系统运行性能。冷却塔-地源热泵复合系统 3 种冷却塔控制策略下热泵机组的 COP 变化趋势一致，降幅均在 2% 以内。4 种控制策略下 20 年间 COP 平均值分别为 3.58、3.90、3.91、3.93，可以看出单独地源热泵运行时的机组 COP 值明显低于冷却塔-地源热泵复合系统。

图 7-14 给出 4 种控制策略下系统能耗（包含热泵机组能耗、冷却塔能耗和循环水泵能耗）随时间的变化。从图 7-14 可以看出，4 种控制策略下系统能耗

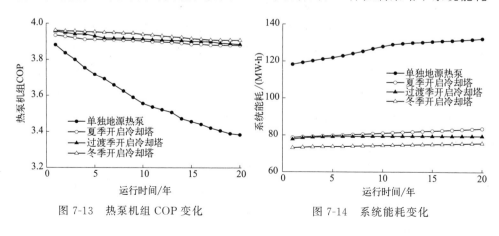

图 7-13　热泵机组 COP 变化　　　　图 7-14　系统能耗变化

均随运行时间增长而增加，其中单独地源热泵系统能耗年平均增长率最大，达到 11%，冷却塔-地源热泵复合系统 3 种控制策略下系统能耗年平均增长率分别为 6%、2%、3%，4 种控制模式年平均系统能耗分别为 126.8MW·h、81.2MW·h、79.1MW·h、74.4MW·h。这是因为相比于复合系统，单独地源热泵系统设备选型按照夏季冷负荷选取，热泵机组选型较大，其耗功远远高于冷却塔与水泵等设备耗功之和。

综合冷却塔季节性控制策略下系统对土壤平均温度、系统 COP 及系统能耗的影响，其运行效果优劣排序为：冬季开启冷却塔＞过渡季开启冷却塔＞夏季开启冷却塔。

7.3.3.2　冷却塔昼夜开启控制策略

图 7-15 给出单独地源热泵与冷却塔-地源热泵复合系统中冷却塔 2 种昼夜开启控制策略下 20 年仿真模拟期间土壤平均温度变化。从图 7-15 可以看出，3 种控制策略下土壤平均温度有明显的增幅，其中单独地源热泵增幅最大，夜间开启冷却塔温升最小。20 年后 3 种控制策略下土壤温度分别上升了 18.92℃、8.84℃、8.23℃，温升率分别为 121%、56%、52%。图 7-16 给出第 6 年土壤平均温度变化。结果显示，单独地源热泵运行、白天开启冷却塔、夜间开启冷却塔 3 种控制策略下，夏季土壤温升率分别为 25%、37%、20%，而冬季则分别为 19%、29%、19%；夜间开启冷却塔时地下换热区土壤温度波动幅度较小，不偏离土壤作为理想冷热源的原始温度；因此，从浅层地热能资源可持续开发利用角度考虑，夜间开启冷却塔效果最好。

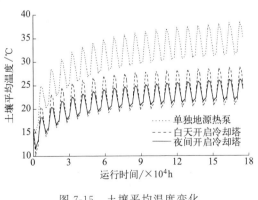

图 7-15　土壤平均温度变化

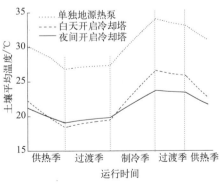

图 7-16　第 6 年土壤平均温度变化

地源热泵系统性能很大程度上会受地下土壤温度影响，随着运行时间增加，使土壤热失衡问题加剧，向地下换热区土壤排放热量增多，土壤温度增高，这虽然有利于制热工况，但在制冷工况时会导致热泵机组 COP 大幅度下降。

图 7-17 给出热泵机组 COP 随运行时间的变化趋势。运行结果显示，不同控制策略下热泵机组 COP 随运行时间增加均有所下降，但单独地源热泵工况由于土壤严重热失衡造成累积排热最多，导致 COP 下降最快，而冷却塔昼夜开启控制策略下 COP 的降幅较小。综合考虑 20 年间制冷与制热工况下的热泵机组性能系数，3 种控制策略下热泵机组年平均 COP 分别为 3.58、4.01、4.06。系统能耗与土壤平均温度耦合，使两者变化趋势一致，均随时间增加而有所增加。图 7-18 给出热泵系统 20a 间能耗变化，可以看出呈逐年上升趋势，从侧面验证了图 7-15 中土壤平均温度变化规律的正确性。

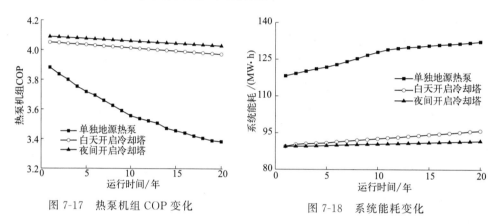

图 7-17　热泵机组 COP 变化　　　　　图 7-18　系统能耗变化

以上分析表明，冷却塔昼夜开启控制策略中无论从土壤平均温度，热泵机组 COP，还是系统能耗考虑，夜间开启冷却塔均优于白天开启冷却塔。

7.3.3.3　各控制策略可靠性及经济性分析

根据《地源热泵系统工程技术规范》（GB 50366—2009），当冬季地埋管出口温度低于热泵蒸发器最低设计温度或夏季高于热泵冷凝器最高设计温度时，会导致热泵机组的运行可靠性大幅降低。根据推荐设计值，取地埋管出口最低温度为 −2℃，最高温度为 37℃，超出此温度范围时自动关闭，以此为依据统计热泵机组有效运行时间，并除以热泵机组的总运行时间，可得各控制策略下机组的可靠性，如表 7-7 所示。

表 7-7　各控制策略可靠性指标值

参数	地源热泵	冷却塔开启时间				
		夏季	过渡季	冬季	白天	夜间
有效运行时间/h	2548	19325	24037	29088	38619	47080
可靠性/%	5	41	51	62	82	100

由表 7-7 可以看出，昼夜开启冷却塔控制策略下机组可靠性明显高于季节性

控制策略。对于昼夜开启控制策略而言，夜间开启冷却塔控制策略的热泵机组可靠性更高，而季节性控制策略中冬季开启策略最好，其次为过渡节开启策略，最差的为夏季开启策略，故在夜间或冷季节开启冷却塔有利于提高机组运行可靠性。

为了进一步分析各种冷却塔控制策略下系统的经济性，现对其初投资与电费进行比较。计算所选取参数为：地源热泵机组每千瓦冷量为 900 元，地埋管换热器为 4 元/m，冷却塔每千瓦冷量为 50 元，钻孔价格为 80 元/m。按照年平均耗功量计算电费，计算得出各控制策略经济性结果如表 7-8 所示。

表 7-8　各控制策略经济性比较

项目	单独地源热泵	夏季		过渡季		冬季		白天		夜间	
		热泵机组	冷却塔	热泵机组	冷却塔	热泵机组	冷却塔	热泵机组	冷却塔	热泵机组	冷却塔
耗电量/(MW·h)	126.8	76.7	4.5	76.9	2.2	71.3	3.1	76.7	16.1	73.1	17.4
电费/万元	11.93	7.22	0.45	7.24	0.19	6.71	0.27	7.22	1.52	6.88	0.56
单位面积初投资/(元/m²)	268.02	135.89									
总费用/万元	78.40	41.37		41.13		40.68		42.43		41.15	

分析表 7-8 可知，在本模拟计算条件下，各开启控制策略初投资相同，考虑峰谷电价计算其电费，夏季、过渡季、冬季开启冷却塔电费分别为 7.67 万元、7.43 万元、6.98 万元，白天和夜间开启冷却塔电费分别为 8.74 万元、7.44 万元，因此，冷却塔季节性开启控制策略下的经济性略优于昼夜控制策略。季节性控制策略中冬季开启策略热泵机组耗电量最小，经济性最好。昼夜开启控制策略中夜间开启策略较好，利用峰谷电价明显减少冷却塔运行电费。因此，在夜间或冷季节开启冷却塔有利于提高系统经济性，节省运行费用。

综合各控制策略热泵机组可靠性及系统经济性，夜间开启冷却塔机组运行可靠性最高，但因为延长了冷却塔开启时间，耗电量增加，总费用增加。冬季开启冷却塔总费用最省，且热泵机组运行可靠性已达到要求，推荐采用。

7.4　冷却塔-地源热泵复合系统土壤温度恢复特性实验

7.4.1　实验系统简介

为了探讨冷却塔-地源热泵复合系统中冷却塔-地埋管不同耦合散热模式对土壤温度恢复特性的影响，建立了一套冷却塔-地埋管耦合多功能土壤散热实验系统。如图 7-19 所示，实验系统包括内置电加热器的保温水箱、地埋管换热系统、冷却塔、板式换热器、水泵、调节阀、流量计和数据记录仪系统。通过开启保温水箱中的电加热器来模拟热泵机组冷凝器的冷负荷，保温水箱中的水由电加热器加热，通过水泵循环将热量由地埋管换热器释放至土壤中，或通过运行冷却塔释放到室外空气中，或由将地埋管换热器和冷却塔通过板式热交换器耦合后将热量同时释放到土壤与室外空气中。此外，白天储存在土壤中的热量可以在夜间通过启动冷却塔排出到室外空气中，从而加快土壤温度的恢复。通过调节图 7-19 中所示的阀门，可以实现不同散热方式之间的切换。

(a) 实验系统实物

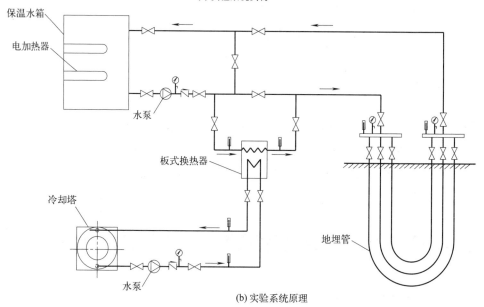

(b) 实验系统原理

图 7-19　冷却塔辅助复合地源热泵实验系统

（1）加热水箱　为了便于控制地埋管的进水温度，使用尺寸为 0.8m×0.8m×

1.2m 的保温水箱模拟热泵机组冷凝器的冷却负荷。水箱内安装了两组电加热器用于加热水，每组电加热器的加热功率为 11kW。考虑到所选地埋管的换热量，运行时只需开启一组 11kW 的加热器即可满足加热要求。为了防止热损失，水箱外部采用橡塑保温材料进行保温。

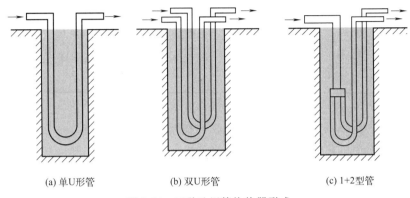

(a) 单U形管   (b) 双U形管   (c) 1+2型管

图 7-20　三种地埋管换热器形式

(2) 地埋管　实验系统中，利用三种形式的竖直地埋管（图 7-20）来探索不同形式地埋管的热释放特性。第一种是外径 32mm、内径 26mm 的单 U 形管，第二种是内径 25mm、外径 20mm 的并联双 U 形管，第三种是 1+2 型管，入口管的外径与内径分别为 32mm、26mm，两出口管的外径与内径分别为 25mm、20mm。所有地埋管换热器材料均为高密度聚乙烯（HDPE），钻孔深度均为 50m。

(3) 冷却塔　本实验中采用圆形开式湿式逆流冷却塔辅助散热，冷却水量为 15t/h，风机功率为 1.5kW。

7.4.2　冷却塔辅助散热运行模式

为了获得地埋管和冷却塔不同耦合模式下的系统散热特性，测试了以下三种散热模式。

(1) 单独地埋管散热模式　单独地埋管散热模式是指仅利用地埋管作为排热装置，将热泵机组冷凝器的余热排至土壤中。它可以作为下文所述联合散热模式和昼夜交替散热模式散热特性的比较基准。

(2) 冷却塔-地埋管联合散热模式　冷却塔-地埋管联合散热模式是指在夏季冷负荷较大的情况下，利用冷却塔和地埋管系统同时作为冷凝器的排热装置，两者之间通过板式换热器进行耦合连接换热。根据冷却塔运行的连续性，该模式可分为以下两种工况。

① 冷却塔连续运行工况：白天使用加热水箱代替热泵机组制备一定温度的热水，地埋管循环水泵与冷却塔循环水泵白天同时运行，利用地埋管和冷却塔连续运行散热，分别将热量排至土壤和空气中，夜间系统关闭。该模式在夏季冷负荷较大时较为适用，用以减少地埋管的吸热量，有利于土壤温度的自然恢复。

② 冷却塔间歇运行工况：白天使用加热水箱代替热泵机组制备一定温度的热水，地埋管循环水泵白天持续运行，冷却水泵间歇运行，冷却塔间歇作为系统冷源，夜间系统关闭。该模式在夏季冷负荷不均匀场所较为适用。通过间歇开启冷却水泵可适当分担一部分系统散热量。

（3）冷却塔-地埋管昼夜交替散热模式 冷却塔-地埋管昼夜交替散热运行模式是指白天利用地埋管系统作为地下冷源散热，夜晚热泵停止，利用冷却塔将白天放入土壤中的热量取出后散热至空气中，此时可通过控制冷却水泵的开启时间来实现各工况的运行比较。该模式的运行目的主要在于利用夜间空气温度较低的特性来实现夏季运行时地埋管周围土壤温度的及时恢复或降低。

7.4.3　实验结果分析

7.4.3.1　单独地埋管散热模式

为获得单独地源热泵系统在夏季供冷工况下连续运行时地埋管换热区域土壤温度变化规律，并为冷却塔-地源热泵复合系统中冷却塔-地埋管联合与交替散热运行模式各参数变化提供比较基准，开展了单独地埋管散热运行模式实验。实验运行方式为：日间 8h（8：00～16：00）地埋管连续蓄热，夜间 16h（16：00～8：00）土壤温度自然恢复。实验温度采集的时间间隔设定为 2min。图 7-21 给出单独地埋管散热时换热量随时间的变化，图 7-22 给出不同深度方向土壤温度随时间的变化。

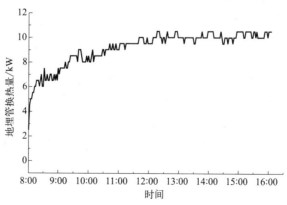

图 7-21　单独地源热泵运行的地埋管换热量

由图 7-21 可知，在单独地埋管散热运行模式实验中，地埋管换热量在系统运行后的 2h 内迅速升高，而后这一升高趋势有所减弱，并在 3h 后基本趋于稳定状态，总换热量基本达到水箱内的加热器总功率 11kW。分析这种现象的原因主要是因为在地源热泵系统运行初期，管内水的平均温度和地埋管所在土壤的平均温度差值比较大，因此地埋管的换热量也较高。但地埋管在土壤中不断放热，土壤的温度不断上升，地埋管的换热量渐渐变少，并逐渐趋于稳定。此时在单独地埋管散热运行工况下系统平均换热量为 10.24kW。进一步由图 7-22 可见，单独地埋管散热运行模式下，不同深度处土壤温度随时间变化趋势相同，即 8h 运行期内稳步升高，16h 恢复期内逐渐降低。其中 $z=10\text{m}$ 时，土壤温度在 16：00 点后恢复速度明显快于其他两种情况，这是由于该点离地表层最近，容易受到外界因素的影响，易于其温度的扩散。8h 运行后，在地埋管竖直方向上距离地面 10m、35m、52m 处，土壤过余温度值分别为 7.39℃、7.32℃、6.74℃。由此可见，随着深度的增加，土壤过余温度会随之减小。

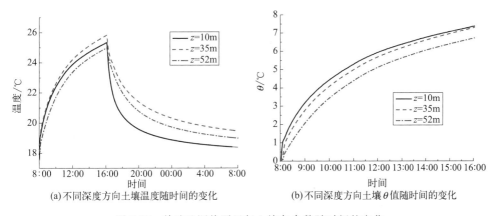

(a)不同深度方向土壤温度随时间的变化　　　　(b)不同深度方向土壤 θ 值随时间的变化

图 7-22　单独地源热泵运行土壤各参数随时间的变化

7.4.3.2　冷却塔-地埋管联合散热运行模式

（1）冷却塔连续运行散热工况

如上所述，单独地源热泵系统连续运行时，由于地埋管连续放热，地埋管周围土壤温度会不断升高，这对地源热泵第二天的运行不利。为了加速土壤温度的恢复，提出并开展了冷却塔-地埋管联合散热模式实验，该模式使用地埋管和冷却塔分别将热量排入土壤及空气中。由于不同天气会影响冷却塔的散热效果，进而影响联合散热运行特性，对散热模式进行了晴天和阴雨天两种工况的实验研究。表 7-9 列出了两种天气条件的气象参数，实验结果如图 7-23、图 7-24以及表 7-10 所示。

表 7-9　两种天气条件的气象参数

天气情况	干球温度/℃	平均湿球温度/℃	风力
晴天工况	18~23	20.5	4~5 级
阴雨工况	12~25	23.6	小于 3 级

　　从图 7-23 中可以看出，两种天气条件下地埋管的放热率随时间的变化规律基本相同，在放热运行初期快速下降，然后下降程度变小，并逐渐趋于动态平衡。但冷却塔放热率随时间的变化规律完全不同。如图 7-23 所示，在晴天，冷却塔的放热率随时间缓慢变小，并在 12：30 左右达到最小值，然后随时间开始增加。最可能的原因是上午和下午的室外空气温度低于中午，这导致冷却水和室外空气之间的传热温差更大，从而导致更大的热释放率。但对于阴雨天，冷却塔的放热率随着时间的推移逐渐降低，并在 13：00 点后趋于稳定值。显然，阴雨天时冷却塔放热率上午大于晴天，下午小于晴天。这种变化规律的主要原因是阴雨天早晨室外空气温度较低，同时空气相对湿度也较小，这导致冷却塔的放热速率更大。但随着降雨的持续，空气逐渐加湿，相应地，空气湿球温度升高，这导致蒸发冷却模式下冷却塔的放热率降低，因此，总放热率下降。进一步分析图 7-24 可以发现，阴雨天 10m 深度的土壤过余温度明显高于晴天。例如，运行 8h 后，阴雨天的土壤过余温度为 5.3℃，对应晴天为 4.4℃。这主要是由于阴雨天释放至土壤中的热量大于晴天，导致土壤温度上升。正如表 7-10 所示，晴天和阴雨天地埋管与冷却塔的放热量及放热比例分别为 6kW、40% 和 7.17kW、30.7%。显然，晴天冷却塔的放热比例比阴雨天高 10% 左右。这意味着在相同的条件下，晴天更有利于冷却塔释放热量。因此，从减少土壤热量积累和加速土壤温度恢复的角度来看，晴天开启冷却塔辅助排热更有利于土壤温度恢复。

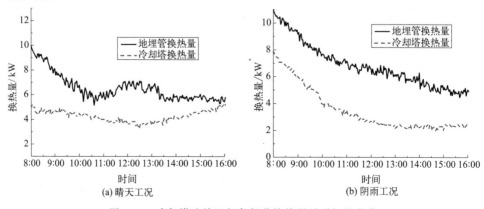

图 7-23　冷却塔连续运行各部分换热量随时间的变化

表 7-10 测试期间两种天气下地埋管与冷却塔的平均排热量

天气情况	地埋管平均放热率/kW	冷却塔平均放热率/kW	冷却塔放热比例/%
晴天工况	6.5	4.3	40
阴雨工况	7.17	3.18	30.7

（2）冷却塔间歇性运行散热工况 为了进一步探讨冷却塔不同间歇运行模式对冷却塔-地埋管联合散热系统运行性能的影响，进行了冷却塔开启 1h 关闭 1h 和开启 2h 关闭 2h 两种间歇运行模式的实验测试。放热运行时间为 8：00～16：00，土壤温度恢复时间为 16：00～8：00，实验结果如图 7-25 和图 7-26 所示。

图 7-25 表明，两种间歇模式下地埋管的放热率均随时间逐渐降低，

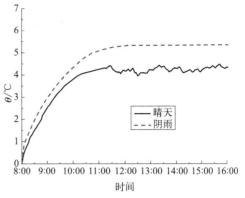

图 7-24 两种天气下冷却塔连续运行 $z = 35\text{m}$ 处土壤 θ 值随时间的变化

并在冷却塔启动时突然下降。如图 7-25（a）所示，当冷却塔在 1h 开启 1h 关闭的间歇模式下运行时，在上午 10：00 点，地埋管的放热率从 7.2kW 突然降至 4.1kW。从图 7-25（b）中也可以发现，当冷却塔运行在 2h 开启 2h 关闭模式时，地埋管的放热率在 12：00 点突然从 6.5kW 下降到 1.8kW。其主要原因是当冷却塔启动时，部分排热量通过冷却塔排到空气中，导致地埋管放热量减小。进一步分析图 7-26 可以发现，在 1h 开启 1h 关闭间歇模式下，35m 深度处的土壤过余温度高于 2h 开启 2h 关闭模式。例如，在 1h 开启 1h 关闭与 2h 开启 2h

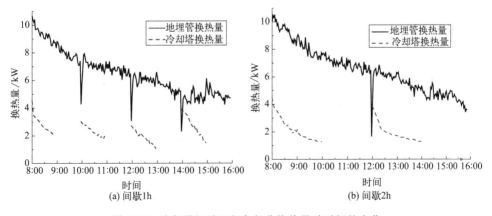

(a) 间歇1h

(b) 间歇2h

图 7-25 冷却塔间歇运行各部分换热量随时间的变化

关闭的冷却塔间歇运行模式下，运行结束时的土壤过余温度分别为 6.5℃ 和 6℃。这主要是由于间歇时间长有利于土壤热扩散，同时，冷却塔可以将更多的热量排到空气中。这意味着，当冷却塔运行与停止的总时间比恒定时，间歇时间越长，土壤温度恢复效果越好。

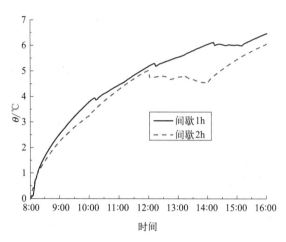

图 7-26   两种冷却塔间歇运行模式下 $z=35\text{m}$ 处土壤 θ 值随时间的变化

7.4.3.3   冷却塔-地埋管交替散热模式

从以上冷却塔-地埋管联合散热运行实验结果分析可以发现，8：00～10：00 以及 15：00～16：00 之间冷却塔的辅助散热效果是比较显著的，因此可以考虑利用夜间环境温度更低的特性，将冷却塔作为散热冷源对地埋管周围土壤进行夜间强制散热冷却，从而使得地下土壤温度能够更快恢复。为此，提出了冷却塔-地埋管昼夜交替散热模式。为进一步研究此种运行方式对地埋管换热区域土壤温度恢复的影响，进行了冷却塔-地埋管复合系统昼夜交替散热运行实验，即日间 8h 地埋管连续散热蓄能，夜间利用冷却塔对地埋管进行散热，并对实验日 24h 内土壤温度的变化与恢复情况进行数据监测。

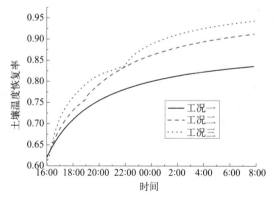

图 7-27   不同冷却塔运行时间下土壤温度
恢复率随时间的变化

况进行数据监测。为了探讨不同冷却塔运行时间对土壤温度恢复率的影响，分别对地埋管单独散热运行（工况一）、夜间冷却塔运行 3h（工况二）与 6h（工况三）三种实验工况下的土壤温度变化特性进行对比，结果见图7-27。

从图7-27可以看出，单独地埋管散热模式下的土壤温度恢复率最低，在前一天8h运行后，若通过土壤16h自然恢复，其土壤温度恢复率只能达到84%。而夜间通过运行冷却塔辅助恢复的两种工况下，土壤温度恢复率得到显著的提升，夜间运行3h与6h后土壤温度恢复率分别达到了91%与94%。由此可见，夜间冷却塔辅助运行可以有效提高土壤温度恢复效果，且冷却塔夜间辅助运行时间越长，土壤温度恢复后期温度越接近其初始温度，具体可以根据白天散热情况来优化夜间冷却塔开启时间。

7.4.4　不同散热模式的比较

① 本实验条件，冷却塔辅助复合地源热泵系统在室外条件基本相同时，晴天工况下的冷却塔辅助散热量更大，辅助散热效果较阴雨天气工况下更好，因此辅助冷却复合系统运行时，应尽量选择环境温湿度适宜且风力较大的晴天工况。

② 与冷却塔连续辅助散热运行工况下的换热量和土壤温度对比，冷却塔间歇运行工况下散热率明显减小，并且其辅助散热量随着冷却塔运行时间的减少而降低。间歇运行间隔时间越短，冷却塔辅助散热量越大。因此，冷却塔间歇运行时，应适当缩小间歇运行时间。

③ 冷却塔-地埋管昼夜交替运行能有效帮助土壤温度后期恢复，夜间冷却塔辅助运行时间越长，土壤温度恢复效果越好。因此当夏季建筑冷负荷较大时，可选择此种运行模式，有效改善土壤"热失衡"状况。

7.5　冷却塔-地源热泵复合系统应用中的关键问题

对于冷却塔-地源热泵复合系统，目前在我国实际工程经验方面的研究起步较晚，因此可以结合国外研究成果，重点关注复合式系统在应用中的几个关键性问题，加强基础性与适用性方面的研究。

（1）复合系统的区域适应性　复合系统主要是针对南方气候条件以及空调冷负荷大于热负荷的建筑物而设计的，不同地区的具体气候特征与土壤特性存在差异，其系统的设计、运行方式不尽相同，从而导致系统的运行效率也不一样。因此，应该加强对不同气候地区、不同建筑类型复合式地源热泵系统适应性与运行方式的探讨与研究。

（2）复合系统的优化运行模式　复合系统的运行模式包括冷却塔与地埋管

换热器串联运行以及冷却塔与地埋管换热器并联运行。两种运行模式都有各自的特点，也各自存在不足之处，还可以两者模式结合运行。实际工程应用设计时要广泛考察分析优劣，确定最佳运行模式。

（3）复合系统的优化运行控制策略　控制策略对于复合系统的初投资、设计、运行及其系统经济性有着举足轻重的影响，各地区由于气候特性的差异，为了达到最为理想的系统运行效果与最小的系统初投资，对于各个系统的控制策略也不尽相同。因此，设计者与专业学者们必须加强不同地区复合系统最佳控制方案及其相应自动控制技术方面的研究，以实现整个热泵系统运行状况的自动控制与优化，从而达到最佳的运行状态。

（4）复合系统的优化匹配　复合系统因其较为庞大，导致其运行性能的提高不仅要考虑最佳的控制策略，还与系统各部件间的相互耦合和匹配特性、建筑冷热负荷特性及室外气象条件等因素紧密相关。因此想要全面了解这个复杂系统的运行状况，必须在理论方面进行相应的模拟研究，并不断开发相应的计算软件，为设计研究及其实际应用奠定良好的基础，并在此基础之上加强整个系统在不同控制条件下与不同气候地区各部件之间的匹配性研究。

第**8**章

太阳能−地源热泵复合系统

对于以热负荷为主的地区或建筑物，地埋管地源热泵的应用会出现全年从土壤中的累积取热量大于其排热量，从而导致土壤热失衡，长期运行会引起土壤温度逐年降低，出现土壤"冷堆积"。以太阳能作为辅助热源的太阳能-地源热泵复合系统，可以通过太阳能为土壤补热或直接利用太阳能来平衡全年土壤的累积取热与排热量，在确保土壤热平衡的基础上，实现系统的长期、高效、稳定运行。本章在阐述太阳能-地源热泵复合系统形式的基础上，详细给出复合系统的运行模式，并对复合系统的运行特性展开模拟与实验研究，提出复合系统应用中的关键问题。

8.1 太阳能-地源热泵复合系统简介

8.1.1 复合系统构成与工作原理

太阳能-地源热泵复合系统是利用太阳能与土壤热能作为热泵热源的复合源热泵系统，属于太阳能与地热能综合利用的一种形式。根据功能与运行模式的不同，太阳能-地源热泵复合系统的构成有多种形式，但总体来说，该系统主要包括四部分：太阳能集热系统、地埋管换热系统、热泵工质循环系统及室内末端管路系统。图 8-1 给出太阳能-地源热泵复合系统结构原理。由于太阳能与土壤热源具有很好的互补与匹配性，且土壤本身具有良好的储能性能，因此太阳能-地源热泵复合系统具有单一太阳能热泵与地埋管地源热泵无可比拟的优点。与常规热泵不同，该热泵系统的低位热源由太阳能集热系统和地埋管换热系统共同或交替来提供。根据日照条件和建筑负荷需求变化情况，系统可采用不同运行流程，从而可实现多种运行工况。如太阳能直接供暖、太阳能热泵供暖、地埋管地源热泵供暖（冬季）或供冷（夏季）、太阳能-地源热泵联合（串联或并联）供暖、太阳能-地源热泵昼夜交替供暖及太阳能集热器集热土壤地埋管或水箱蓄热等，每个流程中太阳能集热器和地埋管换热器的运行工况分配与组合都不同，流程的切换可通过阀门的开与关来实现。

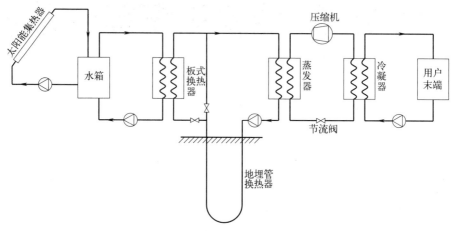

图 8-1   太阳能-地源热泵复合系统结构原理

8.1.2   复合系统的优势

8.1.2.1   符合绿色低碳发展

　　太阳能-地源热泵复合系统是利用太阳能和土壤能资源作为热泵冷热源来进行供热与制冷的节能环保系统。太阳能是目前分布最为广泛的清洁可再生能源资源，地表土壤本身是一个巨大的太阳能集热器，收集了约47%的投射到地球表面的太阳辐射能，与太阳能一样分布广阔、取之不尽、用之不竭，是人类可以利用的清洁可再生能源，因此，利用太阳能-地源热泵复合系统进行采暖和制冷符合绿色低碳发展要求。

8.1.2.2   节能效果显著

　　由于热泵本身就是一个逆向制冷机，减小冷凝温度与蒸发温度的温差，将会提高机组的制热、制冷系数，提高运行效率。土壤温度全年相对稳定，冬季比环境空气温度高，夏季比环境温度低，是很好的热泵热源和制冷冷源。冬季采暖时利用太阳能与土壤热来提高进入蒸发器的低位热源循环介质的温度，夏季制冷时利用土壤来降低进入冷凝器的冷源循环介质的温度，都可以减小冷凝温度与蒸发温度的温差，提高了热泵机组的工作效率，达到节能的目的。

8.1.2.3   太阳能和土壤热源互补

　　增加太阳能利用装置可弥补热负荷大的地区地埋管地源热泵制热量的不足，

以及制热效率低和埋地盘管多、投资大等缺陷；而土壤热源的使用可克服太阳能热泵受气候条件影响严重的缺点，地埋管地源热泵由于太阳能的加入可实现间歇运行，使土壤温度场得到一定程度的恢复，从而使得地埋管地源热泵性能系数得以提高；太阳能热泵也由于土壤热源的加入而使得阴雨天及夜间仍能够在适宜的热源温度下运行，同时可省去或减小太阳能热泵系统中储热水箱或辅助热源的容量，降低初投资。

8.1.2.4　功能多样化、调节灵活

如上所述，太阳能-地源热泵复合系统可根据日照和热需求，通过阀门调节方便地组合成合理、经济的流程和工况，从而可实现多种功能。另外，太阳能集热器和地埋管换热器还可相互"交流"，使系统更有效。例如，当集热器温度较高，供热量有余时，可将部分热量转移到土壤中储存，既有助于土壤温度的恢复，又可降低进入集热器的流体温度，提高集热效率。又如，夏季空调制冷时，白天将室内余热排入地下土壤中，晚上可利用集热器作为散热器，将土壤中的部分热量取出排到空气中，这有助于土壤温度的恢复；同时，夏季可利用夜间低谷电价按冰蓄冷工况运行，以制备冷量供日间空调用，从而可实现削峰填谷的功效，过渡季节还可通过地埋管换热器进行太阳能土壤蓄热，以便冬季采暖时取出加以利用。

8.1.2.5　可实现建筑一体化设计

太阳能-地源热泵复合系统作为可再生能源综合利用系统的一种形式，特别适用于别墅或负荷不大的各类建筑，且容易实现建筑一体化设计。如太阳能集热器可作为建筑构建的一部分，布置于屋顶、阳台等位置；地埋管换热器可埋设于草坪或花园底下土壤中，或直接放置于建筑地基中构成桩基埋管，不占用空间；对于太阳能蓄热可采用相变蓄热墙或相变地板来实现，可在满足建筑热舒适度要求的同时，真正实现各部件的建筑一体化设计。

8.2　太阳能-地源热泵复合系统运行模式

太阳能-地源热泵复合系统运行模式是指其在供暖运行期间热泵热源的各种不同选取和连接方式以及每个热源运行时间的分配比例，热源组合方式不同，各热源间的耦合特性也不一样，从而对整个系统的性能有一定的影响。热源组合方式不同，各热源采掘装置的运行特性也不一样，因此，最终各自所承担的热源分配比例也不同。

8.2.1 联合运行模式

太阳能-地源热泵复合系统联合运行模式是指同时采用太阳能与土壤热作为热泵热源时的复合源热泵运行方式，集热器根据日照情况由控制条件来实现自动开停，而土壤埋地盘管侧在供暖运行期间始终投入运行，是一种效率比较高的运行模式。根据热源组合方式及其时间分配比例的不同，联合运行模式有如下三种情况。

8.2.1.1 运行模式一

图 8-2 给出运行模式一系统简图，定义该运行模式中日间地埋管换热器与太阳能集热器耦合方式为串联，载热流体的流经顺序为先地埋管换热器，后太阳能集热器；夜间无太阳辐射时集热器关闭，地埋管换热器出口流体从集热器旁通管路直接进入热泵机组蒸发器。此运行模式的优点是：热泵蒸发器的出口即为地埋管换热器的进口，导致地埋管换热器的进口温度较低，地埋管内的流体平均温度与远边界土壤温差较大，从而可以从土壤中吸收更多的热量；同时，集热器出口为热泵蒸发器进口，因此热泵运行效率较高，且在日间太阳能富余时可自动将其储存于地下土壤中，不但可以起到热源缓冲作用，而且可以提高夜间地埋管地源热泵的运行性能。缺点是：地埋管的出口温度即为集热器的进口温度，从而日间集热器的集热效率低，有效集热量小。此外，日间地埋管吸热量大会导致土壤温降幅度大，从而影响夜间地埋管地源热泵系统的运行效果。

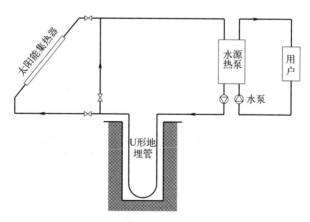

图 8-2   运行模式一系统简图（供暖工况）

8.2.1.2 运行模式二

如图 8-3 所示，定义联合运行模式二中日间地埋管换热器与太阳能集热器间的耦合方式为并联，夜间集热器关闭，流体全部经地埋管换热器流入蒸发器。该运行模式的优点是：热泵蒸发器的出口即为地埋管与太阳能集热器的进口，从而两者均可有效地吸收太阳能与地热能，以提高热泵进口温度。缺点是：太阳能是极不稳定的热源，当太阳辐射强度较弱而集热器侧流量增大、地埋管流量减少时，会降低系统性能。该运行模式中热泵进口流体温度受太阳辐射强度及各自流量分配比例影响较大，且流量的分配比例也会影响各自的运行效率，从而使得系统运行性能不同。为便于以下研究，特取如下三种典型工况进行分析：$S=0.25$、0.5、0.75，其中 S 表示流经集热器的载热流体流量与总流量（集热器流量与埋地盘管流量之和）之比。

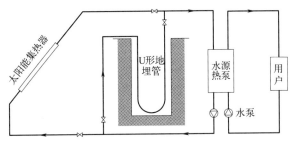

图 8-3　运行模式二系统简图（供暖工况）

8.2.1.3　运行模式三

如图 8-4 所示，定义联合运行模式三为：日间运行地埋管地源热泵，同时利用蓄热水箱进行太阳能水箱蓄热；夜间关闭集热器循环水泵，此时当蓄热水箱水温高于地埋管出口温度时，将蓄热水箱加入地埋管地源热泵系统中，即与地埋管出口串联，以提高夜间热泵蒸发器进口流体温度，从而改善夜间热泵系统

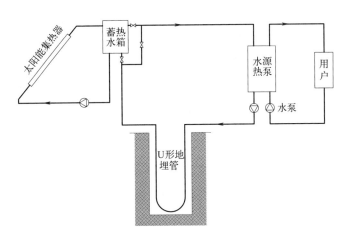

图 8-4　运行模式三系统简图（供暖工况）

运行效率。该运行模式的主要优点是：可有效将日间富余太阳能转移到夜间热负荷大时再利用，从而可平衡昼夜负荷差。缺点是：日间蓄热水箱因连续蓄热，水温度升高，会导致集热效率降低，从而集热量减小；同时，为此还需设置一个蓄热水箱，增加系统初投资与控制手段。

太阳能-地源热泵复合系统双热源联合运行特性不仅与集热器的运行效率（太阳辐射特性）有关，而且与地埋管换热器的取放热特性（土壤热特性）紧密相连，是一个比较复杂的双热源动态耦合过程。以上仅从直观上对三种联合运行模式的优缺点进行了初步分析，具体各模式运行特性的优劣则需通过动态模拟计算得出。

8.2.2 交替运行模式

8.2.2.1 交替运行模式提出的背景

北方地区由于供暖时间长、负荷大，从而导致地埋管地源热泵启动连续运行时地埋管周围土壤温度会因连续取热而逐渐下降，以致降低热泵蒸发器进口流体温度及其运行性能，还存在着冬、夏季地埋管负荷不平衡的不利情形（地埋管冬季取热大于夏季排热）。如果能让地埋管间歇取热或采用某种补热方式，以延缓土壤温降率或实现土壤温度在运行一段时间后能够及时得到一定程度的恢复，一方面可大大改善地源热泵运行性能，提高能源利用效率；另一方面亦可减小冬季地埋管从土壤中的取热量，以平衡冬、夏季地埋管的负荷，确保土壤热平衡。为此，提出了以太阳能作为辅助热源，以恢复土壤温度、改善热泵运行性能为主要目标，同时可减小冬、夏季地埋管负荷不平衡率的太阳能-地源热泵复合系统交替运行的思想。

8.2.2.2 交替运行模式的定义

太阳能-地源热泵复合系统交替运行模式主要是指交替使用太阳能与土壤热作为热泵热源的运行方式，其出发点是为了在保证充分利用太阳能的前提下，使地埋管周围土壤温度场能够及时得到较大程度的恢复，以提高地源热泵系统的运行效率。根据太阳能与土壤热源交替使用时间分配的不同，交替运行模式可以分为以下三种运行方式。

（1）昼夜交替运行 主要是指夜间采用地埋管作为吸热装置为热泵提供热源，按照地埋管地源热泵模式运行；日间采用太阳能热泵供暖，并在此期间让地埋管停止使用，土壤温度自然恢复，该交替运行方式适用于昼夜均需采暖情况。

（2）短时间间隔交替运行　是指在一个运行周期内（如 24h）地埋管地源热泵与太阳能热泵短时间间隔交替运行，如地源热泵运行几小时后再改为太阳能热泵运行几小时，然后又转为地源热泵运行，如此循环完成一个运行周期，在利用太阳能的前提下，以延缓土壤温度的降低速率，该交替运行方式也适用于昼夜均需采暖情况。

（3）夜间运行地源热泵、日间太阳能补热　该运行方式适用于日间无须供暖或负荷很小的情况（如别墅建筑的工作日，室内无人居住），主要是指夜间利用地埋管地源热泵来供暖，日间停止运行（地埋管停止取热），并在此期间利用太阳能通过地埋管向土壤中补热来强制土壤温度恢复，以提高夜间地埋管地源热泵的运行性能。这也是为了避开用电高峰，尽量使用夜间低谷低价电，是一种较为经济的运行方式。

8.2.2.3　交替运行模式的优点

太阳能与土壤热源交替作为热泵热源具有很好的互补性。太阳能作为热泵热源时，土壤热源便可停止使用，从而使得土壤温度能够得到一定程度的恢复，有利于地埋管地源热泵的运行。土壤热源的加入可以弥补太阳能不稳定的缺陷，使得太阳能热泵在无太阳辐射的阴雨天气或夜晚仍能以地埋管地源热泵的形式正常运行。此外，土壤作为天然储能体还可以将日间富余太阳能暂时储存，不仅能起到恢复土壤温度的作用，而且可以减小其他辅助热源或蓄热装置的容量。因此，太阳能-地源热泵交替运行模式在结合两者优势的基础上，也弥补了各自的缺点，具有单一太阳能热泵与地源热泵无可比拟的优势。

8.2.3　太阳能-地埋管土壤蓄热模式

由于太阳能具有很强的季节性，且存在着热量需求与太阳辐射不一致的情况（即夏季太阳辐射较强，建筑需热率较低；而在冬季太阳辐射较弱时，建筑物的需热率却较大），因此有必要通过一定的方式进行太阳能量存储（蓄热），以补偿太阳辐射与热量需求的季节性变化，即跨季节性太阳能蓄热，从而达到更高效利用太阳能的目的。由于大地土壤本身是一种天然的储热体，具有很好的蓄能特性；同时，地源热泵在冬季长期供暖运行后，其地埋管周围土壤温度较低，具有极好的蓄热基础；为此，提出在供暖期结束后的夏季或过渡季利用地埋管换热器进行太阳能蓄热补热的思路，这样不仅可以实现跨季节性太阳能蓄热，而且可以及时恢复或提高土壤温度，以提高下一个冬季太阳能-地源热泵复合系统的运行性能，从而可实现双重功效。

8.3　太阳能-地源热泵复合系统运行特性的数值模拟

8.3.1　联合供暖运行特性

8.3.1.1　系统模型的构建

为了建立整个系统的运行特性仿真计算模型，首先要建立系统各部件的模块计算模型。

（1）太阳能集热器　太阳集热器的性能可以用瞬时集热效率来表示，由于在系统模拟计算中，以进口流体温度来表示效率比较方便，于是有

$$Q_{u} = I_{c} A_{c} F_{R} \left[(\tau\alpha)_{e} - \frac{U_{1}(T_{ci} - T_{a})}{I_{c}} \right] \tag{8-1}$$

对集热流体侧有

$$Q_{u} = c_{1} m_{1} (T_{co} - T_{ci}) \tag{8-2}$$

由式（8-1）与式（8-2）可得

$$T_{co} = \left(1 - \frac{A_{c} F_{R} U_{1}}{c_{1} m_{1}} \right) T_{ci} + \frac{A_{c} I_{c} F_{R} (\tau\alpha)_{e}}{c_{1} m_{1}} + \frac{F_{R} U_{1} A_{c}}{c_{1} m_{1}} T_{a} \tag{8-3}$$

式中，Q_{u} 为集热器有效集热量，W；A_{c} 为集热器有效面积，m^{2}；I_{c} 为太阳辐射强度，W/m^{2}；F_{R} 为集热器热迁移因子；$(\tau\alpha)_{e}$ 为集热器的有效透过-吸收率乘积；U_{1} 为集热器热损失系数，$W/(m^{2} \cdot ℃)$；T_{ci}、T_{co} 分别为集热器的进、出口流体温度，℃；T_{a} 为室外空气温度，℃；c_{1} 为集热循环流体的质量比热容，$J/(kg \cdot ℃)$；m_{1} 为集热循环流体的质量流量，kg/s。

集热器采用开关控制，控制的条件为：当有效集热量 Q_{u} 大于零时开启，否则就关闭，流体全部从集热器旁通管路经过。其计算模块如图 8-5 所示。

（2）U 形地埋管换热器模块　U 形地埋管模型采用第 2 章中建立的二区域 U 形地埋管动态模拟模型，该模型为解析解模型，相对来说比较简单直观、物理意义明确、易于编程计算，且以显函数形式出现，计算耗时少，比较适合于长期动态模拟分析；同时该模型还考虑了 U 形管两管脚间热干扰及流体温度沿程变化，具体的模型计算公式详见第 2 章，其计算模块见图 8-6。

（3）蓄热水箱　在已知蓄热水箱进口温度时，蓄热水箱的出口流体温度可表示为

$$T_{s,o} = \exp\left(-\frac{\pi d_{out} K l}{m_{1} c_{1}} \right) (T_{s,i} - T_{w,n}) + T_{w,n} \tag{8-4}$$

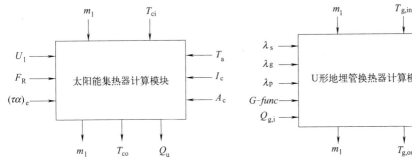

图 8-5　太阳能集热器计算模块

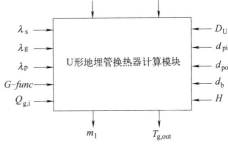

图 8-6　U 形地埋管换热器计算模块

由此可得蓄热水箱的蓄（放）热量为

$$Q_s = m_1 c_1 (T_{s,o} - T_{s,i}) \tag{8-5}$$

式中，Q_s 为蓄热水箱的蓄（放）热量，W；c_1 为循环流体的质量比热容，J/(kg·℃)；m_1 为循环流体的质量流量，kg/s。$T_{s,i}$、$T_{s,o}$ 分别为蓄热水箱进、出口流体温度，℃；$T_{w,n}$ 为 n 时刻蓄热水箱内水的平均温度，℃；K 为载热介质与水之间的传热系数，W/(m²·℃)；d_{out} 为蓄热水箱内换热盘管的外径，m；l 为蓄热水箱内换热盘管的长度，m。

如图 8-7 所示为蓄热水箱计算模块。

（4）水源热泵　对于水-水式水源热泵而言，其性能取决于蒸发器与冷凝器的进口流体温度与水流量。由于在选择水源热泵时，都是在一定水流量的前提下进行的，因此，水源热泵的性能只取决于蒸发器与冷凝器进口流体温度的大小。在此选用 Jin 等提

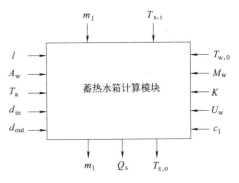

图 8-7　蓄热水箱计算模块

出的特性参数优化预测水源热泵模型，详细可参见相关文献。图 8-8 给出水源热泵计算模块。图 8-8 中，相应输入与输出参数含义可参见有关文献。

（5）用户末端（风机盘管）　用户末端采用风机盘管系统，对于风机盘管而言，可认为任意时刻房间负荷均由其承担，即风机盘管的放热量等于建筑热负荷，于是有

$$q_n = c_1 m_1 (T_{fc,i} - T_{fc,o}) \tag{8-6}$$

式中，q_n 为房间瞬时负荷，kW；$T_{fc,i}$、$T_{fc,o}$ 分别为风机盘管的进出口水温，℃。

若假定风机盘管的进口水温（即热泵机组冷凝器的出口水温）一定，则房间负荷的大小最终影响到风机盘管的出水温度（即热泵机组冷凝器进口温度）。由式（8-6）可知，在已知进水温度时，根据房间负荷，即可求出任意时刻风机盘管的出水温度，风机盘管的进水温度（冷凝器出口水温）则通过水源热泵机组程序给出，风机盘管计算模块见图8-9。

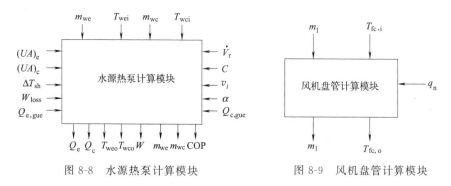

图 8-8　水源热泵计算模块　　　　　图 8-9　风机盘管计算模块

（6）系统模型及其算法　将上述所建立各部件的计算模块组合成整个系统运行特性的计算模型，通过输入和输出参数（进出口温度与流量）首尾连接后即可编制出太阳能-地源热泵复合系统联合运行的动态模拟计算程序。由于系统中太阳能集热器、地埋管换热器、热泵机组及建筑室内负荷间是相互耦合的，因此需要进行迭代计算，对于联合运行模式一而言，其动态模拟计算过程如下。

① 输入已知参数：

a. 气象参数；

b. 钻孔埋管结构参数、土壤与埋管热物性参数；

c. 太阳能集热器结构特性参数；

d. 热泵机组的特性参数；

e. 冷凝器初始进口（风机盘管初始出口）温度（根据房间初始温度设定）。

② 假定地埋管初始出口温度 $T_{\text{g,out}}$。

③ 调用太阳能集热器模块计算出初始时刻有效集热量 Q_u 及集热器出口温度 T_{co}。

④ 调用水源热泵机组模块计算出初始时刻蒸发器吸热量、冷凝器放热量、蒸发器与冷凝器出口温度及输入功率等参数。

⑤ 根据蒸发器吸热量及其出口流体温度，调用 U 形地埋管模块计算出第一时刻地埋管出口温度，并与②的假定值进行比较，若两者误差大于设定值，则转到②重新假定 $T_{\text{g,out}}$，重复②～⑤的计算，直至满足误差要求（收敛）为止。

⑥ 以④计算出的初始时刻冷凝器出口温度与第一时刻建筑室内负荷作为输

入量，调用风机盘管模块计算出第一时刻冷凝器进口温度。

⑦ 以第一时刻计算出的冷凝器进口温度、蒸发器进口温度作为输入量，调用水源热泵机组模块，计算出第一时刻热泵机组各运行性能参数（蒸发器吸热量、冷凝器放热量、输入功率及出口温度等）。

⑧ 以⑦计算出的出口温度作为输入参数，转入②计算下一时刻，直至满足总模拟时间。

图 8-10 给出了对应的程序计算框图，其他各联合运行模式的计算过程与此基本一致，只是模块的连接顺序不同，在此不逐一列出。

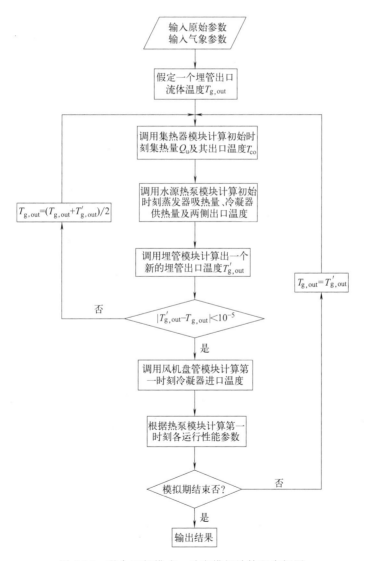

图 8-10 联合运行模式一动态模拟计算程序框图

　　根据以上计算过程，将具体参数代入各部件模块便可进行太阳能-地源热泵复合系统的动态模拟计算，从而可得出各联合运行模式的运行特性。

8.3.1.2 联合运行特性的动态模拟

　　为了探讨太阳能-地源热泵复合系统的联合运行特性，并比较上述各联合运行模式运行性能的优劣，以找出合适的运行方案，采用青岛地区作为模拟地点，以一个设计热负荷为 10kW 的建筑物为模拟对象，用上述算法对其进行为期四个月的逐时动态模拟计算，计算条件见表 8-1，其中热泵机组选用 FHP WP-036，所用逐时气象参数由清华大学开发的 DeST 能耗模拟分析软件自动生成。模拟结果见图 8-11～图 8-16 及表 8-2。其中图 8-11 给出连续运行一个月（744h）

表 8-1　太阳能-地源热泵系统联合运行特性模拟计算条件

建筑物设计热负荷 /kW	钻孔尺寸		U 形地埋管参数				土壤特性参数				
	孔深 /m	孔径 /m	内径 /m	外径 /m	管脚间距/m	热导率 /[W/(m·℃)]	热导率 /[W/(m·℃)]	密度 /(kg/m³)	导温系数 /(m²/h)	原始温度 /℃	
10	120	0.11	0.032	0.040	0.05	0.42	3.49	2400	5.69×10^{-3}	12.5	

载热流体特性参数					灌浆材热导率 /[W/(m·℃)]	蓄热水箱容积 L	集热器面积/m²	室内外设计计算温度/℃	
密度 /(kg/m³)	运动黏度 /(N·s/m²)	比热容 /[kJ/(kg·℃)]	热导率 /[W/(m·℃)]	质量流 /(kg/s)				室内	室外
1052	4.9×10^{-6}	3.8	0.48	0.44	2.6	750	15	18	-9

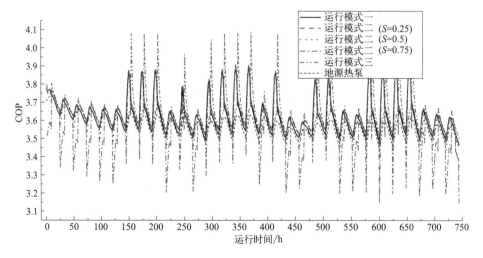

图 8-11　不同运行模式下热泵 COP 随运行时间的变化（一个月）

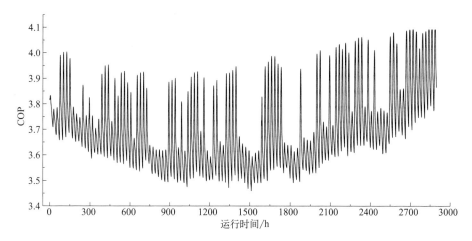

图 8-12　联合运行模式一下热泵 COP 随运行时间的变化（四个月）

逐时模拟时各联合运行模式下热泵 COP 随运行时间的变化曲线，图 8-12 给出联合运行模式一下连续运行四个月时热泵 COP 随运行时间的变化。为了进一步分析与比较，图 8-13 示出从第 480h 开始的连续两天运行各联合模式下热泵 COP 随运行时间的变化，图 8-14～图 8-16 分别给出一个典型日中各联合运行模式下地埋管吸热量、太阳能集热器集热效率及集热量随运行时间变化的比较，表 8-2 列出系统连续运行四个月时各量的综合比较。

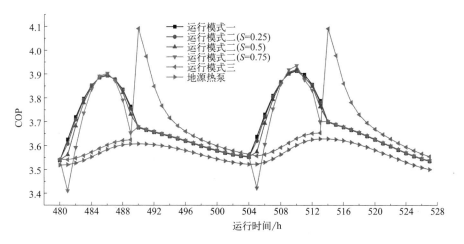

图 8-13　连续两天不同联合运行模式下热泵 COP 随运行时间的变化

分析图 8-11～图 8-13 可以看出，太阳能-地源热泵复合系统双热源联合运行性能较单独地源热泵要好，在增加太阳能辅助后，其热泵 COP 在随负荷变化而波动的情况下出现了跳跃（突增）。这主要是由于加入太阳能热源后，热泵蒸发

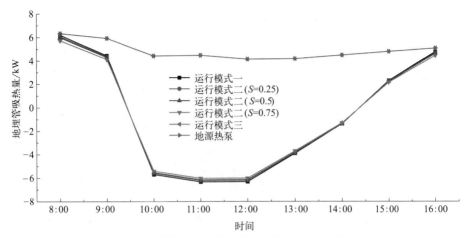

图 8-14   不同联合运行模式下地埋管吸热量的逐时变化

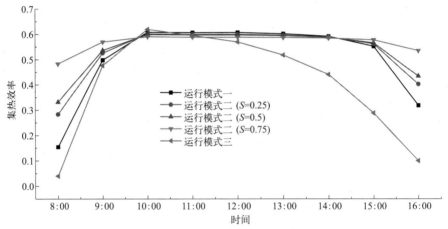

图 8-15   不同联合运行模式下集热器效率的逐时变化

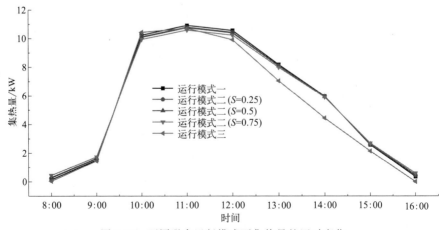

图 8-16   不同联合运行模式下集热量的逐时变化

表 8-2　太阳能-地源热泵复合系统各联合运行模式的比较（四个月）

运行模式		热泵总吸热量/MJ	热泵总耗功量/(kW·h)	埋地盘管总吸净热量/MJ	集热器总有效集热量/MJ	热泵平均COP	节能率/%
运行模式一		48531.6	5066.2	37170	11359.4	3.6602	10.1
运行模式二	S=0.25	48513.6	5071.1	37040.4	11472.1	3.6567	9.98
	S=0.5	48463.2	5085.5	36946.8	11513.9	3.6463	9.72
	S=0.75	48276	5137.3	36630	11645.6	3.6096	8.8
运行模式三		48427.2	5089	38340	10116.4	3.6438	9.66

器进口流体温度会增加，蒸发温度上升，从而导致热泵 COP 增大，且随太阳能辐射强度的不同，其跳跃幅度也不一样，太阳辐射强度越大、集热效率越高，则改善效果越好，如图 8-11 和图 8-12 所示，各联合运行模式下热泵 COP 的峰值随运行时间而上下波动。进一步分析图 8-13 还可以发现，串联运行模式一与并联运行模式二下热泵 COP 变化相同，均是日间高、夜间低；而联合运行模式三是日间低、夜间高，其原因是前两者采用的是日间太阳能辅助，而运行模式三是夜间利用白天储存的太阳能辅助。但无论是在昼夜，热泵 COP 均高于单独地源热泵运行工况。这主要是由于土壤本身具有短期储能特性，可将日间富余的太阳能通过 U 形地埋管自动地储存于土壤中，以供夜间取出利用，从而可提高夜间地源热泵性能。如图 8-14 所示，各联合运行模式下日间地埋管吸（放）热量随时间变化趋势相同，均是日照开始时刻最大，随着日照强度不断增大，吸热量渐渐减小，至上午 9：30 开始转为向土壤中放热，到中午 12：00 放热量达最大值，之后随着日照强度的减弱，放热量逐渐减小，到下午 14：30 又开始转变为吸热；而地源热泵单独运行时，地埋管始终处于吸热状态，且吸热量随时间的变化幅度不大。从上面的分析可以得出：联合运行模式可以改善热泵性能，提高系统效能，且 U 形地埋管可以作为一个热源缓冲体，起到日间暂时储存富余太阳能的作用。进一步分析表 8-2 中所列数据可看出：在本书模拟条件下，相比单独地源热泵，联合运行模式的节能率为 8.8%～10.1%。

进一步分析图 8-13 可以发现，模式一与模式二相比，日间模式一 COP 比较高，但相差不大，主要取决于太阳辐射强度的大小及模式二中的流量分配比例，夜间则几乎一致。就并联模式（模式二）本身而言，随 S 的增加，COP 降低，这主要是因为太阳能是一个极不稳定的热源，当集热器侧流量增加，而地埋管侧流量减小时，会急剧减小地下埋管的吸热量。从第 2 章中 U 形地埋管传热特性影响因素的分析可知，这主要是由于在地埋管结构一定的条件下，地埋管钻孔热阻与管内循环流体的流量有一定的关系，当管内流体流量逐渐减小时，流体流速减小，流体紊流强度减弱，与管内壁面的对流换热系数减小，导致其总热阻增大，从而一定程度上削弱流体与周围土壤的换热效果，而集热器集热量变化不大。因此对于并联模式，集热器侧流量不宜过大，从表 8-2 中的数据也可看出这一点。对于运行模式三，可以充分将日间太阳能转移到夜间使用，对于夜间负荷大且需供暖的建筑可以考虑选用。但其日间地源热泵相对其他两种模式效果差，而且因为水箱连续蓄热、水温逐渐升高而导致集热器有效集热量也最少，综合效果不如模式一（表 8-2），为此还需要增加一个蓄热水箱。就三种模式比较而言，模式二的平均 COP 小于模式一，模式三与模式一相差不大，但其太阳能利用率不高，如表 8-2 所示，其太阳能有效集热量从模式一的11359.4MJ 减小到模式三的 10116.4MJ，减小了 10.9%。因此，从能源的有效利用、系统初投资及总体效果来看，运行模式一可以作为一种优选运行方案，而且该模式流程简单，容易设计与控制。

综上分析可以得出：联合运行模式一与模式二对应各参数随运行时间变化规律一致，且在量值上相差不大。对于并联运行模式，集热器侧的流量不宜过大，在满足集热器正常工作条件下，应适当增大地埋管侧的循环介质流量，以有利于增强地埋管侧的换热效果。至于运行模式三，可有效改善夜间热泵运行效果，对于夜间负荷大且需供暖的建筑可以考虑选用，但其太阳能利用率低。就综合效果而言，联合运行模式一因其运行效果好，且设计与控制简单而可作为一种优选运行方案。

8.3.2 交替供暖运行特性

8.3.2.1 交替运行地埋管周围土壤温度场计算模型

（1）物理模型 土壤是一个构造和组成极其复杂的含湿多孔介质热源体，垂直 U 形地埋管与周围土壤间的传热过程受土壤类型、土壤含水量、土壤中水分的热湿迁移、埋管尺寸及布置方式、热泵运行时间、冷热负荷等因素影响。对于北方地区而言，在地埋管取热时，其周围土壤由于温度持续降低（至 0℃ 以下）而会导致含湿土壤中水分的冻结，而在地埋管停止取热，土壤温度恢复时，冻结土壤会因温度的缓慢升高而逐渐松软。因此，交替运行时 U 形地埋管周围土壤的传热实际上是一个伴随有潜热交替释放与吸收的复杂含湿多孔介质体（土壤）的冻融相变传热过程。为了使建立的数学模型能真实地描述地埋管在土壤中的传热过程，且便于问题的理论分析与求解，在建立 U 形地埋管传热过程的数学模型时做如下近似假设。

① 设土壤为均质、各向同性的刚性含湿多孔介质体。

② 忽略土壤热湿迁移耦合作用及冻融相变时自然对流效应的影响。

③ 认为垂直地埋管与土壤之间的传热为沿深度与径向的二维非稳态传热过程。

④ 冻结的和未冻结的土壤热物性参数均为常数。

⑤ 由于土壤水是含有各种杂质的非纯净物质，因此可认为土壤的冻融相变过程发生在一个小的温度范围内，且在土壤相变中沿径向及深度方向均存在三个区域：冻结区、未冻结区及介于两区之间的两相共存区（称为模糊区）。

⑥ 将两管脚传热相互影响的垂直 U 形地埋管换热器经修正后等效为一根当量直径的单管。

⑦ 认为钻孔回填物与周围土壤的热物性参数一致，且忽略接触热阻的影响。

⑧ 深度大于 15m 以下及半径大于 2m 时，土壤温度恒定。

(2) 数学模型　对垂直 U 形地埋管做以上处理后，地埋管周围土壤温度场就可看作是一个以圆管中心为轴线的二维圆柱轴对称问题，且根据温度由低到高沿径向与深度方向上均依次呈现三个相区（冻结区、模糊两相区及未冻结区），详细数学模型及求解方法可参见本书第 3 章的 "3.2.2　二维模型" 部分。

8.3.2.2　数值计算及其结果分析

利用 Matlab 编制计算机程序，采用线迭代与 ADI 算法，计算地源热泵在以 24h 为交替运行周期，以及以一个月为计算周期时不同交替运行方式下土壤温度的恢复状况，计算条件为：$\lambda_s = 2.048 \mathrm{W/(m \cdot ℃)}$、$\lambda_l = 1.712 \mathrm{W/(m \cdot ℃)}$、$c_s = 1218.6 \mathrm{J/(kg \cdot ℃)}$、$c_l = 1637.8 \mathrm{J/(kg \cdot ℃)}$、$\rho_l = 1400 \mathrm{kg/m^3}$、$T_f = 0℃$、$\Delta T = 0.8℃$、$T_m = 10℃$、$A_s = 13.9℃$、$d_{po} = 0.04 \mathrm{m}$、$D_U = 0.05 \mathrm{m}$、$L = 3.334 \times 10^8 \mathrm{J/m^3}$、$\alpha_w = 23.3 \mathrm{W/(m^2 \cdot ℃)}$、$R = 2 \mathrm{m}$、$H = 53 \mathrm{m}$，计算结果见图 8-17～图 8-38。

(1) 连续运行时地埋管周围土壤温度场分布　从图 8-17～图 8-19 可以看出，当运行时间小于 24h 时，在靠近埋地盘管半径为 0.3m 的区域内土壤温度变化较剧烈，而在 0.3m 以外的区域变化比较平缓，并随半径的增大而趋近于每个深度相应的土壤原始温度。但随着运行时间的延续，地埋管不断从土壤中取热，从而导致地埋管周围土壤温度持续降低，受影响的区域不断增大。如图 8-20 所示，在运行一个月后，地埋管周围最低土壤温度已从 24h 运行时的 −7℃ 降低到 −19℃，冻结区域半径从 $r = 0.1 \mathrm{m}$ 增加到 $r = 0.5 \mathrm{m}$，且温度受影响的区域已超过 2m。由此可以看出，随着运行时间持续，地埋管周围土壤温度还会进一步下降，受影响区域继续加大。如果不采取某种措施来延缓土壤温降率，则会因地埋管出口（热泵进口）流体温度过低而恶化热泵的运行性能。

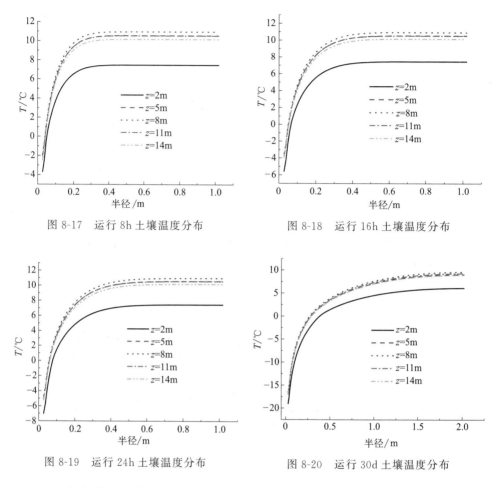

图 8-17   运行 8h 土壤温度分布

图 8-18   运行 16h 土壤温度分布

图 8-19   运行 24h 土壤温度分布

图 8-20   运行 30d 土壤温度分布

（2）各交替运行模式下地埋管周围土壤温度的恢复特性

① 昼夜交替运行。从图 8-21～图 8-24 可得：浅层土壤温度恢复率较低，随着深度增加，恢复率逐渐增大，且趋近于稳定，正如图所示，在深度大于 5m 后土壤温度恢复率几乎不变。其原因主要是浅层土壤受室外气温影响较大，而深层土壤因对地表面温度波具有衰减作用，从而影响较小。从图中还可看出：随着半径的增大，恢复率呈现上升趋势，土壤温度恢复程度较好，最终到半径 $r=2m$ 处，几乎完全恢复，恢复率达 90%～95%，这主要是由于在近盘管处土壤温降幅度较大，而远离盘管则较小；同时，土壤温度的自然恢复过程在水平方向主要是靠远边界土壤向地埋管方向的传热来实现，因此，离地埋管较远处土壤温度恢复较容易，而近埋管处则较难。

分析图 8-21～图 8-24 中曲线的变化规律还可以发现：土壤温度恢复率与土壤源热泵的运停时间比有很大的关系，在交替运行周期内，运行时间越长，则

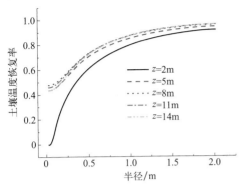

图 8-21　运行 8h 恢复 16h 土壤温度恢复率

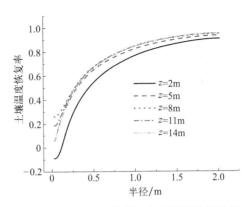

图 8-22　运行 10h 恢复 14h 土壤温度恢复率

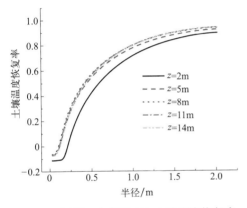

图 8-23　运行 14h 恢复 10h 土壤温度恢复率

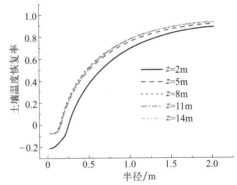

图 8-24　运行 16h 恢复 8h 土壤温度恢复率

恢复率越小，土壤温度恢复程度就越小，从而地源热泵的运行效果就越差。如深度大于 5m 后，在近地埋管半径为 0.5m 区域内，土壤温度在热泵运行 8h 恢复 16h 时的恢复率为 43%～72%，在运行 10h 恢复 14h 时为 6.2%～66%，在运行 14h 恢复 10h 时为 -6.3%～56%，而在运行 16h 恢复 8h 时近地埋管处的恢复率下降为 -7.5%～50%。由此可进一步推出：在交替运行周期内，地源热泵运行的时间越短，则土壤温度恢复率越大，这可从图 8-25 和图 8-26 给出的孔壁中点温度随运行时间变化规律得到证明。进一步分析图 8-26 还可以发现，在运行一个月后，当恢复时间小于 10h 时，孔壁中点温度均在 0℃ 以下，且在恢复期始终处于冰点附近，而无法恢复到冰点以上。这主要是由于冻结土壤在温度恢复到融点温度时，会吸收大量的融化潜热，从而导致土壤温度在短时间恢复期内得不到提升。由此可以看出，在本模拟计算条件下要使土壤温度在运行一个月后能继续得到恢复，其恢复期必须大于 10h，即运停时间比小于 14h：10h。但是，运停比小意味着太阳能要承担的负荷比例也越大，需要增大集热器面积，从而增大初投资；同时，太阳能具有较大的间歇性与不稳定性，若承担的负荷比例过大，则所需设置的储能装置容量也较大，增大储热初投资，故恢复期不可能取得太大。因此，从能源的有效利用、土壤温度恢复状况及太阳能系统的初投资等角度来综合考虑，在以 24h 为交替运行周期时，地源热泵运行时间在 10~12h 为宜，从而得出太阳能热源的运行时间比应控制在 50%~58%，以此便可确定出集热器面积的大小。

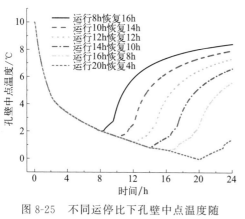

图 8-25　不同运停比下孔壁中点温度随
运行时间变化（第 1 天）

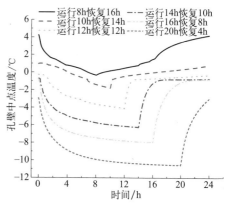

图 8-26　不同运停比下孔壁中点温度随
运行时间的变化（第 30 天）

② 短时间间隔交替运行。分析图 8-27~图 8-30 可以看出，短时间间隔交替运行时地埋管周围土壤温度恢复特性与昼夜交替运行一致，即浅层土壤温度恢复率较低，深层土壤温度恢复率逐渐增大，并随深度增加而趋近于稳定；同时，近地埋管处较小，随半径增大逐渐增加；且随交替运行周期内停止恢复时间的增加，恢复率增大，其原因同上。分析图 8-31 还可以得出，在相同的总运停时间比下，间隔时间越长，其土壤温度恢复效果越好。如图 8-31 中所示，运行 4h 恢复 4h 时孔壁中点温度恢复效果高于运行 3h 恢复 3h，而运行 3h 恢复 3h 又高于运行 2h 恢复 2h 情况。这主要是因为土壤温度的自然恢复速度低于其温降速度，在短时间内难以自然恢复。因此，在总运停时间比一致时增加间歇时间有利于提高土壤温度的自然恢复效果。进一步分析图 8-32 还可以发现，在运行一个月后，在运停间隔时间比大于 1:1 时，由于土壤冻融相变而导致在恢复期内有大量的潜热被吸收掉而致使土壤温度在短期内难以恢复到冰点以上。因此，从土壤温度有效恢复及系统经济性的角度来综合考虑，短时间间隔交替运行时，其运停时间比必须小于 1，即在一个交替运行周期内，恢复时间（太阳能热源负担时间）要大于运行时间，可控制在 12~14h，如图 8-32 中的①运行工况，这与昼夜交替运行时所得结果一致。

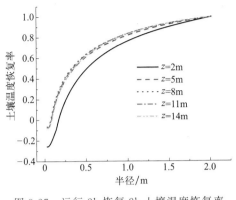

图 8-27　运行 2h 恢复 2h 土壤温度恢复率

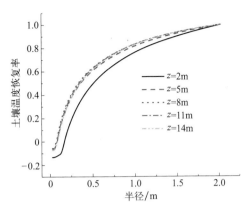

图 8-28　运行 4h 恢复 4h 土壤温度恢复率

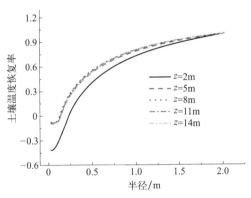

图 8-29　运行 5h 恢复 3h 土壤温度恢复率

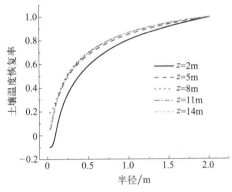

图 8-30　运行 3h 恢复 5h 土壤温度恢复率

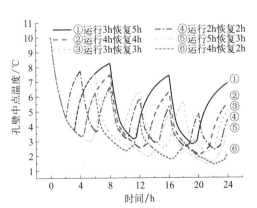

图 8-31　不同运停比下孔壁中点温度随
运行时间的变化（第 1 天）

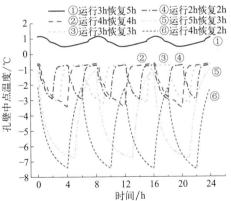

图 8-32　不同运停比下孔壁中点温度随
运行时间的变化（第 30 天）

③ 日间太阳能补热运行。鉴于上述地埋管附近温降幅度较大，且难以靠远边界土壤向地埋管方向的传热来实现温度自然恢复；同时在自然恢复过程中还

要吸收大量的相变潜热，以致土壤温度很难在短时间内靠自然恢复突破至冰点以上。为此提出了采用太阳能通过 U 形地埋管向附近低温土壤补热来强制土壤温度恢复的设想。这样一方面可以弥补附近冻结土壤融化所需的相变潜热，另一方面可以提高土壤温度的恢复速率。分析图 8-33～图 8-36 可看出，在增加太阳能补热后，地埋管附近土壤温度得到了较好的恢复，且在深度大于 5m 时，在运行一个月后土壤温度几乎均能恢复至 0℃ 以上。分析还可发现，太阳能补热后土壤温度恢复效果主要取决于恢复时间与热流大小，如图 8-33 和图 8-34 所示，补热时间一致、热流 $q=20\mathrm{W/m}$ 时地埋管附近 0.25m 范围内恢复率为 5%～40%，而在热流增加至 $q=40\mathrm{W/m}$ 时恢复率达 62%～178%。从图 8-35 和图 8-36 可以看出，即使在地埋管补热时间较短情况下，只要增大补热热流以满足相变融化所需潜热，亦可加快土壤温度恢复速度，这可进一步从图 8-37 和图 8-38 中不同补热

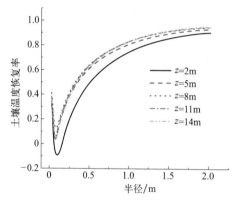

图 8-33　运行 16h 补热 8h 土壤温度恢复率
（$q=20\mathrm{W/m}$）

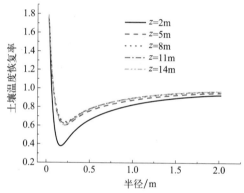

图 8-34　运行 16h 补热 8h 土壤温度恢复率
（$q=40\mathrm{W/m}$）

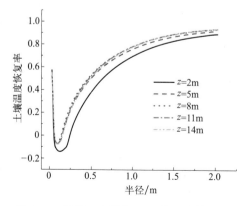

图 8-35　运行 20h 补热 4h 土壤温度恢复率
（$q=40\mathrm{W/m}$）

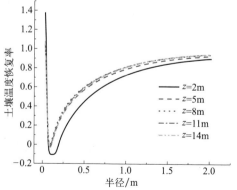

图 8-36　运行 20h 补热 4h 土壤温度恢复率
（$q=60\mathrm{W/m}$）

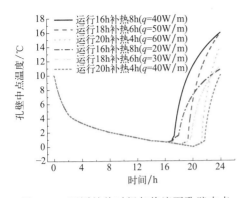

图 8-37　不同补热时间与热流下孔壁中点
温度随运行时间的变化（第 1 天）

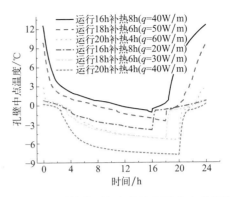

图 8-38　不同补热时间与热流下孔壁中点温度
随运行时间变化（第 30 天）

时间与热流下孔壁中点温度随运行时间的变化得到证明。分析图还可看出，在土壤未冻结前，采用补热方式可使地埋管附近土壤温度恢复率大于 1（即高于其原始温度），即使土壤冻结，亦可在短期内将冻结土壤融化，并使温度恢复至冰点以上。因此，利用太阳能通过 U 形地埋管补热来强制土壤温度恢复是一种较经济的运行方式，可以与其他形式综合使用而达到最佳效果。

④ 各交替运行模式的比较。从以上对三种交替运行模式计算结果的分析可看出，在交替运行周期内，只要恢复期或补热时间与热流选择合适，均可有效改善地埋管周围土壤温度的分布特性、降低土壤温降率或及时恢复土壤温度，从而可提高热泵的运行效率。就三种运行模式而言，又有各自的优缺点及应用场合。从土壤温度恢复的角度来看，在总运停时间比一致时，相比短时间间隔交替模式，昼夜交替模式虽然因连续运行时间长、温降幅度大而导致热泵有一段时间工作在低温热源下，从而降低效率，但因其恢复期连续而可使土壤温度得到较好的恢复。短时间间隔交替模式由于连续运行时间短，因此土壤温降幅度小，可有效延缓土壤温降率，使热泵始终工作在更高的热源温度下，从而可提高热泵效率；但是由于其恢复期短，当土壤温度降低至冰点以下时，很难自然恢复到冰点以上。相比而言，太阳能补热可很好地弥补这一问题，可与其他交替运行模式综合使用而达到最佳运行效果，但是其补热时间与热流必须选择合适，这要综合考虑太阳能资源情况及系统初投资。

8.4　太阳能-地源热泵复合系统运行特性实验

8.4.1　实验系统介绍

扬州大学太阳能-地源热泵复合系统实验台位于扬州大学扬子津校区建环专

业实验室，系统于 2012 年 12 月底建成，可为部分实验室和办公室提供空调服务。图 8-39 给出了系统原理，图 8-40～图 8-45 给出了部分实物。实验系统由七部分构成：室内热泵机组系统（图 8-40 和图 8-41）、地埋管换热系统（图 8-42）、太阳能集热与蓄热系统（图 8-43）、太阳能控制系统（图 8-44）、板式换热系统（图 8-45）、室内末端系统及数据采集系统。实验水循环系统包括太阳能集热与蓄热水循环系统、蓄热水箱-板式换热器水循环系统、地埋管换热器水循环系统、热泵机组水循环系统。通过运行太阳能集热与蓄热水循环系统，可将太阳能集热系统收集的热量存储于蓄热水箱，通过运行蓄热水箱-板式换热器水循环系统（开启蓄热水箱与板式换热器之间的水泵），可实现地埋管系统与蓄热水箱进行热交换，从而实现太阳能与土壤源的不同耦合运行方式。通过运行地埋管、热泵机组及蓄热水箱-板式换热器水循环系统，可实现太阳能-土壤双热源与热泵蒸发器间的相互耦合。考虑到实验研究目的及系统功能的多样化，在整个管路系统设计中，通过安装阀门的调节及预留接口实现了太阳能-土壤能各运行模式之间的切换，包括：地源热泵单独冬季供暖或者夏季制冷运行、太阳能-蓄热水箱蓄热、太阳能-U 形地埋管土壤蓄热、太阳能直接供暖运行、太阳能-地源热泵联合供暖运行、太阳能-地源热泵交替供暖运行等工况。

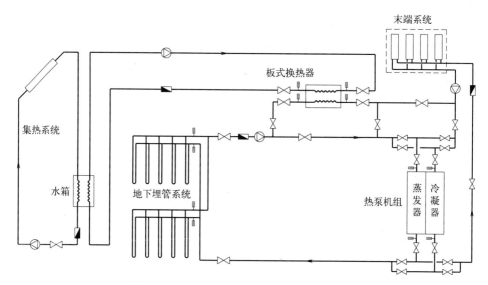

图 8-39　太阳能-地源热泵复合实验系统原理

图 8-39 中地埋管换热系统由 16 个 80m 埋深的单 U 形地埋管组成，分成两组进行布置，每组 8 个钻孔。夏季工况，一组地埋管用于地源热泵供冷排热，另一组地埋管可同时进行太阳能地埋管土壤蓄热，以供冬季运行使用。过渡季

节，可采用现有地埋管换热器进行太阳能跨季节土壤储能，冬季则利用太阳能和地热能联合供暖。太阳能集热器阵列位于实验楼五楼楼顶，由 15 块平板集热器构成，单块集热面积为 $2m^2$，其有效集热面积为 $1.85m^2$。实验系统设有两个 $0.5m^3$ 的蓄热水箱，用以蓄存富余太阳能。热泵机组单台压缩机额定功率和制冷量分别为 $9kW$ 和 $30kW$，末端主要采用风机盘管机组布置于一至二层实验室与部分办公室。

图 8-40　太阳能-地源热泵复合实验系统实景

图 8-41　地源热泵机组　　　　　　图 8-42　地埋管换热系统

(a) 屋顶布置集热器阵列   (b) 蓄热水箱

图 8-43   太阳能集热与蓄热系统

图 8-44   太阳能控制系统   图 8-45   板式换热系统

8.4.2 实验运行模式

为了探讨太阳能-地源热泵复合系统在不同运行模式下热泵机组的性能系数、土壤温度变化以及太阳能利用效率等，实验通过调节阀门和改变水泵运行时间段来实现太阳能-地源热泵系统不同运行模式之间的转换，从而完成不同运行模式的实验测试。图 8-46 所列阀门处于开启状态，反之关闭，各实验运行模式具体流程如下。

（1）单独地源热泵供热模式 为探究太阳能-地源热泵系统双热源耦合运行特性，将单独地源热泵供热工况作为基础工况来进行对照。其流程如下。

地埋管换热系统及热泵机组系统：4→水泵 P3→5→12→13→蒸发器→14→15→16→地下埋管→4 开启。

末端系统：水泵 P4→11→17→18→冷凝器→19→20→21→末端→水泵 P4 开

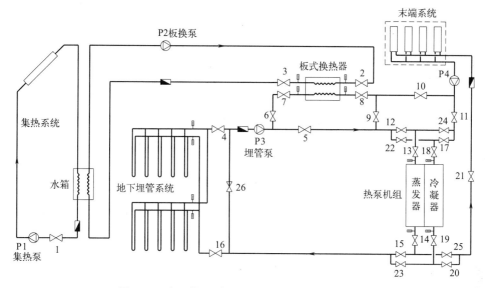

图 8-46　太阳能-土壤源热泵系统运行模式流程图

启，系统其他阀门和水泵关闭。

太阳能集热与蓄热系统：不开启。

（2）太阳能-地源热泵复合系统联合供热运行模式　太阳能-地源热泵复合系统联合供热运行是指太阳能和土壤热能同时作为热泵系统的热源，属于实时直接耦合方式。根据水泵 P2 白天是否连续运行，该模式分为两种工况：

工况一：白天开启热泵机组，太阳能集热器用来加热水箱中的水，水泵 P2 白天连续运行，使土壤和太阳能连续作为系统热源为系统供热，夜间系统关闭。该模式在冬季负荷较大，需连续供热时间较长场所较为适用。通过联合太阳能使得进入热泵蒸发器的水温升高，改善了热泵机组的性能系数；同时还可以减少地埋管的吸热量，有利于土壤温度的自然恢复。其运行流程如下：

太阳能集热蓄热系统：蓄热水箱→1→水泵 P1→集热器→蓄热水箱；3→蓄热水箱→水泵 P2→2→板式换热器→3→蓄热水箱开启。

地埋管换热系统及热泵机组系统：4→水泵 P3→6→7→板式换热器→8→9→12→13→蒸发器→14→15→16→地下埋管→4 开启。

末端系统：水泵 P4→11→17→18→冷凝器→19→20→21→末端→水泵 P4 开启，系统其他阀门和水泵关闭。

工况二：白天开启热泵机组，太阳能集热器用来加热蓄热水箱中的水，水泵 P2 白天间歇运行，太阳能间歇作为系统热源，夜间系统停止运行。该模式对于白天需供热且负荷不均匀场所较为适用。通过间歇开启水泵 P2 可适当提高水箱温度，进而提高联合运行时进入机组蒸发器的水温，改善机组的运行条件。其运行流程同工况一，仅水泵 P2 需间歇开启。

（3）太阳能-地源热泵水箱蓄热运行实验模式　太阳能-地源热泵水箱蓄热运行模式是指白天利用蓄热水箱进行太阳能蓄存，夜间开启水泵 P2 实现蓄热水箱与地源热泵联合供热，属于错时直接耦合方式。根据热泵机组白天是否开启，该模式可分为两种实验工况。

工况一：白天开启地源热泵机组，同时开启太阳能循环泵进行太阳能水箱蓄热，夜间通过开启水泵 P2 使地源热泵机组与水箱联合供热，地埋管和水箱同时作为系统的热源。对于白天供热负荷相对较小，夜晚负荷相对较大的场所，可以采用该运行模式实现太阳能的蓄存满足夜晚高峰负荷需要。其运行流程如下。

太阳能集热蓄热系统：白天蓄热水箱→1→水泵 P1→集热器→蓄热水箱开启；夜晚为 3→蓄热水箱→水泵 P2→2→板式换热器→3→蓄热水箱开启。

地埋管换热系统及热泵机组系统、末端系统阀门开启状况与太阳能-地源热泵联合供热运行模式工况一相同。

工况二：白天热泵机组停开，仅开启太阳能循环泵进行太阳能水箱蓄热，夜间地源热泵机组启动，同时开启水泵 P2，通过板式换热器实现地埋管与水箱联合作为热泵热源。对于白天无须供热，夜间负荷较大的场所，此模式可有效利用白天蓄存的太阳能，减小了夜间地埋管的吸热量，在提高热泵机组蒸发器进口水温的同时，也为第二天土壤温度的恢复提供了条件。其流程如下。

太阳能集热蓄热系统与该模式工况一相同；地埋管换热系统及热泵机组系统、末端系统夜间开启，阀门开启与该模式工况一相同。

（4）太阳能-地源热泵土壤蓄热运行模式　太阳能-地源热泵土壤蓄热运行模式是指将太阳能集热系统收集的太阳能通过地埋管蓄存于土壤中，之后单独开启地源热泵进行供热，实现太阳能的有效利用，属于太阳能-土壤双热源间的间接耦合。根据白天土壤是否连续蓄热，该模式分为两种实验工况。

工况一：白天开启地源热泵机组，同时开启太阳能循环泵进行太阳能水箱蓄热，热泵机组停开期间水泵 P2 运行，通过板式换热器实现将水箱中的太阳能蓄存到土壤中，之后地源热泵再次开启，夜间系统关闭。此工况对负荷较小或者有周期性负荷特点场所较为适用。这有助于间歇期间土壤温度恢复，提高蒸发器进口温度，同时土壤更易于吸收太阳能。其运行流程如下。

土壤间歇蓄热期间太阳能集热蓄热系统、地埋管换热系统及热泵机组系统阀门开启与太阳能-地源热泵联合供热运行模式工况一相同，热泵机组关闭；非土壤蓄热期间太阳能集热与蓄热系统水泵 P2 关闭，末端系统、地埋管换热系统及热泵机组系统阀门开启同太阳能-地源热泵联合供热运行模式工况一。

工况二：白天热泵机组停开，开启太阳能循环泵进行太阳能水箱蓄热，同时开启水泵 P2，通过板式换热器将蓄存于水箱中的太阳能回灌到土壤中，夜间开启地源热泵机组单独进行供热。该模式对于白天无须供热，夜间负荷较大、时间较长的场所较为适用。其运行流程如下。

太阳能集热蓄热系统：蓄热水箱→1→水泵 P1→集热器→蓄热水箱；3→蓄热水箱→水泵 P2→2→板式换热器→3→蓄热水箱，环路白天开启，夜间关闭。

地埋管换热系统及热泵机组系统：4→水泵 P3→6→7→板式换热器→8→9→12→13→14→15→16 开启。

末端系统：阀门开启状态同太阳能-地源热泵联合供热运行模式工况一，仅夜间开启。

8.4.3 实验结果及分析

8.4.3.1 单独地源热泵供暖运行

为探究地源热泵系统冬季连续运行时系统的启动特性以及机组 COP 随时间的变化规律，并为太阳能-地源热泵复合系统联合与交替运行特性实验提供比较基准，实验对单独地源热泵供暖运行进行了连续 13h 实验测试。图 8-47 给出实验期间热泵冷凝器与蒸发器进出口温度以及热泵 COP 随时间的变化曲线。

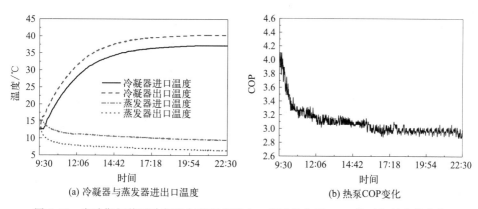

(a) 冷凝器与蒸发器进出口温度   (b) 热泵COP变化

图 8-47 实验期间热泵冷凝器与蒸发器进出口温度及热泵 COP 随时间的变化曲线

分析图 8-47 可知，在运行初期，冷凝器进出口温度随运行时间迅速升高，而蒸发器进出口温度下降较快，但随着运行时间的延续，蒸发器与冷凝器进出口温度变化幅度逐渐下降，并趋于稳定。对应的热泵 COP 随运行时间的变化规律和蒸发器进出口温度变化规律相同。这主要是由于运行初期地埋管内流体与土壤间的温差较大，换热较为强烈，之后换热温差降低并维持相对恒定，换热也趋于稳定。由于系统相对较大，使得热泵机组冷凝器与蒸发器进出口稳定时间相对较长。进一步分析图 8-47 中数据可知，在连续运行条件下，热泵机组稳定时的 COP 为 2.87～3.28，对应平均 COP 为 2.95。

8.4.3.2　太阳能-地源热泵联合供热运行实验

由于实验前蓄热水箱内水温低于土壤原始温度，为减少蓄热水箱原始温度对实验的影响，实验前先对水箱内的水进行加热运行，待蓄热水箱温度高于土壤原始温度时开始联合运行实验。实验时间为 8：45～17：15，根据板式换热器循环水泵 P2 是否连续运行，太阳能-地源热泵联合供热实验可分为连续与间歇辅助加热两种实验工况，以探讨太阳能连续与间歇作为地埋管地源热泵辅助热源的差异。其中，工况一为水泵 P2 白天连续运行，工况二为水泵 P2 白天间歇运行，其开停时间比为 1：1。实验结果见图 8-48～图 8-51。

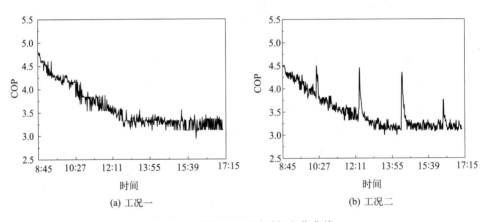

图 8-48　机组 COP 随时间变化曲线

分析图 8-48 可知，太阳能-地源热泵联合供热模式下，两种实验工况下机组 COP 变化趋势相同，均为运行初期热泵机组 COP 较大，随着时间运行逐渐降低并趋于动态平衡。但对于工况二，由于水泵 P2 间歇性开启，对应机组 COP 会出现间歇性突增。对两种工况下热泵机组 COP 取平均值，可得工况一与工况二的机组平均 COP 分别为 3.61 和 3.48，这表明太阳能与土壤连续作为热源供热比太阳能间歇联合土壤作为热源供热更具优势，机组 COP 更高。其可能原因为太阳能和土壤连续作为系统热源运行时，能够持续高效利用太阳能，如图 8-49 所示，工况一的太阳能集热效率明显高于工况二，从而可以收集更多的太阳能，更好地提高热泵蒸发器进口水温，机组性能系数更高。

进一步分析图 8-49 可以发现，联合运行期间工况一地埋管进出口水温在

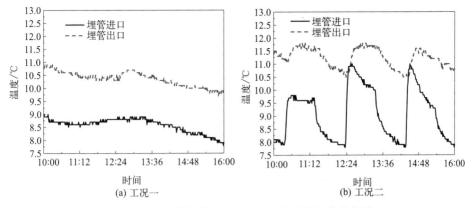

图 8-49　地埋管换热器进出口温度随时间的变化曲线

13：00 时出现了温度"波峰"，这是由于 13：00 时太阳辐射强度增强，太阳能在系统供热量中的贡献比增大，使土壤吸热量减小，土壤温度得到一定程度恢复。随后，太阳辐射强度逐渐减小，太阳能通过水箱的供热量减小，土壤吸热量增大，地埋管进出口温度又逐渐降低。工况二中地埋管进出口水温随着水泵 P2 间歇开启而出现周期性的升高和降低，且中午时刻地埋管进口温升较大，上午和下午相对较小。这是由于水泵 P2 开启期间蓄存于水箱中的太阳能通过板式换热器换热后被热泵蒸发器吸收进行供热，减小了地埋管从土壤中的吸热量，土壤温度恢复程度优于工况一，这意味着太阳能间歇联合土壤热源供热模式对土壤温度短时间恢复效果较为明显。

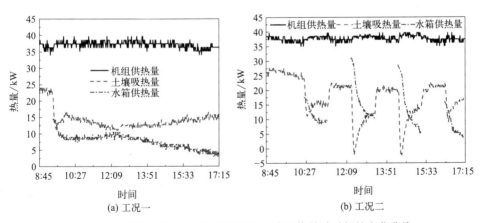

图 8-50　机组供热量、水箱供热量及土壤吸热量随时间的变化曲线

从图 8-50 可看出，工况一机组供热量较为稳定，开启水泵 P2 后土壤吸热量先上升再下降，在降至低谷之后又逐渐上升；水箱供热量的变化趋势与土壤吸热量相反，其主要原因是随着太阳辐射强度的变化，水箱供热量也随之呈现

"中间高两边低"的特点，土壤吸热量则呈现"中间低两边高"的特点。这表明土壤吸热量与水箱供热是相互耦合的，太阳辐射越强，水箱供热量越大，土壤吸热量也就越小。工况二中土壤吸热量在水泵 P2 开启后迅速下降，在中午时甚至为负值。这是由于水泵 P2 开启后，存储于水箱中的太阳能通过板式换热器换热后进入蒸发器进行供热，大幅度减小了土壤的吸热量；在太阳辐射强度较大的中午时刻，水箱中储存的一部分太阳能则被蓄存至土壤中，使得土壤的吸热量为负值。这进一步表明，太阳能和土壤联合作为热源供热时，土壤吸热量与太阳能供热量一个互相耦合的过程，太阳能所占供热比例越大，土壤供热量就越小，也越有利于土壤温度的恢复。

对图 8-51 两种工况下太阳能集热器瞬时集热效率进行比较可以发现，工况一的瞬时集热效率明显高于工况二，如在 10：00～13：00 期间，工况一的集热效率高于 55％，而工况二在水泵 P2 开启期间其最大集热效率也仅为 50％，且随着水泵 P2 启停而周期起伏。这表明太阳能和土壤连续作为热源时的集热效率较高，对

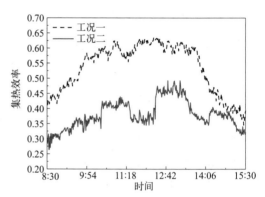

图 8-51   太阳能集热效率随时间的变化曲线

提高太阳能综合利用率有利；而太阳能间歇联合土壤作为热源进行供热时，由于蓄热期间水箱温度持续升高，使得太阳能集热器集热效率有所降低，降低了太阳能的综合利用效率。

8.4.3.3   太阳能-地源热泵水箱蓄热运行实验

太阳能-地源热泵水箱蓄热运行模式包含两种实验工况，工况一中地源热泵系统运行时间为 9：35～19：30，在此期间利用水箱进行太阳能蓄热，当蓄热水箱温度不再升高时水箱停止蓄热，之后与地源热泵系统联合供热运行。工况二中太阳能集热与蓄热系统集热时间段为 8：00～16：30，在此期间地源热泵停止运行；16：40～19：10 集热系统停止运行，启动地源热泵机组联合水箱供热。图 8-52 给出两种工况下热泵机组 COP 随时间的变化曲线，图 8-53 给出太阳能集热器进出口温度与太阳能集热效率随时间的变化曲线，图 8-54 给出地埋管进出口温度随时间的变化曲线。

由图 8-52（a）可以看出，实验工况一中联合水箱运行前后机组瞬时 COP 极大值出现时间即为地源热泵联合水箱供热时刻，且联合水箱供热前机组 COP

明显低于联合水箱供热后；对联合水箱供热运行前后 2h 内热泵机组 COP 取平均值，可得到联合运行前后机组平均 COP 分别为 3.12 和 3.51，这表明夜间水箱联合地源热泵运行可显著提高热泵机组 COP，有利于系统的经济运行。进一步分析图 8-52 (b) 可以发现，实验工况二中地源热泵在 16：40 时刻与蓄热水箱联合供热，供热时间相对较短，使得蓄存于水箱中的太阳能得到充分利用，进入蒸发器的水温较高，机组 COP 保持在较高水平，运行期间机组 COP 平均值为 3.91，高于以上所有实验工况，表明该模式工况二对晚上具备短时高负荷特点的场所尤为适用。

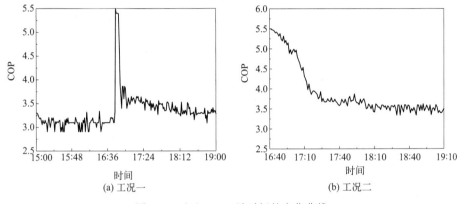

图 8-52　机组 COP 随时间的变化曲线

分析图 8-53 可知，太阳能集热器进出口水温随运行时间逐渐增大，其进出口温差呈现出先增大后减小的规律，这与太阳能辐射强度一天变化趋势正好相吻合。如图 8-53 (a) 所示，在太阳能水箱蓄热后期，随着蓄热水箱中水温升高，集热器回水温度随之上升，同时太阳辐射强度降低，使得水箱蓄热过程缓慢，最终导致集热器出口温度趋于降低。进一步从图 8-53 (b) 中太阳能集热效

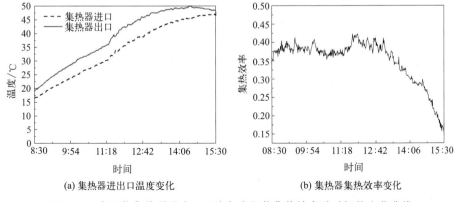

图 8-53　太阳能集热器进出口温度与太阳能集热效率随时间的变化曲线

率随时间的变化规律也可看出，蓄热初期水箱温度较低，太阳能集热效率保持在38%左右，但随着水箱温度升高，集热效率下降幅度增大，其集热效率由42%降低至约15%，这意味着较低的蓄热温度有利于太阳能的有效利用，因此，通过适当降低蓄热水箱温度可以提高太阳能集热器的集热效率。

从图8-54可得，工况一中地源热泵联合水箱进行供热后，地埋管进出口温度出现突然升高现象，且联合运行初期地埋管进口温度高于出口温度，这表明蓄存于水箱中太阳能热量的一部分被热泵蒸发器吸收进行供热，同时尚有富余太阳能热量被存储于土壤中，提高土壤温度。工况二则表现为地埋管进出口温度随时间逐渐下降，并无突然升高现象。联合水箱供热实验结束后，工况一和工况二地埋管的出口温度分别为9.75℃和11.6℃。这意味着尽管两种工况的太阳能集热效率一致，但运行结束后工况二的地埋管出口温度明显高于工况一，土壤温降幅度更小，从而更有利于系统第二天运行。

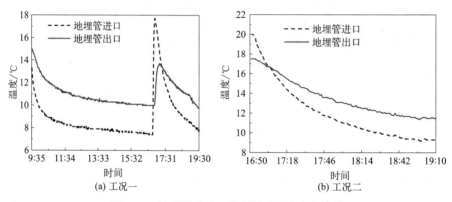

图8-54　地埋管进出口温度随时间的变化曲线

8.4.3.4　太阳能-地源热泵土壤蓄热运行实验

根据土壤蓄热时间与方式的不同，太阳能-地源热泵土壤蓄热运行模式可以分为两种工况，工况一为太阳能土壤间歇性蓄热，即利用地埋管进行太阳能土壤蓄热时，热泵机组停开，蓄热运行一段时间后蓄热停止，再启动地源热泵机组，如此往复完成一天的运行。该工况土壤蓄热时间与地源热泵机组运行时间比为1:2，实验运行时间为9:00~19:30。工况二为太阳能土壤连续蓄热，土壤温度持续升高，待蓄热停止后，启动地源热泵机组运行，利用地埋管从土壤中取出蓄存于土壤中的热量。该工况太阳能土壤蓄热时间段为11:10~17:00，地源热泵开启时间段为17:40~21:50。图8-55给出机组COP随运行时间的变化曲线，图8-56给出地埋管进出口温度随时间的变化曲线，图8-57给出太阳能集热效率随时间的变化曲线。

　　由图 8-55 可知，两种工况下机组 COP 随运行时间的总体变化趋势均为逐渐下降。对于工况一，当土壤间歇蓄热结束后再次开启地源热泵机组时，机组 COP 会有一定程度的提高。这是因为土壤每次间歇蓄热后温度会升高，使得地埋管出口温度得到一定程度的提高（图 8-56），从而使得进入热泵蒸发器的平均水温升高，机组 COP 也随之增大。对机组运行期间 COP 取平均值，可得到工况一的机组平均 COP 为 3.65。工况二利用太阳能集热与蓄热系统对土壤进行全天蓄热，土壤温度升高幅度大，使得地源热泵运行期间进入蒸发器的水温较高，运行期间机组平均 COP 为 3.8，仅次于水箱蓄热运行模式工况二，这说明利用土壤进行太阳能全天蓄热有利于夜间地源热泵机组的高效运行。进一步分析图 8-56 可知，工况一实验期间，地源热泵运行时地埋管进出口温度逐渐下降，且随着土壤间歇蓄热，地埋管进出口温度呈现出间歇性的升高和降低。工况二，白天利用地埋管进行太阳能土壤蓄热期间，地埋管进出口温度较高，且变化比较平缓。但在蓄热结束启动地源热泵机组后，地埋管进出口温度急剧下降，并转变为取热模式（图 8-56 中表示为地埋管出口温度高于进口温度）。为了进一步对比两种工况下太阳能的利用率，图 8-57 给出太阳能集热效率随时间的变化曲线，可以看出，工况一土壤间歇蓄热期间太阳能集热效率出现突增，其主要原因在于供热结束后土壤温度较低，地埋管与水箱换热较为强烈，使得集热器进口温度较低，集热效率突增；但土壤蓄热结束后，水箱温度会逐渐上升，使得集热器与蓄热水箱换热温差降低，集热效率也随之降低。工况二土壤蓄热过程中，水箱中蓄存的太阳能通过板式换热器与地埋管环路进行换热，从而将太阳能不断地存储于土壤中，其集热效率最大值出现在 13：45 左右。对两种工况下蓄热期间太阳能集热效率取平均值得到工况一与工况二的平均集热效率分别为 47.8% 和 41.5%，表明土壤间歇蓄热时集热效率高于土壤连续蓄热，更有利于太阳能的充分利用。

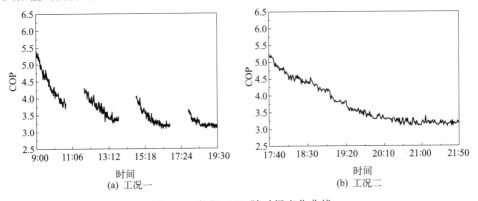

图 8-55　机组 COP 随时间变化曲线

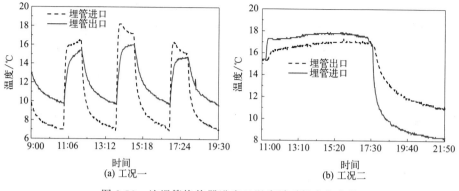

图 8-56　地埋管换热器进出口温度随时间变化曲线

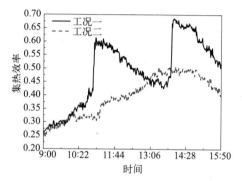

图 8-57　太阳能集热效率随时间的变化曲线

8.4.3.5　各实验模式的比较

为了进一步对比太阳能-地源热泵复合系统各实验模式下双热源间的耦合特性及系统综合性能，表 8-3 列出各实验期模式对应的机组平均 COP 和太阳能平均集热效率。

表 8-3　不同实验模式性能比较

实验模式	联合运行模式		水箱蓄热模式		土壤蓄热模式	
	工况一	工况二	工况一	工况二	工况一	工况二
机组平均 COP	3.61	3.48	3.43	3.91	3.65	3.8
太阳能平均集热效率 $\eta/\%$	51.5	38.2	34.8	34.9	47.8	41.5

从表 8-3 可以看出，水箱蓄热模式工况二与土壤蓄热模式工况二下机组的平均 COP 分别达 3.91 和 3.8，综合建筑负荷特点可知，在仅需夜间供热且负荷较大场所，上述两种运行模式较为适宜。对于白天连续供热负荷强度较为均匀的场所，联合运行模式工况一则为最佳选择；当白天建筑负荷具有一定间歇性时，

土壤蓄热模式工况一充分利用存储于土壤中的太阳能，其机组平均性能系数为 3.65，对此负荷特性场所较为适宜。

进一步分析表 8-3 可知，太阳能-地源热泵复合系统联合运行模式工况一的太阳能平均集热效率最高，其次为土壤蓄热模式和水箱蓄热模式。这是由于太阳能和土壤联合同时作为热泵热源时，土壤温度较低同时水箱内换热强度较大，使得集热器进口温度较低，集热效率较高，太阳能利用效率也较高，联合运行模式工况一的太阳能平均集热效率可达 51.5%。水箱蓄热由于本身蓄热容量限制，水箱温度上升与太阳能集热器出口温差降低，集热器进口温度较高，集热效率较低，水箱蓄热模式工况二的平均集热效率仅为 34.9%；土壤蓄热本身蓄热容量很大，使得集热效率位于两者之间，其平均集热效率在 40% 以上。这表明，为提高太阳能集热效率需要采取措施降低集热器进口温度。实际运行中可实时利用或蓄存太阳能，强化换热或考虑增加蓄热水箱体积和数量，降低集热器进口温度，从而提高集热效率。

8.5　太阳能-地源热泵复合系统参数优化分析

由于太阳能-地源热泵复合系统比较复杂，其系统性能不仅与各地气候条件、太阳能资源及土壤热源条件有关，还取决于系统本身各部件间的相互耦合特性，其中太阳能与土壤双热源间的相互配比对系统性能影响较大，这直接决定了太阳能与土壤热能的利用效率及各自承担的比例。为进一步研究复合系统中各部件间大小对其性能的影响，以联合运行模式为代表进行优化分析，探讨集热器面积、水箱容积以及地埋管数量对系统性能的影响。

8.5.1　模拟建筑

模拟建筑为位于北京市的一幢小型办公建筑，建筑面积 $250m^2$，其工作日供暖与供冷时间为 0：00～24：00。建筑供热日期为 11 月 15 日～第二年 3 月 15 日，供冷时间为 6 月 15 日～9 月 1 日，建筑 DEST 模型如图 8-58（a）所示。由 DEST 负荷模拟软件得出该建筑的逐时冷热负荷如图 8-58（b）所示。对模拟建筑负荷进行分析可知，建筑最大冷热负荷分别为 23kW 和 25kW，建筑全年累积冷热负荷分别为 36723kJ 和 16330kJ。

8.5.2　计算模型

如图 8-59 所示，利用系统瞬态仿真软件搭建了太阳能-地源热泵复合系统联

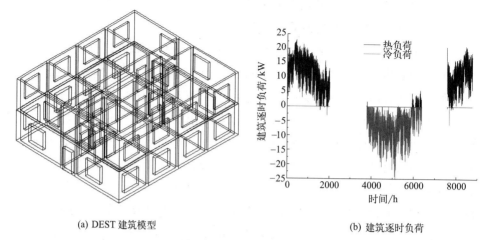

(a) DEST 建筑模型   (b) 建筑逐时负荷

图 8-58　模拟建筑模型

合供热运行模拟仿真平台，模拟系统包括四个部分：太阳能集热与蓄热系统、地埋管换热系统、热泵机组系统以及室内负荷系统，通过各个系统连接和条件设置，完成太阳能-地源热泵复合系统模拟平台的搭建。联合供热运行指的是白天系统利用太阳能和土壤热能同时作为系统的热源，晚上关闭太阳能集热与蓄热系统，利用土壤热能作为系统的唯一热源。

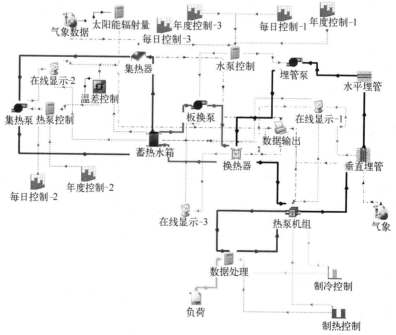

图 8-59　太阳能-地源热泵复合系统联合供热运行模拟仿真平台

为实现上述仿真模型运行模式，需要对系统各部件运行和控制进行独立设置，各部件作息时间设置详细见表 8-4。

表 8-4　仿真模型各部件作息时间设置

设备名称	集热泵	板换泵	地埋管泵	热泵机组
作息时间	8:00～18:00	8:00～18:00	0:00～24:00	0:00～24:00

此外，对于太阳能集热泵除了时间设置外，为了防止集热循环泵频繁启动，增加了温差控制，即当集热器出口与蓄热水箱出口温差大于 5℃时，集热泵开启；当温差小于 2℃时，集热泵关闭。

8.5.3　仿真结果分析

8.5.3.1　集热器面积

作为太阳能热源的采集装置，集热器面积是影响太阳能-地源热泵复合系统能效最为重要因素之一。为了探讨集热器面积对系统性能的影响，在其他模块设置不变的情况下，以集热效率、热泵机组 COP 及太阳能所占负荷比为评价参数，对集热器面积分别为 40m^2、60m^2、80m^2、100m^2、120m^2、140m^2、160m^2、180m^2、200m^2 和 220m^2 进行了模拟分析，计算结果见图 8-60 和图 8-61。

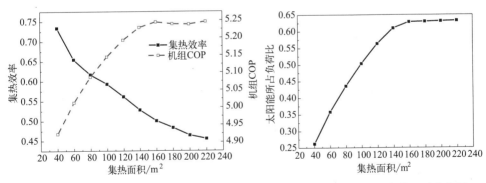

图 8-60　太阳能平均集热效率和机组平均　　图 8-61　太阳能所占负荷比随集热器
COP 随集热面积的变化　　　　　　　　　面积的变化

分析图 8-60 可知，机组 COP 随集热器面积的增加而逐渐增大，但当集热面积增加至 140m^2 时，机组 COP 增幅较小并趋于平缓。集热效率则随集热器面积的增加而逐渐降低，如当集热器面积为 40m^2 时，集热效率为 74%；当集热器面积增至 220m^2 时，集热效率降低至 46%。其可能原因是随着集热器面积的增加，机组进口水温增加幅度较低，热泵机组 COP 增幅较小；此外，集热器进口温度随着集热面积增加而增大，集热效率逐渐降低。进一步分析图 8-61 可以发现，随集热器面积增大，太阳能所占负荷比也逐渐增加。如集热面积从 $40m^2$ 增大到 $140m^2$ 时，太阳能所占负荷比从 26％增加到 61％；集热器面积从 $140m^2$ 增加到 $220m^2$ 时，太阳能所占负荷比仅增加 2％左右。

综合分析机组 COP、集热效率及太阳能所占负荷比随集热器面积的变化规律，为了充分利用太阳能，联合运行系统适宜集热器面积应由 $100m^2$ 调整为 $140m^2$。

8.5.3.2   水箱容积

在集热器面积和地埋管数量一定的情况下，水箱容积的大小会直接影响循环介质温度的高低，进而会影响集热器效率及地埋管的换热特性。为此，对水箱容积分别为 $0.4m^3$、$0.8m^3$、$1.2m^3$、$1.6m^3$、$2.0m^3$、$2.4m^3$、$2.8m^3$、$3.2m^3$、$3.6m^3$ 和 $4m^3$ 时太阳能所占负荷比和水箱供热量进行分析。图 8-62 给出水箱供热量和太阳能所占负荷比随水箱容积的变化。

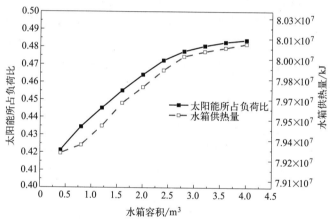

图 8-62   水箱供热量和太阳能所占负荷比随水箱容积的变化

分析图 8-62 可得，太阳能所占负荷比和水箱供热量均随水箱容积的增加而逐渐增大，但当水箱容积超过 $2.8m^3$ 时，增加幅度变小。如水箱容积从 $0.4m^3$ 增大到 $2.8m^3$ 时，太阳能所占负荷比从 42.1％增加到 47.8％；但当水箱容积从 $2.8m^3$ 增加到 $4m^3$ 时，太阳能所占负荷比仅增加 0.6％左右。水箱供热量变化规律与太阳能所占负荷比相同，这表明在集热器面积为 $100m^2$、埋管数量为 8 时，水箱容积应由 $2.0m^3$ 调整为 $2.8m^3$，这样可以进一步提高太阳能的利用率与水箱供热量。

8.5.3.3   地埋管数量

为探究联合运行模式下适宜的地埋管数量，对联合工况下地埋管数量分别为 4 个、5 个、6 个、7 个、8 个、9 个、10 个、11 个和 12 个时的机组 COP 和机组最低进口温度进行分析。图 8-63 给出机组 COP 和热泵机组蒸发器最低进口温度随地埋管数量的变化。

分析图 8-63 可知,随着地埋管数量的增加,机组平均 COP 逐渐增大,但当地埋管数量大于 9 个时,机组平均 COP 增幅明显降低。由机组最低进口温度可知,埋管数量为 8 个时机组最低进口温度为 3.53℃;埋管数量为 9 个时,机组最低进口温度为 4.65℃。考虑机组供热时安全和系统经济性,埋管数量为 9 个时较为适宜,即在联合运行工况下,在本模拟条件下地埋管适宜数量应由 8 个调整为 9 个。

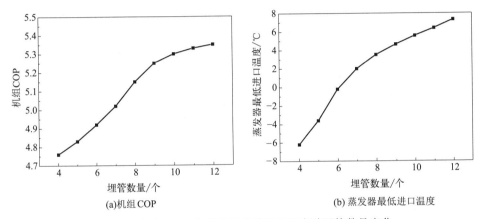

图 8-63　机组 COP 和蒸发器最低进口温度随埋管数量变化

8.6　太阳能-地源热泵复合系统应用中的关键

太阳能-地源热泵复合系统作为集太阳能热泵与地埋管地源热泵技术优点于一体的可再生能源综合利用系统,其中太阳能集热器、地埋管换热器形式及其传热特性、热泵机组模型、系统运行模式及其运行特性、太阳能-土壤双热源耦合特性与优化匹配及利用 U 形地埋管进行太阳能土壤跨季节储能等均是该系统中需要研究的重要问题。归纳起来,研究中需要解决的技术关键如下。

① 太阳能集热器作为复合系统中的热源采掘装置之一,其传热特性与集热效率对整个系统的性能及初投资大小有着很重要的影响,因此,必须探讨太阳能集热器的传热特性及其与地埋管换热的耦合特性,并研发适合于不同应用场景的新型太阳能集热器。

② 地埋管换热器作为系统中集热源采掘与蓄能功能于一体的最重要部件,

其相关的传热理论是系统研究中的重要内容之一，具体包括土壤热物性参数及其测定、地埋管传热模型及地下土壤冻结与水分渗流等对地埋管换热特性的影响等。

③ 为了提高装置的利用率及系统冬季运行性能，利用系统中现有的钻孔埋管与太阳能集热系统，在夏季制冷结束后至冬季的过渡季节进行太阳能跨季节性土壤蓄热，以实现太阳能移季利用是系统研究中的一部分。因此，必须建立合适的地埋管蓄热模型，研究利用 U 形地埋管进行太阳能土壤蓄热的可行性及其蓄热特性分析。

④ 太阳能集热器与埋地换热器间联合运行是一个比较复杂的传热、传质动态过程，系统各部件间相互耦合使得系统的运行效果不仅与集热器和埋地换热器的效率有关，而且与热泵机组的工作效率、建筑物的负荷特性及土壤中的换热方式紧密相连。要对这个复杂系统的运行状况有全面了解，必须开发相应的计算程序，以模拟其运行。因此，必须在建立各部件（包括集热器、地下埋管、热泵机组、蓄热装置及用户末端等）模型的基础上建立系统模型，进行动态性能仿真与优化设计。

⑤ 为了提高系统的运行效率，必须弄清各运行模式（包括联合与交替运行模式）的运行特性，并在此基础上进行优化设计。

⑥ 建立实验系统平台或示范工程，进行系统、连续的实验测试，以获得足够的基础数据。

第9章
地埋管地源热泵系统的
设计与施工

地埋管地源热泵系统设计的合理性及施工质量的好坏是确保该项技术正确推广与健康发展的关键。相比于其他常规空调系统，该系统由于增加了地埋管换热器部分使得其设计与施工变得更为复杂，并直接影响到系统运行的可靠性与经济性，是其推广应用中最为重要且相互关联的两个环节。考虑到负荷计算及室内末端系统设计与常规空调一致，本章重点阐述地埋管换热系统设计与施工方面的内容，包括现场勘查、地埋管地源热泵适宜性评价、地埋管换热系统设计、地埋管换热系统施工及地埋管换热系统的检验与验收。

9.1 现场勘查

9.1.1 现场资源条件勘探

地源热泵系统方案设计之前，应进行工程场地状况调查，并对浅层地热能资源进行勘察。根据调查及勘察结果，结合当地的环境和气候条件确定采用何种形式的地源热泵系统，以达到节能环保的目的。

9.1.1.1 现场调查与资料收集

地源热泵系统设计之前，设计和技术相关人员应到现场了解当地的水文地质情况，对于已经具备水文地质资料或附近有水井的地区，应调查获取水文地质资料。调查工作完成后编写调查报告，并对资源可利用情况提出建议。工程场地状况调查应包含以下内容。

① 场地规划面积、形状及坡度。

② 场地内已有建筑物和规划建筑物的占地面积及其分布。

③ 场地内树木植被、池塘、排水沟及架空输电线、电信电缆的分布。

④ 场地内已有的、计划修建的地下管线和地下构筑物的分布及其埋深。

⑤ 场地内已有水井的位置及相关的一些数据资料。

如果已有勘察部门做过岩土工程勘探工作，报告中应提供相应勘察报告。

9.1.1.2　工程勘察

地埋管地源热泵系统方案设计前，应对工程场区内岩土体地质条件进行勘察，工程勘察应由具有勘察资质的专业队伍承担，在勘察工作完成后编写正规的勘察报告，对资源可利用情况提出建议。地埋管换热系统勘察应包括以下内容。

① 岩土层的结构。

② 岩土层的热物性。

③ 岩土体温度。

④ 地下水静水位、水温、水质及分布。

⑤ 地下水径流方向、速度。

⑥ 冻土层厚度。

根据《地源热泵系统工程勘察标准》（CJJT 291—2019），地埋管地源热泵系统工程勘察具体内容要求如下。

① 应根据场地环境、地质条件、水文地质条件、工程条件等对场地进行工程分区，并应按工程分区对其工程适应性及其相关设计参数进行评价。

② 应查明工程影响范围地层结构、成因类型，工程需要时，提供各层土的物理性质指标，同时还应提供主要土层的热物理参数。

③ 应查明工程影响范围内多层地下水的深度、赋存条件、水质、水温，对于影响较大的地下水层（或厚度大于 3m），应查明径流方向与速度等水文地质条件。

④ 工程需要时，应查明地下水的稳定水位、水温及水质情况，包括水位的年变幅、水温随深度及季节性变化情况等。

⑤ 应查明岩土体的温度，提出可能的变化规律。

⑥ 应提供建设场地的冻土深度。

⑦ 应判定水、土对工程管道材料等的腐蚀性。

地埋管地源热泵系统勘探深度及现场试验、测试内容应符合下列规定。

① 勘探深度应大于预计地埋管底标高 5m。

② 勘探深度范围内各土层均应进行岩土热物理指标的测试，或进行综合性的测试。

③ 如遇厚度大于 1m 的含水层还应进行水温、水质等测试，调查地下水的赋存条件、补给、排泄、径流方向、流速等。

④ 进行场地水、土对工程管道材料的腐蚀性测试等。

勘察工作完成后，还需要对勘察孔做热响应测试。通常是使用冷热源设备连续向地下放热或从地下吸热，可以模拟冬季和夏季工况，得到两个工况下的换热率以及岩土的热导率作为地埋管换热系统深化设计的依据。

9.1.2　岩土热响应测试

9.1.2.1　测试目的

岩土热物性，如岩土热导率、比热容等是地源热泵地埋管换热器设计及系统动态仿真优化时所需的重要参数，其大小对钻孔的数量及深度具有显著的影响，进而影响了系统的初投资。同时，如果岩土热物性参数不准确，也会导致所设计的系统与负荷不相匹配，影响制冷效果，或者容量过大而增大初投资，从而不能充分发挥地源热泵的节能优势。根据《地源热泵系统工程技术规范》，对于适度规模的地埋管地源热泵工程，应进行相应要求的岩土热响应实验，以获得地埋管现场的岩土热物性参数，为地埋管换热器的设计与优化提供依据，并以此作为地源热泵系统长期运行后土壤热平衡校核计算及系统动态仿真的依据。因此，岩土热物性的确定是地埋管地源热泵系统优化设计的前提与基础。

对于地埋管地源热泵系统工程设计而言，地埋管的换热能力是设计者最为关心的内容，这主要取决于地埋管换热器深度范围内的岩土体综合热物性，是一个反映岩土体结构、地下不同深度岩土分布及地下水渗流等因素影响后的综合值。由于地质情况的复杂性和差异性，必须通过现场探测试验得到岩土综合热物性参数，供地埋管设计计算使用。在试验得到岩土热物性的基础上，结合地埋管换热孔回填材料、钻孔直径、钻孔深度、埋管形式、埋管间距、运行工况下埋管流体设计温度及运行时间等条件，计算得到测试条件下地埋管换热器单位孔深换热量参考值，以指导地埋管换热器的工程设计。

9.1.2.2　测试依据

目前，实施岩土热响应测试的主要依据为：

① 《地源热泵系统工程技术规范》（GB 50366—2009）；

② 《地埋管地源热泵岩土热响应试验技术规程》（T/CECS 730—2020）；

③ 《地源热泵系统工程勘察标准》（CJJ/T 291—2019）；

④ 《浅层地热能勘察评价规范》（DZ/T 0225—2009）；

⑤ 《浅层地热能开发工程勘查评价规范》（NB/T 10265—2019）；

⑥ 国际地源热泵协会（IGSHPA）推荐方法；

⑦ 工程现场具体情况及甲方提出的测试要求。

9.1.2.3　测试要求

（1）一般规定

① 应根据实地勘察情况，选择测试孔的位置及测试孔的数量，确定钻孔、成孔工艺及测试方案。如果存在有不同的成孔方案或成孔工艺，应各选出一个孔作为测试孔分别进行测试。如果埋管区域大且较为分散，应根据设计和施工的要求划分区域，分别设置测试孔进行岩土热响应测试。

② 当地埋管地源热泵系统的应用建筑面积为 $3000\sim5000m^2$ 时，宜进行岩土热响应试验；当应用建筑面积大于等于 $5000m^2$ 时，应进行岩土热响应试验。对于应用建筑面积小于 $3000m^2$ 时至少设置一个测试孔，当应用建筑面积大于或等于 $10000m^2$ 时，测试孔的数量不应少于 2 个。对 2 个及以上测试孔的测试，其测试结果应取算术平均值。

③ 在岩土热响应测试之前，应通过地埋管现场钻孔勘探，绘制钻孔区域地下岩土柱状分布图，获取地下岩土不同深度的岩土结构。

④ 钻孔单位延米换热量是在特定测试工况条件下获得的实验数据，不能直接应用于地埋管换热系统的设计，仅可用于设计参考。

⑤ 测试现场应提供满足测试仪器所需的、稳定的电源。对于输入电压受外界影响有波动的，电压波动偏差不应该超过5%。

⑥ 测试现场应为测试提供有效的防雨、防雷电等安全技术措施。

⑦ 测试孔的施工应由具有相应资质的专业队伍承担。

⑧ 为保证施工人员和现场的安全，应先连接水管和地埋管换热器等非用电设备，在检查完外部设备连接无误后，再将动力电连接到测试仪器上。

⑨ 连接应减少弯头、变径，为了减少热损失，提高测试精度，所有连接外露管道都应进行保温，保温层厚度不应小于10mm。

⑩ 岩土热响应测试过程应遵循国家和地方有关安全、劳动保护、防火、环境保护等方面的规定。

（2）岩土热响应试验应包括的测试参数

① 岩土初始平均温度。

② 地埋管换热器的循环水进出口温度、流量以及试验过程中的加热功率。

（3）岩土热响应试验报告应包括的内容

① 测试工程概况。

② 测试参考依据。

③ 测试装置及方案。

④ 测试过程中地埋管换热器进出口温度、循环水流量、加热功率随时间连续变化的曲线图。

⑤ 项目所在地岩土柱状图及钻孔难易程度分析（需要提供地勘报告）。

⑥ 项目所在地土壤原始温度（未扰动温度）。

⑦ 岩土热物性参数（岩土有效热导率、容积比热容、钻孔热阻及钻孔综合传热系数等）。

⑧ 测试条件下，钻孔单位延米换热量参考值。

（4）仪表要求

① 在输入电压稳定的情况下，加热功率的测量误差不应大于±1%。

② 流量的测量误差不应大于±1%。

③ 温度的测量误差不应大于±0.2℃。

④ 对测试仪器仪表的选择，在选择高精度等级的元器件同时，应选择抗干扰能力强、在长时间连续测量情况下仍能保证测量精度的元器件。

（5）测试要求

① 岩土热响应测试应在测试孔完成并放置至少48h以后进行。

② 岩土热响应试验应连续不断，持续时间不宜少于48h。

③ 试验过程中，加热功率应保持恒定。

④ 地埋管换热器的出口温度稳定后，其温度值宜高于岩土初始平均温度5℃以上且维持时间不应少于12h。

⑤ 地埋管换热器内流速不应低于0.2m/s。

⑥ 试验数据读取和记录的时间间隔不应大于10min。

⑦ 开启时，应先开启水循环系统，确认系统无漏水、流量稳定后，再开启电加热设备。

9.1.2.4　测试原理

目前，国内常用的岩土热响应测试有两种测试原理：恒热流法与恒温法。

（1）恒热流法　恒热流法是国际地源热泵协会推荐的标准方法，也是我国《地源热泵系统工程技术规范》中指定的岩土热响应测试方法。该方法基于恒热流线热源理论，即通过电加热器提供一个稳定的加热功率，记录测试埋管进出口温度随时间的变化。在地埋管换热器与土壤的传热过程中，管内流体进出口温度逐渐升高，经历足够长时间后趋向于稳定状态。根据上述动态变化数据，经过一定的数学模型处理后，可以获得当地岩土的综合热物性参数，不直接提供单位埋深换热量，但可以依据得到的综合热物性参数利用地埋管传热模型计算得出不同进口温度下单位埋深换热量。图 9-1 给出采用恒热流法进行岩土热响应测试所得的曲线，分析可以看出，测试过程中只要保持加热功率恒定，其地埋管进出口温差基本恒定，地埋管放热热流也基本恒定，可以满足恒热流线热源模型的使用条件。

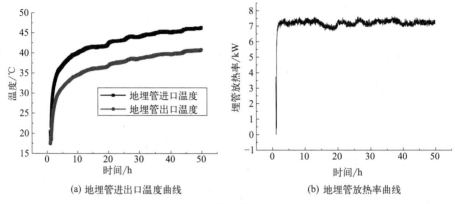

(a) 地埋管进出口温度曲线　　　　　(b) 地埋管放热率曲线

图 9-1　恒热流法测试曲线

（2）恒温法　恒温法热响应测试又可称为"稳定工况"测试方法，是近年来国内出现的一种测试方法。该方法测试中保持地埋管进口水温度和流量为某一定值，再由测得的流量和出口温度，通过计算可直观获得单位延米换热量。采用的加热热源可以是电热元件（夏季热响应工况），也可以是热泵（可同时测夏冬季热、冷响应两种工况）。由于要设法保持进口温度恒定，在冷（热）源部分必须有控制调节装置进行调节。这种方法的主要目标是确定"稳定工况"下每米钻孔的换热量。有文献报道：还可利用数学模型反演岩土体的热导率及地埋管换热器的综合传热系数，不过这种说法还有待商榷。图 9-2 给出恒温法测试曲线，分析可以看出，对于放热工况，在保持进口温度与流量恒定时，地埋管

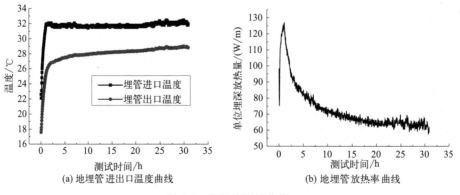

(a) 地埋管进出口温度曲线　　　　　(b) 地埋管放热率曲线

图 9-2　恒温法测试曲线

出口温度随测试时间逐渐增加，其对应的地埋管放热率逐渐减小，并趋于一个稳定值，这说明恒温法在短时间内不满足恒热流条件，不适宜采用恒热流线热源模型来处理实验数据。

（3）两种测试原理比较 地埋管地源热泵系统实际运行中是热流（负荷）主导，而不是循环流体温度，循环流体温度的变化是由负荷的改变而导致的。建筑物中产生的热量要通过地埋管换热器传到岩土体中。因此，实际运行和理论模拟中都是由负荷决定回路中循环流体的温度，它随时间有很大的波动。因此，恒定进口温度不是地埋管地源热泵系统实际运行工况。恒热流法采用的是瞬态传热反问题法，根据地埋管热流及传热温差，可确定出岩土体综合热物性参数（综合热导率、比热容、钻孔热阻等），计算结果更为准确，推荐设计时采用。因此，下面的岩土热响应测试内容均基于恒热流法。

9.1.2.5 测试装置

岩土热响应测试（thermal response test，TRT）常采用现场热响应测试法，该方法由 Mogensen 于 1983 年首次提出，主要用于测定地埋管现场的岩土热导率及钻孔热阻等。测试装置主要包括循环系统、加热系统、测量系统和辅助设备。循环系统的主要功能是实现水在地埋管换热器与测量仪中的循环流动，以及循环水流量的调节。通过循环泵提供循环水的驱动力，加上一系列的阀门实现系统中气体的排除以及流量的调节。加热部分主要用于加热循环水，使循环水在地层中散失的热量得到补充，通过调节加热器的功率，以维持地下放热率的恒定。测量系统的主要功能是测量地埋管进回水的水温以及循环水的流量，主要靠两个温度传感器和一个流量计实现。两个温度传感器分别设置在测量仪出水和回水的管道上。流量计安装在测量仪回水管路上。辅助设备包括测量仪用电设备供电、加热功率调节、辅助测温装置等。图 9-3 给出 TRT 测试系统装置原理及实物，主要包括：电加热供水箱、电加热器、循环水泵、循环管道、流量控制阀、流量计及温度传感器等。其中电加热器以恒定热功率对水箱内的水加热，加热后的循环水以恒定的流量进入 U 形地埋管，与周围土壤换热，加热器开始加热的同时开始计时，以一定时间间隔记录 U 形地埋管的进出口水温，并以其来确定进出口水温平均值，运行一定时间后，关闭加热器，停止试验测试。

9.1.2.6 测试步骤

岩土热响应测试一般可以按以下步骤进行。

① 制作测试孔：按照实际设计情况钻试验孔，选取 U 形地埋管，并按设计要求选取回填材料进行回填，该测试孔将来可以作为地下环路的一个支路使用。

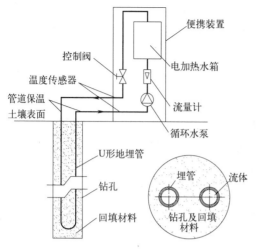

(a)测试装置原理   (b) 测试装置实物

图 9-3   TRT 测试装置原理及实物

② 平整测试孔周边场地，提供水电接驳点。

③ 连接 U 形地埋管与地上测试装置循环水管道进出口，并用绝热材料做好外露管道绝热保护工作。

④ 测试岩土初始温度，可采用以下 3 种方法：

a. 将感温探头埋入地下岩土中不同深度处直接测量；

b. 将温度探头插入 U 形地埋管中，测量不同深度处水的温度；

c. 开启加热器前启动循环水泵，测量地埋管换热器进出口温度，直至进出口温度逐渐趋于一致（5h 内温度相差不超过 0.1℃）。

⑤ 开启电源，给电加热器和循环水泵供电，保持加热器功率恒定，同时以一定时间间隔记录不同时刻的测量数据：地埋管换热器进出口水温、循环水流量、加热器加热功率。

⑥ 连续测试约 48h 后停止，试验测量结束时，先关闭加热器，停止记录数据，然后才能关闭循环水泵电源。

⑦ 排干管道内的循环水，断开 U 形地埋管与地上循环水管道的连接，并做好 U 形地埋管换热器的保护工作，以防止被其他杂物堵塞。

⑧ 从测试仪器中取出试验数据，利用选定的数据处理方法对试验数据进行处理，获得地埋管现场地下岩土的热物性值。

9.1.2.7 数据处理方法

（1）基于线热源的数据拟合法   对于竖直地埋管换热器，由于其深度远远大于钻孔直径。因此，对埋设有内部流动着冷热载热流体的地埋管换热器的钻孔，可以看成是一个线热源与周围岩土换热。当加热时间大于 10h 后，温度响应的解可表示为如下解析式。

$$T(r,\tau) = T_g + \frac{Q}{4\pi\lambda_s H} E_i\left(\frac{r^2 \rho_s c_s}{4\lambda_s \tau}\right) \tag{9-1}$$

式中，$T(r,\tau)$ 为 τ 时刻半径 r 处的土壤温度，℃；T_g 为土壤远边界初始温度，℃；Q 为埋管热流，W；H 为钻孔深度，m；λ_s 为土壤热导率，W/(m·℃)；$\rho_s c_s$ 为土壤的容积比热容，J/(m³·K)；E_i 为指数积分函数，当 $at/r^2 \geqslant 5$ 时，可表示为

$$E_i\left(\frac{r^2}{4at}\right) = \ln\frac{4at}{r^2} - \gamma \tag{9-2}$$

式中，γ 为欧拉常数，$\gamma = 0.5772$。

将式 (9-1) 代入式 (9-2) 可得

$$T(r,t) - T_g = \frac{Q}{4\pi\lambda_s H}\left(\ln\frac{4\lambda_s \tau}{\rho_s c_s r^2} - \gamma\right) = \frac{Q}{4\pi\lambda_s H}\ln\tau + \frac{Q}{4\pi\lambda_s H}\left(\ln\frac{4\lambda_s}{\rho_s c_s r^2} - \gamma\right)$$

$$\tag{9-3}$$

令地埋管内流体与钻孔壁间单位深度热阻为 R_b，则依据传热学知识，管内流体平均温度 T_f 与钻孔壁温 T_b 之间的关系可表示为

$$T_f - T_b = \frac{Q}{H}R_b$$

$$Q = c_f \dot{m}(T_{g,in} - T_{g,out})$$

$$R_b = R_c + R_p + R_g$$

$$R_c = \frac{1}{2\pi d_{pi} h_c}$$

$$R_p = \frac{1}{4\pi\lambda_p}\ln\frac{d_{po}}{d_{pi}}$$

$$R_g = \frac{1}{2\pi\lambda_g}\ln\frac{d_b}{d_{po}\sqrt{n}}$$

$$h_c = 0.023\frac{\lambda_f}{d_{pi}}Re^{0.8}Pr^{0.3} \tag{9-4}$$

式中，$T_{g,in}$ 为测试孔地埋管进口温度的测量值，℃；$T_{g,out}$ 为测试孔地埋管出口温度的测量值，℃；c_f 为循环流体质量比热容，J/(kg·K)；$\dot{m}$ 为循环流体质量流量，kg/s；R_c 为管内对流换热热阻，m·℃/W；R_p 为管壁导热热阻，

m・℃/W；R_g 为灌浆材料导热热阻，（m・℃)/W；n 为钻孔中埋管数。

令 $r = r_b$，由式（9-3）和式（9-4）可得出地埋管内流体平均温度可表示为

$$T_f = \frac{Q}{4\pi\lambda_s H}\ln\tau + \left[\frac{Q}{4\pi\lambda_s H}\left(\ln\frac{4\lambda_s}{\rho_s c_s r_b^2} - \gamma\right) + \frac{Q}{H}R_b + T_g\right] \qquad (9\text{-}5)$$

分析式（9-5）可以看出，需要确定 3 个未知参数：周围岩土热导率 λ_s、土壤容积比热容 $\rho_s c_s$ 及钻孔内总热阻 R_b。其中 R_b 取决于回填材料热导率、地埋管位置及几何尺寸等结构与热物性参数，但对于特定的钻孔埋管，是一个定值。由于热流率 Q 恒定，对于特定的钻孔埋管，其余均为定值，则式（9-5）等号右侧只有 $\ln\tau$ 一个变量，于是可将式（9-5）简化为一个二元一次线性方程。

$$T_f = m\ln\tau + b$$

$$m = \frac{Q}{4\pi\lambda_s H}$$

$$b = \frac{Q}{4\pi\lambda_s H}\left(\ln\frac{4\lambda_s}{\rho_s c_s r_b^2} - \gamma\right) + \frac{Q}{H}R_b + T_g$$

$$T_f = \frac{T_{g.in} + T_{g.out}}{2} \qquad (9\text{-}6)$$

通过实验测试所获得的输入功率 Q 及不同时刻地埋管流体平均温度 T_f 值，在温度-时间对数坐标轴上拟合出式（9-6），从而得出 m 与 b 的值，据此便可以根据 m 的表达式计算出热导率 λ_s 的值。对于钻孔热阻 R_b 与土壤容积比热容 $\rho_s c_s$ 的确定可以采用以下几种方法。

方法一：通过钻孔现场取样获得土壤类型，查手册获取 $\rho_s c_s$ 的值，然后将计算出的 λ_s 值与 $\rho_s c_s$ 的值代入 b 的表达式反算出钻孔热阻 R_b。

方法二：在已知钻孔地埋管结构参数的情况下，根据钻孔热阻 R_b 的表达式计算出钻孔热阻，将计算出的 R_b 值与 λ_s 值代入 b 的表达式反算出土壤容积比热容 $\rho_s c_s$。

方法三：将计算出的热导率作为已知参数，以未知的钻孔热阻与土壤容积比热容为未知参数，以式（9-5）作为优化函数，将计算出与实测出的地埋管流体温度进行对比，利用优化方法得出两个未知参数的最优值。

（2）基于解析解模型的参数估计法

① 线热源模型。对于线热源模型，除了可以采用上述数据拟合法来处理实验数据外，还可根据参数估计法来确定地埋管现场的岩土热物性。基于线热源模型方程 [式（9-1）]，钻孔壁温可表示为

$$T_w = T_g + \frac{Q}{4\pi\lambda_s H}E_i\left(\frac{r_b^2\rho_s c_s}{4\lambda_s\tau}\right) \qquad (9\text{-}7)$$

令单位深度钻孔热阻为 R_0，则地埋管流体平均温度 T_f 与钻孔壁温 T_w 之间的关系可写为

$$T_f - T_w = \frac{QR_0}{H} \tag{9-8}$$

由式（9-7）与式（9-8）可得地埋管内流体平均温度为

$$T_f = T_g + \frac{Q}{H}\left[R_0 + \frac{1}{4\pi\lambda_s}E_i\,\frac{r_b^{\,2}\rho_s c_s}{4\lambda_s \tau}\right] \tag{9-9}$$

式中，T_f 为地埋管内流体平均温度，℃；T_g 为土壤远边界温度，℃；R_0 为单位深度钻孔总热阻，m·℃/W；$\rho_s c_s$ 为钻孔周围岩土容积比热容，J/(m³·℃)，其余参数含义同前。

② 圆柱热源模型。圆柱源模型除了将 U 形地埋管用当量直径等价为一根有限半径的单管外，其余假设条件与线热源理论相同。对于恒壁温或恒热流情况，可以给出其精确解。用该模型可以直接得到圆柱孔洞壁面与土壤远边界之间的温差为

$$T_g - T_w = \frac{Q}{\lambda_s H}G(Fo,p) \tag{9-10}$$

假设沿深度方向单位深度钻孔总热阻保持不变并设为 R_0，采用与线热源模型同样方法可得地埋管内流体平均温度为

$$T_f = T_g + \frac{Q}{H}\left[\frac{G\left(\dfrac{\lambda_s \tau}{\rho_s c_s r_b^{\,2}},1\right)}{\lambda_s} + R_0\right] \tag{9-11}$$

分析式（9-9）与式（9-11）可以看出，2 个方程均有 3 个未知参数：周围岩土热导率 λ_s、岩土容积比热容 $\rho_s c_s$ 和单位深度钻孔内总热阻 R_0。其中 R_0 取决于回填材料热导率、地埋管位置及几何尺寸等结构与热物性参数，但对于特定的钻孔地埋管，是一个定值。因此，采用实验数据，利用式（9-9）或式（9-11）并结合下面所给出的参数估计法便可以确定上述 3 个未知参数。

③ 参数估计法。通过控制现场测试装置的加热功率，使钻孔满足常热流边界条件。将通过传热模型［式（9-9）或式（9-11）］计算得到的地埋管流体平均温度与实际测量得到的流体平均温度进行对比，利用参数估计法及最优化理论，通过不断调整传热模型中土壤的热物性参数值（包括周围岩土热导率 λ_s、容积比热容 $\rho_s c_s$ 及单位深度钻孔总热阻 R_0），找到由模型计算出的与实测平均流体温度值之间的误差最小值，此时对应的各物性值即为最终的土壤热物性参数优化值，其优化目标函数为

$$F = \sum_{i=1}^{n} \left[(T_{f,cal})_i - (T_{f,exp})_i \right]^2 \tag{9-12}$$

式中，$(T_{f,cal})_i$ 为第 i 时刻由选定的传热模型计算出的地埋管流体平均温度，℃；$(T_{f,exp})_i$ 为第 i 时刻实际测量得到的地埋管流体平均温度，℃，可由测出的地埋管进、出口流体温度计算平均值得出；n 为实验测试的数据组数。

参数优化计算过程如图 9-4 所示。

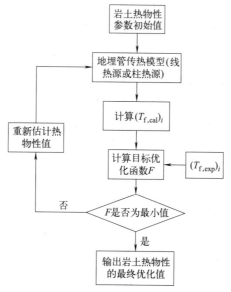

图 9-4　参数优化计算过程

9.2　地埋管地源热泵适宜性评价

9.2.1　适宜性评价的必要性

地埋管地源热泵是一个有众多影响参数和众多目标参数相互影响、相互制约的复杂系统，必须综合考虑其技术、经济及其可靠性等因素来综合确定其适宜性。我国地域辽阔，不同地区气候特征与地质条件差异较大，造成不同地区建筑冷热负荷需求及地埋管换热系统的初投资完全不同，从而导致各地区应用地埋管地源热泵所带来的节能、经济与环境效益也不尽相同。地埋管地源热泵系统应确保在钻进技术条件和经济成本允许的前提下，地下岩土层具备可持续的循环换热能力，且对地下温度场不会产生明显影响。因此，地埋管地源热泵在不同地区的适宜性评价是其科学有序推广的前提，对合理开发和利用浅层地热能资源及实际工程项目具有重要意义。地埋管地源热泵适宜性评价的主要目的包括以下三个方面。

① 防止盲目开发，减少不必要的开发风险，从而确保浅层地热能开发利用能够取得预期的经济效益与环境效益，并可持续利用。

② 通过适宜性评价，可以获得不同区域应用地埋管地源热泵的可行性及存在的问题，为政府相关部门制定浅层地热能开发利用规划提供可行依据。

③ 适宜性评价中获得的有关数据资料，可为地埋管地源热泵工程设计与优化运行提供参考依据。

9.2.2　适宜性分区

地埋管地源热泵的适宜性分区是一个涉及多方面的复杂评价问题，为了能够全面、合理地进行适宜性分区，必须结合各地具体情况建立一套综合的评价系统。根据《浅层地热能勘察评价规范》（DZ/T 0225—2009），综合考虑岩土体特性、地下水的分布及渗流情况、地下空间利用等因素，可将地埋管地源热泵的区域适宜性划分为适宜区、较适宜区和不适宜区三种类型，主要适宜性分区指标如表9-1所示。具体分区指标包括水文地质条件（地下水资源量、地下水水质）、岩土体热物性条件（热导率、比热容）、施工成本条件（第四系厚度、基岩可钻性）等。

（1）水文地质条件

① 地下水资源量。水作为热载体，水量越充足，与大地进行热交换的效率越高。该指标直接影响浅层地热能资源的赋存、储量、开采潜力及地温场的恢复能力，制约浅层地热资源利用。

表 9-1　地埋管地源热泵适宜性分区

分区	分区指标(地表以下 200m 范围内)			综合评判标准
	第四系厚度/m	卵石层总厚度/m	含水层总厚度/m	
适宜区	>100	<5	>30	三项指标均应满足
较适宜区	50~100	5~10	10~30	不符合适宜区和不适宜区分区条件
不适宜区	30~50	>10	<10	至少两项指标应符合

② 地下水水质。根据《地下水质量标准》（GB/T 14848—2017）的具体要求评价水质好坏。若水质较差，排水管和换热设备容易被堵塞或腐蚀，会增加前期工程投资和后期运行成本。

（2）岩土体热物性条件

① 热导率。作为岩土体热物性重要指标，它影响地温场的分布形态，是资源计算和工程设计指标，也是地源热泵地埋管设计的重要参数。

② 比热容。其对单位地埋管换热量的影响较大，第四系土体比热容与孔隙度、含水率呈正相关关系。含水量越大，则土体热容量越大，温度越稳定。

（3）施工成本条件

① 第四系厚度。第四系地层厚度是评价钻进与施工难易程度的评价指标，也是影响地层导热性能和蓄热性能的重要指标。

② 基岩可钻性。浅层地热能开发利用依靠地埋管换热器实现热量交换，而地埋管换热器的施工难易程度对浅层地热能资源开发利用有制约作用。基岩硬度、破碎程度直接决定施工成本。一般而言，基岩硬度越大，破碎程度越高，成孔难度越大，钻探成本越高，导致地埋管地源热泵越难以推广。

9.2.3　适宜性评价体系

9.2.3.1　评价体系建立的原则

地埋管地源热泵的适宜性受多因素与多目标的相互影响，建立一个科学合理的评价体系，必须考虑如何选择合理的评价指标。同时，鉴于该体系的影响因素较多，且各影响因素之间又相互影响，选择科学有效的适宜性评价体系需遵循以下原则。

（1）层次性　地源热泵系统的适宜性评价体系是一个比较复杂的系统，它应该由几个子系统组成，所以该适宜性评价体系应由多个层次的指标要素组成。

（2）科学性　各评价要素应概念明了、具有清晰的科学内涵，可以确切地反映系统某一方面的特点，同时应结构清晰、简单、便于理解记忆。

（3）可操作性　选择各评价指标时，需要考虑获得各指标的可能性，以及计算权重值的可行性，所建立起来的指标体系不能太复杂以致难以量化，应具有可量化性。

（4）完整性　所选指标在理论上能覆盖整个指标区域，选择具有代表性的指标，在确定指标时应把交叉重合的指标删除、归类并保留必要的评价指标，使每个指标都具有相对独立性，整体的评价指标具有完整性，便于后期的评价。

（5）可比性　所选择的各个指标应使不同区域之间与不同时段之间具有可比性，同时还有明显的时空性，让使用者能一目了然。

9.2.3.2　评价方法

地埋管地源热泵适宜性评价需要考虑多方面的因素，评价体系建立的主要目的是全面、合理地评价地源热泵系统的区域适宜性。基于上述原则，为保证各个评价指标之间既相互独立又相互影响，且有结构性与层次性，层次分析法是一种比较合适的评价方法。

层次分析法是由 20 世纪 70 年代的美国运筹学家 T. L. Saaty 提出的一种既简便灵活又实用的多准则决策评价方法，该方法可以把复杂系统的决策思维进行层次化，把决策过程中定性与定量的因素有机地结合起来，比较适合那些难以定量分析的问题。层次分析法的主要特点是能将人的主观性依据用量化的形式表达出来，使之条理化与科学化，其依据问题的性质及要达到的目标，把问题分解成若干个不同的组成要素，再按照各组成要素之间的关系，把各个要素按照不同的层次组合到一起，最终完成一个多层次的分析结构体系。层次分析法主要可以分为以下步骤。

（1）建立系统递阶层次结构模型　综合分析系统中各影响要素之间的关系，依据各影响要素之间的隶属关系与影响关系，组成一个系统性的层次结构模型，清楚表明各层次之间的关系。一般为 3 层，最上面为目标层，最下面为要素指标层，中间为属性层。

（2）建立两两比较矩阵　采用 1～9 标度对同一层元素进行两两比较后建立比较矩阵，标度值及含义见表 9-2。

表 9-2　标度值及含义

标度	含义
1	表示两个因素相比，具有相同重要性
3	表示两个因素相比，前者比后者稍重要
5	表示两个因素相比，前者比后者明显重要
7	表示两个因素相比，前者比后者强烈重要
9	表示两个因素相比，前者比后者极端重要
2、4、6、8	表示上述相邻判断的中间值
倒数	若因素 i 与因素 j 的重要性之比为 a_{ij}，那么因素 j 与因素 i 重要性之比为 $a_{ji}=1/a_{ij}$

（3）构造判断矩阵　从第二层开始用 1～9 尺度构造比较矩阵。

（4）计算单排序权向量并做一致性检验　求最大特征对应的归一化特征向量，做一致性检验。

（5）计算总排序权向量并做一致性检验　利用层次单排序，计算层次总排序，并做一致性检验。

9.2.3.3 评价指标的选取

综合上述地埋管地源热泵适宜性分区指标，评价指标主要综合考虑地质条件、水文地质条件、岩土热物性条件、施工成本及限制性条件等方面。

（1）地质条件与水文地质条件   地质条件包括第四系厚度和浅层地质结构分区，其中第四系厚度是影响地埋管适宜性分区的重要因素之一，浅层地质结构分区主要指评价区内不同岩土体不同的组合方式，其换热效率及地埋管系统利用能力也不同。水文地质条件包括有效含水层厚度、地下水发育程度、分层地下水水质3个因子。地下水系统越发育、含水层厚度越大，单孔换热效率越高。

（2）岩土热物性条件   包括土壤温度、热导率、比热容3个因子。地埋管换热深度范围内岩土体的热导率反映了岩土体传热能力，地层平均热导率越高，越有利于热量扩散，产生热堆积的可能性更小；平均比热容反映了岩土体储热能力，比热容越高，则储热能力越强；土壤温度直接决定了地埋管换热温差及换热效果。

（3）施工成本   钻进条件反映了地埋管施工难易程度，地层硬度越高，结构越复杂，施工难度越大，成孔成本越高，该处地埋管系统可行性就越差。因此，需要考虑地层的钻进条件及地形条件。

（4）限制条件   针对不同地区的特殊情况，可以增加限制性条件，如土壤热平衡条件、特殊地区不良地形、地貌的影响及可能的地质灾害等。

9.2.3.4 评价体系的建立

综合考虑上述选取的评价指标，利用层次分析法便可建立地埋管地源热泵系统适宜性评价层次分析模型，如图9-5所示。该评价模型由3层构成，从顶层至底层分别为系统目标层、属性层、要素指标层。目标层是系统的总目标，即地埋管地源热泵系统的适宜性评价。属性层由地质条件、水文地质条件、岩土热物性条件、施工成本及限制性条件构成；要素层由第四系厚度、浅层地质结构分区、有效含水层厚度、地下水发育程度、分层地下水水质、土壤综合热导率、土壤综合比热容、土壤平均温度、钻进条件、地形条件、土壤热平衡条件及特殊地貌、灾害等构成。

具体评价过程中，根据地埋管地源热泵系统的运行特点及当地开发利用现状，首先建立评价结构模型，选取评价要素指标和因子，要素指标分为不同区段，邀请专家，对各指标进行重要性对比、打分，汇总后进行一致性检验，最终确定地埋管地源热泵系统适宜性分区的评价体系、要素和权重。详细评价过程可参见有关文献资料。

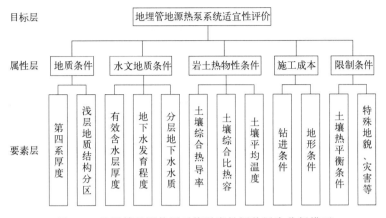

图 9-5　地埋管地源热泵系统适宜性评价层次分析模型

9.3　地埋管换热系统设计

9.3.1　地埋管管材与规格

地埋管管材的选择，对初装费、维护费、水泵扬程和热泵的性能等都有影响。因此，管道的尺寸与长度规格及材料性能应能很好地应用于各种情况。

地埋管换热器应采用化学稳定性好、耐腐蚀、热导率大、流动阻力小的塑料管材及管件，宜采用聚乙烯管（PE80 或 PE100）或聚丁烯管（PB），不宜采用聚氯乙烯（PVC）管。管件与管材应为相同材料。由于聚氯乙烯（PVC）管处理热膨胀和土壤移位的压力的能力弱，所以不推荐在地埋管换热器中使用 PVC 管。我国国家标准给出了地埋管换热器外径尺寸标准和管道的压力级别。地埋管外径及壁厚可按表 9-3 和表 9-4 的规定选用。相同管材的管径越大，其管壁越厚。

在美国，地热环路使用美国材料试验标准 D3035 中规定的铁管尺寸方法来确定聚乙烯管道系统管径。通常用外径与壁厚之比作为一个标准的尺寸比率（SDR）来说明管道的壁厚或压力的级别，即

$$SDR = \frac{外径}{壁厚} \qquad (9-13)$$

因此，SDR 越小表示管道越结实，耐压能力越高。

地埋管质量应符合国家现行标准中的各项规定。聚乙烯管应符合《给水用聚乙烯（PE）管道系统》（GB/T 13663.2—2018）的要求。聚丁烯管应符合

《冷热水用聚丁烯（PB）管道系统》（GB/T 19473.2—2020）的要求。管材的公称压力及使用温度应满足设计要求。管材的公称压力不应小于1.0MPa。在计算管道的压力时，必须考虑静水头压力和管道的增压。静水头压力是建筑内地热环路水系统的最高点和地下地热环路内的最低点之间的压力差。系统开始运行的瞬间，动压尚未形成，管道的增压应为水泵的全压。系统正常运行时，管道的增压应为水泵的静压减去流动压力损失。因此，设计中确定管路和附件承压能力时，要考虑水系统停止运行、启动瞬间和正常运行三种情况下的承压能力，以最大者选择管材和附件。

表 9-3　聚乙烯（PE）管外径及公称壁厚　　　　单位：mm

公称外径 DN	平均外径		公称壁厚/材料等级		
	最小	最大	公称压力		
			1.0MPa	1.25MPa	1.6MPa
20	20.0	20.3	—	—	—
25	25.0	25.3	—	2.3+0.5/PE80	—
32	32.0	32.3	3.0+0.5/PE80	3.0+0.5/PE80	3.0+0.5/PE100
40	40.0	40.4	—	3.7+0.6/PE80	3.7+0.6/PE100
50	50.0	50.5	—	4.6+0.7/PE80	4.6+0.7/PE100
63	63.0	63.6	4.7+0.8/PE80	4.7+0.8/PE100	5.8+0.9/PE100
75	75.0	75.7	4.5+0.7/PE100	5.6+0.9/PE100	6.8+1.1/PE100
90	90.0	90.9	5.4+0.9/PE100	6.7+1.1/PE100	8.2+1.3/PE100
110	110.0	111.0	6.6+1.1/PE100	8.1+1.3/PE100	10.0+1.5/PE100
125	125.0	126.2	7.4+1.2/PE100	9.2+1.4/PE100	11.4+1.8/PE100
140	140.0	141.3	8.3+1.3/PE100	10.3+1.6/PE100	12.7+2.0/PE100
160	160.0	161.5	9.5+1.5/PE100	11.8+1.8/PE100	14.6+2.2/PE100
180	180.0	181.7	10.7+1.7/PE100	13.3+2.0/PE100	16.4+3.2/PE100
200	200.0	201.8	11.9+1.8/PE100	14.7+2.3/PE100	18.2+3.6/PE100
225	225.0	227.1	13.4+2.1/PE100	16.6+3.3/PE100	20.5+4.0/PE100
250	250.0	252.3	14.8+2.3/PE100	18.4+3.6/PE100	22.7+4.5/PE100
280	280.0	282.6	16.6+3.3/PE100	20.6+4.1/PE100	25.4+5.0/PE100
315	315.0	317.9	18.7+3.7/PE100	23.2+4.6/PE100	28.6+5.7/PE100
355	355.0	358.2	21.1+4.2/PE100	26.1+5.2/PE100	32.2+6.4/PE100
400	400.0	43.6	23.7+4.7/PE100	29.4+5.8/PE100	36.3+7.2/PE100

表 9-4　聚丁烯（PB）管外径及公称壁厚　　　单位：mm

公称外径 DN	平均外径		公称壁厚
	最小	最大	
20	20.0	20.3	1.9+0.3
25	25.0	25.3	2.3+0.4
32	32.0	32.3	2.9+0.4
40	40.0	40.4	3.7+0.5
50	50.0	50.5	4.6+0.6
63	63.0	63.6	5.8+0.7
75	75.0	75.7	6.8+0.8
90	90.0	90.9	8.2+1.0
110	110.0	111.0	10.0+1.1
125	125.0	126.2	11.4+1.3
140	140.0	141.3	12.7+1.4
160	160.0	161.5	14.6+1.6

9.3.2　地埋管连接形式

9.3.2.1　串联与并联连接方式

地埋管换热器各钻孔之间既可采用串联连接方式，也可采用并联连接方式。在串联系统中，几个钻孔（水平管为管沟）只有一个流体环路；而在并联系统中，每个钻孔或管沟都有一个流体环路，多个钻孔就有多个流体环路。如图 9-6 和图 9-7 所示分别为水平与竖直地埋管串、并联连接方式。

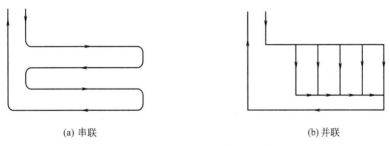

(a) 串联　　　　　　　　　　　　　　　　(b) 并联

图 9-6　水平地埋管换热器连接方式

串联连接方式主要优点：①一个回路具有单一流通通路，管内积存的空气容易排出；②由于串联系统管路管径大，因此对于单位长度地埋管来说，串联系统的热交换能力比并联系统的高。但串联系统也有许多缺点：①系统需要采用大管径的管子，因而成本高；②由于系统管径大，在冬季气温寒冷地区，系

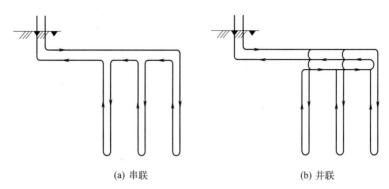

(a) 串联　　　　　　　　　　(b) 并联

图 9-7　竖直地埋管换热器连接方式

统内需较多的防冻液；③管径大增大了安装成本；④管道不能太长，否则阻力损失太大以及可靠性降低。

　　并联连接方式的优点有：①U 形地埋管管径可以更小，从而可以降低管路费用、防冻液费用；②较小的管径更容易制作安装，也可减少人工费用；③U 形地埋管管径的减小使钻孔直径也相应变小，钻孔费用也相应降低；④各并联环路之间流量平衡时换热量也相同，各并联管路系统的阻力损失也易于平衡。

　　并联管路热交换器中，同一环路集管连接的所有钻孔的换热量基本相同；而串联管路热交换器中，由于流体温度沿流动方向会逐渐降低（夏季工况）或升高（冬季工况），从而导致各个钻孔传热温差不一样，使得每个钻孔的换热量是不同的。采用并联还是串联管路取决于系统大小、埋管深浅及安装成本高低等因素。

　　目前地埋管地源热泵设计中以并联系统为主。需要指出的是，对于并联管路，在设计和制造过程中必须确保管内水流速较高以排走空气。此外，并联管道每个管路长度应尽量一致（偏差宜控制在 10% 以内），以使每个环路都有相同的流量。为确保各并联的 U 形地埋管进、出口压力基本相同，可使用较大管径的管道作为水平集箱连管，以提高地埋管换热器循环管路的水力稳定性。

9.3.2.2　水平管的连接方式

　　水平管的连接方式有两种，一种是集管式，一种是非集管式。如图 9-8 所示，集管式是将多个钻孔的地埋管换热器连接到水平集管后，再汇总到检查井的分集水器。该连接方式将地埋管换热器分成若干组，每组由多个钻孔组成。因此，节省管道，但单孔不好控制，一旦一组中任何一个钻孔地埋管有泄漏存在，则整个组环路作废，可靠性不高。非集管式是将每个钻孔的地埋管换热器进出管单独汇总至检查井集分水器，其优点是检修方便，在单个钻孔地埋管出现泄漏的情况下，关闭该回路即可，不影响其他回路正常使用，可靠性高，在建筑下埋管尤其适合。但是该连接方式管材消耗多，增加了埋管成本。

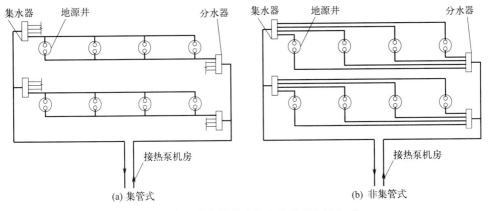

图 9-8　水平管的集管式与非集管式连接方式

9.3.2.3　水平集管连接形式的选取

水平集管是连接分、集水器的环路，而分、集水器是循环介质从热泵到地埋管换热器各并联环路之间循环流动的重要调节控制装置，其连接支管路的形式也存在串并联两种，如图 9-9 所示，两者的区别与前面的串并联特性基本一致。设计时应注意地埋管换热器各并联环路间的水力平衡及有利于系统排除空气。与分、集水器相连接的各并联环路的多少，取决于竖直 U 形地埋管与水平连接管路的连接方法、连接管件和系统的大小。

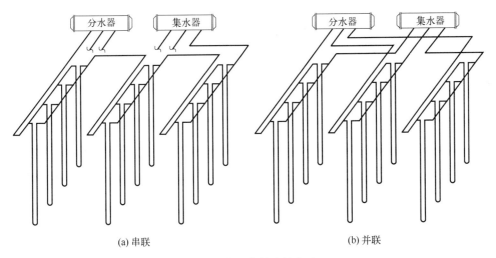

图 9-9　水平集管连接方式

9.3.3　地埋管换热器长度设计

地埋管换热器长度设计是地埋管换热系统设计中最为核心的内容，其设计的合理性不仅影响系统后期运行效果及系统能否达到预定的节能要求，同时决定了系统初投资的大小，因此，直接决定了地埋管地源热泵系统的节能性与经济性。地埋管换热器长度的设计是一个比较复杂的计算过程，这要涉及建筑负荷、管路系统布置、管材与管径、当地的岩土物性参数资料（土壤原始温度、热导率、导温系数）及气象参数等。对于地埋管地源热泵而言，应分别计算出满足冬季供暖与夏季空调所需的地埋管长度。目前，常用的地埋管换热器长度设计方法主要有三种：单位延米换热量法、半经验公式法及动态模拟法。

9.3.3.1　单位延米换热量法

单位延米换热量法首先计算出静态的建筑冷（热）设计负荷，然后根据建筑设计负荷及热泵机组的 COP 计算出地埋管的放热量与吸热量，再根据岩土热响应测试得到的单位延米换热量指标或经验估算值即可求出所需地埋管换热器的总长度。这种方法简单、直观，比较适合于工程初期地埋管设计的估算。具体计算过程如下。

（1）确定地埋管换热器的吸（放）热量

夏季放热量

$$Q_c = Q_0 \left(1 + \frac{1}{\mathrm{COP_c}} \right) \tag{9-14}$$

冬季吸热量

$$Q_h = Q_1 \left(1 - \frac{1}{\mathrm{COP_h}} \right) \tag{9-15}$$

式中，Q_c、Q_0 分别为夏季地埋管向土壤的放热量与设计冷负荷，kW；Q_h、Q_1 分别为冬季地埋管从土壤中吸收的热量与设计热负荷，kW；$\mathrm{COP_c}$、$\mathrm{COP_h}$ 分别为设计工况下热泵机组的制冷、制热性能系数，无量纲，可根据产品样本确定。

（2）确定地埋管换热器长度　地埋管换热器的长度与地质、地温参数和进入热泵机组的水温有关。在缺乏具体数据时，可依据现场热响应测试得到的单位延米换热量来确定，其长度可表示为

$$L_h = \frac{1000 n Q_h}{q_1} \tag{9-16}$$

$$L_c = \frac{1000 n Q_c}{q_1'} \tag{9-17}$$

式中，L_h、L_c 分别为冬、夏季工况下所需地埋管长度，m；q_1、q_1' 分别为单位延米吸热与放热量，W/m；n 为地埋管长度修正系数，单 U 为 2，双 U 为 4。

（3）确定钻孔间距及数目　为了确定钻孔的平面布置，首先需要决定各钻孔之间的间距。根据国内外有关科研单位的实验研究结果，单根竖直地埋管对周围土壤的热作用半径为 $2\sim3\mathrm{m}$，为了避免各钻孔间的热干扰，其间距根据可用地埋管场地面积情况可取为 $4\sim6\mathrm{m}$，这也是国内外常用的工程经验值。

目前，钻孔深度可在 $40\sim200\mathrm{m}$ 范围内，可以根据现场可用地埋管区域面积在此范围内先选择一个合适的钻孔深度 H 后，通过式（9-18）来计算钻孔数目。

$$N = \frac{L}{nH} \tag{9-18}$$

式中，N 为钻孔总数；H 为钻孔深度，m。

一般情况下希望通过增加钻孔数量而不是埋深来满足负荷要求，因为埋深增加不仅会使造价急剧上升，而且会增加热短路。此外还要考虑管壁的承压问题与单孔的流量问题，主要控制条件是可利用的地埋管区域面积。表 9-5 给出不同管径埋管深度的建议值，可供设计选用。

表 9-5　不同管径埋管深度的建议值

管径/mm	DN20	DN25	DN32	DN40
埋深/m	$30\sim60$	$45\sim90$	$75\sim150$	$90\sim180$

9.3.3.2　半经验公式法

半经验公式法以热阻概念为基础，基于傅里叶导热定律，根据有关的简化传热公式计算出各部分传热热阻，然后根据有关温差及负荷分别计算出满足夏季与冬季所需埋管长度，最后取较大者。按照传热方向由管内流体至钻孔周围远边界土壤，该方法将地埋管换热器与周围土壤间的换热分为管内对流换热、管壁导热、回填材料导热、土壤导热，每个过程的换热热阻求出之后，再通过建筑物的冷热负荷计算地埋管换热器的长度。其中以国际地源热泵协会（IGSHPA）和美国供热制冷空调工程师协会（ASHRAE）共同推荐的 IGSHPA 模型方法影响最大。我国制定的《地源热泵系统工程技术规范》中地埋管换热器的计算就采用此种方法。该方法是北美洲确定地埋管换热器尺寸的标准方法，是以开尔文线热源理论为基础的解析法，计算公式如下。

制冷工况下

$$L_{\mathrm{c}} = \frac{1000 Q_{\mathrm{c}} \left[R_{\mathrm{f}} + R_{\mathrm{pe}} + R_{\mathrm{b}} + R_{\mathrm{s}} + R_{\mathrm{c}} + R_{\mathrm{sp}} (1 - F_{\mathrm{c}}) \right]}{t_{\max} - t_{\infty}} \times \frac{\mathrm{COP_c} + 1}{\mathrm{COP_c}} \tag{9-19}$$

制热工况下

$$L_{\mathrm{h}} = \frac{1000 Q_{\mathrm{h}} \left[R_{\mathrm{f}} + R_{\mathrm{pe}} + R_{\mathrm{b}} + R_{\mathrm{s}} + R_{\mathrm{c}} + R_{\mathrm{sp}} (1 - F_{\mathrm{h}}) \right]}{t_{\infty} - t_{\min}} \times \frac{\mathrm{COP_h} + 1}{\mathrm{COP_h}} \tag{9-20}$$

式中，L_c、L_h 分别为制冷、制热工况下竖直地埋管换热器所需钻孔总长度，m；Q_c、Q_h 分别为热泵机组的额定冷负荷与热负荷，kW；COP_c、COP_h 分别表示热泵的制冷、制热性能系数；R_f 为管内循环流体对流换热热阻，m·K/W；R_{pe} 为管壁导热热阻，m·K/W；R_b 为钻孔回填材料热阻，m·K/W；R_s 为从钻孔壁到远边界处的土壤热阻，m·K/W；R_{sp} 为短时间内连续脉冲负荷引起的附加热阻，m·K/W；F_c、F_h 分别为制冷与供热运行份额；t_{max} 为制冷工况下地埋管内传热介质设计平均温度，℃，通常取 32～34℃；t_{min} 为供热工况下地埋管内传热介质设计平均温度，℃，通常取 −2～5℃；t_∞ 为地埋管区域岩土体的初始温度，℃。

其中

$$R_f = \frac{1}{\pi d_i h} \tag{9-21}$$

式中，h 为循环流体与 U 形地埋管内壁间的对流换热系数，W/(m²·K)；d_i 为地埋管的内径，m。

$$R_{pe} = \frac{1}{2\pi\lambda_p}\ln\frac{d_e}{d_e-(d_o-d_i)} \tag{9-22}$$

式中，λ_p 为 U 形地埋管的热导率，W/(m·K)；d_e、d_o 分别为 U 形地埋管的当量直径与外径，m。

$$R_b = \frac{1}{2\pi\lambda_b}\ln\frac{d_b}{d_e} \tag{9-23}$$

式中，λ_b 为钻孔回填材料的热导率，W/(m·K)；d_b 为钻孔的直径，m。

$$R_s = \frac{1}{2\pi\lambda_s}\left(I\frac{r_b}{2\sqrt{\alpha_s\tau}}+\sum_{i=2}^N I\frac{x_i}{2\sqrt{\alpha_s\tau}}\right) \tag{9-24}$$

式中，λ_s 为岩土体综合热导率，W/(m·K)；α_s 为岩土体的热扩散率，m²/s；r_b 为钻孔半径，m；τ 为运行时间，s；x_i 为第 i 个钻孔与所计算钻孔之间的距离，m。

$$R_{sp} = \frac{1}{2\pi\lambda_s}I\frac{r_b}{2\sqrt{\alpha_s\tau_p}} \tag{9-25}$$

式中，τ_p 为短期脉冲负荷连续运行时间，s。

$$F_c = \frac{T_{c1}}{T_{c2}} \tag{9-26}$$

式中，T_{c1} 为一个制冷季中水源热泵机组的运行时间，h，当运行时间取 1 个月时，T_{c1} 为最热月份水源热泵机组的运行时间；T_{c2} 为一个制冷季中的时间，h，当运行时间取 1 个月时，T_{c1} 为最热月份的时间。

$$F_h = \frac{T_{h1}}{T_{h2}} \tag{9-27}$$

式中，T_{h1} 为一个供热季中水源热泵机组的运行时间，h，当运行时间取 1 个月时，T_{h1} 为最冷月份水源热泵机组的运行时间；T_{h2} 为一个供热季中的时间，h，当运行时间取 1 个月时，T_{h2} 为最冷月份的时间。

9.3.3.3　计算机动态模拟法

地埋管地源热泵系统的实际运行过程是地埋管换热器、热泵主机与空调末端系统联合作用的过程，是土壤、热泵主机与空调房间耦合换热的过程。计算机动态模拟法是一种可实现将地埋管、热泵机组、空调末端系统及建筑物空间环境进行动态耦合的设计方法。该方法首先要计算出建筑全年逐时动态负荷，通过建立各部件模型（地埋管传热模型、热泵模型、系统末端模型及房间热力系统模型）来构建系统动态仿真模型，并编制相应的计算软件。通过输入钻孔埋管的结构及热物性参数和建筑物的动态负荷来确定地埋管换热器的长度。具体的设计计算就是根据地埋管负荷以及其流体出口的最高限温度（夏季）或最低限温度（冬季）来确定地埋管的长度，其计算步骤如下：

① 根据建筑物的结构及气象参数，确定建筑物的全年逐时动态负荷；

② 假定一个地埋管出口流体温度，调用热泵模型计算出地埋管的逐时负荷及热泵出口温度；

③ 由地埋管逐时负荷、运行时间、土壤热物性参数、钻孔几何配置情况等，初步设定地埋管的长度，并根据第 2 章中的二区域 U 形地埋管模型计算出钻孔壁的瞬时壁温 T_b；

④ 由计算得到的钻孔壁温，根据地埋管模型可确定地埋管的出口流体温度；

⑤ 判断计算得出的地埋管出口温度与假定的出口温度是否满足收敛条件，如满足则进入下一步，否则重新进行计算；

⑥ 若计算得出的流体出口温度与机组设定的流体最高限温度（或最低限温度）相等，则设定的地埋管换热器长度即为所需长度，否则重新设定地埋管换热器长度，重复③～⑤直到满足要求为止。

目前，关于计算机动态模拟法已开发出许多相应的计算软件，具体详见 9.3.4.4。

计算机动态模拟设计方法还原了地源热泵系统的实际工作状态，在设计阶段考虑了地埋管系统与建筑用户端耦合换热的特点，在系统建成后的运行维护阶段也可提供地埋管系统进、出水温度和土壤平均温度的计算值，对照相应的运行监测值可以制定系统的运行维护策略。

以上方法中，单位延米换热量法最为简单，比较适合于工程应用。但该方法总体来说是静态的，地埋管换热系统、热泵主机、末端用户没有相互的联系，计算精度较差，且单位延米换热指标在设计前难以确定，在缺乏详细设计资料时可供选取。半经验公式法计算精度高于单位延米换热量法，但实际应用时公式中很多参数难以确定，尤其是在国内缺乏原始资料的情况下更是如此。计算机动态模拟法以建筑物实际动态负荷与土壤热物性参数为依据，考虑了地埋管布置、运行时间、控制策略、土壤温度变化等多个因素的影响，并将系统各要素间进行动态耦合，因此计算精度最高。但需要建立合适的地埋管传热模型，并编制相应的模拟计算软件；同时，需要设计人员对软件使用要求熟悉，在计算机普及的当今不失为一种可取的方法。

9.3.3.4　地埋管换热器设计软件

目前，在国际上比较认可的地埋管换热器的计算核心为瑞典隆德大学开发的 g-函数算法。主要软件如 EED、TRNSYS 和 GLHEPRO 等。

（1）EED　20 世纪 80～90 年代瑞典隆德大学的两位研究者 Eskilson 和 Hellstrom 提出了一种基于叠加原理的新思路，也称为 g-函数算法。他们利用解析法和数值法混合求解的手段精确地描述了单个钻孔在恒定热流加热条件下的温度响应，再利用叠加原理得到多个钻孔组成的地埋管换热器在变化负荷作用下的实际温度响应。这种方法中采用的简化假定最少，可以考虑地埋管换热器的复杂的几何配置和负荷随时间的变化，同时可以避免冗长的数值计算。g-函数算法是介于经验计算与费时的数值计算之间的一种方法。

（2）TRNSYS　TRNSYS 软件中地埋管换热器的计算模型也是 g-函数算法，该模型与其他暖通空调组件相结合，功能更加强大。TRNSYS（transient system simulation program）是一套完整的和可扩展的瞬时系统模拟软件。TRNSYS 软件最早于 1975 年由美国威斯康星大学太阳能实验室的研究人员开发，并在欧洲一些研究所的共同努力下逐步完善。TRNSYS 的组件模型库提供了一百多个常用的组件模型和更多的附加组模型，包括建筑、HVAC 设备、控制、气象模型、太阳能、蓄热、地埋管等各种各样的常用组件。TRNSYS 的时间步长可以以小时、分、秒为单位，可以对系统的控制过程和响应进行比较准确的模拟，对风、水系统的瞬时特性和滞后特性的模拟与实际系统更为接近。基于上述特点，TRNSYS 软件非常适合于建筑能耗动态模拟计算和土壤源热泵系统的仿真模拟及优化分析。

（3）GLHEPRO　美国俄克拉何马州立大学（OSU）开发的 GLHEPRO 程

序基于瑞典隆德大学开发的热传导模型，它可以在一年或多年分析的基础上计算竖直地埋管换热器的长度。这种仅考虑热传导的多年工况分析模型适用于无地下水流动、年度吸热量和释热量不平衡、采用辅助散热装置的地区。GL-HEPRO 在标准的 Windows 用户界面上运行，容易理解，操作简便。用户将设计过程的一些信息，例如地面钻井的配置、循环液体属性的选择，输入对话框。其中建筑为每月冷热负荷的峰值是一项重要的输入。该程序提供了一个界面，可以从几个建筑物的能量分析程序中直接读取负荷。这些 Windows 程序有 BLAST、Trane System Analyzer 和 HVAC Load Calculations。GLHEPRO 可进行地下环路换热器的模拟试验。用户可以通过试验确定进入热泵流体温度的最大值，还有每月平均气体温度和热泵的能量消耗。而且，GLHEPRO 还可以确定能满足用户指定进泵流体温度范围的钻进深度。

（4）GchpCale　该软件程序由亚拉巴马州塔斯卡卢萨的能源信息服务机构开发，建立在利用稳态方法和有效阻力方法近似模拟的基础上，能根据设计条件下的吸热量和散热量对竖直地埋管换热器进行选型。该程序可以针对多年工况进行分析，但目前仅用于一年期的分析。该程序还可以将覆盖层和岩土体的多层结构考虑在内，也可同时对竖直和水平地埋管换热器进行选型。该程序采用的方法是在阿肯色大学 Hart 和 Couvillion 开发的热传导模型的基础上发展而成的。Gchpcalc 模型是根据设计条件下岩土体吸收或放出的热量来计算换热器长度的。

（5）GLD　由国际地源热泵协会中国委员会（萨斯特公司）提供翻译，已有中文版可供使用。GLD（ground loop design）地下环路设计软件是一种模块化的地源热泵地下环路设计软件，由美国加利福尼亚州 Gaia Geothermal 公司设计开发，由明尼苏达州 Thermal Dynamics 提供专业技术支持。该软件在美国近十年实际工程科研、应用当中，成功支持了众多大型地源热泵系统工程的设计和施工，得到了国际地源热泵协会（IGSHPA）好评，并在全球范围内推荐使用。GLD 软件能够帮助受过训练的暖通空调设计师和工程师，根据一系列输入的基础参数，对各种民用和商业建筑进行地下环路形式和尺寸的设计，可进行多种设计方案比较、选择；适合进行各种地下热交换器设计、负荷输入、设备选型、复合式系统和用户个性化定制（可针对特定的机组制造企业和专业设计院所进行定制）。软件模块化设计可以为设计师创造灵活、便捷的设计环境，在设计、分析软件的支撑下，可以进行许多新技术的创新和针对特别地质条件的成熟技术拓展。GLD 软件具有清晰友好的用户界面和设计接口。中文版 GLD 地下环路设计软件系统提供了设计环境，包括设备尺寸的确定，钻井或管路的长度，竖直管沟和利用浅表水的商业项目中管路要求。

（6）地热之星（GeoStar）　地热之星由山东建筑大学地源热泵研究所的研究人员在消化吸收国外先进技术的基础上，博采众长，独立开发的具有自主知识产权的地埋管换热器设计和模拟计算的专业软件。该软件采用动态传热模型，可以模拟地源热泵和地埋管换热器系统在长达 20 年的时间里的工作状态，并带有大量设计所必需的基础数据。该设计软件已成功地应用于山东建筑大学学术报告厅等多个国内地源热泵空调项目的设计。

9.3.4　土壤热平衡校核计算

土壤热平衡是地埋管地源热泵系统长期高效稳定运行的关键，设计过程中必须进行土壤热平衡的校核计算，以保证系统全年运行后土壤取放热量的平衡，确保土壤温度的恢复。目前，常用的土壤热平衡校核计算方法有工程简化算法与长期动态模拟算法。

9.3.4.1　工程简化算法

工程简化算法一般采用式（9-14）与式（9-15）所得出的夏季与冬季土壤的散热与吸热率，采用式（9-28）与式（9-29）分别算出全年地埋管累积向土壤中的散热量与取热量。

$$Q_s = \frac{Q_1 T_1 T_2 \times 3600}{1000} \tag{9-28}$$

$$Q_q = \frac{Q_2 T_3 T_4 \times 3600}{1000} \tag{9-29}$$

式中，Q_s、Q_q 分别为地埋管夏季向土壤的总散热量与冬季从土壤中的总取热量，MJ；Q_1、Q_2 分别为夏季与冬季土壤的平均散热与吸热率，kW；T_1、T_3 分别为夏季与冬季的运行时间，d；T_2、T_4 分别为夏季与冬季每天的运行时间，h。

根据当地的气候特点及人们的生活习惯，确定全年夏季制冷与冬季供暖的运行时间（d）以及每天的运行时间（h），将具体数值代入式（9-28）和式（9-29），可以得出全年地埋管向土壤中的累积排热与取热量，从而可以检核系统的土壤热平衡状况及必要的热平衡调控设计。该方法简单、易于实施，便于工程计算。但由于地埋管的换热功率采用的是平均换热率，且热泵 COP 也是采用的定值，没有考虑到系统负荷的动态变化，因此，计算结果比较粗略，仅能作为参考。

9.3.4.2　长期动态模拟算法

相比于工程简化算法，长期动态模拟算法更接近实际运行状态。该方法需要建立地埋管地源热泵系统仿真模型，按照设计条件输入各项参数，将建筑全年（8760h）逐时动态冷热负荷作为输入条件，进行长期（比如 20 年）运行模拟。通过模拟计算出土壤平均温度及地埋管进出口温度的逐时变化规律，从而可以直观地看出地埋管地源热泵系统长期运行后的土壤热平衡状况。

图 9-10 给出采用长期动态模拟法校核土壤热平衡时，某地埋管地源热泵系统运行 10 年期间监测孔中心深度不同半径处土壤温度逐时变化情况，可以看出土壤温度出现逐年上升的情况，意味着地埋管区地下土壤存在"热堆积"现象，即累积排热量大于累积取热量，需要进行辅助散热调控，可以采用冷却塔辅助散热或回收部分冷凝热作为加热生活热水。但要注意辅助冷却散

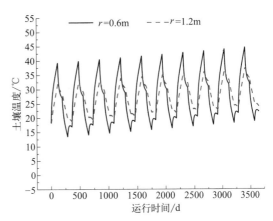

图 9-10　某地埋管地源热泵运行 10 年土壤温度随时间的变化

热量或回收冷凝热量的大小，防止过多而导致土壤"冷堆积"，这可以通过动态模拟计算来合理确定冷却塔的容量大小及开启时间，或者冷凝热回收量的大小。该方法与工程简化算法相比更为精确，结果较为可靠。但由于需要建立系统仿真模型，且需要输入的参数较多，因此，对于一般工程技术人员不便于掌握与实施，需要专业人士来计算完成。

9.3.5　水力计算

9.3.5.1　地埋管循环流量的确定

地埋管循环流量的确定是水力计算的第一步，流量的大小与水泵的选型、热泵的季节性能系数及地埋管换热效果直接相关。地埋管循环流量的选择既要考虑水源热泵机组正常工作对流量的要求，也要考虑对地埋管换热器换热效果与流动阻力的影响。循环流量的选择，一般应遵循以下原则。

①蒸发器的进、出口温差，$\Delta t \leqslant 4℃$。

②冷凝器的进、出口温差，$\Delta t \leqslant 5℃$。

夏季地埋管循环总流量，可按式（9-30）确定。

$$G_1 = \frac{3600 Q_g}{\rho c \Delta t} = \frac{3600(Q_c + N)}{\rho c \Delta t} \tag{9-30}$$

式中，G_1 为夏季地埋管系统总流量，m^3/h；Q_g 为夏季地埋管换热器总放热量，kW；Q_c 为地源热泵机组夏季总制冷量，kW；N 为夏季地源热泵机组总耗功率，kW；ρ 为循环介质的密度，kg/m^3；c 为循环介质的比热容，$kJ/(kg \cdot \text{℃})$；Δt 为热泵机组冷凝器进出口温差，℃。

冬季地埋管循环总流量，可按式（9-31）确定。

$$G_2 = \frac{3600Q'_g}{\rho c \Delta t} = \frac{3600(Q_h - N)}{\rho c \Delta t} \tag{9-31}$$

式中，G_2 为冬季地埋管系统总流量，m^3/h；Q'_g 为冬季地埋管总吸热量，kW；Q_h 为地源热泵机组冬季总供热量，kW；N 为冬季地源热泵机组总耗功率，kW；ρ 为循环介质的密度，kg/m^3；c 为循环介质的比热容，$kJ/(kg \cdot \text{℃})$；Δt 为热泵机组蒸发器进出口温差，℃。

地埋管循环总流量取 G_1 与 G_2 中的较大者。由于冬、夏季地埋管流体流量相差较大，地埋管换热系统宜根据建筑负荷变化进行流量调节，可以节省水泵能耗。当地下流体温差的取值与热泵机组标准工况不同时，应对机组进行冷热量的校核。

9.3.5.2 地埋管换热系统的阻力计算

（1）压力损失计算 对以水为传热介质的地埋管换热器，管道压力损失计算与常规的管内阻力计算方法相同。对于同程式系统，取压力损失最大的环路作为最不利环路进行阻力计算，可采用当量直径法将局部阻力转换成当量长度，然后与实际管长相加得到各不同管径管段的总当量长度。传热介质不同，其摩擦阻力也不同，水力计算应按选用的传热介质的水力特性进行。国内已有的塑料管比摩阻通常是针对水而言的，对添加防冻剂的水溶液，可根据塑料管的相对粗糙度，通过计算图求得比摩阻。地埋管换热器的压力损失可按照以下方法进行计算。

① 确定管内流体的流量、公称直径和流体特性。

② 根据公称直径，确定地埋管换热器的内径。

③ 计算地埋管的断面面积 A。

$$A = \frac{\pi d_j^2}{4} \tag{9-32}$$

式中，A 为地埋管的断面面积，m^2；d_j 为地埋管的内径，m。

④ 计算管内流体的流速 v。

$$v = \frac{G}{3600A} \tag{9-33}$$

式中，v 为管内流体的流速，m/s；G 为管内流体的流量，m^3/h。

注意：对于 $DN32$ 单 U 形地埋管与 $DN25$ 双 U 形地埋管，其流速应分别大于 0.6m/s 与 0.4m/s。

⑤ 计算管内流体的雷诺数 Re，Re 应该大于 2300 以确保紊流。

$$Re = \frac{\rho v d_j}{\mu} \tag{9-34}$$

式中，Re 为管内流体的雷诺数；ρ 为管内流体的密度，kg/m^3；μ 为管内流体的动力黏度，$N \cdot s/m^2$。

⑥ 计算管段的沿程阻力 P_y。

$$P_d = 0.158\rho^{0.75}\mu^{0.25}d_j^{1.25}v^{1.75} \tag{9-35}$$

$$P_y = P_d L \tag{9-36}$$

式中，P_y 为计算管段的沿程阻力，Pa；P_d 为计算管段单位管长的沿程阻力，Pa/m，取值可查相关手册；L 为计算管段的长度，m。

⑦ 计算管段的局部阻力 P_j。

$$P_j = P_d L_j \tag{9-37}$$

式中，P_j 为计算管段的局部阻力，Pa；L_j 为计算管段管件的当量长度，m，可查相关手册。

⑧ 计算管段的总阻力 P_z。

$$P_z = P_y + P_j \tag{9-38}$$

式中，P_z 为计算管段的总阻力，Pa。

（2）循环泵的选择　根据水力计算的结果，合理确定循环水泵的流量和扬程，并确保水泵的工作点在高效区。同时，应选择与防冻液兼容的水泵类型。根据许多工程的实际情况，地埋管系统循环水泵的扬程一般不超过 32m。扬程过高时，应加大水平连接管管径，减小比摩阻。管径引起的投资增加不多，而水泵的电耗是长期的。为了减少能耗，节约运行费用，可采用水泵台数控制或循环泵的变流量调节方式。

当系统较大、阻力较高，且各环路负荷特性相差较大，或压力损失相差悬殊（差额大于 50kPa）时，亦可考虑采用二次水泵方式，二次水泵的流量与扬程可以根据不同负荷特性的环路分别配置，对于阻力较小的环路可以降低二次水泵的扬程，避免不必要的浪费。

在设计中，根据地埋管换热系统水力计算的设计流量 M_{de}、换热系统环路总的阻力损失 $\Sigma \Delta H$，再分别加 10%～20% 的安全系数后作为选择循环泵组时所需要依据的流量和扬程（压头），即

$$M_P = 1.1 M_{de} \tag{9-39}$$

$$H_P = (1.1 \sim 1.2) \sum \Delta H \tag{9-40}$$

根据式（9-39）、式（9-40）和水泵特性曲线或特性表，选择循环水泵。在选择中应注意：

① 为了减少造价和占机房面积，一般数量不宜过多（不应超过 4 台）；

② 如选两台泵，应选择其工作特性曲线平坦型的；

③ 水泵长时间工作点应位于最高效率点附近的区间内。

（3）管材承压能力的校核　地埋管换热系统设计时应考虑地埋管换热器的承压能力，若系统压力超过地埋管换热器的承压能力，可设中间换热器将地埋管换热器与室内系统分开。管路最大压力应小于管材的承压能力。若不计竖井灌浆抵消的静压，管路所承受的最大压力等于大气压力、重力作用静压和水泵扬程一半的总和，即可采用式（9-41）进行压力校核。

$$p = p_0 + \rho g h + 0.5 p_h \tag{9-41}$$

式中，p 为管路最大压力，Pa；p_0 为建筑所在地大气压，Pa；ρ 为地埋管中流体密度，kg/m^3；h 为地埋管最低点与闭式循环系统最高点之高差，m；p_h 为水泵扬程，Pa。

9.4　地埋管换热系统施工

9.4.1　施工前的准备

9.4.1.1　技术与人员准备

地埋管换热系统正式施工前，需要准备齐全必要的技术资料、施工方案及施工人员，并按要求完成相关的提前准备工作。

① 地埋管换热系统施工前应具备地埋管区域的工程勘察资料、设计文件和施工图纸，并完成施工组织设计。

② 地埋管换热系统施工前应了解地埋管场地内已有地下管线、其他地下构筑物的功能及其准确位置，并应进行地面清理，铲除地面杂草、杂物，平整地面。

③ 施工方应熟悉主要施工机械及其配套设备的技术性能资料，所需材料的检验资料。

④ 施工方应具有针对性的安全、质量、工期、文明施工和环境保护等管理措施。

⑤ 施工方应制定施工方案，并对施工人员做好专项安全和技术交底。

⑥ 开工前应根据工程项目规模、工期和技术要求等进行人员配备，建立健全工程项目管理机构，明确其主要管理人员职责。

⑦ 施工人员应具有相应的职业技术能力，上岗前应进行职业安全、技术能力和操作技能培训，培训合格后方可上岗。

⑧ 项目管理人员应具有与其岗位相适应的从业资格证书。

⑨ 应认真熟悉施工图纸和设计说明，与监理、总包单位协调，确认钻孔定位基准点，并经监理复核签字。

⑩ 按照施工图进行现场测量布点，确定钻孔位置，并及时用木桩或有一定强度的短管打入各钻孔位置，做到牢固、醒目、易于确认。

9.4.1.2　物资与材料准备

① 编制材料需求计划，做好竖井管、水平管、阀门、管件和钻井液等相关材料备料工作。

② 地埋管管材及管件应符合设计要求，且应具有质量检验报告和生产厂商的合格证。

③ 应根据地质条件及工程要求选择合理的挖掘机、钻机等设备用具，以及施工工艺和钻头。

④ 地埋管换热器内传热介质按设计要求确定。

⑤ 地埋管换热系统地下部分的管道和管件材料应采用化学稳定性好、耐腐蚀、热导率大、流动阻力小的塑料管材及管件，宜采用聚乙烯管（PE80 或 PE100）或聚丁烯管（PB）。

⑥ 地埋管质量应符合现行国家标准中的各项规定要求，管材的公称压力及使用温度应满足设计要求。

⑦ 地埋管换热器所用管材、管件应为同一牌号材质，且所有管件均为成品件。不应使用再生塑料管材。

⑧ 地埋管管材内外表面应清洁、光滑，不允许有气泡、明显的划伤、凹陷、杂质、颜色不均等缺陷。管端头应切割平整，并与管轴线垂直。

⑨ 施工现场安装材料的堆放、搬运、保护应符合以下规定：

a. 进入现场的管材、管件应逐件进行外观检查；

b. 管材、管件在运输、装卸和搬运时，应小心轻放，排放整齐、避免油污、不得与尖锐物品碰触，不得抛、摔、滚、拖，当采用机械设备吊装时，应采用柔性好的皮带或吊带进行装卸；

c. 管材堆放场地应平整，无凸出尖棱物块，短期露天堆放时，严禁在阳光下暴晒，并应有防晒、防高温措施，防止管道老化变形；

d. 管材应水平堆放在平整的支撑物或地面上，并应采取防止管口变形的保护措施。

⑩ 根据施工图地埋管材料质量要求，组织地埋管材料进场，所有进场材料都应符合《地源热泵系统用聚乙烯管材及管件》（CJ/T 317—2009）以及《给水用聚乙烯（PE）管道系统》（GB/T 13663.1—2017、GB/T 13663.2—2018、GB/T 13663.3—2018）等相关标准，同时应有产品合格证及质量检验报告。

⑪ 材料进场应及时向甲方、监理报验，并由监理现场取样送检，送检合格后方能使用。

⑫ 应根据施工图要求的有效深度，确认竖直地埋管换热器的长度及钻孔深度，确保地埋管换热器埋设深度符合设计要求，满足工程需要。

⑬ 应根据设计要求，确定地温监测孔的位置及数量，并进行标注，准备相应的材料进现场。

9.4.2　竖直地埋管施工

竖直地埋管施工包括竖直钻孔、竖直地埋管预制、竖直下管和灌浆回填四道工序，各工序工艺要求和质量监控要点如下。

9.4.2.1　竖直钻孔

钻孔前应核对施工图纸，严格按施工图要求放线定位，见图 9-11，确定钻孔区域边界线、钻孔数目、钻孔位置、钻孔间距，其偏差应控制在 10cm 以内。以钻孔点定位塔架底盘，并采用水平尺对底盘横向、纵向找平，钻机塔架底盘水平度≤0.5mm/m；底盘定位后，安装塔架竖杆，保证塔架竖杆垂直。

根据钻孔定位，按设计与施工方案布置好钻孔次序后可开始钻孔施工。钻孔位置离建筑物外墙的最小距离为 2m，以保障现有建筑的稳定。在保证设计埋管总长度的前提下，如果现场施工出现特殊情况（如遇到坚硬的岩石层或泥沙层），可适当调整钻孔位置、深度与数量，但必须做好方案调整备案记录。

钻孔位置地面应平整，钻机就位后及钻孔过程中应确保钻机钻杆的垂直度。钻机就位后应用水平尺测量钻机机座的水平度并用线锤吊线测量钻机立轴的垂直度，以确保钻机钻杆的垂直度。竖直钻孔垂直度偏差不宜大于 0.001，确保成品孔的垂直度，从而有效地保证不同竖直地埋管之间的最佳间距，使地埋管与土壤的热交换达到最佳效果。

钻孔偏斜是钻孔过程中不可避免的问题，为了最大限度地保证钻孔的垂直度，要求垂直钻孔深度在 50m 内，测斜不应少于 1 次，如图 9-12 所示。当检测

图 9-11　钻孔定位放线

图 9-12　安放测斜仪

出钻孔发生偏斜时，应及时调整钻杆或钻机，避免钻孔偏斜过大。

　　钻孔孔径选择：单 U 形管钻头直径宜为 110～135mm，双 U 形管钻头直径宜为 150～180mm。钻孔直径宜大于地埋管与灌浆管组件 20mm 以上。

　　钻孔施工初钻时应先启动泥浆泵和转盘，使之空转一段时间，待泥浆输送畅通后，方可开始钻孔。钻孔过程中接、卸钻杆动作要迅速、安全，应在最短时间内完成，以免停转时间过长，增加孔底沉淀。当钻孔孔壁不牢固或者存有孔洞、洞穴等导致成孔困难时，应设护壁套管。实际钻孔深度应超出设计深度，留有足够余量，供卸钻杆及下竖直地埋管换热器时钻杆内的泥沙沉淀，以确保换热器埋设深度达到设计要求。

　　钻孔施工时应遵循以下操作要点：

　　① 开始初钻时，孔尺应适当控制，在护筒刃脚处，应低挡慢速钻孔，使刃脚处有坚固的泥皮护壁；

　　② 钻至刃脚下 1m 后，可按土质以正常速度钻孔；

　　③ 如护筒土质松软，发现漏浆时，可提起钻头，向孔中倒入黏土，再放下钻头反复填钻，使胶泥挤入孔壁，堵住漏浆孔隙，不让泥浆流失，方能继续钻进。

　　钻机钻进时，根据地层结构、岩石性质和钻孔目的的不同，采用不同的钻进方式，选用不同的钻头，借助钻机，切削粉碎岩石，逐步使钻孔加深。在竖直钻孔施工中，钻孔多采用硬质合金钻进、牙轮钻进及冲击回转钻机，常用的钻头有翼片钻头、牙轮钻头和潜孔锤钻头，见图 9-13。钻孔结束后应对钻孔进行冲洗，防止钻进中形成的岩土粉渣沉淀，影响钻孔的有效深度，确保下管长度满足设计要求。

　　根据不同孔径和地层硬度，可采用不同的钻孔方法，具体如表 9-6 所示。

(a) 翼片钻头

(b) 牙轮钻头

(c) 潜孔锤钻头

图 9-13   钻头形式

表 9-6   不同地层结构钻孔方法

地 层 类 型	钻孔方法	备 注 说 明
第四纪土层或沙砾层	螺旋钻孔	有时需临时套管
	回转钻孔	需临时套管和泥浆添加剂
第四纪土层、泥土或黏土层	螺旋钻孔	多数情况下可采用此方式
	回转钻孔	需临时套管和泥浆添加剂
岩石或中硬地层	回转钻孔	牙轮钻头,有时需加入泥浆添加剂
	潜孔垂钻孔	需要大的压缩机
岩石、硬地层到高硬地层	回转钻孔	用凿岩钻头或硬合金球齿钻头,钻速较低
	潜孔锤钻孔	需要大的压缩机
	钉锤钻孔	深度约为 70m,需要专门配套工具
超负荷岩层	ODEX 钻孔	配潜孔锤

表 9-6 所列情况中、中、软地层中回转钻孔速度可达 10m/h,硬质和高硬岩层中用潜孔锤或钉锤钻孔时,钻速也可达到 10m/h。回转钻孔可广泛应用于多种地层,但通常钻速不高,最适宜钻压会随钻孔直径而增加,采用凿岩钻头、牙轮钻头进行回转碎石都需要很大的钻压,球齿钻头所需钻压更大的场合。在回转钻孔中,一般用水作冲洗剂,用钻孔泥浆来稳定孔壁。潜孔锤的优点是能够以较高的钻速钻凿硬岩,而且成本较低。在相同的岩层中,采用轻型钻机钻探一个 50m 深的孔,用凿岩球齿钻头回转钻孔时需要 5 天的时间,而采用潜孔锤仅需几小时。

目前,钻孔一般采用湿式方法施工,施工时根据土质情况会产生泥浆,需开挖泥浆沉淀池,如图 9-14 所示。其主要目的有两个方面:一是循环水再利用,二是泥浆沉淀。具体开挖位置根据施工现场实际情况来确定,应考虑到该处将来能够开挖、清除,并能保证原状土的安全。如场地限制或泥浆较多,宜采用活动钢板泥浆水箱为二级泥浆池,可随着钻孔位置移动。开挖前应征得总包、监理及甲方认可，方可开挖。使用后应及时平整，恢复原状。泥浆通过沉淀池后，部分泥浆再通过泥浆泵作为钻孔回填物的组成部分，回灌至钻孔内。而部分沉淀池内泥浆经过沉淀后，将清水通过排水沟排出，对于多余泥浆，应及时组织泥浆运输车定时清理、外运，防止泥浆在施工基坑内到处流淌，确保施工场地清洁有序。

当钻孔达到要求深度后，应对钻孔反复进行通孔，为下换热管创造顺利条件，同时报质检员查验钻孔深度和孔径，在下管程序没有准备好以前不能过早提起钻杆，并且必须保证泥浆循环，以防止孔下塌方。

图 9-14　泥浆沉淀池

9.4.2.2　竖直地埋管预制

在钻孔的同时应进行竖直地埋管的预制。竖直地埋管宜根据设计中选用的管材长度由厂家定制供货，以减少地埋管接头数量。竖直地埋管 U 形管的组对长度应满足插入钻孔后能与水平环路集管连接的要求。组对好的 U 形管两开口端部应及时密封并标记。竖直地埋管的 U 形弯管接头应选用定型的 U 形弯头成品件，不得采用直管道制作 U 形弯头，也不宜采用两个 90° 的弯管对接成弯头，宜由生产厂家将弯头或定型连接件与 U 形管连接好，成套供货。

因各材料生产单位的管配件模具有所差别，为确保热熔连接质量及埋地后的耐用性，要求管材与管配件必须为同种牌号同级别，严禁混用压力等级不相同的管材、管件及管道附件。地埋管换热器预制，应采用热熔承插连接，由有经验的熟练工操作，热熔前应将管材热熔部位及 U 形头用干净无油的干布清洁干净。热熔时，加热时间达不到标准，会产生未焊透现象，造成热熔强度达不到要求。加热时间过长，管材熔化过度，会使管材热熔后强度降低且管内热熔部位产生超大焊瘤现象，造成管内堵塞，导致水流量不畅。

管材的热熔连接应按以下要求进行。

① 热熔加热器热熔温度应达到 260℃±10℃，将管端与管件分别插入加热套和加热头，同时熔融 PE 管端与管件，并用手握住，缓慢移动至标准深度，如图 9-15 所示。

② 插入移动时不得旋转，达到加热时间要求后应缓慢将管子和管件从加热器上拔出，拔出时不得旋转。

③ 将 PE 管端承插入管件内至要求深度，并保持自然冷却，如图 9-16 所示。

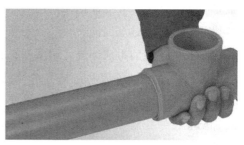

图 9-15　管端与管件分别插入加热套和加热头　　　图 9-16　PE管承插入管件内

④ De25 管材插入 U 形接头的深度为 16mm，加热时间为 7s，冷却时间为 3min；De32 管材插入 U 形接头的深度为 20mm，加热时间为 8s，冷却时间为 4min。

管材连接环境温度宜为 5～40℃，为保证管道热熔焊接质量，施工人员应根据环境温度变化，对热熔的加热与冷却时间进行适当调整。在 5℃ 以下气温条件下热熔连接时，达到熔接温度的时间要比正常情况适当延长，连接后的冷却时间也要适当缩短。在夏季温度较高的情况下，则相反。不支持在 5℃ 以下进行热熔连接，如由于多方原因确实需要，必须采取切实可靠的保温措施，提高热熔焊接场所的环境温度来解决。

管道热熔连接，不支持在大风（风力大于 5 级）环境操作，大风环境下进行热熔连接时，大风会影响热熔交换过程，易造成加热不足和温度不均，因此应采取切实可行的防风保护措施。夏季阳光直射时，可能使待连接管材部位的温度远远超过环境温度，使焊接工艺和焊接设备的环境温度补偿功能丧失补偿依据，并且可能因曝晒一侧温度高、另一侧温度低而影响焊接质量，因此，必须有遮阳措施。

9.4.2.3　竖直地埋管下管

竖直地埋管下管时应严格遵循设计及施工规范要求，其埋深直接影响换热量，保证埋管深度符合设计要求，是满足建筑负荷需要、系统高效运行的先决条件。下管前应确认钻孔内无较大硬质物，无塌陷，地埋管无损伤，U 形地埋管接头做好防护措施，避免其在下管过程中受到损伤。注水打压后，至少稳压 15min，压力降不大于 3%，且无泄漏。钻孔完毕，裸孔搁置时间不宜过长，否则有可能出现钻孔局部堵塞或孔底泥浆沉淀导致下管困难，因此，当钻孔完毕且孔壁固化后，应及时下管。当孔壁不牢固或存在孔洞洞穴等导致成孔困难时，应设护壁套管。在黄泥地层较多的钻孔中，下管前必须进行孔内泥浆稀释，降低泥浆密度，防止地埋管下管困难、不受控制，造成上浮现象。在岩基的钻孔中，为防止地埋管在下管中快速溜放、摩擦，损坏 U 头部位，造成地埋管换热器损坏的隐患，应对 U 头部位安装镀锌铁皮防护罩，保证地埋管换热器质量。

钻孔施工完毕，钻孔内会有大量积水，水的浮力将使下管有一定的困难，下管时管内应充满水，以增加自重，减小下管过程中的浮力；钻孔深度较小及孔内地下水（或泥浆）水位较低时，宜采用人工下管。当下管较困难时，宜采用人工配合机械下管，利用回转钻机钻杆顶进方式，可以克服钻孔内水的浮力并加快下管的速度，见图 9-17。下管前应进行水压试验且合格，管内保有设计要求预定压力的成品地埋管放置在专用转盘上，如图 9-18 所示，这样可以避免人工下管时由于人数偏少，造成管道沿地面拖拉，使管道与地面接触，划伤管道，使管子的耐压等性能下降，严重时会造成管道损坏，不能使用。下管后的竖直地埋管地面上必须保留 1.5m 左右的换热管，将换热管进行固定，防止其下滑或上浮。

图 9-17　机械下管

图 9-18　下管专用转盘

竖直地埋管下管应尽量一步下到位，下管速度要慢速、均匀，防止快速溜放下管过程中与孔壁摩擦而损坏 PE 管。下管结束，提杆过程中，应设置预防地埋管上浮的措施，下管到位后，应停留约保持 5min，让孔内沉淀的泥浆岩土"咬住" U 形头，使其不上浮，然后依次提起下管钻杆。下管深度误差为 ±0.5m，严禁人工强砸、硬捣下管对 U 形接头和地埋管的伤害。地埋管安装完毕后，应及时进行看压验收，在下管后达不到设计压力时，应对地埋管进行补压试验；补压至设计压力后，稳压 15min 后的压降应不大于 3%，且无泄漏现象；补压过程中发现有泄漏时，必须及时更换水压试验合格的地埋管换热器，按照上述要求重新下管安装，并确保无渗漏；稳压合格后，应立即进行灌浆回填及封孔工作。下管工作结束后，采用专用端帽密封地埋管各支管端口，以防杂物进入管孔，造成管路堵塞，加强成品保护，确保施工工作的有效性。

为保证换热效果，防止地埋管换热器供回水支管间发生热回流现象，换热支管之间需保持距离，下管前采用固定管卡或地热弹簧（图 9-19）将换热管进行分离定位，分离定位管卡的间距宜为 2～4m，管卡现场组装，安装一定要牢固，经现场质检员检查无误后，方可进行下一步工序。

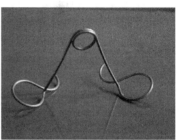

(a) 双U形固定管卡　　　　　(b) 单U形固定管卡　　　　　(c) 地热弹簧

图 9-19　固定管卡和地热弹簧

9.4.2.4　灌浆回填

回填材料是介于竖直地埋管和钻孔壁之间，用于增强地埋管与周围岩土换热，防止地面水向下渗透，保护地下水不受污染及各含水层之间交叉污染的材料。灌浆回填是地埋管施工的关键环节，选择合适的回填材料及回填方法，对保障地埋管地源热泵系统高效运行至关重要。

（1）回填材料的选择　要求回填材料对环境没有污染，不仅应具有耐久性和经济性，而且应具备良好的导热性能、施工性能和力学性能等特性。采用高性能的回填材料可以提高地源热泵的性能和方便现场施工，达到较好的回填效果。

回填材料将地下可利用的浅层地热能传递到换热器循环介质中供给系统的运行需要，提高回填材料热导率可以降低回填材料热阻、提高传热效率，使钻孔深度和数量适当减少，从而降低地源热泵系统的初装成本。实际运行过程中，U 形地埋管两管脚通常工作于不同的流体温度下，导致两管脚间会通过回填材料传热发生热短路，从而降低地埋管的吸放热量与换热效率。因此，考虑到管脚间热干扰对地埋管换热效率的影响，钻孔回填材料热导率并非越高越好，一般是稍高于钻孔周围岩土热导率即可。

回填材料应该是一种均匀密实的拌和物。回填材料的施工性能要求其在拌和过程中能保持其组分均匀并且易于运输、浇注、捣实、成型。同时，回填材料在施工过程中还应具有良好的流动性、稠度和保水性。流动性好的回填材料可以充满地埋管与钻孔之间的空隙，使地埋管与周围地层有良好的接触，减小接触热阻，增强换热效果。保水性好的回填材料在施工过程中不容易产生严重的泌水现象。在地源热泵项目的实践中，回填材料应以地质勘察和岩土热物性参数的测试结果为基础，根据不同地质条件选择。

就力学性能而言，回填材料必须有足够的强度来固定 U 形地埋管，材料回填目的之一是密封埋入 U 形地埋管的钻孔，因此要求回填后具有良好的密封性。通常，回填材料的强度越大，材料越密实，抗渗性能也越好。回填材料还应具有一定的膨胀性，可以使回填材料与地埋管以及孔壁能较好地结合在一起，避免因回填材料失水收缩引起的管壁与回填材料之间的空隙，从而减小接触热阻。《地源热泵系统工程技术规范》中明确指出，回填灌浆材料宜采用膨润土和细砂或水泥的混合浆或专用灌浆材料。当地埋管埋设在密实或坚硬的岩土体中时，宜采用水泥基料灌浆回填，回填材料及其配比应符合设计要求。

（2）回填工艺　　地埋管换热器的传热性能不仅取决于回填材料本身，而且与回填施工工艺有密切关系。目前常用的回填工艺一般有三种：返浆回填、人工回填、原浆回填。在回填过程中地埋管须保持一定的压力，并时刻注意压力的变化，一旦发现压力出现异常，立即停止，查明原因并及时进行处理后方可继续回填。

返浆回填：又称为机械回填。该回填方法将灌浆导管固定在 U 形地埋管的两管之间，一起插入钻孔内［图 9-20（b）］，采用进口高压力的泥浆泵通过灌浆导管将回填材料灌入孔中，如图 9-20（a）所示，灌浆系统由高速搅拌机、搅拌池、低速搅拌机及泥浆泵和管路组成。灌浆前，先将填料按照设计比例放入搅拌机中搅拌 2～3min，然后排入低速搅拌罐中并搅拌均匀。回灌时，根据灌浆的快慢将灌浆导管逐渐抽出，使回填材料自下而上注入封孔，逐步排除空气，确保钻孔回灌密实，无空腔，保证了换热效果，其回填效果见图 9-20（c）。

人工回填：如图 9-21 所示，用人工将回填材料由钻孔四周缓慢填入钻孔内，回填的同时间断性地向孔内注水，尽可能地确保孔内填料密实。但是，由于钻孔内存在大量空气以及泥浆很难确保回填密实，回填效果如图 9-21（b）所示，一般第一次填完后还应进行多次补充。采用人工重力自然回填方式时，一般可按以下步骤进行：

① 由人工小推车将回填材料（如中粗砂等）运至回填钻孔附近；

② 用铁锹自上而下回填并用水源配合向钻孔内冲砂，如图 9-21（a）所示；

③ 当泥浆上返，回填料不下沉时，首次回填结束；

④ 首次回填结束 24h，回填材料沉降后进行二次回填；

⑤ 48h 后再次检查，继续进行回填，直至回填材料不沉降为合格。

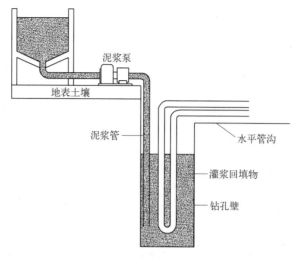

(a) 返浆回填原理

(b) 插入灌浆导管

(c) 返浆回填效果

图 9-20   返浆回填

(a) 人工回填过程

(b) 人工回填效果

图 9-21   人工回填

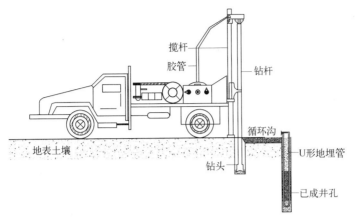

(a) 原浆回填原理

(b) 原浆回填过程

(c) 原浆回填效果

图 9-22　原浆回填原理及回填过程与效果

　　原浆回填：原浆回填原理及回填过程与效果如图 9-22 所示，该方法是指在完成一个成孔后，进行下一个钻孔时，让循环泥浆流经上一个已下管的成孔内，泥浆循环过程中的沉淀物会沉淀在成孔内，表层不能填满部分采用回填料填密实，此种回填方式目前较为常用。

　　表 9-7 为三种回填方式对比，可为实际工程回填方式的选择提供参考。

表 9-7　三种回填方式对比

回填方式	优　　点	缺　　点
返浆回填（机械回填）	回填密实、无空腔，换热效果好	需配备专用回填设备、成本高
人工回填	无须回填设备、回填操作简单	易出现堵塞，难以确保回填密实
自然回填（原浆回填）	回填密实，改善了回填过程中气穴、空隙的产生，换热效果较好	因地质层的差异，无法获得与地质层较为一致的热物性，传热性能得不到保证

　　灌浆回填结束后,钻机移机时,应防止倒架、划伤地埋管事故发生。钻机移位后应做好成品保护工作,将留在地面的管道管口进行封堵保护并进行标记,防止后续施工造成损坏。本阶段监控工作重点是确保钻孔灌浆密实、无空腔,避免因回填不实而影响地埋管换热效率。地埋管换热器安装完成后,应在地埋管区域做出标识,同时标明管线的定位带,并应采用 2 个现场的永久性标识进行定位。

9.4.3　水平地埋管施工

　　竖直地埋管安装完毕后,应进行水平地埋管的施工。水平地埋管施工主要包括水平管沟开挖、水平管道铺设及管沟回填。

9.4.3.1　水平管沟开挖

　　水平管沟开挖前,应明确待开挖区域内各种地下管线的种类、具体位置及埋设深度,应按施工图标注各区域水平管沟位置及走向,并进行定位放线,见图 9-23。开挖前,必须对开挖区域内埋设的市政管网、通信电缆等管线进行准确标注,防止开挖时发生事故,造成不必要的经济损失。

　　管沟开挖的深度应符合设计要求,当设计无要求时,管沟开挖的深度一般应保证水平地埋管的深度在冻土层以下 0.6m,且距地面不宜小于 1.5m,还应在所有其他管线下部。水平管沟埋设在建筑物内时,其深度应在建筑物底板或最大大梁、承台下部 0.4m 以下。管沟底部应采用人工修补平整,其坡度宜为0.002,同一管沟内供、回水环路集管坡度坡向应与管道走向相同。在含水层或软土等不稳定地层内开挖管沟时,应进行施工排水、设置管沟支撑或采取地基处理等措施。在地下室基坑内管沟开挖需待孔点降水到管沟底−0.5m 后,方能进行。

　　机械开挖时沟底要预留 10~20cm 的土层采用人工清理,见图 9-24,以保证

图 9-23　水平管沟定位放线

图 9-24　基底清理

底部的平整。清理完成后沟槽底部应进行人工夯实并铺设不少于管径厚度的细砂或 100～150mm 的细砂或细黏土垫层。

管沟开挖应由有丰富施工经验的挖掘机操作员来施工，并严格控制沟底标高。挖掘机械挖到一定深度时，必须由施工技术人员以该区域建筑基准点为水准点，用水平仪随机跟踪多点测量，防止挖土超深扰动沟底原状土。水平管沟沟底宽度应根据该管沟实际连接的地埋管换热器数量确定，管沟开挖的土方可存放在管沟上方，但堆土高度不得超过 1.5m，距离沟边不得小于 0.8m 的安全距离。

9.4.3.2　水平管道铺设

水平管道安装的主要步骤：首先清理干净管沟中的石块，然后在沟底铺设 100～150mm 厚的细土或砂子，用以支撑和覆盖保护管道，如图 9-25 所示。检查沟边的管道是否有切断、扭结等外伤；管材应沿管线敷设方向排列在沟槽边。水平环路集管敷设前应先检查、核实沟底标高、水平度以及管沟宽度是否符合设计要求和环路集管敷设要求。由于 PE 管道为整卷供货，且材料塑性较大，自由状态时多呈盘状，直线敷设较困难，应采取措施固定，如图 9-26 所示。水平环路下管时应将卷管放在专用转盘上，采用人工进行缓慢、平直的沿沟铺设，应做到水平管长度一次性到位，中途无热熔接头。环路集管水平摆放后不得有高低不平现象，杜绝产生集水点。管道连接完成并试压后，再仔细地放入管沟内。供回水环路集管同管沟敷设时相互间距不应小于 0.6m，以利于减少供回水管道之间的热传递。各路环管之间间距不应小于 30mm，以利于各环管之间回填密实。

图 9-25　管沟底部回填

图 9-26　水平管敷设固定

水平环路集管走向敷设，原则上按设计图纸要求执行，亦可根据施工现场实际情况按以下原则优化排列：

① 所有地埋管换热器供、回水管路宜为同程排列，如采用异程管线，则需做好水力平衡调节；

② 同一环路内分、集水器检查井同侧设置时，可考虑分为左、右两个环路敷设，但必须确保分集水器接管按各环路分开连接；

③ 严禁多组分、集水器上环管互相串联，同组分集水器供回水管道接管宜按钻孔序号排列。

水平环路集管敷设至地源检查井（室）内的分、集水器上，其位置、排列应经土建、监理验收。水平环路集管在穿越地源检查井（室）的防水套管时应遵循先里口后外口的方式，按设计图编号排列，严禁编号混乱。所有外露环路集管沿程布置途中，应及时将碎石、建筑垃圾等清理干净、找平、夯实，使所有外露集管沿地面自然、平整铺设。

9.4.3.3　管沟回填

水平地埋管施工全部完毕并经监理检验合格，填写隐蔽工程检验记录，并确认地埋管无渗漏后，方可回填管沟。回填之前应进行第三次水压试验，在试验压力下，稳压至少 2h，稳压后压力降不超过 3%，且无渗漏现象，即为合格。还必须按照设计或规范要求调整水平管的间距、平整度。

水平环管集管与竖直地埋管换热器连接且水压试验合格后，应及时对施工管沟进行回填。水平管沟的回填料应以设计要求为准，亦可按以下情况执行：

① 现场原土为砂土时，可采用原土回填；

② 现场原土不宜作为回填料时，回填料宜采用中细砂；

③ 采用原土回填时，回填原土应细小、松散、均匀且不含石块、建筑垃圾等杂物；

④ 回填时应分层回填、分层夯实，管道下垫层 100～150mm，管道保护层 350～400mm；

⑤ 回填后用人工轻夯实或用水浸法，除一层夯实不得使用机械外，其余分层可采用人工夯实（图 9-27）、电动蛤蟆夯实（图 9-28），也可采用水浸法等；

⑥ 首层回填沟内有积水时，必须将积水全部排尽，方能回填。

水平管沟回填压实后，应做环刀法检验，检验管沟回填后的湿密度、含水量、干密度以及压实系数。水平管沟回填压实应逐层进行，且回填过程中不得损伤管道，回填料应与管道紧密接触。回填料应采用网孔不大于 15mm×15mm 的筛子过滤，保证回填料细小、松散、均匀，且不应含有尖利的石块、土块和其他碎石。为保证回填均匀且回填料与管道紧密接触，回填应在管道两侧同步进行，同一管沟中有双排或多排管道时，管道之间的回填压实应与管道和沟壁

图 9-27　人工夯实　　　　　　　　　图 9-28　电动蛤蟆夯实

之间的回填压实对称进行。各压实面的高差不宜超过 30cm。管腋部采用人工回填，确保塞严、捣实。分层管道回填时，应重点做好每一根管道层上方 15cm 范围内的回填。管道两侧和管顶以上 50cm 范围内，应采用轻夯实，不得采用压实机具直接作用在管道上，使管道受损。若土壤是黏土且气候非常干燥时，宜在管道周围填充细砂，以使管道与细砂紧密接触。或者在管道上方埋设地下滴水管，以确保管道与周围土层的良好换热条件。水平管沟回填过程中，应随时检查压力表读数，如发现失压，应及时检查分析失压情况、查明原因，待问题解决且管内压力正常后方可继续回填。管沟回填结束，应仔细检查压力表压力，确认无渗漏等质量问题后进行场内平整，达到施工前场地原貌。

9.4.4　管道的连接

当室外环境温度低于 0℃时，地埋管的物理力学性能将有所降低，容易造成地埋管的损坏，故当室外环境温度低于 0℃时，应尽量避免地埋管换热器的施工。

水平环路集管与竖直地埋管换热器连接前应对每组竖直地埋管换热器用吹气或通水等方法进行通畅性检查，防止竖直管内有泥土堵塞现象。如有问题应及时采取措施，对堵塞管道进行疏通。疏通方法可采取高压水冲或小口径塑料管伸入竖直地埋管换热器内进行疏通，待问题处理后方能进行下一步施工。

竖直地埋管换热器与水平环路集管应采用直接连接，自然弯曲，不宜使用90°直角弯头，直接热熔焊连接部位宜设在水平地埋管上。直接热熔焊接部位不得设在竖直地埋管或弯曲部位，而应设在水平地埋管上。这样做可防止因竖直地埋管回填不紧密而在今后运行中逐渐下沉或因地层下沉造成接头部位拉力损坏的现象，可以较好地保护地埋管换热器的完好率。

地埋管换热器与水平环路集管连接处，在竖直地埋管弯曲部位应先用人工挖出操作坑，操作坑大小应能保证管道连接后能够自然顺操作坑的坡度弯曲。环路集管转弯处应光滑、自然，使管内水流能够尽量减小阻力，正常运行。管沟内管道热熔前应先将连接点前、后 200mm 以内管道内外用清洁的干布清理干净，不得在管沟内积水未排尽前带水操作。同一管沟内所有环路集管与竖直地埋管连接后，应将其所有管路有序、整齐摆放。环路集管摆放整齐后，可利用竖直地埋管裁剪下的多余短管，将环路集管成排绑扎固定。

9.5　地埋管换热系统的检验与验收

9.5.1　水压试验

竖直地埋管换热器插入钻孔前、水平地埋管换热器放入管沟前，应进行第一次水压试验。在试验压力下，稳压至少 15min，稳压后压力降不应大于 3%，且无泄漏现象为合格。第一次水压试验宜以对应的竖直地埋管换热器或水平地埋管换热器为检验对象逐个进行，且应在管道连接前完成第一次水压试验。

水平环路集管与竖直或水平地埋管换热器连接完成后，回填前应进行第二次水压试验。在试验压力下，稳压至少 30min，稳压后压力降不应大于 3%，且无泄漏现象为合格。第二次水压试验宜以相对应的分、集水器为系统组，临时以短管将该组所属环路集管连接成组，逐组进行。为提高工作效率，不建议以单孔地埋管换热器为单位，逐口孔进行水压试验。

环路集管与机房分集水器连接完成后，回填前应进行第三次水压试验。在试验压力下稳压至少 2h，且无泄漏现象为试压合格。

地埋管换热系统全部安装完毕，且冲洗、排气及回填完成后，应进行第四次水压试验。在试验压力下，稳压至少 12h，稳压后压力降不应大于 3%。

地埋管换热器位于建筑物基础下部，先敷设地埋管后开挖基坑的工程，在基坑开挖完成后，竖直地埋管换热器和环路集管连接前，宜增加一次水压试验，以检验竖直地埋管的完好性。在试验压力下，稳压至少 15min，稳压后压力降不应大于 3%。

水压试验宜采用手动泵缓慢升压，升压过程中应随时观察与检查，不得有泄漏，不得以气压试验代替水压试验。水压试验应以相对应的分、集水器为系统组，可临时以短管将该组所属环路集管连接成组，逐组进行。水压试验的压力应按以下要求确定：

① 工作压力小于或等于 1.0MPa 时，试验压力应为工作压力的 1.5 倍，且不应小于 0.6MPa；

② 工作压力大于 1.0MPa 时，试验压力应为工作压力加 0.5MPa。

水压试验合格后，应及时请监理、甲方相关人员现场验收，并做好试压记录。试压合格后不得卸压，压力表应保持原状，待回填后卸压。地埋管换热系统安装、水压试验完成后，应用清水对管路进行冲洗，管内水流速应大于 1.5 倍设计流速，系统清洁度应符合设计要求。

9.5.2　系统验收

由于地埋管换热器的施工工序相对传统空调系统更为复杂，且各道工序都属于地下隐蔽工程，为了确保系统的施工质量，每道工序均应进行严格的签字验收。施工单位必须准备好所有施工工序的自检记录，经监理单位验收合格后方可进行下道工序。

验收应由具有相应专业资质的独立第三方机构来施工现场进行，并应提供检验报告。检验内容应符合以下规定：

① 管材、管件等材料应符合国家现行标准的规定；

② 全部钻孔与竖直地埋管换热器的位置、深度、地埋管管径、壁厚及长度应符合设计要求；

③ 灌浆材料及其配比应符合设计要求；

④ 不同环路的水力平衡情况应符合设计要求；

⑤ 水压试验应按要求进行；

⑥ 防冻剂和防腐剂的特性及浓度应符合设计要求；

⑦ 循环水流量及进出口温差应符合设计要求。

地埋管换热系统安装完毕后，应进行管道冲洗，管道冲洗时应设置旁通管，并关闭所有空调设备的进出阀门。系统冲洗主要在以下几个阶段进行：地埋管换热器安装前、地埋管换热器与环路连接后、地埋管换热系统全部安装完成。待系统施工杂物清除完毕后再循环运行 2h 以上，且水质清澈后才能与空调设备连接。地埋管换热器水冲洗应以相对应的分、集水器为系统组，冲洗前应将分、集水器上的排污阀用临时塑料管接入地下室排水沟或污水井内。应对地埋管换热器并联环路间流量分配进行检验和调试，确保设计流量下不同并联环路间的不平衡率不应大于 15%。当设置地温检测孔时，应检查地温监测系统是否满足设计要求。

为保证系统的可靠运行，测试人员应会同设计单位、施工单位、建设单位、监理单位、顾问公司对已安装好的系统进行现场调试验收，调试验收的主要内容包括：

① 系统的压力、温度、流量等实测值应符合设计要求；

② 系统连续运行应达到正常平衡，水泵的压力、电流不应出现大幅的波动；

③ 各种电动计量检测仪器和执行机构应能正常工作；

④ 控制和检测设备应能与系统的执行机构正常连接，系统状态参数应能正常显示。

根据调试方案，应重点调试以下参数至设计值：

① 地埋管换热器侧循环水泵流量与扬程；

② 地埋管换热器侧进出口温差；

③ 室内用户侧水泵流量与扬程；

④ 室内用户侧进出口温差；

⑤ 室内空调末端风量、风压、冷（热）量。

第10章
地埋管地源热泵系统
应用案例

地埋管地源热泵作为可再生能源建筑利用中最为常见的形式之一，已广泛应用于各类民用与公用建筑的供冷和供热。由于不同类型建筑的功能及负荷特性不一样，从而导致地埋管地源热泵系统的应用形式也存在差异。本章提供代表性建筑类型的地埋管地源热泵系统应用案例，涵盖住宅建筑、商业大厦、综合商品城、学校、康养中心等，重点给出各类建筑的冷热源方案及地埋管换热系统设计，可供实际应用参考。

10.1 某住宅小区地埋管地源热泵系统

10.1.1 小区概况

该住宅小区位于江苏省中部某市，属于高档住宅建筑，获绿色三星建筑标识。整个住宅区分为 A、B 两区，其中 A 区总建筑面积 26.2 万平方米，主要为多层及高层商品住宅，总计住户 1434 户。B 区为别墅区，总建筑面积 6.5 万平方米，总计住户 168 户。项目依河而建，充分利用优越的地理位置和自然景观资源，创造出舒适宜居、以人文本、品质优良、与自然和谐的绿色住区。项目利用各种绿色建筑设计措施，采用 65% 的节能标准，根据需要合理设置活动外遮阳，并采用地埋管地源热泵系统供冷暖及生活热水。本应用案例针对该小区一期地埋管地源热泵系统，服务对象包括 10 栋 18 层和 18 栋多层建筑，总建筑面积 $174805m^2$，主要为住宅用户提供夏季空调、冬季供暖及全年生活热水。室内空调形式为夏季风机盘管供冷、冬季辐射地板采暖，全热交换器送新风。

10.1.2　设计依据

①《民用建筑供暖通风与空气调节设计规范》（GB 50736—2012）。

②《地源热泵系统工程技术规程》（DGJ 32/TJ 89—2009）。

③《地源热泵系统工程技术规范》（GB 50366—2009）。

④《通风与空调工程施工规范》（GB 50738—2011）。

⑤《建筑给水排水及采暖工程施工质量验收规范》（GB 50242—2002）。

⑥ 岩土热响应测试报告。

10.1.3　负荷计算及冷热源配置

经逐时冷负荷计算，夏季总冷负荷为 8391kW（同时使用系数 0.7），单位面积冷负荷指标为 48W/m²，冬季总热负荷为 7342kW（同时使用系数为 0.9），单位面积热负荷指标为 42W/m²，热水负荷 1176kW。基于上述计算负荷，综合考虑供冷、供热，尤其考虑部分负荷系统运行的经济性，合理搭配热泵机组。系统共设有 5 台螺杆式地源热泵机组，其中 1～3 号机组（两台型号相同，交替使用）用于提供空调冷热水，且不带热回收功能；4 号、5 号机组带热回收功能（两台型号相同，交替使用），主要用来为小区用户提供生活热水。

热泵机组选型如表 10-1 所示。

表 10-1　热泵机组选型

设备编号	设备名称	设备型号	制冷量/输入功率/kW	制热量/输入功率/kW	热回收量/kW	备注
1～3 号	地源热泵机组	PSRHH5603-Y	2064.8/338.6	2057.5/440.3	否	夏季制冷、冬季供热,两用一备
4 号、5 号	地源热泵机组	PSRHH3302-R-Y	1211.4/208.6	1212.7/264.6	1224.1	主要用于生活热水

考虑到土壤热平衡问题，为了防止地下土壤热堆积，设置一台 300t 的横流开式冷却塔作为辅助散热调峰设备。冷热源水系统包括空调冷冻水系统、地源侧水系统、冷却水系统及生活热水系统。空调冷冻水系统为一次泵变流量系统，实行台数控制，分、集水器间设压差控制阀。地源侧水系统根据负荷需求实行变频运行；冷却水系统为冷却塔辅助散热系统，仅在夏季冷负荷较大，地埋管换热系统无法满足散热要求或出现土壤热堆积时，才启动散热。该住宅小区一期地源热泵机房冷热源系统详见图 10-1。

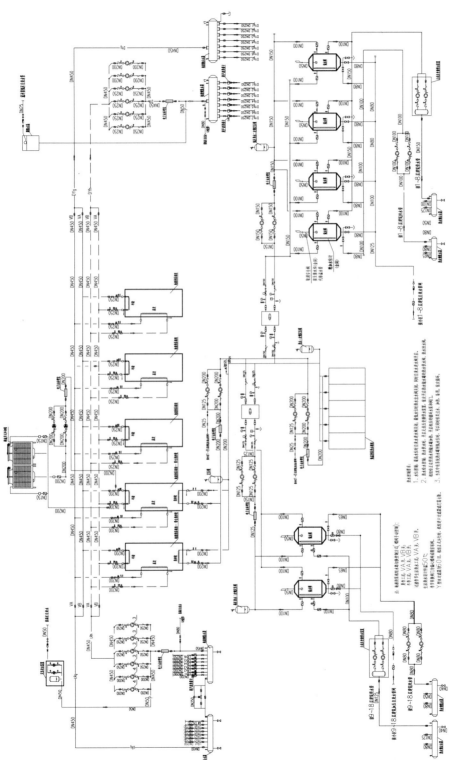

图 10-1　某住宅小区一期地源热泵机房冷热源系统

10.1.4　系统运行控制

本小区地埋管地源热泵系统运行控制主要包括全局监控系统、热水系统、主机通信、电能管理、能量参数、设备管理、数据查询、趋势查看等控制界面。系统控制模式主要分为三种：本地手动控制、远程手动控制和远程自动控制，图 10-2 给出系统控制界面。

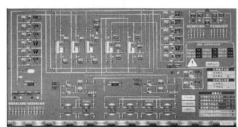

(a) 全局监控系统界面　　　　　　　　(b) 热水系统控制系统界面

(c) 能量参数监控界面　　　　　　　　(d) 主机参数界面

图 10-2　系统控制界面

10.1.4.1　运行模式

本工程地源热泵系统 1～3 号机组仅投入夏季空调供冷冷水和冬季供暖热水的制备，不参与生活热水的制备；4 号和 5 号为带全热回收的热泵机组，既参与夏季空调冷水与冬季供暖热水的制备，又制备生活热水，但其主要任务是全年为小区居民提供生活热水。该系统全年运行主要分三种模式：夏季供冷运行模式、冬季供热运行模式以及过渡季节运行模式，各运行模式具体如下。

（1）夏季供冷运行模式　夏季供冷运行模式，主要涉及不同用户负荷需求情况，5 台螺杆式地源热泵机组的运行方式如下。

① 当空调使用户数较少，空调冷负荷低于 1211.4kW 时，只需运行一台地源热泵机组便可满足用户供冷与生活热水需求，此时从 4 号或 5 号两台全热回收型地源热泵主机中选择一台运行，即该机组同时负担空调供冷和生活热水需求；

在此负荷范围内机组压缩机根据具体负荷大小进行无级调节，保证机组高效节能运行。

② 当空调使用户数增加，空调冷负荷大于 1211.4kW 时，从 4 号或 5 号两台全热回收地源热泵主机选择一台运行，以满足生活热水需求，同时运行 1～3 号地源热泵机组中的一台与其共同负担用户空调供冷需求。

③ 当空调使用户数较多时，空调冷负荷较大，但此时环境气温较高，生活热水需求较少，从 4 号或 5 号两台全热回收型热泵主机中选择一台运行，同时从 1～3 号机组中选择两台机组运行，并根据空调系统回水温度来确定是否需要再开启一台热泵机组。

由于要满足生活热水需求，4 号和 5 号机组中始终有一台在运行。

（2）冬季供热运行模式　与夏季运行模式不同，冬季运行模式存在冷凝器侧热回收制取生活热水与空调供暖热水制备的矛盾，具体运行模式如下。

① 供暖季初期，供暖热负荷与生活热水总负荷低于 1211.4kW 时，从 4 号或 5 号两台全热回收型热泵主机中选择一台运行，便可满足用户供热与生活热水需求。

② 供暖热负荷与生活热水总负荷大于 1211.4kW 时，根据二次生活热水回水温度确定需要开启几台热水机组。如果供回水温差较大，则需同时运行 4 号和 5 号两台热泵机组（根据二次生活热水回水温度确定）；如果 4 号和 5 号两台热泵机组只需一台运行便可满足生活热水需求，此时需要从 1～3 号机组中选择一台机组运行，以满足供暖需求。

③ 供暖热负荷与生活热水总负荷大于两台机组额定制热量时，根据二次生活热水回水温度确定生活热水机组开启台数；并根据空调系统回水温度来选择 1～3 号机组运行台数。

（3）过渡季节运行模式　过渡季节无须空调服务，1～3 号地源热泵主机停用，4 号或 5 号热泵主机提供生活热水。过渡季节用户生活热水负荷较小，从 4 号或 5 号两台全热回收型地源热泵主机中选择一台运行，制取生活热水。在此模式下热泵机组压缩机根据具体热水负荷大小进行无级调节，保证机组高效节能运行。

10.1.4.2　系统调控策略

（1）热水系统的调节　采用 PID 控制技术，实现热水水泵的优化控制。通过设置目标值和检测热水水系统温度、流量和压力（或压差）的变化，计算出目标值和当前的温差，实现水泵频率自动跟踪温差变化，温差越小，水泵频率越低（最低 35Hz）；温差越大，水泵频率越高（最高 50Hz）。准确判断系统的当前以及下一个时间段的负荷变化，计算主机输出负荷和空调负荷，动态实现对冷冻水泵流量的动态调节，最大限度地节省电力，达到节能效果。

（2）空调水系统的调节　采用 PID 控制技术，通过对冷却水泵和地源水泵的控制，实现系统效率最高。在变负荷工况下，实现系统综合优化，达到系统效率最高，完成冷却水循环与冷冻水循环、制冷剂循环在负荷上相匹配，既保证冷却水的排热与冷凝器释放的冷凝热之间的匹配，又确保与环境因素相适应，保证系统高效运行，降低能耗。

（3）热泵机组的控制　根据实际运行需求，自动增减主机数量，优先运行时间较短的主机。具体运行步骤：地源热泵机组三台中的一台，自动选择运行时间短的优先启动，在制冷量不够的情况下（根据空调系统回水温度），延时启动两台冷水机组中的其中一台（延时是为了不让机组频繁启停），两台机组不能满足的情况下，启动第三台；在满足制冷量的情况下，逐步停止运行时间长的机组，最后只保留一台地源热泵空调机组运行。

（4）热水机组的控制　根据实际运行需求，自动增减主机数量，优先运行时间较短的主机。具体运行步骤：地源热泵机组两台中的一台，自动选择运行时间短的优先启动，在制热量不够的情况下，根据二次热水回水温度进行延时启动另一台热水机组（延时是为了不让机组频繁启停）；当满足制热量的情况下，逐步停止运行时间长的机组，最后只保留一台地源热泵热水机组运行。

10.1.5　地埋管换热系统设计

根据设计负荷及岩土热响应测试报告，可得本工程所需钻孔数量为 1514 孔，其中 6 个孔兼测试孔，钻孔有效深度为 82m，孔径为 133mm，钻孔标准间距为 4.5m×4.5m，地埋管采用 De32 竖直单 U 形，水平连接管埋深为地库底板梁下弦 60mm，地库外为地面下不小于 1.6m。供回水水平连接管管沟间距不小于 60cm，个别地方供回水管上下交叉处，垂直高度不小于 60cm。地埋管由地下室侧壁进入地下车库，分别连接至分、集水器。分、集水器吊装于地库顶板下或检查井内，分、集水器对每个地埋管换热器回路设计可关断球阀，每个分、集水器都设计手动蜗轮蝶阀（分水器上）和静态平衡阀（集水器上），从而保证每个回路安全运行，便于检修。地埋管系统采用非集管式连接方式，可以实现单孔控制，以提高系统的可靠性。地埋管换热器布置平面图见图 10-3，地下车库墙壁分、集水器安装示意见图 10-4。

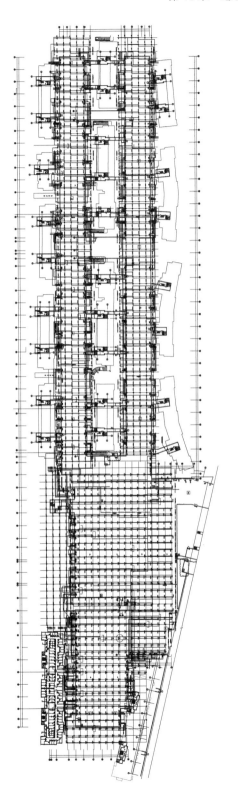

图 10-3　地埋管换热器布置平面图

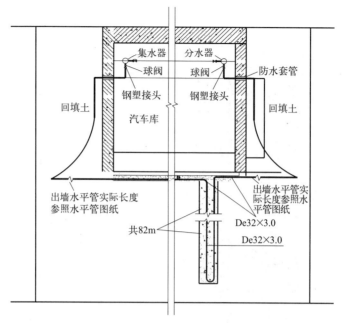

图 10-4   地下车库墙壁分、集水器安装示意

10.2   某建设大厦地埋管地源热泵工程

10.2.1   工程概况

该建设大厦位于江苏省中部某市，项目总用地面积 2.69ha，总建筑面积 11.7 万平方米，其中地上建筑面积 9.7 万平方米，地下建筑面积 2 万平方米。建筑高度约 99.85m，为 1 类高层公共建筑。项目包括 A～C 楼及规划展示厅和部分商业，其中 A 楼与 B 楼为办公建筑，C 楼为 SOHU 办公，规划展示主要由城市规划展厅、普通展厅、电子阅览室、多功能厅等功能组成。A 楼与 B 楼采用多联机系统作为空调冷热源，C 楼采用地埋管地源热泵系统作为空调系统的冷热源和生活热水的热源。本案例主要是针对 C 楼的地埋管地源热泵系统，项目于 2013 年建成投入使用。

10.2.2   设计依据

①《工业建筑供暖通风与空气调节设计规范》（GB 50019—2015）。

②《建筑设计防火规范》[GB 50016—2014（2018 年版）]。

③《公共建筑节能设计标准》（GB 50189—2015）

④《办公建筑设计标准》（JGJ/T 76—2019）。

⑤《地源热泵系统工程技术规范》（GB 50366—2009）。

⑥ 江苏省《多联式空调（热泵）系统工程技术规程》（DB 32/T 4165—2021）。

⑦《全国民用建筑工程设计技术措施　暖通空调·动力》（2009 年版）。

⑧ 土建专业提供的设计资料。

⑨ 岩土热响应测试报告。

10.2.3　岩土热响应测试

依据规范及甲方要求，设计前在项目现场进行了岩土热响应测试。岩土热响应测试在两个测试孔上完成，主要包括土壤原始温度、地埋管换热能力及岩土热物性的确定。两个测试孔有效深度均为 80m，测试孔地埋管均采用 PE 双 U 形换热器，分别采用并联与串联方式，内径为 20mm，外径为 25mm。岩土热响应测试孔安装数据见表 10-2。

表 10-2　岩土热响应测试孔安装数据

	测试孔编号	1#孔	2#孔
垂直段	钻孔深度/m	81	81
	下管深度/m	80	80
	垂直管总长度/m	320	320
	回填材料	原浆＋黄砂	原浆＋黄砂
	安装方法	自然下管	自然下管
	钻孔直径/mm	135	135
水平段	连接管	De32 PE 管	De32 PE 管
	保温	20mm 厚橡塑	20mm 厚橡塑
PE 管	埋管形式	串联双 U	并联双 U
	外径/mm	25	25
	内径/mm	20	20

通过岩土热响应测试，可得在测试条件下有如下结论。

① 地埋管现场 80m 深度范围内土壤初始平均温度为 18.0～18.2℃。

② 本测试孔地埋管条件下，在进口温度为 32.1～32.5℃、平均温度为 32.2℃时，单位埋深换热量为 64～72W/m，其对应平均值为 68.2W/m。

③ 项目所在地块的岩土热物性参数分别为：等效热导率为 2.36W/(m·K)，比热容为 2357kJ/(m^3·K)，单位深度钻孔热阻为 0.073m·K/W。

10.2.4　热泵机组选型与冷热源方案

根据设计院提供的负荷计算结果，C楼夏季空调总冷负荷为1560kW，冬季空调总热负荷为1230kW，热水负荷为900kW。

根据以上负荷数据，选择4台螺杆式地源热泵机组作为系统冷热源，热泵机组选型如表10-3所示。

表 10-3　热泵机组选型

设备编号	设备名称	制冷量/kW	制热量/kW	是否热回收	运行模式
ESHP-1	螺杆式地源热泵	≥750	≥780	是	夏季空调冷源、冬季空调热源
ESHP-2	螺杆式地源热泵	≥750	≥780	是	夏季空调冷源、冬季空调热源
ESHP-3	螺杆式地源热泵	≥400	≥420	否	夏季空调冷源（冷回收工况）、全年提供生活热水
ESHP-4	螺杆式地源热泵	≥400	≥420	否	夏季空调冷源（冷却塔供水工况）、全年提供生活热水

设计工况条件如下。

夏季：空调供回水温度分别为7℃与12℃，地源（冷却）供回水温度分别为30℃与35℃。

冬季：空调供回水温度分别为50℃与55℃，地源（蒸发器）供回水温度分别为10℃与5℃。

全年热水供回水温度分别为50℃与55℃。

该系统冷热源方案为：夏季采用ESHP-1～ESHP-4作为C楼空调冷源，并利用ESHP-1、ESHP-2回收的冷凝热为C楼生活热水提供55℃/50℃的一次热水；冬季运行ESHP-1、ESHP-2提供空调热水，并采用ESHP-3、ESHP-4为C楼生活热水提供55℃/50℃的一次热水。为确保地埋管换热区的土壤热量平衡，设置1台容量为150t的方形横流式冷却塔，为机组ESHP-3提供冷却水。冷热源系统原理如图10-5所示。

10.2.5　地埋管换热系统设计

本工程地埋管换热系统按照冬季热负荷来设计，根据上述负荷与岩土热响应测试报告，可得设计钻孔数量为635孔，有效深度不小于63m，其中4孔兼测试孔。整个地埋管换热器系统分为A、B、C三个区，对应埋管孔数分别为164、

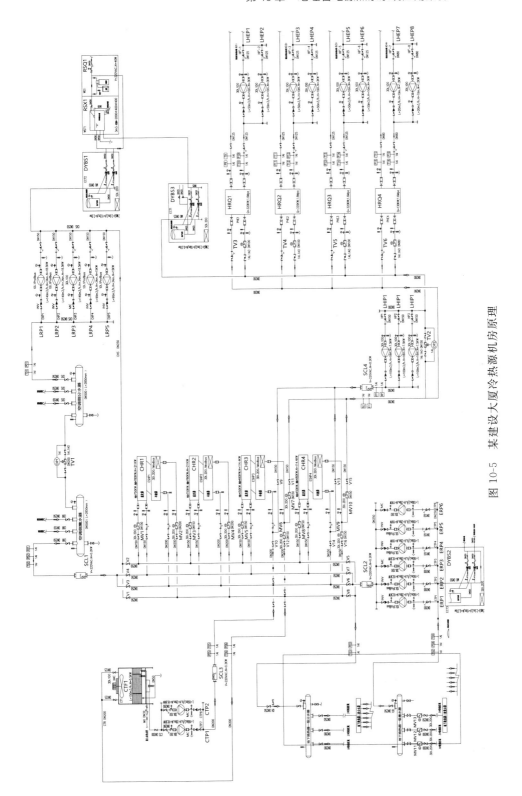

图 10-5　某建设大厦冷热源机房原理

204 和 267，采用二级分集水器分区布置，各埋管区地埋管连接示意如图 10-6 所示。

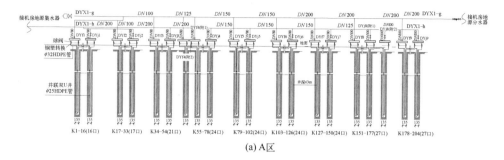

(a) A区

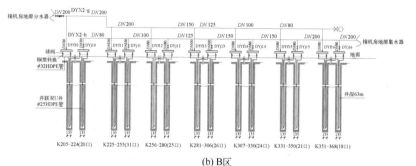

(b) B区

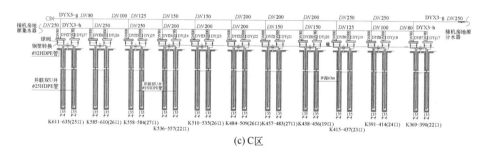

(c) C区

图 10-6　各埋管区地埋管连接示意

　　地埋管换热器埋设于地下车库以下，水平连接管埋深为底板梁下弦 60cm。钻孔标准间距为 5m×4.5m。钻孔内采用两组 De25 HDPE 管并联到 De32 HDPE 管。设计地埋管孔时以车库建筑定位，钻孔时先准确定位。地下室底板浇筑前先将水平连接管接至地下室外，做好保护措施。地埋管换热器进入地下车库，应在地下室侧墙上设防水套管，确保不漏水。分、集水器进出水管及车库内水平干管管材为焊接钢管，焊接连接。地埋管换热器施工完成后，应与建筑施工单位紧密配合，确保地埋管不被损坏，如发现损坏，应及时修补。地埋管换热器布置平面图见图 10-7。

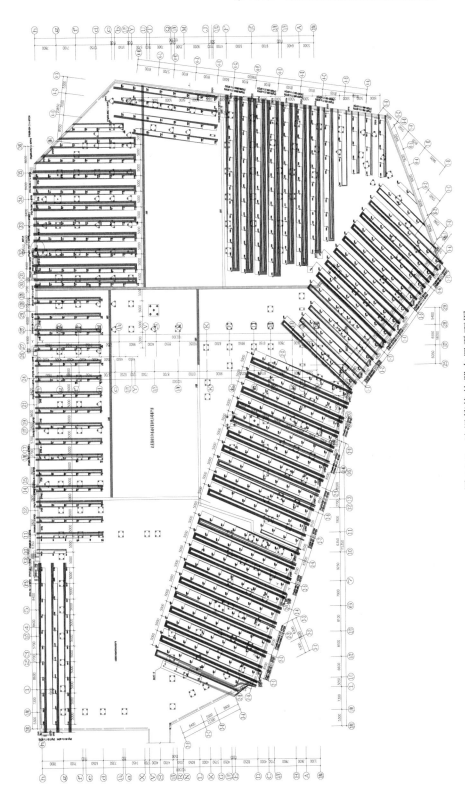

图 10-7　地埋管换热器布置平面图

10.3　某综合商品城冷却塔-地埋管地源热泵复合系统

10.3.1　工程概况

该综合商品城位于江苏省北部某城市，项目包括商业区和商务办公区，占地面积 61237.12m²，建筑总面积 218216.6m²。主要功能区有购物中心、商业步行街、商务办公室等，共计 17 栋单体建筑。项目的 A1 区、A6 区、A7 区采用冷却塔-地埋管地源热泵复合系统作为空调冷热源，其中 A1 区地上 13 层，建筑高度 52.7m，建筑面积 2.73 万平方米；A6 区地上 4 层，建筑高度 20.3m，建筑面积 2.66 万平方米；A7 区地上 13 层，建筑高度 52.8m，建筑面积 1.92 万平方米；地源热泵机房设置于商品城地下室，冷却塔设置于商品城屋顶，作为冷热平衡调控用。项目其他区域采用分体式空调作为冷热源，整个项目按照绿色建筑二星级目标进行设计。

10.3.2　设计依据

① 建设单位对本工程的有关意见及要求。

② 相关专业提供的设计图纸及资料。

③ 相关规范与标准如下。

《民用建筑供暖通风与空气调节设计规范》（GB 50736—2012）。

《公共建筑节能设计标准》（GB 50189—2015）。

《民用建筑热工设计规范》（GB 50176—2016）。

《地源热泵系统工程技术规范》（GB 50366—2009）。

《江苏省地源热泵系统工程技术规程》（DGJ 32/TJ 89—2009）。

《建筑机电工程抗震设计规范》（GB 50981—2014）。

江苏省《民用建筑能源与环境数据监测系统技术规程》（DB 32/T 4359—2022）。

《城镇直埋供热管道工程技术规程》（CJJ/T 81—2013）。

《埋地塑料给水管道工程技术规程》（CJJ 101—2016）。

④ 岩土热响应测试报告。

10.3.3　空调冷热负荷及冷热源方案

经设计院计算可得各区域空调冷热负荷，如表 10-4 所示。

表 10-4　各区域空调冷热负荷

区域	建筑面积/m²	空调面积/m²	冷负荷/kW	热负荷/kW
A1 区	27302.35	25865.62	2713.99	1461.72
A6 区	26599.63	23092.02	3517.91	1836.29
A7 区	19220.87	18710.47	1647.78	1056.46
合计	73082.85	67668.11	7879.68	4354.47

综上可以得出本项目空调总设计计算冷、热负荷分别为 7879.68kW 与 4354.47kW，冷、热负荷指标分别为 116.45W/m²、64.35W/m²。

鉴于本项目夏、冬季空调冷热负荷差距较大，为了节省钻孔地埋管的初投资，同时考虑地下土壤热平衡问题，工程采用地埋管地源热泵和传统冷却塔＋冷水机组的复合冷热源系统方案。项目根据冬季空调热负荷来设计地埋管数量，夏季空调不足部分采用传统冷却塔＋冷水机组作为补充。基于上述复合冷热源方案，项目选用 3 台螺杆式地源热泵机组、2 台螺杆式冷水机组作为冷热源设备，另外配备 2 台 500m³/h 的方形横流冷却塔用于 2 台螺杆式冷水机组制冷散热用。热泵机组参数及承担功能见表 10-5。

表 10-5　热泵机组参数及承担功能

设备编号	设备名称	设备型号	制冷量/输入功率/kW	制热量/输入功率/kW	运行模式	备注
GSHP-B1 ~GSHP-B3	螺杆式地源热泵机组	RTWH400	1414.3/235.3	1445.4/328.1	夏季制冷，冬季制热	3 台,地埋管地源热泵
CH-B1 CH-B2	螺杆式冷水机组	30XW2052	1993/372	—	仅夏季制冷	2 台,单独连接冷却塔散热

表 10-5 中热泵机组设计工况条件如下。

(1) 螺杆式地源热泵机组

① 制冷工况：冷冻水供回水温度为 7℃/12℃，地源侧进出水温度为 25℃/30℃。

② 制热工况：热水供回水温度为 45℃/40℃，地源侧进出水温度为 10℃/5℃。

(2) 螺杆式冷水机组　冷冻水供回水温度为 7℃/12℃，冷却水进出水温度为 32℃/27℃。

空调冷热水系统为变流量一级泵、两管制系统，采用机组变流量方式。空调冷冻水循环泵、空调冷热水循环泵、冷却水循环泵、地源侧循环泵均选用卧式单级离心泵，均设置备用泵。其中空调冷冻水循环泵、空调冷热水循环泵均配变频器变速调节。空调供回水总管间即用户侧分、集水器间设置电动压差旁通阀旁通水量。选用 2 台方形横流式低噪声型冷却塔与冷水机组一一对应，设置于屋顶层。冷却塔与主机一一对应控制，部分负荷时通过冷却塔出水温度来控制冷却塔风机转速，每台冷却塔进出水管均设置电动阀与对应的冷却水泵联锁。地源热泵系统原理见图 10-8。

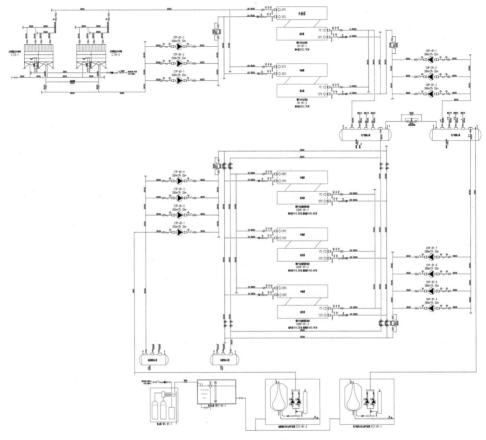

图 10-8　地源热泵系统原理

10.3.4　地埋管换热系统设计与布置

考虑到可用地埋管面积的有限性，本工程地埋管换热器采用竖直 De25 并联双 U 形，设计有效深度为 125m，钻孔间距为 4～8m，钻孔直径为 150mm；竖直地埋管群孔布置于综合商品城东区地下室底板下。根据岩土热响应测试结果，单位地埋深吸热量与放热量分别按 58W/m、69W/m 设计，可得本项目设计总钻孔数为 484 孔，分为 A、B 两个地埋管区，其中 A 区 310 孔，B 区 174 孔，钻孔布置平面图如图 10-9 所示。

地埋管换热器采用一、二级分、集水器连接方式。二级分、集水器设置于 5 组检查井内，分、集水器连接地埋管换热器（一井一个支路），每个支路间为同程布置。二级分、集水器干管接入热泵机房内的地源侧一级分、集水器处,由检查井合并接至地下室外墙处的干管采用直埋敷设,地埋管布置平面图见图 10-10。地埋管环路两端分别相对应的供、回水环路部分的分、集水器连接,根据现场情况,一共布置 5 对二级分、集水器,采用集管方式汇集进入热泵机房内地源一级分、集水器。机房内一级集水器的进水管设置静态平衡阀以保证各环路之间的流量平衡。为了监测运行期间土壤的温度变化情况,选取 2 个钻孔兼作为地下温度监测孔,两个监测孔内－90m、－60m、－30m 深处分别安装一个测温探头,如图 10-11 所示。

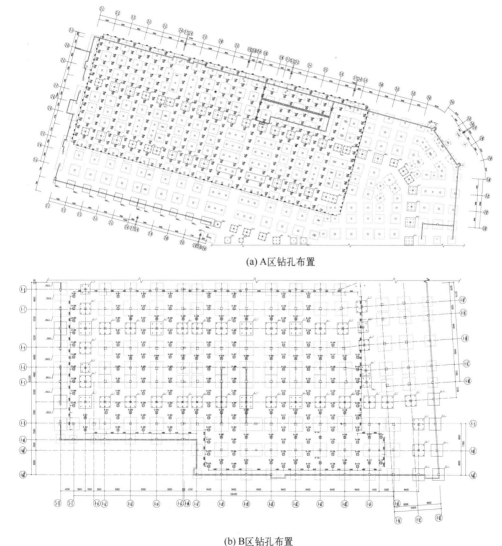

(a) A区钻孔布置

(b) B区钻孔布置

图 10-9　钻孔布置平面图

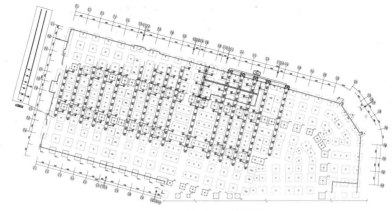

(a) A区地埋管布置

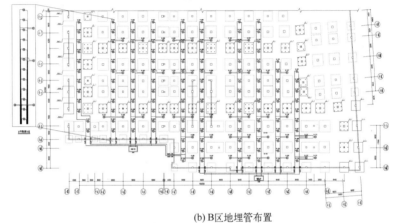

(b) B区地埋管布置

图 10-10 地埋管布置平面图

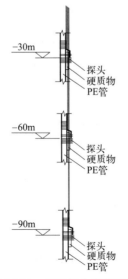

图 10-11 测温探头安装示意

10.4　某职业技术学院地埋管地源热泵工程

10.4.1　工程概况

该职业技术学院位于江苏省南部某城市，总建筑面积 176688m²，包括四个子项，建筑类型涵盖教学楼、办公楼、报告厅、专家楼、学生公寓、食堂、体育馆，其对应建筑面积如表 10-6 所示。

表 10-6　子项名称及建筑类型与面积

子项编号	子项名称	建筑面积/m²
子项 1	办公楼、教学楼	51463
子项 2	教学楼 B、教学楼 C、报告厅	33788
子项 3	专家楼二期、重建专家楼、学生公寓 A、学生公寓 C、学生公寓 D	38056
子项 4	食堂＋学生公寓、学生公寓 B、学生公寓 E、体育馆	43703

经计算，本工程空调总冷负荷为 12742kW，总热负荷为 8114kW，考虑到办公楼、教学楼等可与学生公寓错峰使用，并考虑一定的同时使用系数，实际设计空调总冷负荷为 8439kW，总热负荷为 5100kW。为了体现学校的绿色低碳节能，整个项目采用地埋管地源热泵＋离心式冷水机组解决全校师生的空调、采暖及全年生活热水。

10.4.2　设计依据

① 业主提供的设计要求及资料等。

② 现场地质勘探报告。

③ 岩土热响应测试报告。

④ 相关规范与标准如下。

《民用建筑供暖通风与空气调节设计规范》（GB 50736—2012）。

《公共建筑节能设计标准》（GB 50189—2015）。

《地源热泵系统工程设计技术规范》［GB 50366—2005（2009 年版）］。

《地源热泵系统工程设计规程》（DGJ 32/TJ 89—2009）。

《江苏省绿色建筑设计标准》（DB 32/3962—2020）。

江苏省《民用建筑能源与环境数据监测系统技术规程》（DB 32/T 4359—2022）。

《岩土工程勘察规范》（GB 50007—2002）。

《埋地聚乙烯给水管道工程技术规程》（CJJ 101—2004）。

《通风与空调工程施工质量验收规范》（GB 50243—2002）。

《建筑给水排水及采暖工程施工质量验收规范》（GB 50242—2002）。

10.4.3 岩土热响应测试

项目设计前，在项目现场开展了岩土热响应测试。根据工程现场情况及甲方要求，本项目热响应测试设置 2 个测试孔（1# 与 2#），测试孔直径均为 130mm，测试孔有效埋深均为 100m，埋管形式均为 De32 单 U 形，地埋管材为 HDPE，回填材料采用原浆＋黄砂。测试孔的施工和安装数据如表 10-7 所示。

表 10-7　测试孔的施工和安装数据

项　　目		1# 孔和 2# 孔
垂直段	钻孔深度/m	100
	下管深度/m	100
	垂直管总长度/m	200
	回填材料	原浆＋黄砂
	安装方法	自然下管
	钻孔直径/mm	130
水平段	连接管	DE32 HDPE 管
PE 管	埋管形式	竖直单 U 形
	外径/mm	32
	内径/mm	26

本工程岩土热响应测试过程可分为 3 个阶段，相继在两个测试孔上完成相关测试内容。首先测试地下土壤平均温度，其次采用国际地源热泵协会推荐的恒热流法测定地下岩土的热物性，最后采用恒温法测量地埋管的换热能力。

通过热响应测试可得如下结论。

① 项目所在地 0～100m 深度范围内土壤初始平均温度为 18.6～18.9℃。

② 通过恒热流法现场热响应测试可得项目所在地下岩土热物性参数：等效土壤热导率为 1.67W/(m·K)，等效土壤体积比热容为 2425kJ/(m³·K)，单位长度钻孔热阻为 0.183m·K/W，平均地埋管换热器综合传热系数为 5.92W/(m·K)。可以此作为地源热泵系统地埋管换热器优化设计及系统长期运行时土壤热平衡校核计算的依据。

③ 通过恒温法测试可得：对于本测试孔（钻孔直径 130mm，埋 100m，

De32 单 U 形地埋管，原浆＋黄砂回填），换热进入准稳态阶段后，地埋管进口温度为 34.3～34.9℃，平均进口温度为 34.5℃时，单位埋深放热量为 53.2～58.7W/m，其对应平均值为 56.2W/m。

④ 根据现场测试得的岩土热物性值与土壤初始温度，采用地下换热器专用程序计算，结合实际运行工况，可得在本测试孔地埋管条件下，对于埋深为 100m 的 De32 垂直单 U 形地埋管，其单位埋深换热量设计参考值为夏季可取 55W/m，冬季可取 43W/m。

10.4.4　冷热负荷计算及冷热源方案

经设计院计算，本工程空调总冷热负荷如表 10-8 所示。

表 10-8　本工程空调总冷热负荷

空调总冷负荷/kW	空调总热负荷/kW	单位面积冷指标/（W/m²）	单位面积热指标/（W/m²）
12742	8114	76.3	48.6

鉴于办公楼、教学楼、学生公寓等使用时间上的差异性，考虑到办公楼、教学楼等可与学生公寓错峰使用，并考虑一定的同时使用系数，实际设计的装机负荷见表 10-9。

表 10-9　实际设计的装机负荷

空调总冷负荷/kW	空调总热负荷/kW
8439	5100

基于上述空调装机负荷，考虑到夏季空调冷负荷与冬季热负荷差异较大，为了节省钻孔埋管投资，并考虑土壤热平衡，本工程空调冷热源采用地埋管地源热泵系统＋离心式冷水机组的复合系统形式。具体冷热源配置为：选用两台离心式地源热泵机组，单台制冷量 2813kW、制热量 2905kW，夏季冷量不足部分采用 1 台制冷量为 2813kW 的离心式冷水机组作为补充，选用 3 台 250t 的冷却塔作为冷水机组的散热冷源；另外配置 2 台螺杆式地源热泵热水机组提供生活热水，单台额定制热量为 789kW。热泵机组选型见表 10-10。

表 10-10　热泵机组选型

设备名称	制冷量/输入功率/kW	制热量/输入功率/kW	运行模式	备注
离心式地源热泵机组	2813/475.2	2924/514.1	夏季制冷，冬季制热	2 台,地埋管地源热泵
离心式冷水机组	2813/475.2	—	仅夏季制冷	1 台,单独连接 3 台冷却塔散热

续表

设备名称	制冷量/输入功率/kW	制热量/输入功率/kW	运行模式	备注
螺杆式地源热泵热水机组	—	789/211	假期时,1台作为空调主机,1台制热水	2台,地埋管地源热泵

　　根据上述设备选型,具体运行模式为:在非假期时间,系统根据末端负荷大小开启2台离心式地源热泵机组和1台离心式冷水机组满足末端制冷需求;假期时间,2台螺杆式地源热泵主机中其中1台作为空调主机使用,另外1台作为热水主机使用。夏季机组空调供回水温度为7℃/12℃,地源侧供回水温度为25℃/30℃;冬季空调供回水温度为45℃/40℃,地源侧供回水温度为12℃/7℃。夏季地源热泵机组冷凝器出水可同时进入热水机组蒸发器生产生活热水。冬季热水机组可夜间利用土壤作为空调热源,生产热水。冷热源系统流程见图10-12。

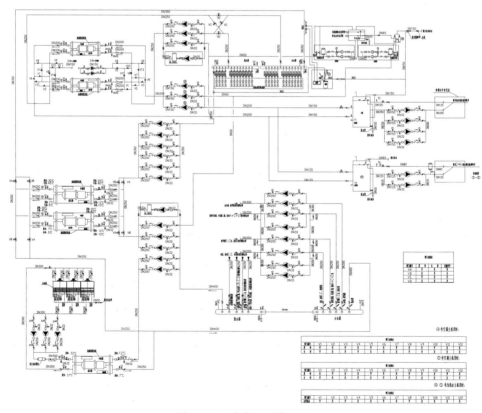

图 10-12　冷热源系统流程

　　本工程地源热泵空调冷热水采用一次泵定流量、二次泵变流量的二次泵系统。一次水泵与冷水机组一一对应配置并按型号设备用泵。一次泵恒速运行,二

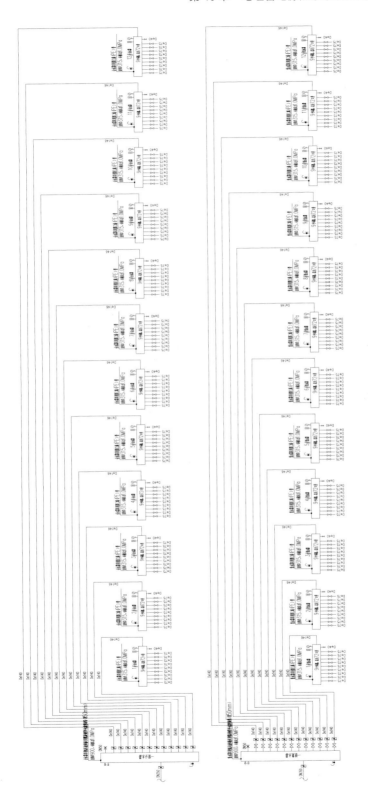

图 10-13　地埋管换热器连接系统

次泵按区域设置，变频运行。机房分、集水器分为 4 个区域，各区域回路的回水总管设静态平衡调节阀。系统补水供水管设置水流量计及防污染隔断阀。热水系统非假期时段由 2 台螺杆式热泵机组提供生活热水，通过机房热水泵输送至用水点；假期时段可开启 1 台进行生产热水。空调水系统为二管制，水平同程，竖向异程（右侧办公楼竖向同程）。风机盘管配有开关电动两通阀，新风机组及空调箱配有电动阀。各管路支管回水管均设有静态平衡阀以保证各并联环路水压力损失的相对差小于 15%。

10.4.5 地埋管换热系统设计与布置

本工程夏季设计最大冷负荷为 8439kW，其中 5626kW 冷负荷由地源热泵系统承担，2813kW 冷负荷由离心式冷水机组承担。冬季设计最大热负荷 5100kW，热水主机额定制热量 435kW。地埋管换热器采用竖直钻孔埋管的方式，考虑到建筑实际情况，竖直地埋管群孔布于操场中间区域及体育馆桩基周边，其形式为 De32 单 U 形，钻孔直径为 130mm，设计深度为 130m，根据岩土热响应测试结果，单孔设计散热量为 7.15kW，设计取热量为 5.59kW。综合空调与热水主机负荷情况，夏季土壤承担最大散热量为 5888kW，夏季设计条件下地埋管孔数为 823 孔，考虑 1.05 倍裕量，夏季工况取 864 孔；冬季空调与热水错峰运行，最大吸热量 4071kW，则可得冬季设计条件所需埋管孔数为 729 孔，综合考虑夏冬季设计条件下所需地埋管孔数较为接近，因此，本工程地埋管按照满足夏季工况进行设计，冬季工况下对应的设计余量为 1.19 倍，满足设计要求。故本工程地埋管换热器设计总钻孔数为 864 孔，钻孔间距 4.5m，有效深度 130m。共分 12 个区，每个区设 9 回路，每个回路连接 8 个孔，每一环路均布置成同程式。地埋管换热器连接系统见图 10-13，地埋管单个回路连接示意见图 10-14，地埋管换热系统布置平面见图 10-15。

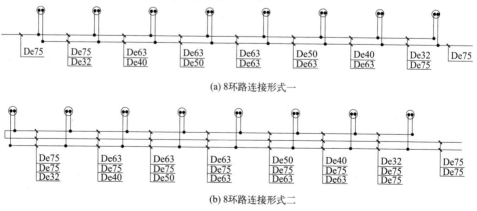

(a) 8环路连接形式一

(b) 8环路连接形式二

图 10-14 地埋管单个回路连接示意

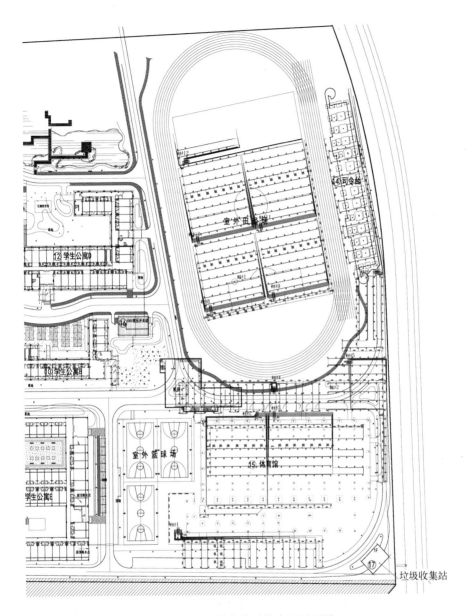

图 10-15　地埋管换热系统布置平面图

10.5　某康养中心复合地源热泵系统

10.5.1　工程概况

该康养中心位于江苏省南部某市，总建筑面积 79626.12m²，地下一层为车库、非机动车库及设备用房，局部 6 级人员隐蔽所。车库面积为 25405.83m²。地上 10 栋单体建筑，主要为康养楼、综合体、门卫等。其中 1#~8# 建筑为 5 层、高度为 19.65m 的康养楼，总建筑面积 36238354m²；9# 建筑为 5 层高、高度 19.95m、建筑面积 16505.51m² 的综合楼；10# 建筑为建筑面积 52.65m² 的单层门卫室。

10.5.2 设计资料

《民用建筑供暖通风与空气调节设计规范》（GB 50736—2012）。
《建筑设计防火规范》[GB 50016—2014（2018 年版）]。
《建筑防烟排烟系统技术标准》（GB 51251—2017）。
《公共建筑节能设计标准》（GB 50189—2015）。
《全国民用建筑工程设计技术措施　暖通空调动力》（2009 年版）。
《老年人照料设施建筑设计标准》（JGJ 450—2018）。
《辐射供暖供冷技术规程》（JGJ 142—2012）。
《地源热泵系统工程技术规范》（GB 50366—2009）。
《绿色建筑评价标准》（GB/T 50378—2019）。
《民用建筑设计统一标准》（GB 50352—2019）。
业主设计任务书、机电顾问所提供设计导则及建筑专业提资。

10.5.3 冷热源方案及设备选型

经设计院计算，本工程 1#~9# 楼空调夏季计算总冷负荷为 7575kW，空调面积冷指标为 241.8W/m²；空调冬季计算总热负荷为 4840kW，空调面积热指标 154.5W/m²。生活热水负荷为 860kW。10# 楼空调夏季计算总冷负荷为 11.5kW；空调面积冷指标为 218.4W/m²，空调冬季计算总热负荷为 8.1kW，空调面积热指标为 153.8W/m²。

根据负荷特点，本工程空调冷源采用 3 台制冷量为 1822kW 的螺杆式地源热泵机组（其中 1 台为全热回收型）和 1 台制冷量为 2110kW 的水冷离心式冷水机组，冷冻水供回水温度为 7℃/12℃。热源采用 3 台制热量为 1913kW 的螺杆式地源热泵机组（其中 1 台为全热回收型），空调热水供回水温度为 45℃/40℃。生活热水采用 1 台全热回收热量为 1828kW 的螺杆式地源热泵机组作为预热，热水供回水温度为 55℃/50℃，并设置 2 台 1020kW 的燃气热水锅炉作为生活热水热源及空调热源的备用，锅炉热水温度为 90℃/70℃。冷热源设备选型见表 10-11~表 10-13，冷热源系统见图 10-16。

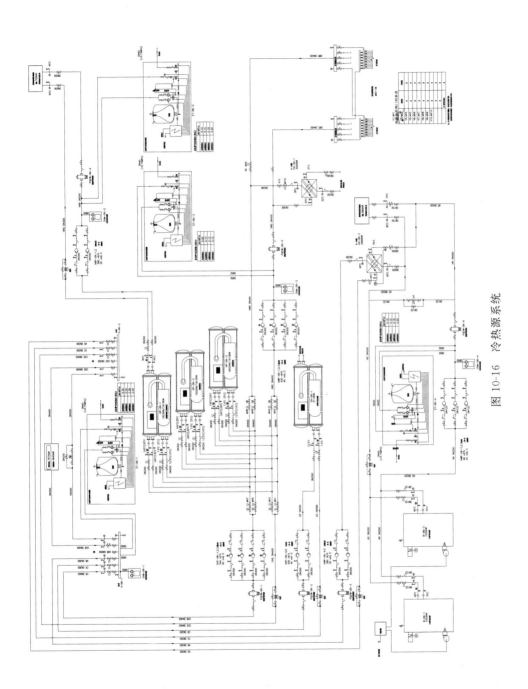

图 10-16　冷热源系统

表 10-11　冷水机组选型

设备编号	服务区域	类型	数量/台	室外工况	蒸发器数据			冷凝器数据		COP
					额定制冷量/kW	冷冻水流量/(m³/h)	进出水温度/℃	冷却水流量/(m³/h)	进出水温度/℃	
CH-DK-1	空调冷冻水	定频离心冷水机组	1	工况1	2110	363.2	12/7	420.4	30/35	5.84
				工况2	2110	363.2	12/7	422.3	32/37	

表 10-12　地源热泵机组选型

设备编号	设备名称	制冷量/kW	制热量/kW	热回收量/kW	性能系数COP	全年综合性能系数ACOP	数量/台	功能	备注
HP-DK-1	螺杆式地源热泵机组	1822	1913	1828	6.114	5.555	1	夏季制冷、冬季供热,过渡季制热水	定频机组,全热回收型
HP-DK-2, HP-DK-3	螺杆式地源热泵机组	1822	1913	—	6.114	5.555	2	夏季制冷、冬季供热	定频机组

表 10-13　低氮型承压热水锅炉选型

设备编号	服务区域	类型	数量/台	额定热负荷/kW	工作压力/bar	供/回水温度/℃	热水流量/(m³/h)	效率/%	天然气消耗量(标准状况)/(m³/h)	运行质量/t
B-DK-1, B-DK-2	空调、生活热水	低压型燃气承压立式热水锅炉	2	1020	6	90/70	43.9	≥95	107.3	≤2

注：1bar＝10⁵Pa。

　　系统运行策略为夏季优先使用地埋管地源热泵系统，当冷量不足时，启用水冷冷水机组；冬季全部使用地埋管地源热泵系统，当地埋管系统热量不足时，启用备用热源系统。

冷冻机房内设置群控系统。制冷机运行数量采用冷量优化控制，控制系统根据系统冷冻水温度和制冷机组出力/温度等参数，自动准确计算本项目制冷的准确负荷，从而调整冷机运行工况，达到节能的目的。在加载时采用"软启动"模式，首先降低运行工况，启动下一台机组，然后将多台机组同时加大运行工况。在减载时采用"软关机"模式。首先降低多台机组的运行工况，然后停止一台机组的运行。通过软启动和软关机可以减少对电网的冲击，确保机组和配电站的安全。地源热泵开机顺序为地源水阀→地源水泵→空调水阀→空调水泵→地源热泵机组，关机顺序与此相反，如遇故障自动停泵。冷水机组开机顺序为冷却塔风机→冷却水阀→冷却泵→冷冻水阀→冷冻泵→制冷机组，关机顺序与此相反，如遇故障自动停泵。

10.5.4　地埋管换热器设计与布置

本工程地埋管换热器采用钻孔竖直埋管形式，钻孔间距为 5m，地埋管形式为 De25 并联双 U 形，设计深度为 120m。根据岩土热响应测试结果：夏季制冷模式单孔设计取值为 7.7kW，冬季制热模式设计取值为 5.5kW，结合上述负荷计算，按照冬季工况设计可得地埋管设计孔数为 911 孔。所有地埋管换热器环路的水平管根据不同阻力接至窗井内不同的分、集水器，每个集水器干管上加平衡阀。而且每个环路供、回水管上均加装球阀，分水器干管采用三偏心涡轮增压硬密封蝶阀，集水器干管采用静态平衡阀。地埋孔呈梅花形布置，其布置示意如图 10-17 所示。施工时地埋孔定位按平面定位尺寸实施，如在施工中局部地埋孔与其他专业发生冲突时可适当调整钻孔位置，但与其他孔间距不宜小于 4.2m。地埋管布置平面图见图 10-18。

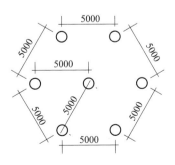

图 10-17　地埋管钻孔布置示意

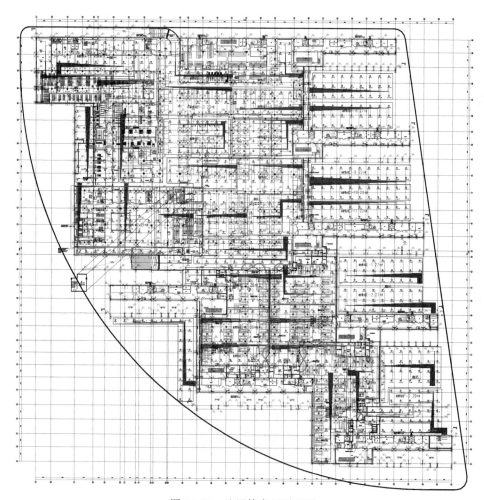

图 10-18　地埋管布置平面图

参 考 文 献

[1] 张朝晖，刘璐璐，王若楠，等．"双碳"目标下制冷空调行业技术发展的思考［J］．制冷与空调，2022，22（1）：1-10.

[2] 林波荣．建筑行业碳中和挑战与实现路径探讨［J］．可持续发展经济导刊，2022，22（1）：23-25.

[3] 中国节能协会热泵专业委员会．热泵助力碳中和白皮书（2021），2021.

[4] 杨灵艳，徐伟，周权，等．热泵应用现状及发展障碍分析［J］．建设科技，2022，09：96-100.

[5] 马最良，姚杨，姜益强．暖通空调热泵技术［M］．北京：中国建筑工业出版社，2011.

[6] 徐伟．地源热泵技术手册［M］．北京：中国建筑工业出版社，2011.

[7] 张旭．热泵技术［M］．北京：化学工业出版社，2007.

[8] 马最良，姚杨，姜益强，等．热泵技术应用理论基础与实践［M］．北京：中国建筑工业出版社，2010.

[9] 蒋能照，姚国琦，周启瑾，等．空调用热泵技术及应用［M］．北京：机械工业出版社，1997.

[10] 杨卫波．土壤源热泵技术及应用［M］．北京：化学工业出版社，2015.

[11] 赵军，戴传山．地源热泵技术与建筑节能应用［M］．北京：中国建筑工业出版社，2007.

[12] 朗四维校．地源热泵工程技术指南［M］．徐伟，等译．北京：中国建筑工业出版社，2001.

[13] 陈晓．地表水源热泵理论及应用［M］．北京：中国建筑工业出版社，2011.

[14] 张昌．热泵技术与应用［M］．北京：机械工业出版社，2019.

[15] 汪训昌．关于发展地源热泵系统的若干思考［J］．暖通空调，2007，37（3）：38-43.

[16] Ingersoll L R，Plass H J．Theory of the ground pipe heat source for the heat pump［J］．ASHVE Transactions，1948，47：339-348.

[17] Ingersoll L R．Theory of earth heat exchanger for the heat pump［J］．ASHVE Transactions，1951，167-188.

[18] Carslaw H S，Jaeger J C．Conduction of heat in solids［M］．2nd Edition．London：Oxford University Press，1959.

[19] Ingersoll L R，Zobel O J，Ingersoll A C．Heat conduction with engineering，geological and other applications［M］．New York：McGraw-Hill，1954.

[20] Bose J E，Parker J D．Ground-coupled heat pump research［J］．ASHRAE Transactions，1983，89（2）：375-390.

[21] Bose J E，Parker J D，McQuiston F C．Design/Data manual for closed-loop ground-

coupled heat pump systems ［M］. Atlanta：ASHRAE，1985.

［22］ Eskilson P. Thermal analysis of heat extraction boreholes ［D］. Sweden：University of Lund，1987.

［23］ Eskilson P，Claesson J. Simulation model for thermally interacting heat extraction boreholes ［J］. Numerical Heat Transfer，1988，13（2）：149-165.

［24］ Mei V C，Emerson C J. New Approach for analysis of ground-coil design for applied heat pump systems ［J］. ASHRAE Transactions，1985，91（2）：1216-1224.

［25］ Mei V C，Baxter C V D. Performance of a ground coupled heat pump with multiple dissimilar U-tube coils in series ［J］. ASHRAE Transactions，1986，92（2A）：30-42.

［26］ Metz P D. A simple computer program to model three dimensional underground heat flow with realistic boundary conditions ［J］. Journal of Solar Engineering，1983，105（1）：42-49.

［27］ Metz P D. GCHP system experimental results ［J］. ASHRAE Transactions，1983，89（2B）：407-415.

［28］ Kavanaugh S P，Rafferty K. Ground-source heat pumps：Design of geothermal systems for commercial and institutional buildings ［M］. Atlanta：ASHRAE，Inc.，1997.

［29］ Yavuzturk C，Spitler J D. Field validation of a short time step model for vertical ground-loop heat exchangers ［J］. ASHRAE Transactions，2001，107（1）：617-625.

［30］ Yavuzturk C，Spitler J D，Rees S J. A short time step response factor model for vertical ground loop heat exchangers ［J］. ASHRAE Transactions，1999，105（2）：475-485.

［31］ Spitler J D. Ground source heat pump system research-Past，present and future ［J］. HVAC&R Research，2005，11（2）：165-167.

［32］ ASHRAE. Commercial/institutional ground-source heat pump engineering manual ［M］. Atlanta：American Society of Heating Refrigerating and Air-conditioning Engineerings，Inc，1995.

［33］ 李家伟. 对土壤热泵装置的研究 ［D］. 青岛：青岛建筑工程学院，1995.

［34］ 高祖锟. 用于供暖的土壤-水热泵系统 ［J］. 暖通空调. 1995（4）：9-12.

［35］ 张昆峰，马芳梅，金六一，等. 土壤热源与热泵联接运行冬季工况的试验研究 ［J］. 华中理工大学学报，1996，24（1）：23-26.

［36］ 赵军，宋德坤，李新国. 埋地换热器放热工况的现场运行实验研究 ［J］. 太阳能学报，2005，26（2）：162-165.

［37］ 刘宪英，王勇，胡鸣明. 地源热泵地下垂直埋管换热器的试验研究 ［J］. 重庆建筑大学学报，1999，21（5）：21-26

［38］ 李元旦，魏先勋. 水平埋地管换热器夏季瞬态工况的实验与数值模拟 ［J］. 湖南大学学报，1999，26（2）：220-222.

[39] 张旭. 土壤源热泵的实验及相关基础理论研究//殷平, 现代空调 3——空调热泵设计方法专辑 [M]. 北京: 中国建筑工业出版社, 2001: 75-87.

[40] 方肇洪, 刁乃仁, 曾和义. 地热换热器的传热分析 [J]. 工程热物理学报, 2004, 25 (4): 685-687.

[41] 刁乃仁, 曾和义, 方肇洪. 竖直 U 型管地热换热器的准三维传热模型 [J]. 热能动力工程, 2003, 18 (4): 387-390.

[42] 高青, 乔广, 于鸣. 地温规律及其可恢复特性增强传热研究 [J]. 制冷学报, 2003, 24 (3): 38-41.

[43] 王婧. 土壤源热泵系统的相关研究 [D]. 北京: 北京工业大学, 2004.

[44] 杨卫波, 董华. 土壤源热泵系统国内外研究状况及其发展前景 [J]. 建筑热能通风空调, 2003, 22 (3): 52-55.

[45] 丁力行, 陈季芬, 彭梦珑. 土壤源热泵垂直单埋管换热性能影响因素研究 [J]. 流体机械, 2022, 30 (3): 47-49.

[46] 田兴旺, 徐士鸣, 张丽. 土壤耦合热泵系统垂直埋管换热器性能影响因素的模拟分析 [J]. 制冷与空调, 2009, 9 (4): 14-19.

[47] 王勇, 刘芳, 付祥钊. 基于层换热理论的竖直地埋管换热器设计方法 [J]. 暖通空调, 2007, 37 (9): 35-39.

[48] 刁乃仁, 方肇洪. 地埋管地源热泵技术 [M]. 北京: 高等教育出版社, 2006.

[49] Deerman J D, Kavanaugh S P. Simulation of vertical U-tube ground-coupled heat pump systems using the cylindrical heat source solution [J]. ASHRAE Transactions, 1991, 97 (1): 287-294.

[50] Remund C P. Borehole thermal resistance: Laboratory and field studies [J]. ASHRAE Transactions, 1999, 105 (1): 439-445.

[51] Gu Y, Denni L O' Neal. Development of an equivalent diameter expression for vertical U-tubes used in ground coupled heat pumps [J]. ASHRAE Transactions, 1998, 104 (2): 347-355.

[52] Gu Y, Denni L O' Neal. Modeling the effect of backfills on U-tube ground coil performance [J]. ASHRAE Transactions, 1998, 104 (2): 356 - 365.

[53] Lei T K. Development of a computational model for a ground-coupled heat exchanger [J]. ASHRAE Transactions, 1993, 99 (1): 149-159.

[54] Mei V C, Fisher S K. Vertical concentric tube ground coupled heat exchangers [J]. ASHRAE Transactions, 1983, 89 (2B): 391-406.

[55] Cane R L D, Forgas D A. Modeling of ground source heat pump performance [J]. ASHRAE Transactions, 1991, 97 (1): 909-925.

[56] Zhang Q. Heat transfer analysis of vertical U-tube heat exchangers in multiple borehole field for ground source heat pump systems [D]. Lexington: University of Kentucky, 1999.

[57] Chiasson A D. Advances in modeling of ground-source heat pump systems [D]. Stillwater: Oklahoma State University, 1999.

[58] Muraya N K D L, Heffington W M. Thermal interference of adjacent legs in vertical U-tube heat exchanger for a ground-coupled heat pump [J]. ASHRARE Transactions, 1996, 102 (2): 12-21.

[59] Hellstrom G. Ground heat storage [D]. Sweden: University of Lund, 1991.

[60] Bernier M. Ground-coupled heat pump system simulation [J]. ASHRAE Transactions, 2001, 107 (1): 605-616.

[61] 杨卫波, 施明恒. 基于线热源理论的垂直 U 型埋管换热器传热模型的研究 [J]. 太阳能学报, 2007, 28 (5): 482-488.

[62] 杨卫波, 施明恒. 基于垂直 U 型埋管换热器的圆柱源理论及其应用研究 [J]. 制冷学报, 2006, 27 (5): 51-57.

[63] 杨卫波, 施明恒. 二区域 U 型埋管传热模型及其实验验证 [J]. 工程热物理学报, 2008, 2 (5): 857-860.

[64] 杨卫波, 王松松, 刘光远, 等. 土壤源热泵地下埋管传热强化与控制的试验研究 [J]. 流体机械, 2012, 40 (10): 62-68.

[65] 杨卫波, 施明恒. 地源热泵中 U 型埋管传热过程的数值模拟 [J]. 东南大学学报 (自然科学版), 2007, 37 (1): 78-83.

[66] 刘冬生. 地源热泵实验台及同轴套管换热器传热模型的研究 [D]. 长春: 吉林大学, 2005.

[67] 杨卫波. 太阳能-地源热泵系统的理论与实验研究 [D]. 南京: 东南大学, 2007.

[68] 杨卫波, 施明恒. 基于元体能量平衡法的垂直 U 型埋管换热特性的研究 [J]. 热能动力工程, 2007, 26 (1): 96-100.

[69] 杨卫波, 施明恒, 陈振乾. 基于准三维模型的垂直 U 型埋管换热特性影响因素的分析 [J]. 流体机械, 2012, 40 (4): 56-62.

[70] 杨卫波, 陈振乾, 施明恒. 垂直 U 型埋管换热器准三维热渗耦合模型及其实验验证 [J]. 太阳能学报, 2011, 32 (3): 383-389.

[71] 杨卫波, 陈振乾, 施明恒. 跨季节蓄能型地源热泵地下蓄能与释能特性 [J]. 东南大学学报 (自然科学版), 2010, 40 (5): 979-984.

[72] 杨卫波, 施明恒, 陈振乾. 土壤源热泵供冷供热运行特性的实验研究 [J]. 东南大学学报 (自然科学版), 2009, 39 (2): 276-281.

[73] 杨卫波, 施明恒, 陈振乾. 土壤源热泵夏季运行特性的实验研究 [J]. 太阳能学报. 2007, 28 (9): 1012-1016.

[74] Yang W B, Chen Z Q, Liu G Y, et al. A two-region simulation model of vertical U-tube ground heat exchanger and its experimental verification [J]. Applied Energy, 2009, 86: 2005-2012.

[75]　Yang W B，Zhang S S，Chen Y P．A dynamic simulation method of ground coupled heat pump system based on borehole heat exchange efficiency [J]．Energy and Buildings，2014，77：17-27.

[76]　Yang W B，Liang X F，Shi M H，et al．A numerical model for the simulation of a vertical U-bend ground heat exchanger used in a ground-coupled heat pump [J]．International Journal of Green Energy，2014，11：761-785.

[77]　王松松．地源热泵地下传热强化与控制模式的研究 [D]．扬州：扬州大学，2011.

[78]　朱洁莲．土壤源热泵垂直地埋管换热器传热特性研究 [D]．扬州：扬州大学，2013.

[79]　朱洁莲，杨卫波，稽素雯．土壤源热泵地埋管传热强化研究现状及其发展前景 [J]．制冷与空调（四川），2013，27（5）：488-493.

[80]　胡鸣．浅埋套管式地热源热泵地下传热模型及冬季供热试验研究 [D]．重庆：重庆大学，1999.

[81]　杨卫波，施明恒，陈振乾．非连续运行工况下垂直地埋管换热器的换热特性 [J]．东南大学学报（自然科学）版，2013，43（2）：328-333.

[82]　张寅平，胡汉平，孔祥冬，等．相变贮能 [M]．合肥：中国科学技术大学出版社，1996.

[83]　Bonacina C，Comini G，Fasano A，et al．Numerical solution of phase-change problems [J]．International Journal of Heat and Mass Transfer，1973，16：1825-1832.

[84]　Rabin Y，Korin E．An efficient numerical solution for the multidimensional solidification (or melting) problem [J]．International Journal of Heat and Mass Transfer，1993，36（3）：673-683.

[85]　郭宽良，孔祥谦，陈善年．计算传热学 [M]．合肥：中国科技大学出版社，1988.

[86]　杨卫波，施明恒，刘光远，等．基于显热容法的土壤源热泵地埋管换热器周围土壤冻结特性研究 [J]．暖通空调，2008，38（4）：6-10.

[87]　Yang W B，Kong L，Chen Y P．Numerical evaluation on the effects of soil freezing on underground temperature variations of soil around ground heat exchangers [J]．Applied Thermal Engineering，2015，75：259-269.

[88]　于明志，方肇哄，李明钧．土壤冻结对地热换热器传热的影响 [J]．山东建筑工程学院学报，2001，16（1）：42-46.

[89]　白天，郑茂余，张建利．土壤冻结对地埋管换热器性能的影响 [J]．暖通空调，2009，39（12）：1-4，15.

[90]　Yang W B，Chen Z Q，Shi M H．The alternate operation characteristics of a solar-ground source heat pump system [J]．Journal of Southeast University（English Edition），2010，26（2）：327-332.

[91]　郑平，吴明，张国忠，等．寒区土壤源热泵埋管冻胀安全性分析 [J]．低温建筑技术，2009，11：85-88.

［92］ 魏亚志，张东海，王爱爱，等. 冻土层中水平埋管换热器换热特性的数值分析［J］. 建筑热能通风空调，2010，29（3）：1-4.

［93］ Gupta R S，Kumar D. Variable time step methods for one-dimensional Stefan problem with mixed boundary condition［J］. International Journal of Heat and Mass Transfer，1981，24（2）：251-259.

［94］ Shamsundar N，Sparrow E M. Analysis of multidimensional conduction phase change via the enthalpy model［J］. Journal of Heat Transfer，1975，97（3）：333-343.

［95］ 刘中良，马重芳，孙旋. 相变潜热随温度变化对固-液相变过程的影响［J］. 太阳能学报，2003，24（1）：53-57.

［96］ 叶宏，何汉峰，葛新石，等. 利用焓法和有效热容法对定型相变材料融解过程的比较研究［J］. 太阳能学报，2004，25（4）：88-91.

［97］ 林瑞泰. 多孔介质传热传质引论［M］. 北京：科学出版社，1995.

［98］ 王补宣. 工程传热传质学（下册）［M］. 北京：科学出版社，1998.

［99］ 陶文铨. 数值传热学［M］. 2 版. 西安：西安交通大学出版社，2001.

［100］ 徐瑞. 水平螺旋型地埋管换热器传热特性的理论与实验研究［D］. 扬州：扬州大学，2019.

［101］ 杨卫波，徐瑞，汪峰，等. 水平 spiral 型地埋管换热器传热特性的数值模拟及实验验证［J］. 工程热物理学报，2021，42（8）：2122-2131.

［102］ Yang W B，Xu R，Wang F，et al. Experimental and numerical investigations on the thermal performance of a horizontal spiral-coil ground heat exchanger［J］. Renewable Energy，2020，147：979-995.

［103］ 孔磊. 螺旋型地埋管换热器换热性能的研究［D］. 扬州：扬州大学，2015.

［104］ 杨卫波，孔磊，尹艳山. 水平螺旋型地埋管换热器换热特性的数值模拟与试验验证［J］. 流体机械，2018，46（6）：60-68.

［105］ Zhang C B，Yang W B，Yang J J，et al. Experimental investigations and numerical simulation of thermal performance of a horizontal slinky-coil ground heat exchanger［J］. Sustainability，2017（9）：1-22.

［106］ 杨金峰. 地埋螺旋式换热器地下传热特性研究［D］. 汉中：陕西理工大学，2017.

［107］ 李志方. 土壤源热泵水平螺旋埋管换热器传热特性模拟研究［D］. 武汉：华中科技大学，2015.

［108］ 李志方，邬田华，胡平放. 土壤源热泵水平螺旋地埋管换热器换热性能研究［J］. 制冷与空调，2014，14（12）：118-123.

［109］ 黄风华，何华，孙建平，等. 螺旋槽管换热器管内流动和换热特性的实验研究［J］. 低温与超导，2016，44（1）：46-50.

［110］ 李晓燕，于佳文，杜世强，等. 严寒地区土壤源热泵地下水平埋管换热性能影响研究［J］. 太阳能学报，2014，35（3）：540-545.

[111] 曾召田，唐双慧，赵艳林，等. 制冷工况下水平埋管换热器运行试验研究 [J]. 土木建筑与环境工程，2016，38（4）：46-52.

[112] Fujii H，Nishi K，Komaniwa Y，et al. Numerical modeling of slinky-coil horizontal ground heat exchangers [J]. Geothermics，2012，41：55-62.

[113] Fujii H，Yamasaki S，Maehara T，et al. Numerical simulation and sensitivity study of double-layer slinky-coil horizontal ground heat exchangers [J]. Geothermics，2013，47：61-68.

[114] Li H，Nagano K，Lai Y. A new model and solutions for a spiral heat exchanger and its experimental validation [J]. International Journal of Heat and Mass Transfer，2012，55：4404-14.

[115] Park H，Lee S R，Yoon S，et al. Case study of heat transfer behavior of helical ground heat exchanger [J]. Energy and Buildings，2012，53：137-144.

[116] Park S，Lee S R，Park H，et al. Characteristics of an analytical solution for a spiral coil type ground heat exchanger [J]. Computers and Geotechnics，2013，49：18-24.

[117] Xiong Z，Fisher D E，Spitler J D. Development and validation of a slinkyTM ground heat exchanger model [J]. Applied Energy，2015，141：57-69.

[118] Jeon J S，Lee S R. Suggestion of a load sharing ratio for the design of spiral coil type horizontal ground heat exchangers. In：4th International Conference on Power and Energy Systems Engineering，Berlin，Sep；2017.

[119] Jeon J S，Lee S R，Kim M J. A modified mathematical model for spiral coil-type horizontal ground heat exchangers [J]. Energy，2018，152：732-743.

[120] Kim M J，Lee S R，Yoon S，et al. An applicable design method for horizontal spiral-coil-type ground heat exchangers [J]. Geothermics，2018，72：338-347.

[121] Kim M J，Lee S R，Yoon S，et al. Evaluation of geometric factors influencing thermal performance of horizontal spiral-coil ground heat exchangers [J]. Applied Thermal Engineering，2018，144：788-796.

[122] Wu Y，Gan G，Verhoef A，et al. Experimental measurement and numerical simulation of horizontal-coupled slinky ground gource heat exchangers [J]. Applied Thermal Engineering，2010，30（16）：2574-2583.

[123] 林芸，赵强，方肇洪. 水平螺旋地埋管地源热泵的研究 [J]. 暖通空调，2010，40（4）：104-109.

[124] Simms R B，Haslam S R，Craig J R. Impact of soil heterogeneity on the functioning of horizontal ground heat exchangers [J]. Geothermics，2014，50：35-43.

[125] 沈学忠，张仁元. 相变储能材料的研究和应用 [J]. 节能技术，2006，24（5）：460-463.

[126] 王永川，陈光明，张海峰，等. 相变储能材料及其实际应用 [J]. 热力发电，2004，

33（11）：10-13.

[127]　王岐东，张学义. 复合相变储能材料的选择［J］. 北京轻工业学院学报，1997（1）：61-65.

[128]　雷海燕. 地埋管相变回填材料的理论分析与实验研究［D］. 天津：天津大学，2011.

[129]　ANSYS Fluent Inc.，ANSYS Fluent User's Guide，2013.

[130]　杨晶晶. 基于相变材料回填的地埋管换热器蓄能传热特性研究［D］. 扬州：扬州大学，2018.

[131]　杨卫波，徐瑞，杨晶晶，等. 相变材料回填地埋管换热器热响应特性的数值模拟及试验验证［J］. 流体机械，2019，47（7）：72-79.

[132]　Yang W B，Xu R，Yang B B，et al. Experimental and numerical investigations on the thermal performance of a borehole ground heat exchanger with PCM backfill［J］. Energy，2019，174：216-235.

[133]　杨卫波，孙露露，吴晅. 相变材料回填地埋管换热器蓄能传热特性［J］. 农业工程学报，2014，30（24）：193-199.

[134]　杨卫波，杨彬彬，李晓金. 取放热不平衡条件下相变材料回填地埋管换热器传热特性研究［J］. 流体机械，2021，49（6）：76-82.

[135]　Chen F，Mao J F，Li C F，et al. Restoration performance and operation characteristics of a vertical U-tube ground source heat pump system with phase change grouts under different running modes［J］. Applied Thermal Engineering，2018，141：467-482.

[136]　Chen F，Mao J F，Chen S Y，et al. Efficiency analysis of utilizing phase change materials as grout for a vertical U-tube heat exchanger coupled ground source heat pump system［J］. Applied Thermal Engineering，2018，130：698-709.

[137]　Qi D，Pu L，Sun F T，et al. Numerical investigation on thermal performance of ground heat exchangers using phase change materials as grout for ground source heat pump system［J］. Applied Thermal Engineering，2016，106：1023-1032.

[138]　吴越超. 相变材料回填的地源热泵可行性分析［D］. 天津：天津大学，2008.

[139]　李启宇. 相变材料回填的地埋管的传热特性研究［D］. 上海：东华大学，2014.

[140]　王畅. 相变材料回填地埋管换热器换热特性研究［D］. 成都：西南交通大学，2018.

[141]　Bottarelli M，Bortoloni M，Su Y，et al. Numerical analysis of a novel ground heat exchanger coupled with phase change materials［J］. Applied Thermal Engineering 2015，88：369-75.

[142]　Li X，Tong C，Lin D，et al. Study of a U-tube heat exchanger using a shape-stabilized phase change backfill material［J］. Science & Technology for the Built Environment. 2017，23：430-440.

[143]　刘靓侃. 定型相变材料回填的 U 型埋管换热器性能研究［D］. 大连：大连理工大学，2015.

[144] 吕塞·拉卢伊，何莉塞·迪·唐纳. 能源地下结构［M］. 孔纲强，等译. 北京：中国建筑工业出版社，2016.

[145] Murphy K D，Mccartney J S，Henry K S. Evaluation of thermo-mechanical and thermal behavior of full-scale energy foundations ［J］. Acta Geotechnica，2015，10：179-95.

[146] Sung C H，Park S，Lee S，et al. Thermo-mechanical behavior of cast-in-place energy piles ［J］. Energy，2018，161：920-938.

[147] 吴毅. 螺旋管桩基换热器数值模型［D］. 成都：西华大学，2013.

[148] Yang W B，Lu P F，Chen Y P. Laboratory investigations of the thermal performance of an energy pile with spiral coil ground heat exchanger ［J］. Energy and Buildings，2016，128：491-502.

[149] 杨卫波，杨晶晶，孔磊. 桩基螺旋型地埋管换热器换热性能的数值模拟与验证［J］. 农业工程学报，2016，32（5）：200-205.

[150] 杨彬彬. 相变混凝土能量桩换热性能及热力耦合特性的理论与实验研究［D］. 扬州：扬州大学，2020.

[151] 聂志新，周建庭，张华彬，等. 月桂酸/膨胀石墨相变混凝土的制备与性能研究［J］. 硅酸盐通报，2019，38（7）：2235-2241.

[152] Batini N，Rotta Loria A，Conti P，et al. Energy and geotechnical behaviour of energy piles for different design solutions ［J］. Applied Thermal Engineering，2018，141：467-82.

[153] Yang W B，Sun T F，Yang B B，et al. Laboratory study on the thermo-mechanical behaviour of a phase change concrete energy pile in summer mode ［J］. Journal of Energy Storage，2021，41：102875.

[154] 杨卫波，杨彬彬，汪峰. 相变混凝土能量桩热-力学特性的数值模拟与试验验证［J］. 农业工程学报，2021，37（2）：268-277.

[155] Yang W B，Yang B B，Wang F，et al. Numerical evaluations on the effects of thermal properties on the thermo-mechanical behaviour of a phase change concrete energy pile ［J］. Energy and Built Environment，2023，4（1）：1-12.

[156] 崔宏志，李宇博，包小华，等. 饱和砂土地基相变桩的热力学特性试验研究［J］. 防灾减灾工程学报，2019，39（04）：564-571.

[157] 白丽丽，裴华富，宋怀博，等. 相变能量桩段模型传热模拟［J］. 防灾减灾工程学报，2019，39（4）：684-690.

[158] Bao X H，Memon S A，Yang H B，et al. Thermal properties of cement-based composites for geothermal energy applications ［J］. Material，2017，10：462.

[159] 张来军. 渗流场下能量桩换热及热-力耦合特性的理论和实验研究［D］. 扬州：扬州大学，2021.

[160] Yang W B，Ju L，Zhang L J，et al. Experimental investigations of the thermo-mechanical behaviour of an energy pile with groundwater seepage [J]. Sustainable Cities and Society，2022，77：103588.

[161] 杨卫波，严超逸，张来军，等. 渗流作用下能源桩的换热性能及热-力耦合特性 [J]. 清华大学学报（自然科学版），2022，62（5）：891-899.

[162] 杨卫波，张来军，汪峰. 桩埋管参数对渗流下能量桩热-力耦合特性的影响 [J]. 水文地质工程地质，2022，49（5）：176-185.

[163] Fei K，Dai D. Experimental and numerical study on the behavior of energy piles subjected to thermal cycles [J]. Advances in Civil Engineering，2018，2018：1-13.

[164] Zhang W K，Zhang L H，Cui P，et al. The influence of groundwater seepage on the performance of ground source heat pump system with energy pile [J]. Applied Thermal Engineering，2019，162：114217.

[165] Yang W B，Zhang L J，Zhang H，et al. Numerical investigations of the effects of different factors on the displacement of energy pile under the thermo-mechanical loads [J]. Case Studies in Thermal Engineering，2020，21，100711.

[166] Kavanaugh S P. A design method for hybrid ground-source heat pumps [J]. ASHRAE Transactions 1998，104（2）：691-698.

[167] Yavuzturk C，Spitler J D. Comparative study of operating and control strategies for hybrid ground source heat pump systems using a short time step simulation model [J]. ASHRAE Transactions，2000，106（2）：192-209.

[168] Chiasson A D，Spitler J D，Rees S J，et al. A model for simulating the performance of a pavement heating system as a supplemental heat rejecter with closed loop ground source heat pump systems [J]. Journal of Solar Energy Engineering，2000，122：183-191.

[169] Chiasson A D，Spitler J D，Rees S J，et al. A model for simulating the performance of a shallow pond as a supplemental heat rejecter with closed loop ground source heat pump systems [J]. ASHRAE Transactions，2000，106（2）：107-121.

[170] Liu，X B，Rees S J，Spitler J D. Simulation of a geothermal bridge deck anti-icing system and experimental validation [A]. Proceedings of the Transportation Research Board 82nd Annual Meeting [C]. Washington D C，January 12-16，2003.

[171] Liu X B，Spitler J D. Modeling snow melting on heated pavement surface. Part I：model development [J]. Applied Thermal Engineering，2007，27：1115-1124.

[172] Ramamoorthy M，Jin H，Chiasson A D，et al. Optimal sizing of hybrid ground-source heat pump systems that use a cooling pond as a supplemental heat rejecter-A system simulation approach [J]. ASHRAE Transactions，2001，107（1）：26-38.

[173] 杨卫波，董华，胡军，等. 浅议混合地源热泵系统（HYGSHPS）[J]. 能源研究与

利用，2003，89（5）：32-35.

[174] 杨卫波，施明恒. 混合地源热泵系统（HGSHPS）的研究 [J]. 建筑热能通风空调，2006，25（3）：20-26.

[175] Yang W B，Chen Y P，Shi M H，et al. Numerical investigation on the underground thermal imbalance of ground-coupled heat pump operated in cooling-dominated district [J]. Applied Thermal Engineering，2013，58：626-637.

[176] 杨卫波，张苏苏. 冷热负荷非平衡地区土壤源热泵土壤热失衡研究现状及其关键问题 [J]. 流体机械，2014，42（1）：80-87.

[177] Yang W B，Yang B B，Xu R. Experimental study on the heat release operational characteristics of a soil coupled ground heat exchanger with assisted cooling tower [J]，Energies，2018，11，90.

[178] 张苏苏. 冷热负荷非平衡地区土壤源热泵土壤热失衡问题的研究 [D]. 扬州：扬州大学，2014.

[179] 陈大建. 冷却塔辅助复合地源热泵系统运行特性研究 [D]. 扬州：扬州大学，2016.

[180] 张苏苏，杨卫波. 冷却塔辅助地埋管散热运行模式对土壤温度的影响 [J]. 扬州大学学报（自然科学版），2016，19（4）：64-69.

[181] 杨晶晶，杨卫波，刘向东. 复合式地源热泵系统冷却塔开启控制策略 [J]. 扬州大学学报（自然科学版），2017，20（4）：47-53.

[182] 常青. 基于寿命周期分析的土壤耦合热泵系统区域适应性评价方法研究 [D]. 南京：南京理工大学，2010.

[183] 王华军，赵军. 混合式地源热泵系统的运行控制策略研究 [J]. 暖通空调，2007，09：131-134.

[184] 虢伟. 混合式地源热泵系统运行策略及控制研究 [D]. 长沙：湖南大学，2011.

[185] 彭金焘. 冷却塔复合地源热泵系统控制策略研究 [D]. 成都：西南交通大学，2013.

[186] 谢鹂，徐菱虹，胡平放. 混合式地源热泵系统的优化研究 [J]. 建筑热能通风空调，2008，02：53-55，72.

[187] 谢汝镛. 地源热泵系统的设计 [A] //殷平，现代空调 3—空调热泵设计方法专辑 [C]. 北京：中国建筑工业出版社，2001，33-74.

[188] Kusuda T，Achenbach P R. Earth temperature and thermal diffusivity at selected stations in the United States [J]. ASHRAE Transactions，1965，71（1）：61-75.

[189] Penrod E B，Prasanna K V. Procedure for designing solar-earth heat pumps [J]. Heating，Piping and Air Conditioning，1969，41（6）：97-100.

[190] Metz P D. The use of ground-coupled tanks in solar-assisted heat pump system [J]. Transaction of ASME. Journal of Solar Energy Engineering，1982，104（4）：366-372.

[191] 毕月虹，陈林根. 太阳能-土壤热源热泵的性能研究 [J]. 太阳能学报，2000，21

(2)：214-219.

[192] 余延顺，廉乐明. 寒冷地区太阳能-土壤源热泵系统运行方式的探讨 [J]. 太阳能学报，2003，24 (1)：111-115.

[193] Chiasson A D，Yavuzturk C. Assessment of the viability of hybrid geothermal heat pump systems with solar thermal collectors [J]. ASHRAE Transactions，2003，109 (2)：487-500.

[194] 杨卫波，董华，胡军. 太阳能-土壤源热泵系统 (SESHPS) 及其研究开发 [J]. 能源技术，2003，24 (4)：160-162，165.

[195] 杨卫波，倪美琴，施明恒. 太阳能-地源热泵系统运行特性的试验研究 [J]. 流体机械，2009，37 (12)：52-57.

[196] 杨卫波，施明恒. 太阳能-土壤源热泵系统联合供暖运行模式的探讨 [J]. 暖通空调，2005，35 (8)：25-31.

[197] 杨卫波，施明恒. 太阳能-土壤源热泵系统 (SESHPS) 交替运行性能的数值模拟 [J]. 热科学与技术，2005，4 (3)：228-233.

[198] 杨卫波，董华，周恩泽，等. 太阳能-土壤源热泵系统 (SESHPS) 联合运行模式的研究 [J]. 流体机械 2004，32 (2)：41-45，49.

[199] 杨卫波，施明恒. 基于遗传算法的太阳能-地热复合源热泵系统的优化 [J]. 暖通空调，2007，37 (2)：12-17.

[200] 梁幸福. 太阳能-土壤源热泵双热源耦合特性及地下蓄能传热强化研究 [D]. 扬州：扬州大学，2014.

[201] Yang W B，Zhang H，Liang X F. Experimental performance evaluation and parametric study of a solar-ground source heat pump system operated in heating modes [J]. Energy，2018，149：173-189.

[202] Yang W B，Sun L L，Chen Y P. Experimental investigation of the performance of a solar-ground source heat pump system operated in heating modes [J]. Energy and Buildings，2015，89：97-111.

[203] Jin H. Parameter estimation based on model of water source heat pumps [D]. Stillwater：Oklahoma State University，2002.

[204] 杨卫波，施明恒. 基于特性参数优化预测的水-水热泵仿真模型的探讨 [J]. 流体机械，2009，35 (8)：80-86.

[205] Yang W B，Shi M H，Dong H. Numerical simulation of the performance of a solar-earth source heat pump System [J]. Applied Thermal Engineering，2006，26 (18)：2367-2376.

[206] 杨卫波，施明恒，陈振乾. 太阳能-U 形埋管土壤蓄热特性数值模拟与实验验证 [J]. 东南大学学报（自然科学版），2008，38 (4)：651-656.

[207] Austin W A. Development of an in-situ system for measuring ground thermal proper-

ties [D]. Stillwater：Oklahoma State University，1998.

[208]　Austin W A，Yavuzturk C，Spitler J D. Development of an in-situ system for measuring ground thermal properties [J]. ASHRAE Transactions，1998，106（1）：365-379.

[209]　Witte H J L，Gelder G J，Spitler J D. In-situ measurement of ground thermal conductivity：The Dutch perspective [J]. ASHRAE Transactions，2002，108（1）：263-272.

[210]　Shonder J A，Beck J V. Determining effective soil formation thermal properties from field data using a parameter estimation technique [J]. ASHRAE Transactions，1999，105（1）：458-466.

[211]　Jain N K. Parameter estimation of ground thermal properties [D]. Stillwater：Oklahoma State University，1999.

[212]　Eklof C，Gehlin S. TED—a mobile equipment for thermal response test [D]. Sweden：Lulea University of Technology，1996.

[213]　Gehlin S. Thermal response test—Method development and evaluation [D]. Lulea：Lulea University of Technology，2002.

[214]　Gehlin S，Hellstrom G. Comparison of four models for thermal response test evaluation [J]. ASHRAE Transactions，2003，109：1-12.

[215]　张磊，刘玉旺，王京. 两种地埋管换热器热响应实验方法的比较 [J]. 制冷与空调，2011，25（3）：277-280.

[216]　胡平放，雷飞，孙启明，等. 岩土热物性测试影响因素的研究 [J]. 暖通空调，2009，39（3）：123-127.

[217]　于明志，方肇洪. 现场测试地下岩土平均热物性参数方法 [J]. 热能动力工程，2002，17（5）：489-492.

[218]　于明志，彭晓峰，方肇洪，等. 基于线热源模型的地下岩土热物性测试方法 [J]. 太阳能学报，2006，27（3）：279-283.

[219]　赵军，段征强，宋著坤，等. 基于圆柱热源模型的现场测量地下岩土热物性方法 [J]. 太阳能学报，2006，27（9）：934-936.

[220]　杨卫波，施明恒，陈振乾. 基于解析法的地下岩土热物性现场测试方法的探讨 [J]. 建筑科学，2009，25（8）：60-64.

[221]　杨卫波，朱洁莲，谢治祥. 地源热泵地下岩土热物性现场热响应测试方法研究 [J]. 流体机械，2011，39（9）：57-61，49.

[222]　Yang W B，Chen Z Q，Shi M H，et al. An in situ thermal response test for borehole heat exchangers of the ground-coupled heat pump [J]. International Journal of Sustainable Energy，2013，32（5）：489-503.

[223]　Yang W B，Wu X. In-situ thermal response test of the ground thermal properties for a

ground source heat pump project located in the Inner Mongolia district// Proceedings of the International Conference on Mechanic Automation and Control Engineering [C]. Hohhot，2011.

[224]　杨卫波. 一种地下岩土分层热物性现场热响应测试方法 [P]. 中国，ZL2012102078694，2014.

[225]　杨卫波. 多功能地源热泵地下岩土冷热响应测试装置 [P]. 中国，ZL201220140459. 8，2012.

[226]　徐森森，刘寅，秦志刚. 土壤源热泵垂直 U 型地埋管施工关键技术研究 [J]. 建筑热能通风空调，2019，38 (2)：92-95.

[227]　王松松，刘光远，杨卫波. 地源热泵钻孔回填材料的特点及其研究进展 [J]. 能源技术，343-346，350.

[228]　曾小兵，萧楠. 关于地埋管换热器施工工艺及质量监控要点的探讨 [J]. 工程勘察，2012，40 (4)：51-54.

[229]　李彦花. 夏热冬冷地区地源热泵地域适宜性评价体系的研究 [D]. 郑州：中原工学院，2014.

[230]　胡元平，刘红卫，柯立，等. 层次分析法在武汉都市发展区地埋管地源热泵适宜性分区评价中的应用 [J]. 资源环境与工程，2015，29 (1)：59-62.

[231]　宋小庆，彭钦. 基于层次分析法的贵阳市地埋管地源热泵适宜性评价 [J]. 地下水，2015，37 (3)：48-49，112.

[232]　中华人民共和国建设部. CJJ 101—2004 埋地聚乙烯给水管道工程技术规程 [S]. 北京：中国建筑工业出版社，2004.

[233]　中国工程建设协会标准. CECS 344：2013 地源热泵系统地埋管换热器施工技术规程 [S]. 北京：中国计划出版社，2013.

[234]　中华人民共和国行业标准. CJJ/T 291—2019 地源热泵系统工程勘察标准 [S]. 北京：中国建筑工业出版社，2019.

[235]　中华人民共和国国家标准. GB 50366—2009 地源热泵系统工程技术规范 [S]. 北京：中国建筑工业出版社，2009.

[236]　中国工程建设协会标准. T/CECS 730—2020 地埋管地源热泵岩土热响应试验技术规程 [S]. 北京：中国计划出版社，2020.

[237]　中华人民共和国地质矿产行业标准. DZ/T 0225—2009　浅层地热能勘察评价规范 [S]. 北京：中国标准出版社，2009.

[238]　中华人民共和国能源行业标准. NB/T 10265—2019 浅层地热能开发工程勘查评价规范 [S]. 北京：国家能源局，2019.

[239]　江苏省工程建设标准. DGJ 32/TJ—2013 地源热泵系统工程勘察规程 [S]. 南京：江苏科学技术出版社，2014.

[240]　江苏省工程建设标准. DGJ 32/TJ 130—2011 地源热泵系统检测技术规程 [S]. 南

京：江苏科学技术出版社，2012.

[241]　湖北省地方标准. DB 42/T 1304—2017 地源热泵系统工程技术规程 [S]. 北京：中国建筑工业出版社，2018.

[242]　陆耀庆. 实用供热空调设计手册 [M]. 2 版. 北京：中国建筑工业出版社，2008.